中央高校教育教学改革基金(本科教学工程)资助

土木工程机械
TUMU GONGCHENG JIXIE

李 川 张美霞 编著

中国地质大学出版社
ZHONGGUO DIZHI DAXUE CHUBANSHE

内容摘要

本书本着重基础、重实用，由浅入深、逐步拓宽、突出重点的方式对机械基础知识和土木工程机械的基本概念、基本原理、特点、应用范围和配套使用方法予以了叙述，包括机械基础知识、常用机构、带传动与链传动、齿轮传动、轴及轴系零部件、液压传动、装载机械、岩石钻孔机械、盾构机与全断面岩石掘进机、起重机械、混凝土设备等方面的内容。

本书是为已完成基础课学习、具有一定的专业基础知识的土木工程专业学生编写的专业教材，也适用于采矿工程、水电工程、交通运输工程、军事工程等专业本科生的教学，还可作为相关机械设计方向及工程施工技术人员学习之用。

图书在版编目(CIP)数据

土木工程机械/李川,张美霞编著.—武汉:中国地质大学出版社,2019.10(2021.2重印)
ISBN 978-7-5625-4664-1

Ⅰ.①土…
Ⅱ.①李… ②张…
Ⅲ.①建筑机械-高等学校-教材
Ⅳ.①TU6

中国版本图书馆 CIP 数据核字(2019)第 212413 号

土木工程机械		李 川 张美霞 编著
责任编辑:谢媛华	选题策划:王凤林	责任校对:周 旭

出版发行:中国地质大学出版社(武汉市洪山区鲁磨路388号)　邮政编码:430074
电　　话:(027)67883511　　传　　真:(027)67883580　　E-mail:cbb@cug.edu.cn
经　　销:全国新华书店　　　　　　　　　　　　　　　　　http://cugp.cug.edu.cn
开　　本:787 毫米×1 092 毫米 1/16　　　　字数:634 千字　　印张:24.75
版　　次:2019 年 10 月第 1 版　　　　　　　　　　印次:2021 年 2 月第 2 次印刷
印　　刷:武汉市籍缘印刷厂
ISBN 978-7-5625-4664-1　　　　　　　　　　　　　　　　　定价:42.00 元

如有印装质量问题请与印刷厂联系调换

前言

土木工程机械是完成土木工程作业必需的重要装备,是衡量建设单位施工能力、施工水平和施工质量的重要指标,对提高生产效率、确保工程质量和施工安全起着重要的作用。

本书的内容是随着土木工程专业的拓展,根据多年教学的实践与专业发展的需求,不断更新、增减而来。本书本着重基础、重实用,由浅入深、逐步拓宽、突出重点的方式对机械基础知识和土木工程机械的基本概念、基本原理、特点、应用范围予以了叙述。

本书是为已完成基础课学习、具有一定的专业基础知识的土木工程专业学生编写的专业教材,涵盖机械基础知识和土木工程机械两大部分的内容。第一部分从机械基础知识、常用机构、带传动与链传动、齿轮传动、轴及轴系零部件、液压传动六个方面介绍了与土木工程机械相关的机械基础知识;第二部分从装载机械、岩石钻孔机械、盾构机与全断面岩石掘进机、起重机械、混凝土设备五个方面介绍了目前土木工程主要采用的施工机械(包括工作原理、性能特点及施工方法)。

本书特别适用于作为土木工程专业地下建筑与城市地下工程方向的专业教材,也可用于采矿工程、水电工程、交通运输工程、军事工程等专业本科生的教学,还可作为相关机械设计方向及工程施工技术人员学习之用。

随着土木工程的快速发展、新技术及新方法的不断涌现,工程数量及规模也不断扩大,特别是近二十年的变化更快。我国的土木工程机械行业发展日新月异,自动化水平高的产品层出不穷,形成了配套完善、种类齐全的工业体系。因课程学时及篇幅的限制,本书仅将机械基础知识、土层及岩石开挖设备、起重及混凝土设备予以重点介绍,其目的是促进学生掌握运用土木工程机械知识进行工程施工、工程设计的基本技能,同时也为其他土木工程专业课程的学习打好基础。学生需举一反三,以达到触类旁通的学习效果。更加详尽的机械基础知识、其他土木工程机械相关知识需在以后的学习与工作中不断地扩展与充实。

本书由中国地质大学(武汉)工程学院李川、张美霞编写,其中第十一章由张美霞编写,其他各章节由李川编写。本书在编写与试用过程中,得到了各位同行、老师及同学们的大力帮助,在此表示衷心的感谢。

鉴于编著者的水平、经验、资料所限,书中存在的不足与错漏之处在所难免,恳请读者批评指正。

编著者

2019 年 7 月

目录

第一章 机械基础知识 …………………………………………………………… (1)
第一节 机械的基本概念及基本要求 ……………………………………… (1)
第二节 机械常用金属材料及性能 ………………………………………… (4)
第三节 钢的热处理及金属表面处理 ……………………………………… (14)
思考与练习 ……………………………………………………………………… (18)

第二章 常用机构 …………………………………………………………………… (19)
第一节 机构运动简图与自由度 …………………………………………… (19)
第二节 平面连杆机构 ………………………………………………………… (25)
第三节 凸轮机构 ……………………………………………………………… (38)
第四节 棘轮机构 ……………………………………………………………… (41)
思考与练习 ……………………………………………………………………… (44)

第三章 带传动与链传动 …………………………………………………………… (46)
第一节 带传动的基本理论 …………………………………………………… (46)
第二节 V带传动的结构 ……………………………………………………… (51)
第三节 链传动 ………………………………………………………………… (55)
思考与练习 ……………………………………………………………………… (60)

第四章 齿轮传动 …………………………………………………………………… (61)
第一节 齿轮传动的特点及类型 …………………………………………… (61)
第二节 齿廓啮合基本定律 …………………………………………………… (62)
第三节 渐开线齿廓及啮合特性 …………………………………………… (64)
第四节 渐开线直齿圆柱齿轮的几何尺寸及啮合传动条件 ……………… (66)
第五节 齿轮的失效形式及齿轮材料 ……………………………………… (74)
第六节 斜齿圆柱齿轮传动与直齿圆锥齿轮传动 ………………………… (78)
第七节 蜗杆传动 ……………………………………………………………… (85)

第八节　齿轮的结构 ……………………………………………………………… (90)
　　第九节　轮系 ……………………………………………………………………… (93)
　　思考与练习 ………………………………………………………………………… (98)

第五章　轴及轴系零部件 ……………………………………………………………… (100)
　　第一节　轴 ………………………………………………………………………… (100)
　　第二节　轴承 ……………………………………………………………………… (111)
　　第三节　联轴器与离合器 ………………………………………………………… (127)
　　思考与练习 ………………………………………………………………………… (133)

第六章　液压传动 ………………………………………………………………………… (134)
　　第一节　液压传动的基础知识 …………………………………………………… (134)
　　第二节　液压元件 ………………………………………………………………… (145)
　　第三节　液压基本回路 …………………………………………………………… (170)
　　第四节　典型液压系统 …………………………………………………………… (184)
　　思考与练习 ………………………………………………………………………… (187)

第七章　装载机械 ………………………………………………………………………… (190)
　　第一节　装载机械的分类 ………………………………………………………… (190)
　　第二节　轮胎式前端装载机 ……………………………………………………… (198)
　　第三节　单斗液压挖掘机 ………………………………………………………… (214)
　　思考与练习 ………………………………………………………………………… (227)

第八章　岩石钻孔机械 …………………………………………………………………… (228)
　　第一节　钻孔破碎岩石的基础知识 ……………………………………………… (228)
　　第二节　凿岩机 …………………………………………………………………… (233)
　　第三节　凿岩台车 ………………………………………………………………… (258)
　　思考与练习 ………………………………………………………………………… (283)

第九章　盾构机与全断面岩石掘进机 …………………………………………………… (284)
　　第一节　开挖刀具与破岩机理 …………………………………………………… (284)
　　第二节　盾构机 …………………………………………………………………… (289)
　　第三节　全断面岩石掘进机 ……………………………………………………… (303)
　　思考与练习 ………………………………………………………………………… (314)

第十章　起重机械 ………………………………………………………………………… (316)
　　第一节　概述 ……………………………………………………………………… (316)

    第二节　起重零部件及主要工作机构 …………………………………………（321）
    第三节　塔式起重机 ………………………………………………………（333）
    第四节　自行式起重机 ……………………………………………………（343）
    思考与练习 …………………………………………………………………（351）

第十一章　混凝土设备 ……………………………………………………………（352）

    第一节　混凝土搅拌机械 …………………………………………………（352）
    第二节　混凝土搅拌楼和搅拌站 …………………………………………（361）
    第三节　混凝土搅拌输送车 ………………………………………………（365）
    第四节　混凝土搅拌输送泵和泵车 ………………………………………（368）
    第五节　混凝土振动器 ……………………………………………………（374）
    第六节　喷射混凝土机具 …………………………………………………（378）
    思考与练习 …………………………………………………………………（385）

主要参考文献 ………………………………………………………………………（386）

第一章 机械基础知识

机械是人类在社会生产劳动中创造出来,用来代替或帮助人们进行生产劳动的工具。机械既能完成人们所不能完成或不便进行的工作,又能提高劳动生产率和工程质量,同时还有助于进行社会化大生产,因此生产的机械化、自动化、电气化及智能化水平的不断提高,就会极大地促进社会的进步和发展。随着科技的不断进步,机械产品已渗透到我们工作及生活的方方面面,极大地提高了工作效率和改善了人们的生活。

随着人们不断的发明创造,各种不同类型、不同功能、完成不同工作的机械进入到我们生活及工作的方方面面。其中完成土木工程施工的机械就是这众多机械中的一种,它包括土方工程机械、岩石开挖机械、起重运输机械、混凝土机械、桩工机械等。

第一节 机械的基本概念及基本要求

一、机械、机器与机构的基本概念

1. 机械

在我们工作、学习及生活中所看到的各种各样的机械,无论复杂还是简单,无论用途的不同还是性能的变化,它们都有其相同之处,即由原动机(动力机)、传动装置和工作机构三部分组成(图1-1)。

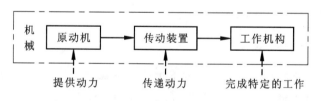

图1-1 机械的组成

原动机是机械设备完成工作任务的动力来源,是机械的动力部分,承担着向工作机构提供运动和动力的任务,它是将自然界的能源转化为机械能的那一部分。工程机械常用的动力机有电动机(交流、直流)和内燃发动机(柴油、汽油等)。

传动装置是将原动机的动力转变成工作机构所需要的动力,同时也是传递给工作机构的机构。传动装置按其工作原理可分为:机械传动、流体传动、电力传动和磁力传动。

工作机构是由传动装置传递过来的动力转换完成特定工作的那一部分机构,处于整个传动路线的末端。在土木工程机械上有推土机上的推土铲和顶推架等、凿岩台车上的钻臂和凿岩机等。

随着微电子技术、计算机技术、自动监测技术等技术的发展和应用,现代机械由机械化、自动化向着智能化方向发展,使机械的结构及功能达到了更高的水平。

2. 机器与机构

机器是用来变换或传递运动和能量的执行机械运动的装置。它具备三种特征:①人们制造和安装起来的多个实体的组合体;②各实体间具有确定的相对运动;③能做有用的机械功或进行功能转换。

机构是具有确定运动的实物组合体,具有机器的前两种特征。它的作用是传递运动和动力,实现各种预期的机械运动。机构中接受外部给定的运动和动力的活动构件称为机构的主动件,随主动件的运动而运动的活动构件称为从动件。支撑各活动构件的固定不动的构件称为固定件。

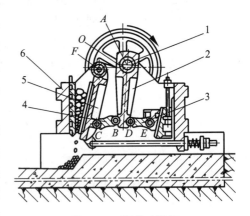

图 1-2 颚式破碎机
1.曲轴;2~4.构件(连杆);5.动颚板;6.机架

图 1-2 为破碎矿石用的颚式破碎机。该破碎机是由曲轴、构件(连杆)、动颚板五个活动构件和机架共六个构件组成。运动是由曲轴传递给构件 2,再经构件 3、4 最终传递给动颚板。即当曲轴 1 绕着轴心 O 连续转动时,动颚板绕轴心 F 往复摆动从而将矿石轧碎。因此,该机构的原动件是曲轴,输出构件是动颚板。

从机器的组成来看,机构是机器的主要组成部分。一台机器可以由一个机构组成,也可以由多个机构组成。从功能上来看,机器能够做有用的机械功或完成能量形式的转换;机构则主要用于传递动力和转换运动。从运动观点来看,机器与机构并无本质的区别,因此,我们常把机器与机构统称为机械。

3. 机械的零件、构件、部件

零件是组成机械的基本单元。由若干个零件组合装配成部件,又由若干个部件按照一定的要求和安装位置装配成能够完成特定工作的机械。零件分为标准零件、通用零件和专用零件。标准零件是由标准件厂按照国家标准生产,并在不同机械上都能够安装使用的零件,如螺栓、螺母、垫圈、销、键等。通用零件是在不同的产品上都能够安装使用的零件。标准零件和通用零件都具有通用性,但标准零件通用性更强一些。专用零件是专门针对某个机械单独设计的零件,仅能用于这个机械,表明了该机械的特点,如汽车起重机的起重臂、内燃机中的活塞等。

机械中每一个独立的运动单元体称为构件。它可以是一个单独的零件，如齿轮，也可以是若干个零件刚性连接成一体，如内燃机中的连杆就是由连杆体、轴承套等若干个零件刚性固定而成。

部件是为完成同一目的，由若干个协同工作的零件组合在一起的组合体，如联轴器、滚动轴承等。

二、机械产品的基本要求

1. 基本要求

机械是由人们为满足生产与生活的各种需要设计并生产出来的，尽管各种机械的种类繁多，但都应满足下列要求。

（1）使用要求。使用要求是指机械产品必须满足使用者所需要的功能要求，是机械产品的首要要求。它包括执行机构的优良的运动性能（运动形式、运动速度、运动精度、运动的平稳性）、零部件工作的可靠性（有足够的强度和使用寿命）、使用及维护方便。

（2）工艺性要求。机械产品在满足使用要求的前提下，机械的总体方案及各部分结构方案应尽量简单、实用，在毛坯制造、机械加工、热处理、装配与维护等方面具有良好的工艺性。

（3）经济性要求。要求机械产品在设计制造方面周期短、成本低；在使用方面效率高，能耗少，生产率高，采购、维护与管理费用少等，机械产品中标准件、通用件的利用率也是其重要的经济指标。

（4）社会性要求。机械产品应符合国家环境保护和劳动法规的要求。机械产品的使用应操作方便、安全，具有漂亮的外观和宜人的色彩。有些机械产品色彩应符合安全警示要求，如消防车应喷涂红色漆，土木工程机械应喷涂黄色或橘黄色漆等。

2. 机械产品的"三化"

机械产品的标准化、通用化、系列化简称为机械产品的"三化"，是我国现行的一项很重要的技术政策，给设计者和使用者都带来了方便，对质量的提高、经济性、产品的更新换代都有很大的作用。

标准化是对产品（特别是零件）的尺寸、结构要素、材料性能、检验方法、设计方法和制图要求等方面的技术指标，制定出大家共同遵守的标准。有了标准化，对按标准生产的标准零部件无需重复设计和自行制造；采用标准件厂生产的标准件，可以简化设计及制造工作，把主要精力放在专用结构的创造性设计及制造上，这样既能保证零部件的质量、增加了产品的生产批量、加速了产品的更新换代、降低了生产成本，还能实现零部件的互换性，给装配及维修更换零部件带来了方便，提高了产品的市场竞争力。

现已发布的有关机械零部件的标准有三个等级：国家标准（GB）、行业标准（如机械行业标准 JB，冶金行业标准 YB 等）和企业标准。国家标准分为强制性国家标准，其代号为 GB ××××（标准号）—××××（批准时间）；推荐性国家标准，其代号为 GB/T ××××（标准号）—××××（批准时间）。强制性国家标准占整个国家标准一小部分，必须严格遵照执行;推荐性国家标准占整个国家标准的绝大多数,如无特殊理由和特殊需要,也应当遵守这些标准。目前,我国的国家标准已基本采用国际标准化组织的标准(ISO)。

通用化是指同一种类型和规格的零部件在机械的不同部位乃至不同的机械上都能够通用的性能。例如,同一规格的轴承安装在同一产品上,也可以安装在不同产品上或者安装在不同生产厂的产品上。

系列化是指同一类型的产品的主要参数按照一定的规律分级,形成系列化产品,以减少产品的规格,满足需要。如汽车起重机的型号规格按照起重量(t)分为:QY8、QY12、QY16、QY20、QY25、QY55等,以满足不同起重量的需要。

第二节 机械常用金属材料及性能

一、金属材料的机械性能

金属材料的机械性能是指材料在外力的作用下所表现出来的各种性能,包括强度、刚度、塑性、硬度、韧性、疲劳强度等。

1. 强度

强度是指金属材料抵抗塑性变形(永久变形)或断裂的能力。强度的指标采用应力的大小来度量。常用的强度指标有弹性极限 σ_e、屈服极限 σ_s 和抗拉强度极限 σ_b。对于低碳钢这种塑性较好的材料,产生塑性变形后就会影响正常工作,通常取屈服极限 σ_s 作为材料破坏的极限应力(图1-3)。对于铸铁等脆性材料直到断裂时都不会产生明显的塑性变形(图1-4),因此对于脆性材料通常取强度极限 σ_b 作为材料破坏的极限应力。

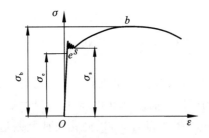

图1-3 低碳钢材料应力-应变曲线

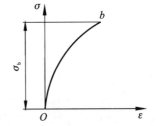

图1-4 铸铁材料应力-应变曲线

2. 刚度

刚度是指材料抵抗弹性变形的能力,用应力与应变的比值来表示材料的刚度,用弹性模量 E 表示,即单位应变所需要的应力,是评定材料刚度的主要指标。

3. 塑性

塑性是指在外力作用下,金属材料在断裂前产生不可逆的永久变形的能力。工程上常用试件被拉断后所留下的残余变形来表示材料的塑性,即用伸长率 δ 和断面收缩率 ψ 两项指标来表示。

伸长率 δ 是试件被拉断后,试件的伸长量与原始长度的百分比,即:

$$\delta = \frac{l_1 - l}{l} \times 100\% \qquad (1-1)$$

式中:l_1 为试件拉断后的长度;l 为试件拉伸前的长度。

断面收缩率 ψ 是试件被拉断后,缩颈处横截面积的收缩量与原始面积的百分比,即:

$$\psi = \frac{A - A_1}{A} \times 100\% \qquad (1-2)$$

式中:A_1 为试件拉断后缩颈处横截面积;A 为试件原始面积。

通常塑性材料的 δ 或 ψ 较大,而脆性材料的 δ 或 ψ 较小。塑性指标在机械加工中具有重要的意义,具有良好塑性的材料容易通过塑性变形加工的方法,将其加工成复杂形状的零件,如冷冲压、冷拔等。

4. 硬度

硬度是指材料抵抗压入物压陷的能力,是指材料抵抗局部塑性变形、压痕或划痕的能力。硬度是衡量材料软硬程度的指标,在一定程度上也反映了材料的综合力学性能,同时硬度值也间接地反映了金属的强度、化学成分、金相组织和热处理工艺上的差异。金属材料硬度最常用布氏硬度和洛氏硬度来表示。

(1)布氏硬度。布氏硬度是对所测量的材料用布氏测试法测定的硬度。布氏测试法如图1-5所示,试验时按照一定的规范,用直径为 D 的淬火钢球或硬质合金钢球作为压头,在规定的力 F 的作用下压入试件表面,并保持规定的一段时间,然后测量压痕直径 d,以压痕单位面积上的压力表示材料的布氏硬度值,用符号 HBS(淬火钢球)或 HBW(硬质合金球)表示。布氏硬度表示方法:布氏硬度值+压头球体直径/试验力/保持时间(10~15s 不标注),如 170HBS10/1000/30 表示用直径为 10mm 的钢球,在 1 000kgf(9 807N)力的作用下保持 30s 所测得的布氏硬度值为 170。布氏硬度,主要适用于测量铸铁、钢、有色金属等硬度不是很高的材料(材料硬度<450,用钢球压头测量;材料硬度<650,用硬质合金球压头测量)。

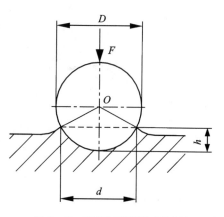

图 1-5 布氏硬度试验原理图

(2)洛氏硬度。洛氏硬度是对所测量的材料用洛氏测试法测定的硬度。洛氏硬度测试法采用金刚石圆锥体或淬火钢球压头,压入金属表面后并保持规定的时间后,用洛氏硬度测试仪测量压痕深度,直接读出数值。洛氏硬度常采用三种标尺:HRA、HRB 和 HRC,其中 HRC 应用最多。洛氏硬度的表示方法:硬度值+硬度标尺符号,如 45HRC 表示用 C 标尺测定的洛氏硬度值为 45。

5. 韧性

韧性是指在冲击载荷的作用下,金属材料抵抗破坏的能力,常用试件破坏时所消耗的功来表示。

测量韧性最常用的是摆锤式一次性冲击试验。其工作原理见图 1-6,将质量为 m 并带有标准缺口的标准试件 3(按国家标准规定制作的标准试件)放在机架 2 上,放置时试件 3 的缺口应背对摆锤 1 的冲击方向,再将摆锤 1 升到一定得高度 H_1 后自由落下,将试件 3 冲断后摆锤 1 又升到高度 H_2,则冲断试件 3 所消耗的冲击功为 $W_k = mg(H_1 - H_2)$;在试验时 W_k 值可在试验机上直接获得。常用的冲击韧性 α_k 是试件缺口处单位面积所消耗的功,即:

$$\alpha_k = \frac{W_k}{A} \qquad (1-3)$$

式中:A 为试件缺口处的横截面积。

α_k 值越大,表示材料的韧性越好,在受到冲击时越不容易断裂。

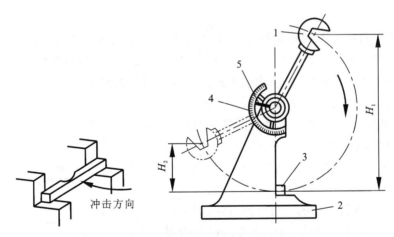

图 1-6 摆锤式一次性冲击试验原理图
1.摆锤;2.机架;3.试件;4.刻度盘;5.指针

6. 疲劳强度

当金属材料受到交变载荷的作用时,会产生交变应力,虽然材料的应力没有超过屈服极限 σ_s,但当应力循环次数增加到 N 次后,材料产生裂纹并扩展乃至突然发生断裂的现象称为金属的疲劳。

机械零件之所以产生疲劳断裂,是由于材料表面或内部存在缺陷,这些地方的局部应力大于屈服极限 σ_s,从而产生局部塑性变形而开裂,这些裂纹又随着循环次数的增加逐渐扩展,应力则随着循环次数的增加而增加,直至危险断面的截面不能承受载荷而突然断裂。所以,材料的承受交变应力或重复应力的能力与断裂前的应力循环次数 N 有关,其 σ 与 N 的关系曲线(疲劳曲线)如图 1-7 所示。从图中可以看出,交变应力随应力循环次数的变化大致分为两种情况:① 当 $N<N_0$ 时,σ 随着 N 的增加而降低;② 当 $N \geqslant N_0$ 时,无论 N 增加多少次,σ 为一个定值 σ_r,即当 $\sigma \leqslant \sigma_r$(或 $N \geqslant N_0$)时,零件都不会发生疲劳破坏。工程上将 N_0 称为应力

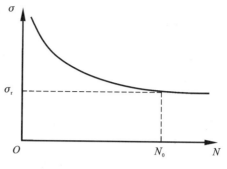

图 1-7 疲劳曲线示意图

循环基数,其对应的应力值 σ_r 称为疲劳强度(疲劳极限),即材料经过无数次循环应力的作用而不断裂的最大应力。钢铁材料的应力循环基数为 $N_0=1\times10^7$,有色金属材料的应力循环基数为 $N_0=1\times10^8$。工作时,如果零件上存在着脉动循环交变应力,则图 1-7 中的 σ_r 写成 σ_0;如果存在着对称循环交变应力,则 σ_r 写成 σ_{-1}。

金属疲劳极限受到很多因素的影响,改善零件的结构形式、降低零件表面粗糙度、采取各种表面强化方法都能提高零件的疲劳极限。

表 1-1 给出了常用材料的力学性能指标及含义。其机械性能的数值请查阅相关手册。

表 1-1 常用材料的力学性能指标及含义

力学性能	载荷性质	概念	性能指标
强度	静载荷	抵抗塑性变形或断裂的能力	脆性材料抗拉强度 σ_b
			塑性材料屈服极限 σ_s
塑性	静载荷	金属材料产生永久变形的能力	伸长率 δ、断面收缩率 ψ
硬度	静载荷	金属材料抵抗产生局部塑性变形或压痕、划痕的能力	布氏硬度 HBS、HBW;洛氏硬度 HRC(A、B)
冲击韧性	冲击载荷	金属材料抵抗冲击载荷而不被破坏的能力	冲击韧性 α_k
疲劳强度	疲劳载荷	在交变载荷作用下产生裂纹或突然断裂的现象	疲劳强度 σ_{-1}

二、金属材料的工艺性能

金属材料的工艺性能是指对不同加工工艺方法的适应能力,是金属材料的机械、物理、化学性能的综合体现。它反映了加工的难易程度,并直接影响到零件制造工艺和质量,也是选材和制定零件工艺路线时必须考虑的因素之一。金属材料的工艺性能包括铸造性能、锻造性能、焊接性能、切削加工性能和热处理性能等。

1. 铸造性能

铸造性能是将金属用铸造的方法制成铸件或零件的难易程度。衡量铸造性能的主要指标有流动性、收缩性和偏析等。

流动性是指熔融金属的流动能力。它主要受金属化学成分和浇注温度等的影响。流动性好的金属材料具有良好的充满铸型的能力,能够获得外形完整、尺寸精确、轮廓清晰的铸件。

收缩性是指铸件在凝固和冷却过程中,其体积和尺寸减小的现象。收缩小可提高液态金属的利用率,减小铸件产生变形或裂纹的可能性。

偏析是指金属凝固后,内部化学成分和组织的不均匀现象。若偏析严重,将使铸件各部分的力学性能产生很大的差异,降低铸件的质量。

在常用的金属材料中,灰口铸铁和青铜有良好的铸造性能。

2. 锻造性能

锻造性能是指金属材料在压力加工时,能改变其形状而不产生裂纹的性能,实质上是材料塑性好坏的表现。钢能承受锻造、轧制、冷拉、挤压等形变加工,表现出良好的锻造性。钢的锻造性与化学成分有关,低碳钢的锻造性好,碳钢的锻造性一般较合金钢好。铸铁的锻造性很差。

3. 焊接性能

焊接性能是指金属材料在通常的焊接方法和焊接工艺条件下,能否获得质量良好焊缝的性能。焊接性能与金属材料的含碳量有关,焊接性能好的材料(如低碳钢),易于用一般的焊接方法和工艺进行焊接,焊缝中不易产生气孔、夹渣或裂纹等缺陷,其强度与母材相近。焊接性能差的材料(如铸铁)要用特殊的方法和工艺进行焊接。

4. 切削加工性能

切削加工性能是对金属材料进行切削加工的难易程度。金属材料的切削加工性,不仅与材料本身的化学成分、金相组织有关,还与刀具的几何形状等有关。可根据材料的硬度和韧性对材料的切削加工性作大致的判断:硬度过高、韧性过大的材料,其切削加工性能较差。一般认为金属材料的硬度为150~250HBS时,有较好的切削加工性(如中碳钢在被切削加工时,其表面质量较好、切屑容易折断且刀刃不易磨损)。硬度过高,刀具寿命短,甚至不能切削加工;硬度过低,不易断屑,容易粘刀,加工后的表面粗糙。一般铸铁比钢切削加工性能好,碳钢比高合金钢切削加工性能好;同时改变钢的化学成分和进行适当的热处理(如退火或正火)也是改善钢切削加工性能的重要途径。

5. 热处理性能

热处理性能是通过加热、保温、冷却等热处理方法来改变金属材料内部金相组织,提高其性能的难易程度。热处理性能好的金属材料工艺简单、生产率高、质量稳定。

三、常用金属材料

机械工程常用材料通常分为金属材料和非金属材料两大类,而金属材料又分为钢铁材料(黑色金属)和有色金属材料。在机械设备中,特别是土木工程机械设备中应用最多的材料是钢铁材料。

1. 钢铁材料

1) 钢

钢是指含碳量为 0.021 8%～2.11%并含有少量其他元素的铁碳合金。在此基础上,钢又分为不含合金元素的碳素钢和含有合金元素的合金钢两大类。我国各种钢产品牌号的编号方法依据《钢铁及合金牌号统一数字代号体系》(GB/T 17616—2013)。

(1) 碳素钢:含碳量为 0.021 8%～2.11%,且不含有特意加入合金元素的铁碳合金,简称碳钢。碳素钢具有良好的力学性能和工艺性,冶炼方便,价格便宜,得到了广泛的应用。碳素钢有普通碳素结构钢、优质碳素结构钢、碳素工具钢、铸造碳钢几种类型。

普通碳素结构钢为低碳钢或中碳钢,力学性能一般,加工工艺性好,价格便宜,使用时不用进行热处理,多用来制造一般工程结构件和不重要的机械零件。普通碳素结构钢的牌号是以钢的屈服极限(σ_s)数值来划分的,牌号的表示方法是由屈服极限"屈"字汉语拼音的首位字母 Q、屈服极限数值、质量等级符号(A、B、C、D)、脱氧程度[F(沸腾钢)、b(半镇静钢)、z(镇静钢)、bz(特殊镇静钢)]四部分组成,如 Q235A—F 表示屈服极限 235MPa、质量等级为 A 级的沸腾钢。

优质碳素结构钢的有害杂质含量较少,化学成分准确,力学性能可靠,常用来制造比较重要的零件。优质碳素结构钢在使用时一般都要进行热处理,以便发挥其良好的力学性能。牌号用两位数字表示,这两位数字表示钢中平均含碳质量的万分数,如 45 钢表示该钢的平均含碳质量分数为 0.45%。优质碳素结构钢根据含碳质量分数又可分为:低碳钢[$w(C) < 0.25\%$]、中碳钢[$w(C) = 0.25\% \sim 0.60\%$]、高碳钢[$w(C) > 0.60\%$];按照含锰量的多少又可分为:普通含锰量的优质碳素结构钢(如 65Mn、40Mn 等)、高含锰量的优质碳素结构钢(如 65Mn、40Mn 等)。低碳钢强度低,但塑性、韧性好,易于冲压加工,主要用于制造受力不大的零件,如冲压件和焊接件等;中碳钢强度较高,塑性、韧性也较好,一般需经正火或调制后使用,应用广泛,多用于制造齿轮、连杆及各种轴类零件等;高碳钢(特别是高含锰量的高碳钢)经热处理后,具有高强度和良好的弹性,但切削性、淬透性和焊接性能差,主要用于制造弹簧和易磨损的零件。

碳素工具钢通常指 $w(C) = 0.65\% \sim 1.35\%$ 的高碳钢,用于制造高硬度和高耐磨性的刀具、模具和量具,要求其既能保证化学成分,又要符合规定的退火或淬火硬度(不小于 62HRC)。碳素工具钢按含碳质量分数分为普通碳素工具钢和高级碳素工具钢两种。碳素工具钢的牌号用"T"表示,后面的数字表示钢中平均含碳质量的千分数。若为高级碳素工具钢,则在牌号后面标以字母 A,如 T10A 表示含碳质量分数为 1%的高级优质碳素工具钢。

铸造碳钢主要用于制造形状复杂、力学性能要求高的机械零件。铸造碳钢的含碳质量分数一般在 0.20%～0.60%之间,如果含碳量过高,则塑性变差,而且铸造时易产生裂纹。铸造碳钢的牌号用"ZG"表示,后面的两组数字分别表示其屈服极限和抗拉强度值,如 ZG310—570 表示屈服极限不小于 310MPa,抗拉强度不小于 570MPa 的铸造碳钢。

(2)合金钢:为了改善钢的性能,在钢冶炼时有目的地加入一种或数种合金元素,来获得碳素钢所达不到的性能,如提高钢的耐热性、抗腐蚀性、耐磨性,获得高弹性、高抗磁性和导磁性等。常用的合金元素有:铬(Cr)、锰(Mn)、镍(Ni)、硅(Si)、铝(Al)、硼(B)、钨(W)、钼(Mo)、钒(V)、钛(Ti)、铌(Nb)、锆(Zr)、铼(Re)等。合金钢按照用途分为合金结构钢、合金工具钢、特殊性能钢三种类型,在机械制造中应用最多的是合金结构钢,在此主要介绍合金结构钢。

常用的合金结构钢有低合金高强度结构钢、合金渗碳钢、合金调质钢、合金弹簧钢、滚动轴承钢等。其中低合金高强度结构钢主要用于各种工程构件,其他钢种主要用于机械制造。

低合金高强度结构钢是在低碳碳素结构钢中加入少量的锰(Mn)、钒(V)、钛(Ti)、铌(Nb)、铬(Cr)、镍(Ni)等合金元素(以 Mn 为主)冶炼出的钢种。因此该钢种与碳素结构钢相比具有较高的强度、较好的韧性、耐腐蚀性和焊接性,在桥梁、船舶、车辆、容器和建筑结构制造中得到广泛的应用。其牌号是由屈服极限"屈"字汉语拼音的首位字母 Q、屈服极限数值、质量等级符号(A、B、C、D)表示,如 Q295A、Q345B 等。该钢种经过热轧后一般都进行了退火或正火处理,在使用时不需要再进行热处理。

合金渗碳钢属于低碳合金钢,其含碳量 $w(C)=0.10\%\sim0.25\%$,可保证芯部有足够的塑性和韧性。加入铬(Cr)、镍(Ni)、锰(Mn)、硅(Si)、硼(B)等合金元素可提高钢的淬透性,零件经热处理后表层和芯部均得到了强化;加入钒(V)、钛(Ti)等合金元素可以防止在高温长时间渗碳过程中晶粒的长大。该钢种要经过渗碳、淬火、低温回火后才能使用,热处理后表面硬度高(可达 58～62HRC),具有芯部韧性好、切削加工性能好的特点;用来制造既有优良的耐磨性、抗冲击性,又能承受冲击载荷作用的零件,如 20Cr 等可用于制造齿轮、凸轮、轴、销等。

合金调质钢属于中碳合金钢,其含碳量 $w(C)=0.25\%\sim0.50\%$。加入铬(Cr)、锰(Mn)、镍(Ni)、硅(Si)、硼(B)等合金元素可提高钢的淬透性,使铁素体强化并提高韧性;加入钼(Mo)、钒(V)、钨(W)、钛(Ti)等合金元素可阻止奥氏体晶粒长大,提高钢的回火稳定性,进一步改善钢的性能。该钢种要经过调制处理(淬火+高温回火),热处理后获得回火索氏体组织,使零件具有良好的综合力学性能。合金调质钢具有淬透性好,加工性能好,用来制造一些受力复杂、易出现严重磨损的重要零件,如 40Cr 等可用于制造主轴、齿轮等。

合金弹簧钢必须具有较高的含碳量,其含碳量 $w(C)=0.45\%\sim0.70\%$,加入锰(Mn)、硅(Si)、铬(Cr)、钨(W)、钒(V)、钼(Mo)等合金元素可提高淬透性与回火稳定性,强化铁素体和细化晶粒,有效地改善钢的力学性能。合金弹簧钢制成弹簧的方法有两种:热成形弹簧、冷成形弹簧,热成形弹簧在热成形后须经淬火+中温回火后应用,用于大型弹簧或形状复杂的弹簧;冷成形弹簧在冷成形后须经 250～300℃退火处理,其目的是去除应力及弹簧定型,冷成形弹簧一般用于小型弹簧。常用的合金弹簧牌号有 60Si2Mn、50CrVA、55Si2Mn、60Si2CrVA。

滚动轴承钢都是高级优质钢,应用最广的是高碳铬钢,其含碳量为 $w(C)=0.95\%\sim 1.10\%$,以保证其具有高强度、高弹性和高耐磨性。钢中加入含量为 $w(C)=0.40\%\sim 1.65\%$ 的铬,可增加钢的淬透性,提高钢的硬度、接触疲劳强度和耐磨性。在制造大型轴承时,为了进一步提高淬透性,钢中还加入了硅锰等元素。目前应用最多的轴承钢有 GCr15、GCr15SiMn,GCr15 主要用于中小型滚动轴承,GCr15SiMn 主要用于较大的滚动轴承。

合金结构钢牌号的编号方法:数字+化学元素+数字。其中前两位数表示钢中碳的平均质量分数,以万分之几来计;化学元素用化学元素符号来表示;后面的数字是该元素的平均质量分数,以百分之几来计。当该元素的平均质量分数小于 1.5% 时只标明元素符号,当质量分数为 1.5%~2.5%、2.5%~3.5%、3.5%~4.5%…时,则以 2、3、4…表示。

2) 铸铁

铸铁是指含碳量大于 2.11% 的铁碳合金。工业上常用的铸铁一般含碳量在 2.11%~4.0% 的范围内,此外还含有硅(Si)、锰(Mn)、磷(P)、硫(S)等杂质。其中碳(C)和硅(Si)是铸铁中最重要的元素,它们对铸铁的性能起到正反两个方面的作用:有利的是使铸铁的熔点降低,增加了熔化状态下的流动性,可使复杂的铸件得以成型;不利的是碳和硅在铸铁凝固时,促使碳的成分从铁中以片状石墨的形式析出,使铸铁变成脆性材料,降低了抗拉强度。铸铁与钢相比力学性能较低,具有良好的铸造性(熔化状态具有良好的流动性)、耐磨性、切削加工性、减震性和耐压性以及价格低廉、生产设备简单等优点,是应用最多的一种铁碳合金,其缺点是塑性差、韧性差、抗拉强度低、焊接性能较差。

(1)白口铸铁:在白口铸铁中的碳主要是以游离碳化铁(Fe_3C)的形式出现,因其断口呈亮白色而得名。这种铸铁的硬度高、脆性大,很难进行切削加工,很少用来制造机械零件。

(2)灰口铸铁:铸铁组织中的碳主要是以片状石墨形态存在,其断口呈灰色,故称灰口铸铁,简称灰铸铁。灰口铸铁具有良好的铸造性、耐磨性、减震性和切削加工性,常用于受力不大、冲击载荷小、需要耐磨或减震的各种零件,如固定设备的床身、形状特别复杂或承受较大摩擦力的零件。灰口铸铁的牌号用灰铁两字的汉语拼音"HT"及最低抗压强度的一组数字表示,如 HT150 是最低抗压强度为 150MPa 的灰口铸铁。

(3)球墨铸铁:是指铁水经过球化处理,使碳在铸铁组织中以球状石墨形态存在的铸铁。由于球墨铸铁中的石墨呈球状,对基体的割裂作用及应力集中现象大为减小,可以发挥金属基体的性能,因此有较高的力学性能,其强度和塑性远远超过了灰口铸铁,接近碳钢,在抗拉强度方面甚至高于碳钢,同时也具有灰口铸铁的一系列优点,如具有良好的铸造性、耐磨性、切削加工性等,可代替碳素铸钢、合金铸钢和可锻铸铁,制造一些受力复杂、力学性能要求较高的零件,如内燃机曲轴、活塞、减速箱齿轮等。球墨铸铁的牌号由"QT"及两组数字组成,两组数字分别代表最低抗拉强度和延伸率(伸长率),如 QT700—2 表示该材料是最低抗拉强度为 700MPa、最低延伸率为 2% 的球墨铸铁。

(4)可锻铸铁:是由白口铸铁经长时间高温(900~980℃)退火而得的铸铁,其组织中的碳以团絮状石墨形态存在。由于团絮状石墨对金属基体的割裂作用较片状石墨小得多,所以有较高的力学性能,塑性和韧性较灰口铸铁有较大的提高。因其具有一定的塑性变形能力,故得名可锻铸铁,而可锻铸铁仍然不能锻造,仅用来制造形状复杂、承受冲击载荷的薄壁、中小型零件。可锻铸铁的牌号由三个字母及两组数字组成:前两个字母"KT"为可锻铸铁,第三个字母是可锻铸铁的类别,后面两组数字分别代表最低抗拉强度和延伸率(伸长率)。如 KTH300—06 表示该材料是最低抗拉强度为 300MPa、最低延伸率为 6% 的黑心可锻铸铁;KTZ450—06 表示该材料是最低抗拉强度为 450MPa、最低延伸率为 6% 的珠光体可锻铸铁。

(5)合金铸铁:在铸铁中加入合金元素后形成的具有特殊性能的铸铁。如在铸铁中加入磷(P)、铬(Cr)、钼(Mo)、铜(Cu)等元素可得到具有较高耐磨性的耐磨铸铁;在铸铁中加入硅(Si)、铝(Al)、铬(Cr)等元素可得到各种耐热铸铁;在铸铁中加入铬(Cr)、钼(Mo)、铜(Cu)、镍(Ni)、硅(Si)等元素可得到各种耐腐蚀铸铁。

2. 有色金属材料

有色金属是指除黑色金属以外的其他金属,也称非铁金属。有色金属种类很多,并有许多与钢铁不同的特殊性质,如铜、铝及其合金具有良好的导电性和导热性,铝、钛合金密度小而强度高,钨、钼耐高温,锡、铋具有低温易熔性等,已成为航空、航海、化工、电器及机械制造等部门不可缺少的材料。有色金属及其合金种类繁多,最常用的有铜及铜合金、铝及铝合金、滑动轴承合金、硬质合金等。

1)铜及铜合金

(1)纯铜:外观呈紫红色,故又称紫铜。其导电性仅次于金和银,常用作导电、导热材料。纯铜的塑性非常好,但强度低,主要用来制造电线、电缆、铜管等。纯铜的序号有 T1、T2、T3、T4,分别称为 1 号铜、2 号铜、3 号铜、4 号铜,序号中的数字代表纯度,数字越大纯度越低。

(2)黄铜:是以锌(Zn)为主加元素的铜合金,其强度、硬度和塑性随含锌质量分数的增加而升高。黄铜按照化学成分的不同分为普通黄铜和特殊黄铜;按照成形方法分为压力加工黄铜和铸造黄铜。

与纯铜相比,普通黄铜的强度较高,塑性和耐蚀性较好,价格较低,应用广泛。普通黄铜的牌号用"H"+数字表示。其中"H"表示普通黄铜的"黄"字汉语拼音首字母,数字表示平均含铜量的百分数。铸造黄铜的牌号表示方法由"ZCu"+主加元素符号+主加元素含量+其他附加元素符号及含量组成,如 ZCuZn38、ZCuZn40Pb2 等。

在普通黄铜中加入其他合金元素所组成的合金,称为特殊黄铜。特殊黄铜常加入的合金元素有锡(Sn)、硅(Si)、锰(Mn)、铅(Pb)和铝(Al)等,分别称为锡黄铜、硅黄铜、锰黄铜、铅黄铜和铝黄铜等。铅使黄铜的力学性能恶化,但却能改善其切削工艺性能;硅能提高黄铜的强度和硬度,与铅一起加入还能提高黄铜的耐磨性;锡提高了黄铜的强度和在海水中的抗蚀性。特殊黄铜的代号由"H"+主加元素符号(锌除外)+铜质量分数+主加元素质量分数组成。如 HPb59—1 表示铜含量为 59%,铅含量为 1% 的铅黄铜。

(3)青铜:是除锌和镍以外元素为主加元素的铜合金。青铜有锡青铜和无锡青铜之分。

铜与锡组成的合金称为锡青铜,除锡以外的其他合金元素与铜组成的合金,统称为无锡青铜。锡青铜有良好的力学性能、铸造性能、耐蚀性和减摩性,是一种很重要的减摩材料,主要用于摩擦零件和耐蚀零件的制造(如蜗轮、轴瓦等)以及在水、水蒸气和油中工作的零件。无锡青铜主要包括铝青铜、铍青铜、铅青铜等,它们通常作为锡青铜的廉价代用材料使用。

青铜的代号由"Q"＋主加元素符号及质量分数＋其他加入元素的质量分数组成。如QSn4—3表示含锡4%,含锌3%,其余为铜的锡青铜。QAl7表示含铝7%,其余为铜的铝青铜。铸造青铜的牌号表示方法和铸造黄铜的牌号表示方法相同。

2)铝及铝合金

铝及铝合金的产量仅次于钢铁的常用金属材料,在各方面都有大量应用。

(1)纯铝:其纯度一般在99%以上,密度小,是一种轻型金属,导电性好(仅次于铜、金),导热性好,具有较好的抗大气腐蚀能力(纯铝表面能形成致密的氧化膜),具有较好的加工工艺性能,它的塑性好,可以冷、热变形加工,但强度和硬度很低。铝中常见的杂质是铁和硅,杂质越多,铝的导电性、耐蚀性及塑性越低。纯铝按杂质的含量分为1号铝、2号铝等。纯铝多用来制造电线、电缆、受力不大的耐蚀零件等。

(2)铝合金:在铝中加入适量的铜(Cu)、镁(Mg)、硅(Si)、锌(Zn)、锰(Mn)等合金元素形成铝合金,再经过冷变形和热处理后,显著地提高了强度和硬度,使其应用领域显著扩大。目前,除了普通机械,在电气设备、航空航天器、运输车辆和装饰装修结构中也都大量使用了铝合金。

铝合金按其成分和工艺特点不同可分为形变铝合金和铸造铝合金两大类。

形变铝合金具有较高的强度和良好的塑性,可通过压力加工制作各种半成品,可以焊接,主要用作各类型材和制造结构件。形变铝合金又分为防锈铝合金(代号LF)、硬铝合金(代号LY)、超硬铝合金(代号LC)、锻铝合金(代号LD)等。

铸造铝合金包括铝镁、铝锌、铝硅、铝铜等合金。这些铝合金都有优良的铸造性能,可以铸造成各种复杂的零件;但塑性低,不能进行压力加工,应用最多的是硅铝合金。其代号均用"ZL"及后面的三位数字表示,第一位数字是合金类别(1为铝硅合金、2为铝铜合金、3为铝镁合金、4为铝锌合金),后面两位数字是合金的顺序号。

3)轴承合金

轴承合金是用来制造滑动轴承的特定材料。轴承合金的材料主要是有色金属合金,常用的轴承合金有锡基轴承合金(锡基巴氏合金)、铅基轴承合金(铅基巴氏合金)和铝基轴承合金三类。

(1)锡基轴承合金:是以锡为基,加入锑(Sb)、铜(Cu)等元素组成的合金。这类合金的代号表示方法为:"ZCH"＋基体元素和主加元素的元素符号＋主加元素与辅加元素的含量,如ZCHSnSb8—4为锡基轴承合金,主加元素锑的含量为8%,辅加元素铜的含量为4%,其余为锡。锡基轴承合金具有适中的硬度、小的摩擦系数、较好的塑性及韧性、优良的导热性和耐蚀性等优点,常用于重要的轴承。但锡是较贵的金属,因此妨碍了它的广泛应用。

(2)铅基轴承合金:通常是以铅锑为基,加入锡、铜等元素组成的轴承合金,其牌号表示方法与锡基轴承合金相同,如 ZCHPbSb15—5—3,其中铅为基体元素,锑为主加元素,其含量为 15%,辅加元素锡的含量为 5%,铜的含量为 3%,其余为铅。铅基轴承合金的强度、硬度、韧性均低于锡基轴承合金,且摩擦因数较大,只用于中等负荷的轴承。由于铅基轴承合金价格便宜,在可能的情况下,应尽量用它代替锡基轴承合金。

(3)铝基轴承合金:有铝锑镁轴承合金和高锡铝基轴承合金之分。这类合金并不直接浇铸成型,而是采用铝基轴承合金带与低碳钢带(08 钢)一起轧制成双金属材料,然后制成轴承。铝锑镁轴承合金改善了合金的塑性和韧性,提高了屈服点。这种合金常用在低速柴油机等的轴承上。高锡铝基轴承合金具有高抗疲劳强度、良好的耐热、耐磨和抗蚀性的特点。这种合金用在汽车、拖拉机、内燃机车上。

4)硬质合金

硬质合金是用粉末冶金方法(以几种金属粉末或金属与非金属粉末作原料,经过配料混合后压制成型,再经过 1 400℃高温烧结而成)制成的材料,具有极高的硬度(69~81HRC),很好的耐磨性和热硬性,800~1 000℃时硬度仍可保持不变。硬质合金主要用来制造高速切削刀具和钻凿岩石的刀片,有时也可用来制造冷作模具或受冲击小、振动小的耐磨零件等。常用的硬质合金有钨钴类硬质合金、钨钴钛类硬质合金和通用硬质合金。

钨钴类硬质合金的主要成分为碳化钨及钴。其代号用"YG"+数字表示,其数字表示含钴量的百分数,如 YG8 表示该合金为钨钴类硬质合金,含钴量为 8%。钨钴类硬质合金刀具适合加工脆性材料(如铸铁)。

钨钴钛类硬质合金的主要成分为碳化钨、碳化钛及钴,其代号用"YT"+数字表示。数字表示碳化钛的百分数,如 YT5 表示该合金为钨钴钛类硬质合金,含碳化钛 5%。钨钴钛类硬质合金刀具适合加工塑性材料(如钢等)。

通用硬质合金是以碳化钽或碳化铌取代钨钴钛类硬质合金中的一部分碳化钛制成,其代号用"YW"+顺序号表示,如 YW1、YW2 等。由于加入碳化钽(碳化铌),显著提高了合金的热硬性,常用来加工不锈钢、耐热钢、高锰钢等难加工的材料。

第三节 钢的热处理及金属表面处理

一、钢的热处理

钢的热处理是为了满足机械使用及机械加工的要求,在固态范围内对钢进行适当的加热、保温、冷却处理,是以改变钢的组织结构来获得所需要的机械性能和工艺性能的方法。温度和时间是影响钢的热处理性能的主要因素,热处理过程可以用时间和温度来表述(图 1-8)。热处理仅适用于能在固态下发生相变的材料,不发生固态相变的材料不能用热处理强化。

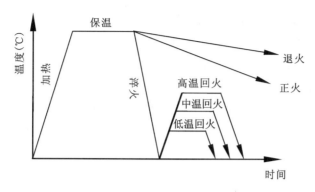

图 1-8 普通热处理过程

对钢进行热处理可以提高机械零件的使用性能,充分发挥钢材的潜力,减少钢材的用量,延长零件的使用寿命,同时也改善钢材的工艺性能,提高加工质量,减少加工刀具的磨损。按照加热、冷却及内部组织的不同变化,钢的热处理可分为普通热处理和表面热处理。

1. 普通热处理

热处理加热的目的是使珠光体(是片状铁素体与渗碳体构成的混合物)向奥氏体(是钢铁的一种层片状的显微组织,仅存在于727℃以上高温范围内)转变(图1-9),使剩余的铁素体(碳溶于 α-Fe 中的间隙固溶体称为铁素体)向奥氏体溶解,直至组织变为单一的奥氏体。保温的目的是给予适当的时间使晶粒内的成分扩散,使其内部组织均匀化,从而获得均匀的奥氏体。冷却的目的是使加热转变的奥氏体分解,随着冷却速度的不同,其分解产物的形态、性能都将发生不同的变化,包括退火、正火、淬火、回火四种类型。任何一种形式的热处理工艺都是由加热、保温、冷却三个阶段组成(图1-8)。

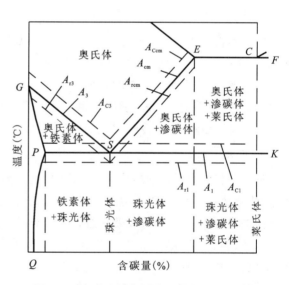

图 1-9 加热和冷却对临界转变温度的影响

如图1-9所示,在加热时钢的转变温度要高于平衡状态下的临界点(A_{C1}、A_{C3} 和 A_{Ccm})。在冷却时,要低于平衡状态下的临界点(A_{r1}、A_{r3} 和 A_{rcm})。

1)退火

退火是将钢加热到高于平衡状态下的临界点的适当温度,保持一定时间后缓慢冷却(一般随炉温冷却)的热处理工艺。退火又分为完全退火、不完全退火、消除应力退火、等温退火、球化退火等。

完全退火是将工件加热到 A_{C3} 以上 30~35℃,保温后在炉内缓慢冷却的退火方法。目的是细化组织、消除应力、降低硬度、改善切削加工性能,主要用于各种亚共析钢中的碳钢和合金钢的铸件、锻件,也用于处理焊接结构件。

不完全退火是将工件加热到 A_{C1} 以上 30~50℃,保温后缓慢冷却的退火方法,主要用于低合金钢、中高碳钢的锻件和轧制件。

消除应力退火是将工件加热到 A_{C1} 以下 100~200℃,保温后缓慢冷却来消除工件因变形等产生的内应力的方法。目的是消除因焊接、冷变形加工、铸造、锻造等加工方法所产生的内应力。

2) 正火

正火是将工件加热到 A_{C3} 或 A_{Ccm} 以上 30~50℃,保持一定时间后在空气中冷却的热处理工艺。正火与退火的目的基本相同,是退火的一种特殊形式。由于正火的冷却速度比退火稍快,故正火后所得到的珠光体组织较细,正火后钢的强度、硬度、韧性比退火处理高。与退火相比,正火生产周期短,成本低,操作方便,在低碳钢中可代替退火;但在零件形状较复杂时,由于正火的冷却速度较快,消除内应力不如退火彻底,有引起开裂的危险,则采用退火为宜。

3) 淬火

淬火是将钢加热到临界温度以上(对于亚共析钢为 A_{C3} 以上 30~50℃,对于过共析钢为 A_{C1} 以上 30~50℃,见图 1-9),保温一定时间后放入淬火介质(常用的淬火冷却介质有水、盐水、油、碱水等)中快速冷却的热处理工艺。淬火的目的是使奥氏体转变为马氏体或下马氏体组织,以提高钢的强度、硬度和耐磨性。但同时也会在钢中产生一定的内应力和脆性,而且在冷却时(特别是水冷时)容易使零件变形和开裂,因此淬火后必须回火。

4) 回火

回火是将淬火后的钢加热到 A_1 以下的适当温度(图 1-9),保温一定时间后(在空气或油中)快速冷却到室温,以获得所需组织和性能的热处理工艺。目的是减小或消除钢在淬火时产生的内应力,防止工件在使用过程中的变形和开裂,保证零件在使用过程中具有稳定组织和尺寸;调整和稳定结晶组织,以获得所需要的力学性能,提高钢的韧性;适当调整钢的强度和硬度,使零件具有较好的综合力学性能。

按加热温度的不同,回火可分为低温回火(150~250℃),应用于刀具、量具等;中温回火(350~500℃),应用于弹簧、锻膜等;高温回火(500~650℃),应用于连杆、齿轮、主轴等重要的零件。

生产中常把淬火+高温回火的复合热处理称为调质,其目的是提高零件的综合力学性能。重要零件一般都需要经过调质处理。

2. 表面热处理

表面热处理是使钢的表面具有高硬度和耐磨性,而芯部具有足够的塑性和韧性的热处理工艺。在机械设备中,在冲击载荷及表面摩擦条件下工作的零件(如齿轮、轴等)都需要进行表面热处理,以提高零件的工作寿命。常用的表面热处理方法有表面淬火和化学热处理两种。

1)表面淬火

表面淬火是将钢的表面迅速加热到淬火温度,芯部温度仍处于较低的情况下,在淬火介质(水或油等)中急剧冷却的热处理工艺。由于表面淬火仅改变了工件表层组织,其表面具有很高的硬度和耐磨性,仍保持了芯部的韧性和塑性。常用的有火焰加热表面淬火和感应加热表面淬火两种。火焰加热表面淬火一般适用于单件或小批量生产。感应加热表面淬火适用于大批量生产。表面淬火常用于制造在动载荷和摩擦条件下工作,材料为中碳钢的零件,如齿轮、曲轴、销轴等零件。表面淬火后的零件,常用低温回火来消除内应力。

2)化学热处理

化学热处理是将钢置于一定温度的活性介质中保温,使一种或几种元素渗入钢的表层,以改变钢的化学成分、组织和性能的热处理工艺。化学热处理与其他热处理相比,不仅改变了钢的组织,而且改变了其表层的化学成分。按照渗入元素的不同,化学热处理有渗碳、渗氮、氰化(碳氮共渗)等处理方法。

渗碳是将钢放在含有碳的固体(木炭粉和碳酸盐混合而成)或气体(天然气或煤气)介质中加热(850~950℃)并保温一段时间,使碳原子渗入钢表层内的化学热处理工艺。目的是为了增加零件表层的含碳量。经渗碳和淬火后可以使零件的表面具有硬度高、强度高、耐磨性好,而芯部仍保持原有的韧性和强度。渗碳多应用于受冲击载荷的低碳钢、低碳合金钢或中碳钢零件。

渗氮是将钢放入含有氮的介质或利用氨气加热分解的氮气中,加热到500~620℃并保温一段时间(20~50h),使氮原子渗入零件表层的化学热处理工艺。经渗氮后不再进行淬火处理。由于氮的特殊作用,使得零件表面的硬度更高,耐磨性与耐蚀性好。渗氮多用于耐磨性零件(钢件或铸铁件),特别适用于在潮湿、碱水或燃烧气体介质中工作的零件。

气体碳氮共渗是将渗碳气体、氨气同时加入到处理炉中,加热到860℃,保温4~5h,使碳、氮原子渗入零件表层的化学热处理工艺。气体碳氮共渗层比渗碳层具有更高的耐磨性、疲劳强度、抗压强度。

二、金属表面处理

金属表面处理是使金属表面产生一层覆盖层,以达到改善性能、防腐及装饰的作用,通常分为电镀、化学处理和涂漆等。

1. 电镀

电镀的全称为金属电化学镀膜。它是用电解原理在金属(或非金属)的表面镀上薄薄一层其他金属或合金的过程。电镀用作镀膜的金属有铜(Cu)、铬(Cr)、镍(Ni)、锌(Zn)、银(Ag)、金(Au)、铑(Rh)等,常用于零件的防腐,提高零件的耐磨性、导电性及零件磨损后的修复等。

镀铬适用于钢、铜及铜合金零件。镀铬层的化学稳定性高,具有很高的硬度和耐磨性,外观颜色好;但铬的深镀能力及扩散能力差,不宜镀形状复杂的零件。

镀镍适用于钢、铜及铜合金、铝合金零件。镀镍层具有较高的硬度(略低于铬)、良好的导电性及抵抗空气腐蚀的作用;但镍层易出现微孔,不宜镀防磁零件(容易具有磁性)。镀镍主要用于装饰和某些导电元件的防腐。

镀锌是一种应用最广泛的电镀,适用于钢、铜及铜合金,镀层具有中等硬度,在大气条件下具有很好的防护性能,但在湿热性地带及海洋蒸汽地区,锌层的防腐性能比铬层低。镀锌的成本比镀铬、镀镍低。

2. 化学处理

金属表面的化学处理也称为金属化学转化膜。此工艺是将金属零件放入某种介质中,通过化学或电化学的方法,在零件表面形成牢固结合的反应产物薄层。金属零件表面的化学处理主要有氧化和磷化。

氧化是将零件放入浓碱和氧化剂溶液中加热,使其表面生成一层约 0.6～0.8mm 的 Fe_3O_4 金属氧化膜,以保护金属不受侵蚀,并起美化作用。氧化多用于碳钢和低合金钢。氧化膜可呈黄、橙、红、紫、蓝、黑等颜色,一般要求为蓝黑或黑色,故氧化又称发蓝或发黑。

磷化是使金属表面生成一层不溶于水的磷酸盐薄膜,可以保护金属。黑色磷化膜的结晶很细,色泽均匀,呈黑灰色,厚度约为 2～4mm,膜层与基体结合牢固,耐磨性强,所以黑色磷化膜层的保护能力比氧化膜层的保护能力强。

氧化与磷化都不会影响零件的尺寸精度。

3. 涂漆

涂漆是在零件或制品的表面涂上漆,使零件或制品表面与外界环境中的有害作用机械地隔开,对零件、制品起抗腐蚀及装饰作用,有时还可起绝缘作用(如漆包线)。

思考与练习

1. 机械、机器、机构有什么区别?举例说明机构与机器各自的特点及联系。
2. 机械产品应满足哪些基本要求?
3. 何谓"三化"? 标准化在机械设计及使用中有何重要意义?
4. 金属材料有哪些机械性能和工艺性能? 各起什么作用?
5. 钢的含碳量是如何影响钢的机械性能的?
6. 说明下列钢铁材料属于哪类钢,并说明其符号及数字的含义。
   Q235A—F 20 T8 T10A 40Mn ZG200—400 W18Cr4V 40Cr 20CrMnTi
7. 何谓钢的热处理? 钢的热处理有何意义? 有哪些处理方法? 各处理方法的意义是什么?

第二章　常用机构

机构是指具有两个及两个以上的可动构件,形成一定形式的可动连接,实现传递运动和力的转换,各构件间必须具有确定运动规律的组合体。机构分为平面机构和空间机构两大类,机构中各运动构件都在同一平面或相互平行的平面内运动的机构称为平面机构,反之称为空间机构。

第一节　机构运动简图与自由度

一、运动副

当若干个构件组成机构时,构件与构件之间通过一定的方式使其相互接触与制约,组成保持相对运动的可动连接称为运动副(图2-1、图2-2)。构件组成运动副后,其独立的自由运动就受到约束。常见的运动副分为低副和高副。

1. 低副

低副是由两构件通过面接触组成的运动副,分为回转副和移动副两种(图2-1)。若组成运动副的两构件只能在同一个平面内相对转动,则该运动副称为回转副或称铰链[图2-1(a)、(b)]。若组成运动副的两构件只能沿某一轴线相对移动,则该运动副称为移动副[图2-1(c)]。

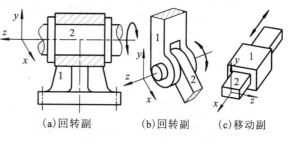

(a)回转副　　(b)回转副　　(c)移动副

图2-1　低副(面接触)

2. 高副

高副是由两构件通过点或线接触所构成的运动副。如图2-2所示,两构件可沿接触点k公切线$t-t'$相对移动和绕接触点k作相对转动。

此外,常用的运动副还有球面副和螺旋副,它们都属于空间运动副。

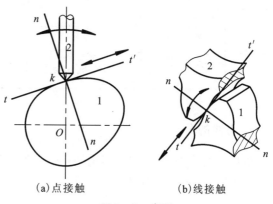

(a)点接触　　(b)线接触

图2-2　高副

二、机构运动简图

无论是在设计新机械的运动方案,还是在对现有机构进行分析时,为了方便分析机构,常用一些简单的线条和规定的符号来表示构件和运动副,并按适当的比例绘制出的图形,具有原机构相同的运动规律和动力特性的简单图形就是机构运动简图。部分机构运动简图常用的符号见表 2-1。

表 2-1 运动简图常用符号(摘自 GB/T 4460—2013)

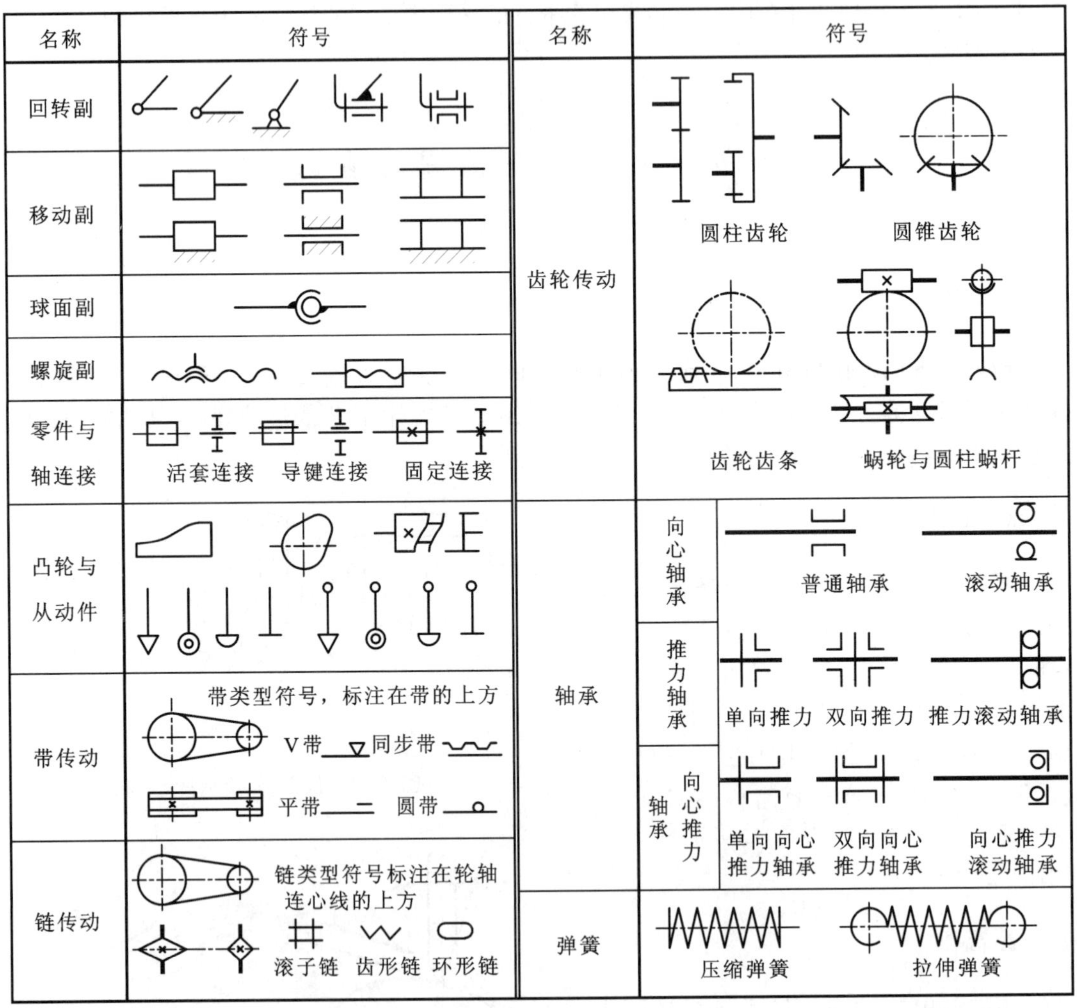

名称	符号	名称	符号
回转副		齿轮传动	圆柱齿轮　圆锥齿轮 齿轮齿条　蜗轮与圆柱蜗杆
移动副			
球面副			
螺旋副			
零件与轴连接	活套连接　导键连接　固定连接	轴承	向心轴承：普通轴承　滚动轴承 推力轴承：单向推力　双向推力　推力滚动轴承 向心推力轴承：单向向心推力轴承　双向向心推力轴承　向心推力滚动轴承
凸轮与从动件			
带传动	带类型符号,标注在带的上方 V带　▽同步带 平带　圆带		
链传动	链类型符号标注在轮轴连心线的上方 滚子链　齿形链　环形链	弹簧	压缩弹簧　拉伸弹簧

1. 构件的分类

机构中的构件分为两类:固定件和活动件,其中活动件又分为原动件和从动件。固定件的符号见图 2-3,活动件的符号见图 2-4。

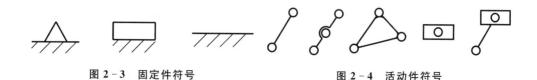

图 2-3 固定件符号　　　　　　图 2-4 活动件符号

2. 机构运动简图的绘制

绘制机构运动简图按照下列步骤进行：

(1) 找出机构的原动件和输出构件及其他构件，搞清楚原动件和输出构件之间运动规律和动力传递路线，组成机构的构件数目及连接各构件的运动副的类型、数目和相对位置，测量出各个构件上与运动有关的几何尺寸。

(2) 选择恰当的投影面，一般可以选择机构的多数构件的运动平面作为投影面。必要时也可以就机构的不同部分选择两个或两个以上的投影面，然后展开到同一平面上，或者把主机构运动简图上难以表示清楚的部分另绘成局部简图。

(3) 选择适当的比例，定出各运动副的相对位置，以简单的线条和规定的符号（表 2-1）绘制出机构运动简图。

【例 2.1】 绘制如图 1-2 所示颚式破碎机的机构运动简图。

解：① 该机构由曲轴 1，构件 2、3、4，动颚板 5 共 5 个活动构件和机架 6 共 6 个构件组成，其中：曲轴 1 是原动件、动颚板 5 是输出构件、机架 6 是固定构件，构件 2、3、4 是传动构件；有 O、A、E、D、B、C、F 共 7 个转动副。② 该机构 5 个活动构件的运动平面都平行于绘图的纸面，属于平面机构，因此选择该纸面为投影面；然后确定合适的比例尺，定出各回转副的位置，并分别用直线连接属于同一构件上的回转副，即可绘制出该机构的运动简图（图 2-5）。

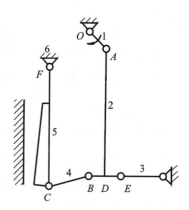

图 2-5 颚式破碎机机构运动简图

三、平面机构自由度

1. 约束与自由度

自由度是指构件或机构具有相对独立运动的数目。由理论力学可知，一个作平面运动而不受任何约束的构件（刚体），具有 3 个自由度。如图 2-6 所示，构件 1 在未与构件 2 构成运动副时，有沿 x 轴、y 轴的移动和绕与运动平面垂直的轴线转动的 3 个独立运动，即具有 3 个自由度。当两构件通过运动副相连接时，如图 2-1、图 2-2 所示，构件间的相对运动受到

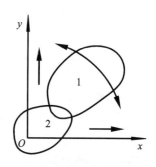

图 2-6 构件的相对运动

限制,这种限制就称为约束。也就是说,运动副引进了约束,使构件的自由度减少了。

图 2-1(a)、(b)中构件 1 与构件 2 构成转动副,构件 1 沿 x 轴及 y 轴的移动被约束,使构件 1 沿 z 轴相对构件 2 转动。图 2-1(c)中构件 1 与构件 2 构成移动副,构件 1 沿 y 轴的移动和绕 z 轴的转动被约束,使构件 1 只能相对构件 2 沿 x 轴移动。图 2-2 中构件 1 与构件 2 构成平面高副,构件 1 沿接触处的公法线 n—n 方向的移动被约束,使构件 1 只能相对构件 2 沿 t—t' 移动和绕与运动平面垂直的轴线转动。因此,平面低副(转动副或移动副)将引进 2 个约束,使两构件只剩下一个相对转动或相对移动的自由度;平面高副将引进 1 个约束,使两构件只剩下相对滚动和相对滑动 2 个自由度。

2. 平面机构自由度的确定

由以上分析可知,如果一个平面机构共有 n 个活动构件(机架因固定不动而不计算在内),当各构件尚未通过运动副相连接时,显然它们共有 $3n$ 个自由度。若各构件之间共构成 P_l 个低副和 P_h 个高副,则它们共引入了 $(2P_l+P_h)$ 个约束,平面机构的自由度 F 则为:

$$F=3n-(2P_l+P_h)=3n-2P_l-P_h \tag{2-1}$$

这就是平面机构自由度的计算公式。显然,机构自由度取决于活动构件的数目及运动副的数目。

【例 2.2】 计算图 2-5 颚式破碎机矿石破碎机构的自由度。

解:由例 2.1 机构分析可知,该机构有 5 个活动构件,各构件间有 7 个回转副,没有高副,即 $n=5$、$P_l=7$、$P_h=0$,则由式(2-1)得该机构的自由度为:

$$F=3n-2P_l-P_h=3\times5-2\times7-0=1$$

3. 机构具有确定运动的条件

机构具有确定运动的条件是:①机构的自由度 $F>0$;②机构的原动件数 W 等于机构的自由度 F,即:$W=F>0$。例 2.2 中 1 为原动件,自由度为 1,因此有确定的运动输出。

【例 2.3】 计算如图 2-7、图 2-8、图 2-9 所示机构的自由度。

图 2-7 四连杆机构　　图 2-8 三角架　　图 2-9 五连杆机构

解:①如图 2-7 所示的四连杆机构中:有 3 个活动构件,4 个转动副,无高副,则由式(2-1)得该四连杆机构的自由度为:

$$F=3n-2P_l-P_h=3\times3-2\times4-0=1$$

因此该四连杆机构需要一个原动件,当原动件运动时,从动件就具有一个确定的运动输出。

② 如图 2-8 所示的三角架中:有 2 个活动构件,3 个转动副,无高副,则由式(2-1)得该三角架的自由度为:

$$F = 3n - 2P_l - P_h = 3 \times 2 - 2 \times 3 - 0 = 0$$

显然,该三角架的各构件间不可能产生相对运动。严格地讲,已经不能称之为机构,而是桁架结构件了。

③ 如图 2-9 所示的五连杆机构中:有 4 个活动构件,5 个转动副,无高副,则由式(2-1)得该五连杆机构的自由度为:

$$F = 3n - 2P_l - P_h = 3 \times 4 - 2 \times 5 - 0 = 2$$

在此五连杆机构中,若只有构件 1 输入一个确定的运动,则构件 2、3、4 都没有确定的运动输出。然而,若再给构件 4 输入一个确定的运动,则构件 2、3 就具有确定的运动。

4. 平面机构自由度几种特殊情况的处理

在应用式(2-1)计算机构自由度时,必须注意以下几种特殊情况的处理方式,否则将会得出错误的结果。

(1) 复合铰链:3 个或 3 个以上的构件在同一轴线上用转动副相连就构成复合铰链。如图 2-10 所示为 3 个构件在同一轴线上构成 2 个回转副的复合铰链。由此可以类推,若 m 个构件以同轴复合铰链相连接时,则应具有 $m-1$ 个回转副。

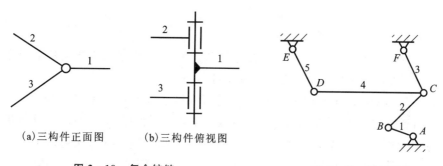

(a) 三构件正面图　　(b) 三构件俯视图

图 2-10　复合铰链　　　　图 2-11　摇杆机构

【例 2.4】 计算如图 2-11 所示机构的自由度。

解:从表面上看,该机构似乎是 5 个活动构件和 A、B、C、D、E、F 等铰链组成 6 个回转副,则由式(2-1)得该机构的自由度为:

$$F = 3n - 2P_l - P_h = 3 \times 5 - 2 \times 6 - 0 = 3$$

按照这个结果,该机构必须有 3 个原动件才能使机构有确定的运动。但实际情况是整个机构只要一个构件即构件 1 作为原动件,就能使运动完全确定下来。这种计算错误是因为忽略了构件 2、3、4 在铰链 C 处构成复合铰链,组成两个同轴回转副而不是一个回转副。因此回转副数 $P_l = 7$,而不是 6,据此按式(2-1)计算得:

$$F = 3n - 2P_l - P_h = 3 \times 5 - 2 \times 7 - 0 = 1$$

那么,这个结果就与事实相符了。

(2)局部自由度:在有些机构中,常出现一种不影响整个机构输入和输出关系的个别构件所具有的独立运动称为局部自由度。在计算机构自由度时,应看作是多余自由度,不考虑局部自由度。

【例2.5】 计算如图2-12所示滚子推杆凸轮机构中,为了减少凸轮1和推杆2的磨损,在推杆2上装了一个滚子4;当原动件凸轮1绕O转动时,通过滚子4使从动件2沿机架3上下往复运动。试计算该机构的自由度。

解:①该机构[图2-12(a)]有凸轮1、滚子4、推杆2,组成两个回转副(O、B)、一个移动副(C)、一个高副(A),由式(2-1)计算得:

$$F = 3n - 2P_l - P_h = 3 \times 3 - 2 \times 3 - 1 = 2$$

表明该机构有2个自由度。事实上只要凸轮1一个原动件的回转运动,从动件推杆2就有一个确定的上下往复移动,该机构的自由度应该为1,因此该结果与实际不符。

②进一步分析可知,滚子4绕自身轴线B的转动,不影响其他构件的运动,形成的是局部自由度,在计算时应将滚子4与推杆2固定成一体考虑[图2-12(b)],即活动构件数$n=2$、低副$P_l=2$、高副$P_h=1$,则该机构自由度为:

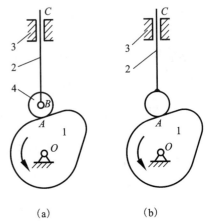

图2-12 局部自由度

$$F = 3n - 2P_l - P_h = 3 \times 2 - 2 \times 2 - 1 = 1$$

(3)虚约束:在机构中有些约束与其他约束重复,而对机构运动不起新的限制作用的约束称为虚约束。在计算机构自由度时应去除不计。

在图2-13(a)所示的平行四边形机构中:连杆3作平移运动,若构件5与构件2、4相互平行并长度相等,构件5的存在与否对机构的运动不产生任何影响。因此,在计算机构自由度时要将构件5和两个回转副E、F全部去除不计,用如图2-13(b)所示的平行四边形计算,即:$F = 3n - 2P_l - P_h = 3 \times 3 - 2 \times 4 - 0 = 1$。若构件5与构件2、4不平行[图2-13(c)],构件5就不是虚约束,则该机构的自由度$F=0$,就不能运动。

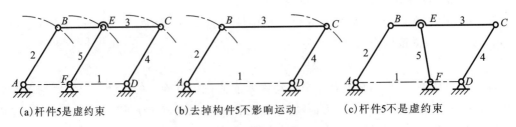

(a)杆件5是虚约束　　(b)去掉构件5不影响运动　　(c)杆件5不是虚约束

图2-13 平行四边形机构中的虚约束

机构中经常会有虚约束存在,如图2-14(a)所示两个构件之间组成多个导路平行的移动副,只有一个移动副起约束作用,其余都是虚约束。如图2-14(b)所示两个构件之间组成多个轴线重合的回转副,只有一个回转副起约束作用,其余都是虚约束。再如图2-14(c)所示行星架上同时安装三个对称布置的行星轮2,从运动学观点来看,它与采用一个行星轮的运动效果完全一样,即另外两个行星轮是对运动无影响的虚约束。机械中常设计有虚约束,对运动情况虽无影响,但往往为改善受力情况或增加稳定性而设置。

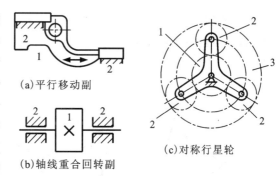

(a)平行移动副

(b)轴线重合回转副

(c)对称行星轮

图2-14 虚约束实例

第二节 平面连杆机构

连杆机构是由低副构件连接而成,又称为低副机构。各构件的运动平面彼此相互平行的连杆机构称为平面连杆机构,除此以外则是空间连杆机构。由于连杆机构中的低副是面接触,其运动副中的压强小、磨损小、寿命长,能承受较大的载荷,又由于转动副和移动副本身的几何形状能保证两构件可靠的活动连接,保证了连杆机构工作的可靠性、制造及安装的方便性,在各种机械设备中,特别是在土木工程机械中,连杆机构是一种应用最为广泛的机构。

一、平面连杆机构的类型

在平面连杆机构中,最常见的是由4个构件组成的四连杆机构。其他类型的多杆机构则是在此基础上依次增加杆件组合而成。这里主要介绍四连杆机构。

1. 平面四连杆机构的基本类型

平面四连杆机构的基本形式是铰链四杆机构,其4个运动副均为转动副(图2-15)。其中构件4为固定不动的杆件称为机架;直接与机架4相连的构件1和构件3称为连架杆;机架对面,连接两连架杆的活动构件2称为连杆。若连架杆在≥360°的范围回转称为曲柄,而只能在<360°范围内摆动称为摇杆。

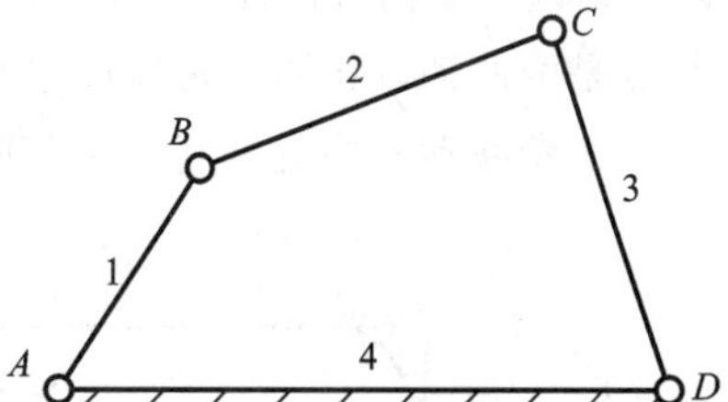

因此,根据铰链四杆机构中两连架杆运动形式的不同,可将铰链四杆机构分为3种基本类型:曲柄摇杆机构、双曲柄机构、双摇杆机构。

图2-15 铰链四连杆机构

1)曲柄摇杆机构

在铰链四杆机构中,如果两个连架杆一个是曲柄,另一个是摇杆,则称为曲柄摇杆机构。其中曲柄360°转动,摇杆往复摆动,连杆作平面复合运动。若曲柄为主动件,则曲柄摇杆机构可将曲柄的连续转动转换成摇杆的往复摆动(如图 2-16 所示雷达天线俯仰机构和如图 2-17 所示的汽车刮雨器机构);若摇杆为主动件,可将摇杆的往复摆动转换为曲柄的连续转动,如图 2-18 所示的缝纫机踏板机构。

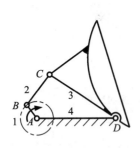 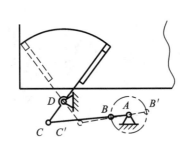 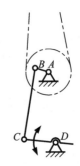

图 2-16　雷达天线机构　　　图 2-17　汽车刮雨器机构　　　图 2-18　缝纫机踏板机构

2)双曲柄机构

在铰链四杆机构中,如果两个连架杆都是曲柄,则称为双曲柄机构。

在双曲柄机构中,若两曲柄长度不等,则称为不等双曲柄机构,此时当主动曲柄以等角速度连续旋转时,从动曲柄则以变角速度连续转动,且其变化幅度相当大,最大值和最小值之比可达 2~3 倍。如图 2-19 所示的惯性筛就是利用了双曲柄机构的这个特性,从而使筛子的往复运动具有较大的变动加速度,使物料因惯性而达到筛分的目的。

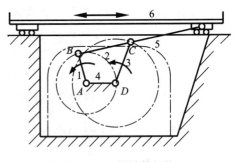

图 2-19　惯性筛机构

若相对的两杆平行且长度相等,如图 2-20 所示,$AB=CD$、$AD=BC$,$AB/\!/CD$、$AD/\!/BC$,则该双曲柄机构称为平行双曲柄机构(又称平行四边形机构)。平行双曲柄机构运动的特点是两曲柄以相同的角速度沿相同的方向回转,而连杆作平移运动。如图 2-21 所示的机车车轮联动机构就是利用了其两曲柄等速同向转动的特性。

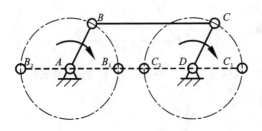 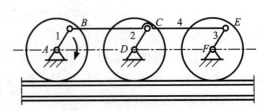

图 2-20　平行四边形机构　　　　　　图 2-21　机车车轮联动机构

若相对应的两杆长度相等,但彼此不平行,如图 2-22 所示,$AB=CD$、$AD=BC$,则称为反向双曲柄机构。该机构的特点是两曲柄的转向相反,且角速度相等。在图 2-23 所示的车门启闭机构中,双曲柄机构 ABCD 就是反向双曲柄机构,它可使两扇车门同时反向对开或关闭。

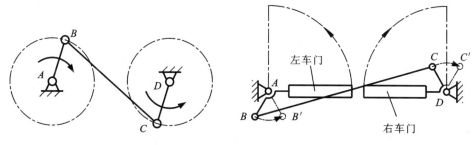

图 2-22 反向双曲柄机构　　　　图 2-23 车门启闭机构

3）双摇杆机构

在铰链四杆机构中,如果两个连架杆都是摇杆,则称为双摇杆机构。

双摇杆机构可将主动摇杆的往复摆动经连杆转换为从动摇杆的往复摆动。如图 2-24 所示鹤式起重机的双曲柄机构,摇杆 AB 和摇杆 DC 在往复摆动过程中,保证了连杆 BC 上的 E 点水平运动,满足了起吊重物时的平稳性要求。

在双摇杆机构中,两摇杆同一时间内所摆过的角度在一般情况下是不相等的。如图 2-25 所示为汽车前轮的转向机构是两摇杆($AB=CD$)长度相等的双摇杆机构（又称等腰梯形机构）。汽车在转弯时,在该机构的作用下,可使两前轮轴线与后轮轴线近似汇交于一点 O,以保证各轮相对于路面近似为纯滚动,以减小轮胎与路面之间的磨损。

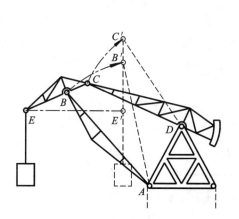 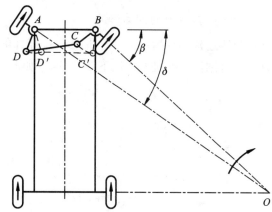

图 2-24 鹤式起重机的双曲柄机构　　　　图 2-25 汽车前轮的转向机构

2. 平面四连杆机构基本类型的判断

1）曲柄存在的条件

平面四连杆机构的基本类型是依据该机构有无曲柄存在来进行区分的,而曲柄的存在又与该机构各构件相对尺寸的大小有关。

在图 2-26 所示的曲柄摇杆机构中，要使连架杆 AB 相对于机架 AD 绕转动副 A 作整周转动，连架杆 AB 必须能顺利通过与连杆 BC 共线的两个位置 AB_1 和 AB_2。因此，只要判断在这两个位置时，该机构各杆尺寸间的关系，就可以确定 AB 成为曲柄应满足的条件。

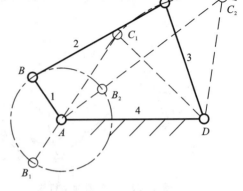

图 2-26 曲柄摇杆机构

如图 2-26 所示，各杆件的长度分别为：$AB=a$、$BC=b$、$CD=c$、$AD=d$，取 $a<d$。当连架杆 AB 处于 AB_1 的位置时，形成 $\triangle AC_1D$，其各杆件的长度应满足下列关系：

$$a+c \leqslant b+d \quad (2-2a)$$
$$a+d \leqslant b+c \quad (2-2b)$$

当连架杆 AB 处于 AB_2 的位置时，形成 $\triangle AC_2D$，则又有如下关系：

$$a+b \leqslant c+d \quad (2-2c)$$

由式(2-2a)、式(2-2b)、式(2-2c)两两相加得：

$$a \leqslant b, a \leqslant c, a \leqslant d \quad (2-2)$$

由此可见 a 最短，即曲柄为最短杆件，又从式(2-2a)、式(2-2b)、式(2-2c)可见曲柄的杆长无论加上哪个杆件的杆长总是小于或等于其余两杆件杆长之和。

综上所述，曲柄存在的必要条件是：最短杆件与最长杆件的杆长之和小于或等于其余两杆件杆长之和(杆长条件)。

2)三种基本类型的组成规律

(1)若四连杆机构满足最短杆件与最长杆件的杆长之和小于或等于其余两杆件杆长之和的杆长条件时，变换机架有以下 3 种情况(如图 2-27 所示，其杆 1 为最短杆件)。

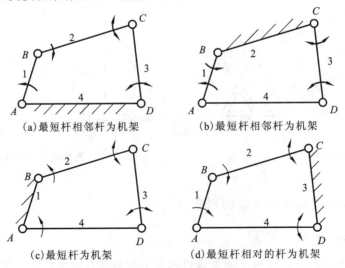

(a)最短杆相邻杆为机架　　(b)最短杆相邻杆为机架

(c)最短杆为机架　　(d)最短杆相对的杆为机架

图 2-27 变换机架后四连杆机构的形式

①若以最短杆1相邻的杆4[图2-27(a)]或杆2[图2-27(b)]为机架时,杆1为曲柄,杆3为摇杆,则该四连杆机构为曲柄摇杆机构;

②若以最短杆1为机架[图2-27(c)]时,杆2和杆4均为曲柄,则该四连杆机构为双曲柄机构;

③若以最短杆1相对的杆3为机架[图2-27(d)]时,杆2和杆4均为摇杆,则该四连杆机构为双摇杆机构。

(2)若四连杆机构最短杆件与最长杆件的杆长之和大于其余两杆件杆长之和(不满足杆长条件)时,则无论取哪一杆件作为机架,均无曲柄存在,只能是双摇杆机构。

【例2.6】 在图2-28所示的铰链四连杆机构中,已知:$l_{BC}=50\text{mm}$,$l_{CD}=35\text{mm}$,$l_{AD}=30\text{mm}$,取 AD 为机架。解答下列问题:①如果使该四连杆机构成为曲柄摇杆机构,且 AB 是曲柄,求 l_{AB} 的取值范围;②如果使该四连杆机构成为双曲柄机构,求 l_{AB} 的取值范围;③如果使该四连杆机构成为双摇杆机构,求 l_{AB} 的取值范围。

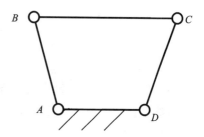

图2-28 铰链四连杆机构

解:(1)要使机构成为曲柄摇杆机构,则应满足最短杆杆长+最长杆杆长≤其余两杆杆长之和,且最短杆相邻的杆为机架的条件。对比图及数据,应以 l_{AB} 为最短杆,即:

$$l_{AB}+l_{BC}\leqslant l_{CD}+l_{AD}$$

整理并将数据代入得 l_{AB} 取值范围:$l_{AB}\leqslant l_{CD}+l_{AD}-l_{BC}=35+30-50=15(\text{mm})$。

(2)要使机构成为双曲柄机构,则应满足最短杆杆长+最长杆杆长≤其余两杆杆长之和,且最短杆为机架的条件。对比图及数据,应以 l_{AD} 为最短杆,有以下两种情况。

①以 l_{BC} 为最长杆,则 $l_{AB}<l_{BC}$,即:

$$l_{AD}+l_{BC}\leqslant l_{CD}+l_{AB}$$

整理并将数据代入得 l_{AB} 取值范围:$l_{AB}\geqslant l_{AD}+l_{BC}-l_{CD}=30+50-35=45(\text{mm})$。

②以 l_{AB} 为最长杆,则 $l_{AB}>l_{BC}$,即:

$$l_{AD}+l_{AB}\leqslant l_{CD}+l_{BC}$$

整理并将数据代入得 l_{AB} 取值范围:$l_{AB}\leqslant l_{CD}+l_{BC}-l_{AD}=35+50-3=55(\text{mm})$。

由此得出,要使机构成为双曲柄机构 l_{AB} 取值范围:$45\text{mm}\leqslant l_{AB}\leqslant 55\text{mm}$。

(3)要使机构成为双摇杆机构,则应满足最短杆杆长+最长杆杆长>其余两杆杆长之和条件。对比图及数据,有以下两种情况。

①最长杆为 l_{BC},l_{AB} 为最短杆杆,则 $l_{AB}<l_{AD}$,即:

$$l_{AB}+l_{BC}>l_{CD}+l_{AD}$$

整理并将数据代入得 l_{AB} 取值范围:$l_{AB}>l_{CD}+l_{AD}-l_{BC}=35+30-50=15(\text{mm})$。

最长杆为 l_{BC},l_{AD} 为最短杆,则 $l_{AD}<l_{AB}$,即:

$$l_{AD}+l_{BC}>l_{CD}+l_{AB}$$

整理并将数据代入得 l_{AB} 取值范围:$l_{AB}<l_{AD}+l_{BC}-l_{CD}=30+50-35=45(\text{mm})$。

②最长杆为 l_{AB},则 $l_{AB}>l_{BC}$,即:
$$l_{AD}+l_{AB}>l_{CD}+l_{BC}$$

整理并将数据代入得 l_{AB} 取值范围:$l_{AB}>l_{CD}+l_{BC}-l_{AD}=35+50-30=55(\text{mm})$。

要使机构成为双摇杆机构,l_{AB} 取值范围:15mm<l_{AB}<45mm,l_{AB}>55mm。

二、平面四连杆机构的演化

平面四连杆机构除上述的三种基本类型之外,在实际的机械上还广泛应用着其他类型,这些四连杆机构都是由基本的铰链四连杆机构演化而来的。

1. 曲柄滑块机构

在图 2-29(a)所示的曲柄摇杆机构中,当曲柄 1 绕着铰点 A 转动时,摇杆 3 绕着铰点 D 摆动,此时摇杆 3 上 C 点的轨迹是以 CD 为半径的圆弧 $\overset{\frown}{mm}$。摇杆 3 的长度越长,圆弧 $\overset{\frown}{mm}$ 越平直;当摇杆 3 的长度增大到无穷大时,圆弧 $\overset{\frown}{mm}$ 变为一条直线[2-29(b)]。若将摇杆 3 改成能够作直线运动的滑块,则转动副 D 就转化成为移动副,曲柄摇杆机构就演化成为曲柄滑块机构[图 2-29(c)、(d)]。曲柄 1 的回转中心 A 与滑块 4 上 C 点的运动轨迹 $m—m$ 之间的距离 e 称为偏距。当 $e=0$ 时称为对心曲柄滑块机构[图 2-29(c)];当 $e>0$ 时称为偏置曲柄滑块机构[图 2-29(d)]。

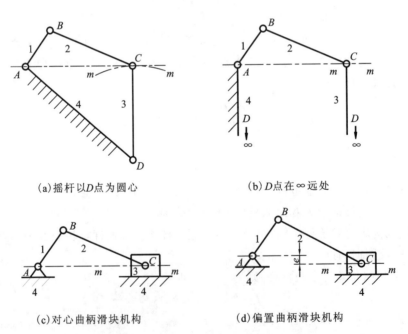

(a)摇杆以D点为圆心　　(b)D点在∞远处

(c)对心曲柄滑块机构　　(d)偏置曲柄滑块机构

图 2-29　四连杆机构转动副简化为移动副

综上所述,曲柄滑块机构的运动转换形式为由回转运动转换成直线往复运动,其机构组成应具有一个固定导路的移动副来保证滑块直线往复运动。曲柄滑块机构广泛应用于活塞式内燃发动机(图2-30)、往复式抽水机、搓丝机、机床等各种机械设备中。

曲柄滑块机构的动力传递是可逆的：即可以曲柄为主动件输入动力，由滑块为从动件输出动力；也可以滑块为主动件输入动力，由曲柄为从动件输出动力。图2-30是内燃发动机机构示意图，当燃烧室1内的燃油混合气燃烧时，气体的体积快速膨胀，其温度、压力快速升高，推动活塞3沿着气缸2的内壁向下快速移动，通过连杆4带动曲轴5绕着铰点C旋转，将燃油燃烧的热能转变为回转的机械能。很明显这是一个将滑块的直线往复运动改变为曲柄的回转运动的实例。图2-31是自动送料机构示意图，曲柄1绕铰点A旋转，每转一周，通过连杆2推动滑块3将滑槽4中的工件5向前推出一个。曲柄1连续不断地回转，就实现了连续不断地自动输送工件5的工作。显然这是一个将曲柄的回转运动改变为滑块的直线往复运动的实例。

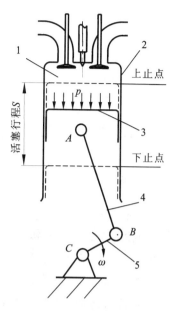

图2-30 内燃发动机机构

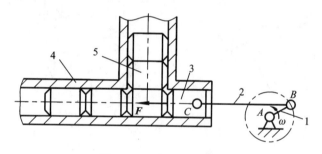

图2-31 自动送料机构

2. 导杆机构

导杆机构是具有一个运动导路移动副的平面四杆机构，是改变曲柄滑块机构中滑块的运动方式演化而成的。导杆机构分为曲柄摇块机构、摆动导杆机构、移动导杆机构、转动导杆机构几种类型。

如图2-32所示是曲柄滑块机构。在杆件1(曲柄)作逆时针转动过程中，杆件2推着滑块3沿着固定杆件4往复直线移动运动，实现了将回转运动转变为直线往复移动的运动转换。如图2-33(a)所示，若将杆件2作为机架、杆件4变为活动杆件，滑块3则只能绕着C点转动，滑块变为摇块，实现了将回转运动转变为摆动的运动转换，曲柄滑块机构就变成了曲柄摇块机构。如图2-33(b)所示的自卸卡车上的翻斗机构就是曲柄摇块机构的应用实例，是以油缸的伸缩提供原动力(当液压油进入油缸3的无杆腔，活塞及活塞杆4则向外伸出)推动车厢1绕着B点转动，从而完成了自动卸车的工作。

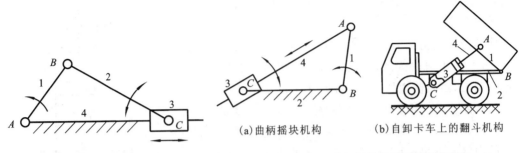

(a)曲柄摇块机构　　　　(b)自卸卡车上的翻斗机构

图 2-32　曲柄滑块机构　　　图 2-33　曲柄摇块机构及应用实例

若将图 2-33(a)中的摇块 3 放在 A 点,同时杆件 4 也反过来绕着 C 点摆动,这时杆件 1 (曲柄)作为主动件全回转时,A 点的摇块 3 带动杆件 4 绕着 C 点在一定角度范围内往复摆动,实现了将回转运动转变为往复摆动的运动转换,曲柄摇块机构就变成了曲柄摆动导杆机构[图 2-34(a)]。如图 2-34(b)所示的牛头刨床导杆机构就是曲柄摆动导杆机构的应用实例,它是将曲柄 1 的回转运动转变成刨刀的直线往复运动。

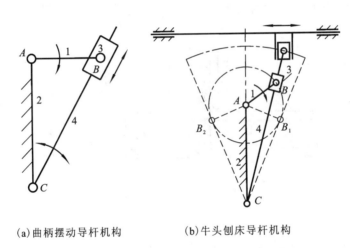

(a)曲柄摆动导杆机构　　　(b)牛头刨床导杆机构

图 2-34　曲柄摆动导杆机构及其应用实例

若取最短杆曲柄 1 为机架[图 2-35(a)],杆件 4 变为活动杆件,这时滑块 3 以杆件 4 为导轨移动。此种机构的构件 3 和构件 4 都能整周转动,若以其中一个构件为主动件回转,则另一构件以回转运动输出,实现了将回转运动变为另一回转运动的转换,曲柄滑块机构就变成了转动导杆机构。如图 2-35(b)所示的回转式柱塞泵就是转动导杆机构的应用实例,是将轮 2 的回转运动转换为活塞 4 的回转运动,使活塞 4 相对于活塞缸 3 往复运动来完成泵的工作。

若将图 2-32 中的滑块 3 作为机架,以构件为主动件摆动时,这时杆件 4 只能相对于滑块 3 滑动[图 2-36(a)],实现了将摆动转变为移动运动的转换,曲柄滑块机构就变成了移动导杆机构。如图 2-36(b)所示的手压式抽水机就是移动导杆机构的应用实例,是摇动杆件 1 来使活塞 4 上下移动完成抽水任务。

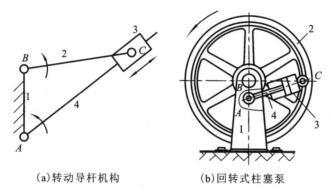

(a) 转动导杆机构　　(b) 回转式柱塞泵

图 2-35　转动导杆机构及其应用实例

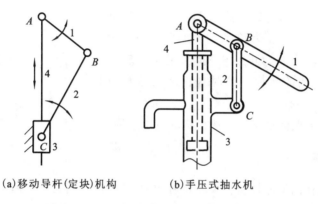

(a) 移动导杆(定块)机构　　(b) 手压式抽水机

图 2-36　移动导杆机构及其应用实例

3. 双滑块机构

双滑块机构是具有两个移动副的平面四杆机构。若将如图 2-29(a)所示的曲柄摇杆机构中的杆件 1 和杆件 3 的长度都增大到无穷大时，转动副 A 和转动副 D 都转变成为移动副，则该四杆机构就转变成具有两个移动副的双滑块机构，如图 2-37 所示。若取不同的构件为机架，就可以得到不同的双滑块机构。

如图 2-38(a)所示，当构件 3 为机架时，该机构就是双滑块机构。若滑块 1 在杆件 4 上垂直上下移动时，带动杆件 2 推着滑块 3 沿着固定杆件 4 水平运动，实现了从上下移动转变为水平移动的运动形式转换。

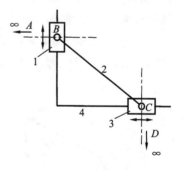

图 2-37　四杆机构演化为双滑块机构

如图 2-38(a)所示，当构件 1 为机架时，回转副 B 与移动副 A 分开一段距离，如图 2-38(b)所示，则双滑块机构就转化为正弦机构(也称曲柄移动导杆机构)，实现了从转动转换为移动的运动形式的转换。此时杆件 4(或称移动导杆)的位移方程为：$S=L\sin\varphi$。

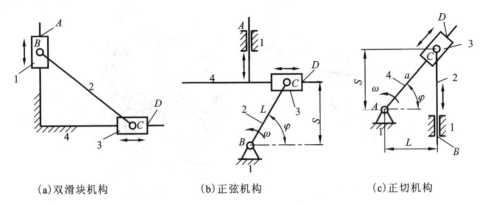

(a) 双滑块机构　　　(b) 正弦机构　　　(c) 正切机构

图 2-38　几种具有两个移动副的四杆机构

如图 2-38(b)所示，将回转副 B 与移动副 A 互相交换，即 A 改为转动副、B 改为移动副，如图 2-38(c)所示，则正弦机构就转化成为正切机构，实现了从转动转变为移动的运动形式的转换。此时杆件 2 的位移方程为：$S=L\tan\varphi$。

如图 2-39 所示椭圆仪是双滑块机构的应用实例。

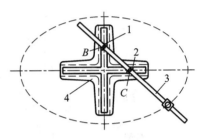

图 2-39　椭圆仪

4. 偏心轮机构

偏心轮机构是在曲柄连杆机构及转化机构中，扩大运动副的尺寸而得来的机构。

在图 2-40(a)所示的曲柄摇杆机构中，若将转动副 B 的半径 r 加大到超过曲柄 1 的长度，就可以得到如图 2-40(b)所示的摇杆式偏心轮机构。此时，曲柄 1 就变成一个几何中心为 B，回转中心为 A，偏心距离为 e 的偏心圆盘，其偏心距离为 e 的长度等于曲柄 1 的长度。同理，若要求曲柄滑块机构中滑块的行程很小时，曲柄的长度必然很短；若结构的需要将曲柄做成偏心轮时，曲柄滑块机构就演化成为如图 2-40(c)所示的滑块式偏心轮机构。

这种形式的演化不影响原机构的运动情况，反而大幅度地提高了机构的承载力。偏心轮机构常用于冲床、剪床、柱塞泵等设备中。

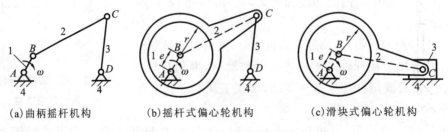

(a) 曲柄摇杆机构　　　(b) 摇杆式偏心轮机构　　　(c) 滑块式偏心轮机构

图 2-40　偏心轮机构的演化

三、平面连杆机构的基本特性

1. 急回特性与行程速比系数

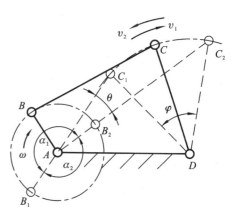

图 2-41 曲柄摇杆机构中的极位夹角

在图 2-41 所示的曲柄摇杆机构中，曲柄 AB 为主动件，并以等角速度 ω 沿顺时针方向转动。在曲柄 AB 转动一周的过程中，有两次与连杆 BC 共线（B_1AC_1 和 AB_2C_2），此时摇杆 CD 分别处于左极限位置 C_1D 和右极限位置 C_2D，其夹角为 φ，称为曲柄 AB 的摆角。这时曲柄 AB 与连杆 BC 两共线（B_1AC_1 和 AB_2C_2）位置之间所夹锐角 θ 称为极位夹角。

当曲柄 AB 从 B_1 顺时针以等角速度 ω 转动到 B_2，其转动角度为 $\alpha_1=180°+\theta$，所需时间为 t_1，摇杆 CD 则从左极限位置 C_1D 摆到右极限位置 C_2D，C 点的平均速度为 v_1；曲柄 AB 继续从 B_2 顺时针转动到 B_1，其转动角度为 $\alpha_2=180°-\theta$，所需时间为 t_2，C 点的平均速度为 v_2。由于 $\alpha_1>\alpha_2$，则 $t_1>t_2$，所以 $v_1<v_2$。这表明摆杆 CD 往复摆动的快慢是不同的，具有慢速前进（正行程）、快速返回（反行程）的运动特性，我们把连杆机构这种特性称之为急回运动特性。

衡量机构的急回运动特性用行程速比系数 K 来表示：

$$K=\frac{v_2}{v_1}=\frac{\widehat{C_1C_2}/t_2}{\widehat{C_1C_2}/t_1}=\frac{t_1}{t_2}=\frac{180°+\theta}{180°-\theta} \qquad (2-3)$$

或用极位夹角 θ 来表示：

$$\theta=180°\frac{K-1}{K+1} \qquad (2-4)$$

由以上两式分析可知，平面连杆机构有无急回特性取决于有无极位夹角 θ。若 $\theta=0$，$K=1$ 时，说明该机构无急回特性，如图 2-42(a) 所示的对心曲柄滑块机构；若 $\theta>0$，$K>1$ 时，说明该机构具有急回特性，如图 2-42(b) 所示的偏置曲柄滑块机构。θ 越大，K 值则越大，急回作用就越明显。在一般机械中，K 值为 1.1～1.3。

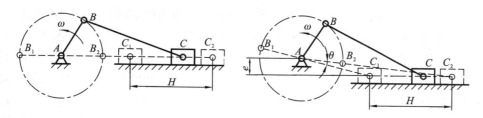

(a) 对心曲柄滑块机构 $\theta=0$　　　　(b) 偏置曲柄滑块机构 $\theta>0$

图 2-42 曲柄滑块机构中的极位夹角

在实际应用中,常利用机构的这种急回特性来缩短非工作时间,提高设备的生产效率。

2. 压力角与传动角

在如图2-43所示的曲柄摇杆机构中,曲柄1为原动件,摇杆3为从动杆;曲柄1通过连杆2作用在摇杆3上力F的方向与连杆2的中心线BC相同;力F与力的作用点C的速度v_c方向的锐角α称为压力角,而压力角的余角γ则称为传动角,即:$\gamma=90°-\alpha$。则力F可分解为:沿着力的作用点C的速度v_c方向的圆周分力F_t和垂直于速度v_c方向的径向分力F_n,其大小为:

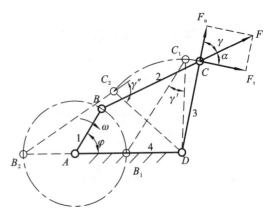

图2-43 压力角与传动角

$$\begin{cases} F_t = F\cos\alpha = F\sin\gamma \\ F_n = F\sin\alpha = F\cos\gamma \end{cases} \quad (2-5)$$

显然,圆周分力F_t是推动摇杆3摆动的有效分力,径向分力F_n则是压在铰点D上的有害分力。从式(2-5)中可以看出,压力角α越大,有效分力就越小,而有害分力就越大;反之传动角γ越大,有效分力就越大,而有害分力就越小,对机构传动越有利,效率就越高。因此在连杆机构中,常用传动角γ作为衡量机构传力性能好坏的重要依据。

机构在运动过程中,传动角γ的大小是随机构位置的变化而变化着的,为了使机构具有良好的传力性能,设计时应使$\gamma_{min} \geq 40°$,对于高速大功率机械应使$\gamma_{min} \geq 50°$。因此设计机构时,需要确定机构最小传动角γ_{min}所在的位置并检验最小传动角γ_{min}是否满足要求。

对于机构最小传动角γ_{min}所在的位置一般可以通过计算或机构简图直观地判定。如图2-43所示的曲柄摇杆机构,γ_{min}可能出现在曲柄1与机架4共线的两个位置之一,即锐角γ'或钝角$\angle B_2C_2D$的补角γ''最小者。对于如图2-44所示的曲柄滑块机构,最小传动角γ_{min}出现在曲柄1与滑块3的运动方向垂直的位置。对于如图2-45所示的导杆机构,在不计摩擦时,由于滑块2对从动导杆3的作用力F的方向始终垂直于导杆3,即力F的方向与导杆3在B点的速度方向始终一致,传动角γ始终为90°,因此导杆机构具有良好的传力性能。

3. 机构的死点位置

在如图2-46所示的曲柄摇杆机构中,若以摇杆3为原动件,曲柄1为从动件;当摇杆3摆到C_1D和C_2D两个极限位置时,连杆2与曲柄1共线;此时传动角$\gamma=0°$,这就意味着摇杆3通过有连杆2作用于曲柄1上的有效传动分力F_t($F_t=F\sin\gamma=0$)通过回转中心A,这就出现了作用在曲柄1上的有效力矩为零,造成曲柄1不能转动的"顶死"现象,机构的这种顶死位置就称为机构的死点位置。同理,对于如图2-47所示的曲柄滑块机构,当采用滑块3为主动件时,连杆2与曲柄1的也有两个共线位置(B_1AC_1、B_2AC_2),机构存在"顶死"现象。

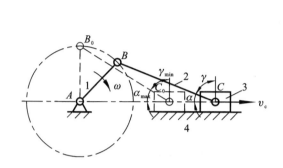

图 2-44 曲柄滑块机构中的传动角

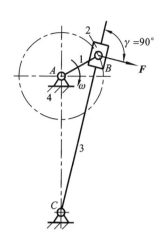

图 2-45 导杆机构中的传动

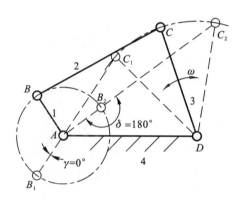

图 2-46 曲柄摇杆机构中的死点位置

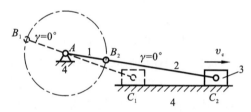

图 2-47 曲柄滑块机构中的死点位置

从以上分析可知,四杆机构是否存在死点位置,取决于从动件是否与连杆共线。

机构的死点位置不利于机构的传动,因而必须采取措施保证其顺利通过死点位置,工程上常采用的方法有:①采用机构错位排列的方法;②安装飞轮增加转动惯量,利用惯性来通过死点位置;③给从动件增加一个不通过回转中心的外力。

工程上有时也利用死点位置来实现其工作要求,提高机构工作的可靠性。如图 2-48 所示的夹紧工件用快速夹具就是利用机构的死点位置来夹紧工件。该夹具的工作原理是:在连杆 2 的手柄处施加 F 力将工件夹紧后,此时 BC 与 CD 共线,夹具处于死点位置;撤去 F 力后,无论工件反力 T 有多大,都不会使工件松脱。如图 2-49 所示的飞机起落架机构,杆 DC 绕着铰点 D 由 C′点转到 C 点,杆 CB 推着杆 AE 绕着铰点 A 旋转,当杆 DC 与杆 CB 成一直线时,放下机轮的动作完成;在飞机起降时,机轮在离开或接触地面的一刹那,机轮受到很大的力,由于机构处于死点位置,经杆 CB 传给杆 DC 的力通过铰点 D,起落架处于稳定状态,保证了飞机安全起降。

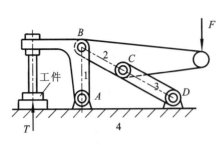

图 2-48 死点位置在夹具中的应用

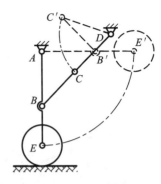

图 2-49 死点位置在飞机起落架上的应用

第三节 凸轮机构

一、凸轮机构的组成

如图 2-50 所示为内燃机配气机构,由凸轮 1、气阀 2、机架 3 组成。气阀 2 在弹簧的作用下与凸轮 1 的曲线轮廓保持高副接触。当凸轮 1 回转时,其曲线轮廓的回转半径逐渐增大,推动气阀 2 沿着机架 3 上的滑道向下开启气门;凸轮 1 继续回转,其曲线轮廓的回转半径逐渐减小,气阀 2 在弹簧的作用下,沿着滑道向上关闭气门,从而完成配气工作。气阀 2 的开启与关闭时间、运动规律,则取决于凸轮轮廓的曲线形状。

如图 2-51 所示为自动送料机构。当圆柱凸轮 1 转动时,其凹槽的侧面推动推杆 2 水平往复直线运动实现了自动送料的目的。如图 2-52 所示为车床仿形机构。凸轮 1 作为靠模被固定在床身上,当拖板 3 横向移动时,在凸轮 1 的曲线轮廓和弹簧的共同作用下促使滚子从动件 2 带动刀架进退,从而切削出工件的复杂外形。

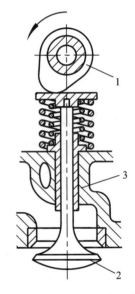

图 2-50 内燃机配气机构

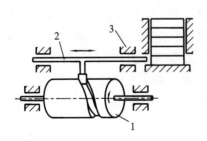

图 2-51 自动送料机构

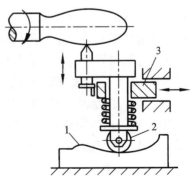

图 2-52 车床仿形机构

综上所述,凸轮机构是由凸轮、从动件和机架3个基本构件组成的高副机构。其凸轮是一个具有复杂的曲线轮廓并与从动件成高副接触,可将凸轮的回转运动或移动转变成从动件预期运动的常用机构。

二、凸轮机构的应用

由以上分析可知,凸轮机构可以将凸轮的转动转换为从动件连续或不连续的往复移动或摆动,或者将凸轮的移动转换为从动件的移动或摆动。因此,凸轮机构是能够实现各种复杂预期运动要求的高副机构。

凸轮机构的优点是:易于设计,只要适当地设计凸轮的轮廓,就可以使从动件获得各种复杂的预期运动规律,而且结构简单紧凑。所以凸轮机构是一种在各种自动、半自动机械上广泛应用的传动机构。

凸轮机构的缺点是:凸轮轮廓曲线的加工比较复杂,而且凸轮与从动件为高副接触,难以形成润滑油膜,润滑不好,易于磨损。所以凸轮机构多用于传递功率不大的控制机构中。

三、凸轮机构的类型

凸轮机构的种类繁多,通常按以下方式进行分类。

(1) 按照凸轮的形状分为盘形凸轮、圆柱凸轮和移动凸轮3种类型。

盘形凸轮[图2-53(a)]是具有径向廓线尺寸变化并绕其轴线旋转的盘形构件。当凸轮绕固定轴线转动时,可推动从动件移动或摆动。盘形凸轮机构的结构比较简单,应用也广泛,但从动件的行程不能太大,否则将使凸轮的径向尺寸变化过大,对工作不利。因此盘形凸轮机构多用在行程较短的传动中。

圆柱凸轮[图2-53(b)]是一种在圆柱面上开有曲线轮廓的凹槽或凸缘,并绕其轴线旋转的凸轮构件。圆柱凸轮机构可用于行程较长的传动中。

移动凸轮[图2-53(c)]可视为转轴中心趋于无穷远处的盘形凸轮,相对机架作直线移动的凸轮构件。当移动凸轮作直线往复运动时,将推动从动件在同一平面内作往复运动。

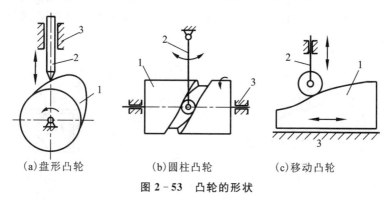

(a) 盘形凸轮　　(b) 圆柱凸轮　　(c) 移动凸轮

图2-53　凸轮的形状

盘形凸轮和移动凸轮与从动件之间的相对运动为平面运动,属于平面凸轮机构;而圆柱凸轮与从动件之间的相对运动为空间运动,属于空间凸轮机构。

(2)按照从动件的运动形式分为直动式推杆和摆动式推杆两种类型。

直动式推杆[图2-54(a)、(c)、(e)]相对于机架作直线往复移动。如果推杆的移动轴线通过凸轮轴心,则称该机构为对心直动推杆凸轮机构;否则称为偏置式直动推杆凸轮机构。

摆动式推杆[图2-54(b)、(d)、(f)]相对于机架作往复摆动。

(3)按照推杆的端部形状分为尖端推杆、滚子推杆和平底推杆三种类型。

尖端推杆[(图2-54(a)、(b)]的构造简单,由于尖顶与凸轮的接触为点接触,磨损较快,只适用于传递力不大和运动速度较低的场合,如仪器仪表凸轮机构等。

滚子推杆[图2-54(c)、(d)]是在推杆的端部安装一可自动回转的滚子,减少了摩擦和磨损,可以传递较大的力,因而应用广泛。

平底推杆[图2-54(e)、(f)]是推杆的端部与凸轮轮廓接触表面为一平面,凸轮对推杆的作用力始终垂直于推杆的平底,因而受力较平稳,接触面有利于形成油膜润滑,常用于高速凸轮机构中。

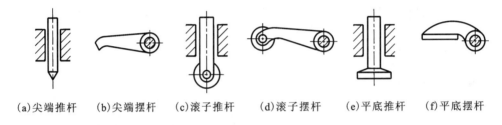

图2-54 从动件的分类

(4)按照凸轮与推杆接触的封闭方式分为力封闭凸轮机构和形封闭凸轮机构两种类型。

力封闭凸轮机构是利用推杆的重力或弹簧力等使推杆与凸轮轮廓始终保持接触。如图2-50所示的内燃机配气机构和如图2-52所示的车床仿形机构属于力封闭凸轮机构。力封闭式的凸轮机构简单实用,由于弹簧的弹性振动,因而是不适合在高速状态下运行的凸轮机构。

形封闭是依靠凸轮与推杆的特殊几何形状来保持两者始终接触。如图2-53(b)所示的圆柱凸轮机构、图2-55(a)所示的槽凸轮机构、图2-55(b)所示的等径凸轮机构、图2-55(c)所示的等宽凸轮机构属于形封闭凸轮机构。形封闭式的凸轮机构工作可靠,而且设计及制造都比较方便,且应用广泛。

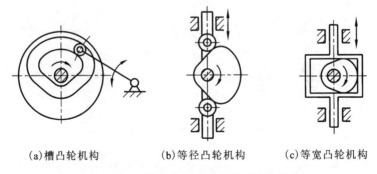

图2-55 形封闭式凸轮机构从动件的分类

第四节 棘轮机构

一、棘轮机构的组成与工作原理

棘轮机构一般由棘轮、棘爪、机架等构件组成。如图2-56所示是一种外棘轮机构,其中摇杆1是输入构件,棘轮4是输出构件;扭簧2和止动棘爪弹簧6分别将棘爪3和止动棘爪5压在棘轮4上,使其保持接触。当摇杆1逆时针摆动时,铰接在摇杆1上的棘爪3插入棘轮4上相应的齿槽内,推动棘轮4转动一定角度;当摇杆1顺时针摆动时,棘爪3在棘轮4的齿上滑过,此时止动棘爪弹簧6将止动棘爪5顶在棘轮4上的齿槽内,阻止棘轮4顺时针方向旋转,并使其静止不动。这样就将摇杆1的往复摇摆运动转变成了棘轮单向间歇转动。所以,棘轮机构是一种间歇运动机构。

二、棘轮机构的类型

棘轮机构按结构形式可分为齿式棘轮机构和摩擦式棘轮机构两大类。齿式棘轮机构具有结构简单、制造方便、运动可靠等优点,其缺点是噪声较大、齿面磨损快、传动平稳性差、不适用于高速传动,转角只能进行有级调整。而摩擦式棘轮机构具有噪声小、棘轮转角可实现无级调整,其缺点是机构依靠摩擦力传递动力,棘轮转角不准确。

1. 齿式棘轮机构

齿式棘轮机构按齿的布置方式分为外棘轮机构(图2-56)、内棘轮机构(图2-57)和棘条机构(图2-58)3种形式。其中,外棘轮机构和内棘轮机构是将双向摇摆运动转变成单向间歇转动,而棘条机构是将摇摆运动转变成单向间歇直线运动。

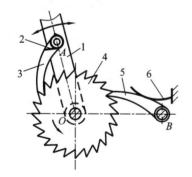

图2-56 外棘轮机构
1.摇杆;2.扭簧;3.棘爪;4.棘轮;
5.止动棘爪;6.止动棘爪弹簧

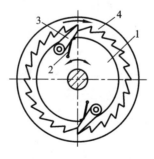

图2-57 内棘轮机构
1.摇轮;2.棘爪弹簧;
3.棘爪;4.棘轮

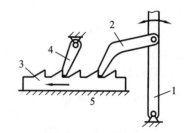

图2-58 棘条机构
1.摇杆;2.棘爪;3.棘条;
4.止动棘爪;5.机架

棘轮机构按棘轮的齿形可分为锯齿形（图2-56～图2-58）和矩形齿（图2-59）。按棘轮回转的方向可分为单向回转式（图2-56～图2-58）和双向回转式（图2-59）。按推动棘轮回转的方式分为单动式（如前所述的棘轮机构均为单动式）和双动式。

如图2-59(a)所示的双向棘轮机构，其棘轮2的齿形是矩形齿，具有可翻转的双向棘爪3（推动棘轮的一边为直边，另一边为曲边）。当双向棘爪3处于实线位置、摇杆1往复摆动时，可推动棘轮2逆时针间歇回转。若双向棘爪3处于虚线位置、摇杆1往复摆动时，将推动棘轮2顺时针间歇回转。

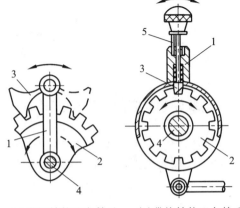

(a)带翻转的双向棘爪　　(b)带旋转的双向棘爪

图 2-59　双向棘轮机构

1.摇杆；2.棘轮；3.双向棘爪；4.回转轴；5.定位销

在如图2-59(b)所示的双向棘轮机构中，其棘轮2的齿形也是矩形齿，具有可回转的双向棘爪3。当摇杆1连同双向棘爪3往复摆动时，推动棘轮2逆时针间歇回转。若提起定位销5并绕自身的轴线回转180°放入另一侧的销孔中，当摇杆1连同双向棘爪3往复摆动时，将推动棘轮2顺时针间歇回转。若提起定位销5并绕自身的轴线回转90°放下，此时双向棘爪3与棘轮2脱离不起作用，当摇杆1连同双向棘爪3往复摆动时，棘轮2静止不动。

如图2-60所示为双动式棘轮机构，其特点是具有大小2个棘爪，棘爪有直形棘爪和钩形棘爪两种类型，棘轮为锯齿形，摇杆往复摆动时，都能推动棘轮向同一方向间歇转动。如图2-60(a)所示，小棘爪3和大棘爪4是直形棘爪。当摇杆1逆时针方向转动时，大棘爪4推动棘轮2逆时针方向转动；当摇杆1顺时针方向转动时，小棘爪3推动棘轮2逆时针方向转动。如图2-60(b)所示，小棘爪3和大棘爪4是钩形棘爪。当摇杆1逆时针方向转动时，小棘爪3勾着棘轮2顺时针方向转动；当摇杆1顺时针方向转动时，大棘爪4勾着棘轮2顺时针方向转动。

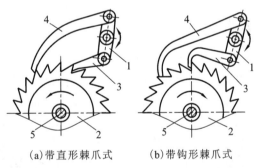

(a)带直形棘爪式　　(b)带钩形棘爪式

图 2-60　双动式棘轮机构

1.摇杆；2.棘轮；3.小棘爪；4.大棘爪；5.回转轴

2.摩擦式棘轮机构

摩擦式棘轮机构分为外摩擦式棘轮机构（图2-61）和内摩擦式棘轮机构（图2-62）两种形式。

如图2-61所示，棘爪3为偏心扇形块，棘轮2是摩擦轮。当摇杆1逆时针方向摆动时，利用棘爪3与棘轮2之间产生的摩擦力和棘爪3的偏心扇形块结构特性,使棘爪3与棘轮2楔紧,带动棘轮2逆时针方向转动,此时止回棘爪4与棘轮2相对滑动。当摇杆1顺时针方向摆动时,棘爪3与棘轮2之间相对滑动,同时止回棘爪4与棘轮2楔紧,阻止棘轮反转。因此,外摩擦式棘轮机构是将摇杆1的往复摆动,转变成棘轮2的单向间歇回转运动,超越离合器常采用这种内摩擦式棘轮机构。

如图2-62所示,滚子3放在外套筒1和星轮2之间左窄右宽的空间内。当外套筒1逆时针转动时,摩擦力的作用使滚子3楔紧在外套筒1和星轮2之间左边的窄处,带动星轮2逆时针转动。当外套筒1顺时针转动时,滚子3在外套筒1和星轮2之间右边的宽处,滚子3与外套筒1和星轮2处于松开状态,星轮2不动。因此,内摩擦式棘轮机构是将外套筒1的往复摆动,转变成星轮2的单向间歇回转运动。

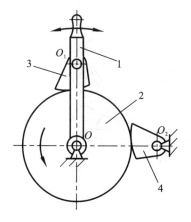

图 2-61 外摩擦式棘轮机构

1.摇杆;2.棘轮;3.棘爪;4.止回棘爪

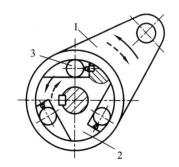

图 2-62 内摩擦式棘轮机构

1.外套筒;2.星轮;3.滚子

三、棘轮机构的特点与应用

1. 棘轮机构的特点

齿式棘轮机构具有结构简单、制造方便、运动可靠等优点;其缺点是噪声较大、齿面磨损快,在运动开始和终了时有冲击,传动平稳性差,不适用于高速传动,转角只能进行有级调整,适用于轻载、低速的场合。而摩擦式棘轮机构具有噪声小、棘轮转角可实现无级调整的优点;其缺点是机构依靠摩擦力传递动力,存在打滑现象,棘轮转角不准确,运动速度及传递的扭矩较低,不适用于有运动精度要求的场合。

2. 棘轮机构的应用

棘轮机构所具有的单向间歇运动的特性,在实际应用中可满足送进、制动、超越离合及转位、分度等工作要求,在起重机、卷扬机、升降机等土木工程机械上,常作为停止器、制动器用。如图 2-63 所示就是卷扬机棘轮停止器,可以使提升的重物停止在起升高度内的任何位置,同时作为安全设施,防止因突然停电等原因造成事故。

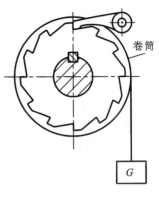

图 2-63 卷扬机棘轮停止器

思考与练习

1. 写出绘制机构运动简图的方法与步骤。
2. 当机构的原动件数少于或多于机构的自由度时,机构的运动将出现什么情况?
3. 画出如图 2-64 所示机构的运动简图,并计算自由度。

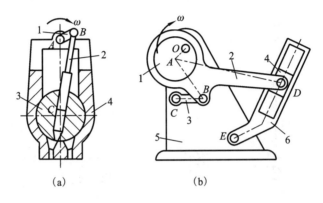

图 2-64 3 题图

4. 计算如图 2-65 所示机构的自由度,说明机构是否具有确定的运动。

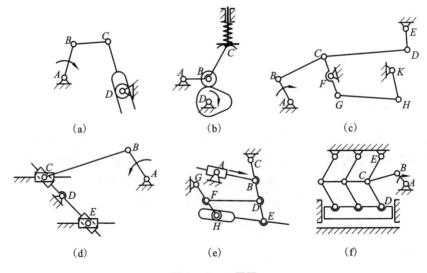

图 2-65 4 题图

5. 何谓连杆、连架杆、机架、连杆机构？简述连杆机构的适用范围。

6. 四连杆机构有哪几种类型？根据如图 2-66 所示的条件判断属于哪一种类型。

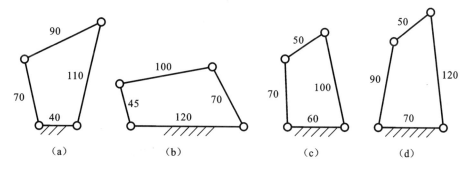

图 2-66　6 题图

7. 何谓连杆机构的急回特性、极位夹角？它们之间有何关系？

8. 什么是连杆机构的压力角、传动角？两者是什么关系？四杆机构的最大压力角在什么位置？

9. 何谓"死点"？何谓"自锁"？怎样利用"死点"位置？

10. 在如图 2-67 所示四连杆机构中，已知各杆长度，回答以下问题：

(1) 若以 AD 为机架，作图求该机构的极位夹角 θ，杆 CD 的最大摆角 φ 和最小传动角 γ_{min}。

(2) 若取 AB 为机架，该机构将演化为何种类型的机构？

11. 如图 2-68 所示为偏置曲柄滑块机构，已知 $l_{AB}=20$mm，$l_{BC}=40$mm，$e=10$mm，用作图法求出该机构的极位夹角 θ、行程速比系数 K、行程 S，并标出图示位置的传动角 γ。

12. 棘轮机构由哪些基本元件组成？有哪些类型及特点？用在什么场合？

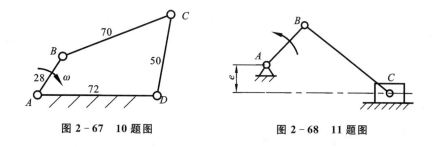

图 2-67　10 题图　　　图 2-68　11 题图

第三章 带传动与链传动

带传动与链传动都是通过中间挠性元件实现的传动,属于挠性传动。用于主动轮与从动轮距离较远的传动,是土木工程机械上广泛应用的机械传动方式。

第一节 带传动的基本理论

一、带传动的类型、特点与应用

1. 带传动的组成与工作原理

带传动是两个或多个带轮之间用皮带作为中间挠性元件的传动。如图 3-1 所示,带传动一般由主动轮 1、从动轮 3 和张紧在两轮上的皮带 2 及其张紧装置组成。当传递过来的动力驱动主动轮 1 回转时,依靠主动轮 1、从动轮 3 与皮带 2 之间的摩擦力带动从动轮 3 回转来传递动力,因此带传动是摩擦传动。

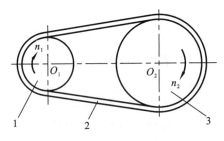

图 3-1 带传动的组成
1.主动轮;2.皮带;3.从动轮

2. 带传动的类型

带传动根据工作原理的不同分为摩擦式带传动(图 3-2)和啮合式带传动(图 3-3)两类。按照皮带的截面形状分为平带传动[图 3-2(a)]、V 带传动[图 3-2(b)]、圆形带传动[图 3-2(c)]、多楔带传动[图 3-2(d)],同步带传动也称为啮合带传动(图 3-3)等。

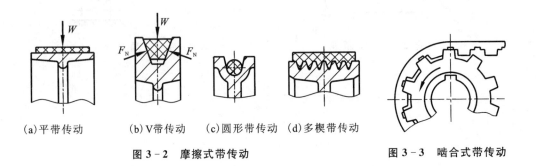

(a)平带传动　(b)V带传动　(c)圆形带传动　(d)多楔带传动

图 3-2 摩擦式带传动　　　　　图 3-3 啮合式带传动

平带传动具有结构简单,加工方便的特点,适用于传动中心距较大的场合,如皮带运输机等。平带的截面形状为扁平的矩形,工作面是与轮面相接触的内表面。

V带传动也称三角带传动。由于V带的工作面是与带轮槽相接触的两侧面,在相同张紧力情况下,会产生比平带更大的摩擦力,具有更高的承载能力、更大的传递功率,这是V带的传动能力比平带大得多(约三倍)的原因,因而在机械传动中应用也最为广泛。

圆形带的横截面为圆形,传递功率小,常用于仪器和家用机械中。

多楔带是在平带的基体下有若干纵向三角形楔的环形带,相当于平带和V带组合结构。其楔形部分嵌入带轮的楔形槽内,靠楔面摩擦力工作,因而多楔带兼有平带挠曲性好和V带摩擦力较大的优点。与普通V带传动相比具有传动平稳、尺寸小、效率高的特点。适用于传递功率较大而要求结构紧凑的场合,特别是要求V带根数较多或轮轴垂直于地面的传动。

同步带传动即啮合式带传动(图3-3),是靠皮带内侧齿和带轮轮齿的啮合来传递动力的。同步带传动除了具有摩擦式带传动的优点外,还具有传递功率较大、传动比准确,而且所需张紧力要小得多,轴和轴承上所受的载荷小的特点,多用于工作要求平稳、传动精度较高的场合。

3. 摩擦式带传动的特点与应用

摩擦式带传动的特点如下:①皮带具有弹性,能缓冲吸振、平稳传动、无噪声;②过载时,皮带与带轮之间会出现打滑现象,防止其他零件损坏,起到过载保护作用;③结构简单、制造及维护方便、安装精度要求不高;④可实现较大中心距的传动。其缺点如下:①有弹性滑动,传动比不准确;②传动效率较低,皮带的寿命较短;③外廓尺寸与作用于回转轴上的受力均较大;④皮带的寿命短;⑤不宜用在高温、易燃等场合。

摩擦式带传动一般适用于中小功率、传动平稳、无须保证准确传动比的远距离场合。在多级减速传动装置中,带传动常用于与电动机相连的高速级传动中。

二、带传动的受力分析

1. 受力分析

带传动装置传递动力的必要条件是皮带与带轮之间必须具备一定的摩擦力。这就要求带传动装置在未工作时,皮带以一定的张紧力被张紧在带轮上。此时,皮带2的上下两边受到相等的拉力,该拉力称为初拉力(或预拉力)F_0(图3-4)。

当带传动装置工作时,由于皮带2与主动轮1和从动轮3之间摩擦力$\sum F_f$的作用,皮带2绕上主动轮1的一边被拉紧,拉紧力由F_0增大到F_1,称为紧边拉力;而脱离主动轮1的一边被放松,拉紧力由F_0减小到F_2,称为松边拉力,如图3-5所示。

若皮带的总长度不变,则紧边拉力的增量就等于松边拉力的减少量,即$F_1-F_0=F_0-F_2$,整理得:

$$F_1+F_2=2F_0 \tag{3-1}$$

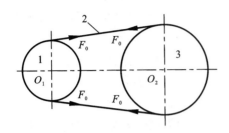
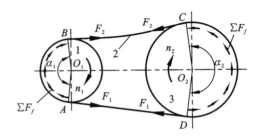

图 3-4　静止时传动带的受力分析图　　图 3-5　运动时传动带的受力分析图

紧边拉力与松边拉力的差值(F_1-F_2)就是带传动的有效拉力(也称有效圆周力),用 F 表示。有效拉力 F 的大小等于皮带与带轮接触面上摩擦力的总和 $\sum F_f$。即:

$$F=F_1-F_2=\sum F_f \tag{3-2}$$

通常,带传动的功率 P 用有效拉力 F 与速度 v 的乘积表示:

$$P=\frac{Fv}{1\ 000} \tag{3-3}$$

式中:P 为带传动的功率(kW);F 为皮带的有效拉力(N);v 为皮带的速度(m/s)。

从式(3-3)可以看出,若皮带转速 v 不变,则皮带所传递的功率 P 将随着有效拉力 F 的增加而增加。而当皮带的初拉力 F_0 一定时,皮带与带轮接触面上摩擦力的总和 $\sum F_f$ 存在一个极限值 $\sum F_{f\lim}$。若有效拉力 $F>\sum F_{f\lim}$ 时,皮带与带轮之间将出现全面滑动现象,这种现象称为打滑。打滑是带传动的一种失效形式,它可以加剧皮带的磨损,降低带传动的效率;但同时打滑可以保护机构中其他零件免受损坏,起到过载保护作用。

2. 欧拉公式与最大有效拉力

当带传动达到打滑的临界状态时,皮带与带轮间的摩擦力总和 $\sum F_f$ 达到极限值 $\sum F_{f\lim}$,此时带传动的有效拉力 F 达到最大值 $F_{\max}$,其紧边拉力 F_1 与松边拉力 F_2 之间的关系可用欧拉公式表示:

$$\frac{F_1}{F_2}=e^{f\alpha} \tag{3-4}$$

式中:e 为自然对数的底,e≈2.718;f 为皮带与带轮间的摩擦系数;α 为带轮的包角(rad),指主动带轮与皮带接触面之间所对应的圆心角(图 3-5)。

将式(3-1)、式(3-2)代入式(3-4)整理得到最大有效拉力 $F_{\max}$ 为:

$$F_{\max}=2F_0\frac{e^{f\alpha}-1}{e^{f\alpha}+1} \tag{3-5}$$

由式(3-5)可见,带传动的最大有效拉力 $F_{\max}$ 与皮带的初拉力 F_0、摩擦系数 f、包角 α 有关:

(1)初拉力 F_0 越大,皮带与带轮间的压力越大,产生的摩擦力总和 $\sum F_f$ 也就越大,最大有效拉力 $F_{\max}$ 就越大,皮带越不容易打滑;但 F_0 过大会使皮带的磨损加快、寿命缩短。

(2)皮带与带轮间摩擦系数 f 增大,最大有效拉力 $F_{\max}$ 也增大。f 与皮带和带轮的材料、表面粗糙度及工作环境等有关。

（3）包角 α 越大，皮带与带轮间的接触弧就越长，因而产生的摩擦力总和 $\sum F_f$ 就越大，传动功率 P 就越大，传动能力就越高。

三、带传动的应力分析

带传动在工作时，皮带内存在如下 3 种应力：由离心力所产生的离心应力、由紧边和松边产生的拉应力、皮带绕过带轮产生的弯曲应力。

1. 由离心力所产生的离心应力

当皮带以一定的速度绕过带轮时，皮带会产生离心力。离心力只发生在皮带作圆周运动的部分，但所产生的拉力作用于皮带的全长。因此，离心拉应力 σ_c 在皮带全长的各截面上都相等，其大小由下式表示：

$$\sigma_c = \frac{F_c}{A} = \frac{qv^2}{A} \tag{3-6}$$

式中：σ_c 为皮带的离心拉应力（MPa）；F_c 为皮带的离心力（N）；q 为单位长度皮带的质量（kg/m）；v 为皮带的运行速度（m/s）；A 为皮带的截面面积（mm²）。

2. 由紧边和松边产生的拉应力

紧边拉应力 σ_1：

$$\sigma_1 = \frac{F_1}{A} \tag{3-7}$$

式中：σ_1 为皮带的紧边拉应力（MPa）；F_1 为皮带的紧边拉力（N）。

松边拉应力 σ_2：

$$\sigma_2 = \frac{F_2}{A} \tag{3-8}$$

式中：σ_2 为皮带的松边拉应力（MPa）；F_2 为皮带的松边拉力（N）。

3. 皮带绕过带轮产生的弯曲应力

皮带的弯曲应力是当皮带绕过带轮时，由皮带的弯曲变形产生的弯曲应力。由材料力学应力-应变公式得出皮带绕过带轮时的弯曲应力为：

$$\sigma_b = E \frac{2y}{d} \tag{3-9}$$

式中：σ_b 为皮带的弯曲应力（MPa）；E 为皮带的弹性模量（MPa）；y 为皮带的中性层到外层的距离（mm）；d 为带轮的基准直径（mm）。

由式（3-9）可知，若带轮的基准直径 d 为无穷大时，皮带的弯曲应力 σ_b 为无穷小，说明弯曲应力只发生在皮带与带轮接触的圆弧部分。

在带传动中，若带轮的直径不同，则皮带绕过小带轮和大带轮所产生的弯曲应力分别为：

$$\sigma_{b1}=E\frac{2y}{d_1}, \sigma_{b2}=E\frac{2y}{d_2} \tag{3-10}$$

式中：σ_{b1}、σ_{b2}为皮带绕过小带轮和大带轮所产生的弯曲应力(MPa)；d_1、d_2为小带轮和大带轮的基准直径(mm)。

由式(3-10)可见，带轮的直径越小、皮带越厚，所产生的弯曲应力就越大，所以皮带绕过小带轮时的弯曲应力σ_{b1}大于绕过大带轮时的弯曲应力σ_{b2}。

4. 皮带工作时的应力分布

由以上分析可知，皮带在运转过程中受到3种应力的作用，并且在皮带整个圆周上的应力分布是不均匀的、成周期性变化的。皮带工作时的应力分布情况如图3-6所示。由图可知，皮带的最大应力发生在紧边开始进入小带轮的A处，即：

$$\sigma_{max}=\sigma_c+\sigma_1+\sigma_{b1} \tag{3-11}$$

式中：σ_{max}为皮带的最大应力(MPa)。

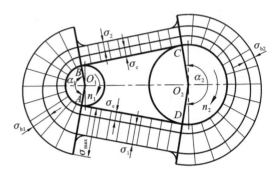

图3-6 皮带工作时的应力分布图

由于皮带在变应力状态下工作，容易发生疲劳破坏。皮带绕过带轮的次数越多、转速越高，应力变化越频繁，皮带就越容易疲劳破坏，皮带的传动速度一般在5～25m/s范围内。

四、带传动的弹性滑动与传动比

1. 带传动的弹性滑动

由于皮带是弹性体，受力后将产生弹性变形，若所受拉力不同时其伸长量也不相同。如图3-5所示，带传动在工作时，紧边拉力F_1要大于松边拉力F_2，其紧边的伸长量大于松边的伸长量。皮带从紧边绕过主动轮进入松边的过程中，皮带所受的拉力由紧边拉力F_1逐渐减小到松边拉力F_2，其弹性变形也逐渐减小；皮带在向前运动的同时逐渐向后收缩，其运动速度也会逐渐落后于主动轮的圆周速度，会使皮带与带轮之间产生相对滑动。同理，这种现象也发生在皮带从松边绕过从动轮进入紧边的过程中，皮带所受的拉力由松边拉力F_2逐渐增大到紧边拉力F_1，其弹性变形逐渐增大；皮带在向前运动的同时逐渐向前伸长，其运动速度也会逐渐领先于从动轮的圆周速度，也会使皮带与带轮之间产生相对滑动。

这种由皮带的弹性变形引起的皮带与带轮之间相对滑动的现象称之为弹性滑动。弹性滑动与皮带材料的弹性和有效拉力F有关，随着它们的增大而增大，只要带传动机构工作，出现紧边和松边就会产生弹性滑动。因此，弹性滑动是带传动的固有特性，是在传动过程中不可避免的现象。

2. 带传动的传动比

带传动在传动过程中，弹性滑动引起从动轮的圆周速度v_2低于主动轮的圆周速度v_1，

其降低量用滑动率 ε 表示：

$$\varepsilon = \frac{v_1 - v_2}{v_1} = \frac{d_1 n_1 - d_2 n_2}{d_1 n_1} = 1 - \frac{d_2 n_2}{d_1 n_1} \quad (3-12)$$

式中：v_1、v_2 为主动轮和从动轮的圆周速度（m/s），$v_1 = \frac{\pi d_1 n_1}{60 \times 1\,000}$，$v_2 = \frac{\pi d_2 n_2}{60 \times 1\,000}$；$n_1$、$n_2$ 为主动轮和从动轮的转速（r/min）。

由式（3-12）得出带传动的计算式为：

$$i = \frac{n_1}{n_2} = \frac{d_2}{d_1(1-\varepsilon)} \quad (3-13)$$

通常带传动的滑动率 $\varepsilon = 0.01 \sim 0.02$。因数值较小，在一般计算中可不予考虑，所以传动比的计算式可简化为：

$$i = \frac{n_1}{n_2} \approx \frac{d_2}{d_1} \quad (3-14)$$

但需要注意的是由于弹性滑动的存在，带传动不能保证准确的传动比，同时还会引起皮带的磨损和传动效率的降低。

第二节　V 带传动的结构

一、V 带的结构

V 带是横截面为等腰梯形的传动带，其工作面为侧面。V 带有普通 V 带、窄 V 带、宽 V 带、联组 V 带、齿形 V 带等多种类型。其中普通 V 带应用最广，窄 V 带应用也日益广泛。

普通 V 带的结构如图 3-7 所示，由顶胶层 1、抗拉体 2、底胶层 3、包布层 4 组成。其抗拉体 2 的结构分为帘布芯结构和绳芯结构两种类型。其中抗拉体为帘布芯结构的 V 带制造方便；而抗拉体为绳芯结构的 V 带韧性好，仅适用于转速较高、载荷不大和带轮直径较小的场合。

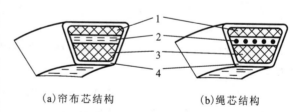

图 3-7　普通 V 带结构

1. 顶胶层；2. 抗拉体；3. 底胶层；4. 包布层

按照《带传动普通 V 带和窄 V 带尺寸（基准宽度制）》(GB/T 11544—2012) 的规定，普通 V 带的截面尺寸按从小到大的顺序分为 Y、Z、A、B、C、D、E 七种型号，窄 V 带分为 SPZ、SPA、SPB、SPC 四种型号。截面尺寸见表 3-1。

当 V 带绕上带轮弯曲时，其顶胶层被拉长、底胶层被压短。在两者之间存在一个长度不变的层面称为节面，其节面宽度称为节宽 b_p（表 3-1 中的图）。当 V 带弯曲时，该宽度保持不变。同时，在带轮上与 V 带的节宽相对应的带轮直径称为基准直径 d。

表 3-1　普通 V 带、窄 V 带的截面尺寸（摘自 GB/T 11544—2012）

V 带截面图	型号		节宽 b_p (mm)	顶宽 b (mm)	高度 h (mm)	楔角 α (°)
	普通V带	Y	5.3	6.0	4.0	40
		Z	8.5	10	6.0	
		A	11	13	8.0	
		B	14	17	11	
		C	19	22	14	
		D	27	32	19	
		E	32	38	25	
	窄V带	SPZ	8.0	10	8	
		SPA	11	13	10	
		SPB	14	17	14	
		SPC	19	22	18	

V 带的高度 h 与节宽 b_p 比称为相对高度，普通 V 带的相对高度约为 0.7。窄 V 带因采用合成纤维绳或钢丝绳作为抗拉体，其相对高度约为 0.9。

V 带被制造成无端口的环形带，其长度以基准长度 L_d 来表示。基准长度是在规定的张紧力下，V 带位于带轮基准直径处的周长。普通 V 带基准长度系列见《带传动普通 V 带和窄 V 带尺寸（基准宽度制）》(GB/T 11544—2012)。

二、V 带轮的材料与结构

V 带轮常用的材料主要为灰铸铁。当带速小于或等于 30m/s 时，其常用的牌号为 HT150 或 HT200；当带速较高时或重要场合则采用铸钢；当传递功率较小时，采用铸铝或工程塑料制造。

普通 V 带轮由轮缘、轮毂、轮辐组成。轮缘是安装皮带的外缘环形部分，其轮缘尺寸见图 3-8 及表 3-2；轮毂是带轮与轴连接的筒状部分；轮辐在轮缘与轮毂之间（图 3-9）。

V 带轮的结构形式有实心式[图 3-9(a)]、腹板式[图 3-9(b)]、孔板式[图 3-9(c)]、轮辐式[图 3-9(d)]四种形式。当带轮的基准直径 $d \leq 2.5 \sim 3$mm 时，采用实心式；当 $d \leq 300$mm 时，采用腹板式；当 $d - d_1 \geq 100$mm 时，可采用孔板式；当 $d > 300$mm 时，采用轮辐式。

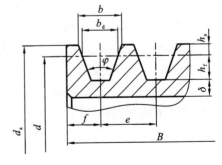

图 3-8　V 带轮轮缘尺寸示意图

表 3-2 普通 V 带轮轮缘尺寸(摘自 GB/T 10412—2002)　　　　(单位:mm)

项目		槽型						
		Y	Z	A	B	C	D	E
基准宽度 b_d		5.3	8.5	11.0	14.0	19.0	27.0	32.0
基准线上槽深 h_{amin}		1.6	2.0	2.7	3.5	4.8	8.1	9.6
基准线下槽深 h_{fmin}		4.7	7	8.7	10.8	14.3	19.9	23.4
槽间距 e		8±0.3	12±0.3	15±0.3	19±0.4	25.5±0.5	37±0.6	44.5±0.7
槽边距 f_{min}		6	7	9	11.5	16	23	28
最小轮缘宽 δ_{min}		5	5.5	6	7.5	10	12	15
带轮宽 B		$B=(z-1)e+2f$,式中 z 为轮槽数						
外径 d_a		$d_a=d_d+2h_a$						
轮槽角 φ (°)	32	≤60	—	—	—	—	—	—
	34	—	≤80	≤118	≤190	≤315	—	—
	36	相对应的基准直径 d_d >60	—	—	—	—	≤475	≤600
	38	—	>80	>118	>190	>315	>475	>600

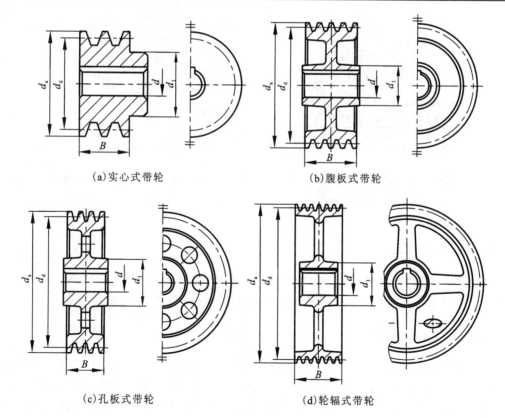

(a)实心式带轮　　(b)腹板式带轮

(c)孔板式带轮　　(d)轮辐式带轮

图 3-9　V 带轮结构形式图

三、带传动的张紧装置

为了保证带传动的传动能力,在初始安装时需要张紧,在工作一段时间后会产生松弛现象也需要及时张紧,因此张紧装置是保证带传动正常工作的必备方法。目前常见的张紧装置有以下三种。

1. 定期张紧装置

该方法应用最多,需定期检查初拉力 F_0 的大小。如有减小,则需要及时调节中心距,使皮带重新张紧。

如图 3-10 所示为移动式定期张紧装置,其电动机安装在滑轨 3 上,需调节张紧力时,松开螺母 2,旋动调节螺钉 1,顶着电动机在滑轨 3 上推到所需位置,然后固定。这种装置适合于两带轮轴处于水平或倾斜不大的传动。

如图 3-11 所示为摆动式定期张紧装置,其电动机固定在可绕着 O 点摆动的摆架上,通过调节螺栓,使摆架和电动机绕着 O 点旋转使带张紧。这种装置适合于垂直或接近于垂直的传动。

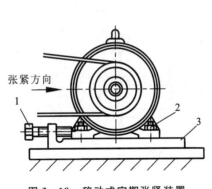

图 3-10 移动式定期张紧装置
1.螺钉;2.螺母;3.滑轨

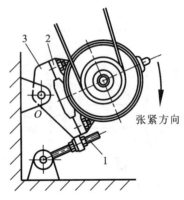

图 3-11 摆动式定期张紧装置
1.螺栓;2.电动机;3.摆架

2. 自动张紧装置

自动张紧装置(图 3-12)是将装有带轮的电动机安装在可自由转动的摆架 3 上,它是利用电动机和摆架的质量自动保持张紧。自动张紧装置常用于中、小功率的传动。

3. 张紧轮张紧装置

当带轮的中心距不能调节时,可采用张紧轮把皮带张紧(图 3-13)。张紧轮 2 一般内安装于松边内侧,使带只受单向弯曲以减少寿命的损失;同时张紧轮 2 应尽量靠近大带轮 1,用于减小因增加张紧轮 2 后对小带轮 3 包角的影响。尽管如此,张紧轮的使用还是降低了带的传动能力。

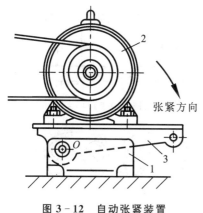

图 3-12　自动张紧装置

1.机座；2.电动机；3.摆架

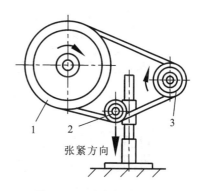

图 3-13　张紧轮张紧装置

1.大带轮；2.张紧轮；3.小带轮

第三节　链传动

链传动是一种应用较广的机械传动。如图 3-14 所示，它由装在平行轴上的主动链轮 1、从动链轮 3 和绕在两链轮上的链条 2 所组成，是以链条作为中间挠性元件，靠链条与链轮轮齿的啮合来传递动力的啮合传动。

一、链传动的主要类型、结构特点及应用

1. 主要类型

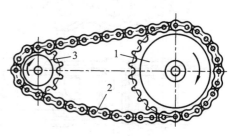

图 3-14　链传动的组成

1.主动链轮；2.链条；3.从动链轮

链传动有多种类型。按照用途分为传动链、起重链和牵引链。在一般机械传动中，最常用的是传动链，通常在中等速度（$v \leqslant 20 \text{m/s}$）以下工作；起重链用于起重机械（$v < 0.25 \text{m/s}$）；牵引链用于链式输送机（$2\text{m/s} < v < 4\text{m/s}$）输送物品。

按照结构的不同，常用的传动链分为短节距精密滚子链（简称滚子链）、短节距精密套筒链（简称套筒链）、弯板滚子传动链（简称弯板链）、齿形传动链（简称齿形链），如图 3-15 所示。滚子链结构简单、磨损较轻，是目前应用最广的一种传动链。

2. 滚子链的结构特点与应用

如图 3-16 所示，单排滚子链由内链板 1、外链板 2、销轴 3、套筒 4 和滚子 5 组成。其中，内链板 1 与套筒 4、外链板 2 与销轴 3 之间为过盈配合；滚子 5 与套筒 4、销轴 3 与套筒 4 之间为间隙配合，可相互自由转动。当链与链轮啮合时，滚子 5 沿链轮齿廓滚动，减轻了链

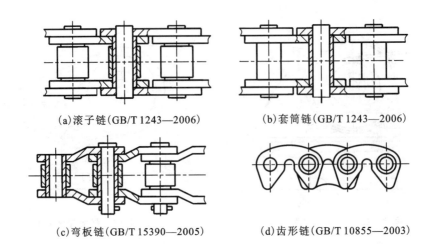

(a)滚子链(GB/T 1243—2006)　　(b)套筒链(GB/T 1243—2006)

(c)弯板链(GB/T 15390—2005)　　(d)齿形链(GB/T 10855—2003)

图 3-15　传动链的类型

条与链轮齿廓的磨损,并可以缓和冲击。采用等强度设计,内外链板制成"∞"字形,使截面的抗拉强度相近,同时减小了链条的质量和运动的惯性力。

当传递较大的载荷时,可采用双排滚子链(图 3-17)或多排滚子链。多排滚子链的承载能力与排数近似成正比。但由于精度影响,各排链所受载荷不均匀,所以排数不宜过多。

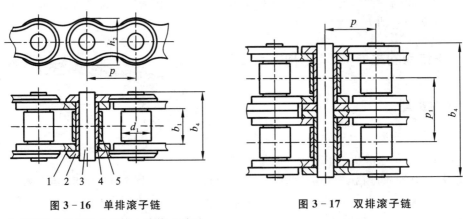

图 3-16　单排滚子链

1.内链板;2.外链板;3.销轴;4.套筒;5.滚子

图 3-17　双排滚子链

链条的长度以节数来表示。当链节数为偶数时,连接的方式采用可拆卸的外链板连接。常用开口销[图 3-18(a)]或弹簧卡片[图 3-18(b)]来固定。一般开口销多用于大节距链,弹簧卡片用于小节距链。为了便于装拆,其中一侧的外链板与销轴采用过渡配合。当链节数为奇数时,则需要采用过渡节[图 3-18(c)]来固定,由于过渡节是弯的,存在附加的弯曲应力,因此应尽量避免使用奇数节来固定。

滚子链主要用于动力传动,在动力传动组合中常用于动力输出的低速极。

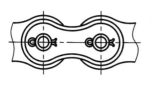 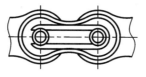 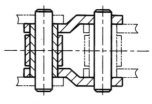

(a)偶数链开口销固定　　　(b)偶数链弹簧卡固定　　　(c)奇数链过渡节固定

图 3-18　滚子链的接头形式

3. 套筒链的结构特点与应用

套筒链[图 3-15(b)]除无滚子外,其结构、尺寸与滚子链相同,特点是重量轻、成本低,并可提高节距精度。为了提高承载能力,可以利用原滚子的空间,加大销轴和套筒的尺寸,增大承压面积。

套筒链用作低速传动、不经常运动的动力传动链或用作起重机械的起重链(如叉车起升装置等)。

4. 弯板链的结构特点与应用

弯板链[图 3-15(c)]无内外链板之分,磨损后链节节距仍较均匀,弯板结构使链条的弹性增加,抗冲击性能好。销轴、套筒和链板间的间距较大,对链轮的共面性要求较低。销轴的拆装较容易,便于调整松边下垂量。

弯板链用于低速或极低速、载荷大、有尘土的开式传动场合和两轮不易共面处,如挖掘机等工程机械的履带行走机构。

5. 齿形链的结构特点与应用

齿形链[图 3-15(d)]由多个齿形链片并列铰接而成,链片的齿形部分和链轮啮合,有共轭啮合和非共轭啮合两种。优点是传动平稳准确、振动及噪声小、强度高、工作可靠,缺点是质量较大、装拆较困难。

齿形链用于高速或运动精度较高的动力传动,如机床主传动等。

二、链传动的特点

链传动与带传动相比,主要有如下特点:

(1)主要优点为链传动无弹性滑动和打滑现象,平均链速和平均传动比恒定,传动效率较高,可达98%;链不需要像带那样张紧在带轮上,作用在轴上的压力较小;结构紧凑,可在高温、低速、多尘、潮湿、油污、泥沙等恶劣环境下工作。

(2)主要缺点为瞬时链速和瞬时传动比不恒定,传动的平稳性较差,工作中有一定的冲击和噪声。

链传动广泛应用于各种适合的机械动力传动中,特别适用于两回转轴线平行且距离较远、对瞬时传动比无严格要求的传动,以及在工作环境恶劣的开式场合下的动力传动,不宜用于载荷变化很大或急速反向的传动。

三、链传动的运动特性

链传动的实质就是链条绕在两个正多边形的轮子上传递动力和运动的机构,见图3-19,其链条的线速度为:

$$v=\frac{z_1 p n_1}{60\times1\,000}=\frac{z_2 p n_2}{60\times1\,000} \quad (3-15)$$

式中:v为链条的线速度(m/min);z_1、z_2为主动与从动链轮的齿数;p为两链轮的节距(mm);n_1、n_2为两链轮的转速(r/min)。

由上式可得平均传动比为:

$$i=\frac{n_1}{n_2}=\frac{z_2}{z_1} \quad (3-16)$$

实际上,由于多边形效应,其瞬时链速和瞬时传动比都是变化的。因此,上述两式所求得的链速v和传动比i均为平均值。

如图3-19所示,设主动链轮的节圆半径为r_1,以等角速度ω_1转动时,用某一链节的销轴中心A点的运动情况来观察链速的变化。为了便于分析,假设主动边始终处于水平位置,当链节进入啮合时,销轴A点开始随链轮作等速

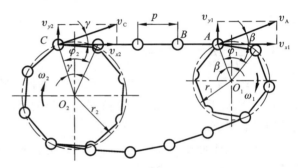

图3-19 链传动的运动分析

圆周运动,其圆周速度$v_A=r_1\omega_1$。当销轴A转到某一位置时,圆周速度v_A分解为:

$$\begin{cases} v=v_{x1}=v_A\cos\beta=r_1\omega_1\cos\beta \\ v_{y1}=v_A\sin\beta=r_1\omega_1\sin\beta \end{cases} \quad (3-17)$$

由式(3-17)可知,链速v是销轴A点的圆周速度的水平分量v_{x1},由于销轴中心A点随着链轮的转动不断地改变位置,链速v不能保持恒定,是变动的。

从销轴中心A点进入啮合开始到销轴的B点也进入啮合为止,对于销轴A点来说,β角在$-\frac{\varphi_1}{2}\sim\frac{\varphi_1}{2}$之间变化;当$\beta=-\frac{\varphi_1}{2}$或$\beta=\frac{\varphi_1}{2}$时,链速最小,其大小为:$v_{\min}=r_1\omega_1\cos\frac{\varphi_1}{2}$;当$\beta=0$时,链速最大,其大小为:$v_{\max}=r_1\omega_1$。因此,主动链轮虽然以等角速度$\omega_1$转动,而链条的瞬时速度成周期性由小到大,再由大到小变化,每转过一个链节就重复变化一次,并且主动链轮的齿数越少,β角就越大,链速的不均匀性就越显著,其链速的不均匀性如图3-20所示。

与此同时,销轴A点的圆周速度的垂直分量v_{y1}也在周期性地变化,形成了链条在垂直方向上有规律的抖动。

在从动链轮上(图3-19),由于链速v周期性的变化和从动链轮位置角γ的变化,从动

链轮的角速度 ω_2 也是变化的：

$$\omega_2 = \frac{v}{r_2\cos\gamma} = \frac{r_1\omega_1\cos\beta}{r_2\cos\gamma} \quad (3-18)$$

由式(3-18)求出链传动的瞬时传动比为：

$$i = \frac{\omega_1}{\omega_2} = \frac{r_2\cos\gamma}{r_1\cos\beta} \quad (3-19)$$

式(3-19)说明，链传动的瞬时传动比将随主动链轮的位置角 β、从动链轮的位置角 γ 时时变化，这种特性称为链传动的多边形效应。只有在两轮齿数相等、两轮中心距为节距 p 的整数倍时，即 β 和 γ 的变化保持一致，瞬时传动比才能得到恒定值($i=1$)。

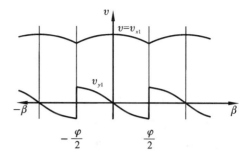

图 3-20 链速的不均匀性

四、链传动主要参数的选择

1. 链轮齿数 z_1、z_2 和传动比 i

链轮的齿数对链传动的平稳性和工作寿命影响很大。如前所述，由于链传动的多边形效应，从动链轮角速度 ω_2 的波动将引起链条与链轮轮齿的冲击，产生振动和噪声，并加剧磨损；随着齿数的增加，β 和 γ 角相应减小，传动中的速度波动、冲击、振动和噪声也随之减小。因此要限制链轮的最小齿数，通常链轮的齿数 $z_{min} \geqslant 17$。为了避免跳齿和掉链现象，减少链传动的外轮廓尺寸和重量，同时考虑到小链轮及链条的使用寿命，对于链轮的最多齿数也要进行限制，一般应使 $z_{max} < 114$。

以下假设主动链轮为小链轮，从动链轮为大链轮。一般情况下，小链轮的齿数 z_1 可根据链速的大小，按表 3-3 选取。

表 3-3 小链轮齿数的选择

链速 v(m/s)	0.6~3	3~8	>8	>25
齿数 z	$\geqslant 17$	$\geqslant 21$	$\geqslant 25$	$\geqslant 35$

大链轮的齿数用下式求得：

$$z_2 = iz_1 \quad (3-20)$$

由于链节数常取偶数，为了使链及链齿磨损均匀，链轮的齿数一般取为奇数。链轮齿数的优选数列为：17、19、21、23、25、38、57、76、95、114。

由式(3-20)可以看出，传动比 i 受到小齿轮的齿数 z_1 和大齿轮齿数 z_2 的限制。传动比过大时，小链轮的包角 α_1 太小，同时啮合的齿数太少，每个轮齿的受力将增大，将加速轮齿的磨损。通常要求包角 $\alpha_1 > 120°$，一般取传动比 $i \leqslant 6$，推荐传动比 $i = 2\sim3.5$；若工作速度较低($v < 2$m/s)、载荷平稳、外形尺寸不受限制时，传动比 i 可达 8~10。

2. 链条的节距 p、排数和链条的型号

在一定条件下,链条的节距 p 越大,链的承载能力就越高,但传动尺寸增大,运动的平稳性就越差,动载荷及噪声就越大。因此,在满足传动功率的条件下应尽量选择小节距、单排链。在高速重载时,可采用小节距、多排链;对于中心距大、链速低的情况下选择大节距、单排链。

对于链条型号的选择,链节距的大小可确定链条和链轮各部分主要尺寸的大小,再根据计算功率 P_c 和小链轮的转速 n_1,在 GB/T 1243—2006 滚子链典型承载能力图表和滚子链主要参数表中选取。

3. 链轮的中心距 a 和链节数 L_p

链轮中心距 a 小可使链传动紧凑,若过小,链条在一定时间内绕过链轮的次数就增多,从而会降低链条的使用寿命。而链轮中心距过大,则结构不紧凑,也会使链条的松边发生振动,增加运动的不均匀性。

若无尺寸限制,链轮的中心距一般初选 $a_0 = (30 \sim 50)p$,然后按下式计算链节数 L_p:

$$L_p = \frac{2a_0}{p} + \frac{z_1 + z_2}{2} + \frac{p}{a_0}\left(\frac{z_2 - z_1}{2\pi}\right)^2 \qquad (3-21)$$

计算出的 L_p 应圆整为整数,最好取偶数,以免使用过渡链节。然后根据圆整后的链节数计算理论中心距 a:

$$a = \frac{p}{4}\left[\left(L_p - \frac{z_1 + z_2}{2}\right) + \sqrt{\left(L_p - \frac{z_1 + z_2}{2}\right)^2 - 8\left(\frac{z_2 - z_1}{2\pi}\right)^2}\right] \qquad (3-22)$$

为了保证链传动正常运行时链条有一个合适的垂度($f = 0.01 \sim 0.02$),便于链条的安装,通常中心距应设计成可调整的,因此实际中心距要小 $0.2\% \sim 0.4\%$。

4. 演算链速 v 和选择润滑方式

为了控制链传动的动载荷与噪声,一般将链条的运行速度控制在 15m/s 以下。链速用式(3-15)计算,若超过允许范围,应调整设计参数。

链传动的润滑方式可依据已确定的链节距 p 和链速 v,按 GB/T 18150—2006 推荐的润滑方式润滑。

思考与练习

1. 何为带传动的弹性滑动与打滑?它们有何区别?对传动有何影响?影响打滑的因素有哪些?如何避免打滑?
2. 带传动在工作时有哪些应力?是怎样分布的?最大应力点在何处?
3. 分析小带轮直径 d_1、包角 α_1、初拉力 F_0、中心距 a 及带速 v 对带传动的影响。
4. 带传动、链传动有何特点与不同?为提高带传动的平稳性,应采取哪些措施?
5. 在链传动中,为什么限制链轮的最少齿数和最多齿数?链条的链节数为什么取偶数?

第四章　齿轮传动

齿轮传动是用来传递两回转轴之间的运动和动力,是现代各种机械上应用最为广泛的一种传动形式。齿轮传动主要用来传递回转运动,还可以将回转运动转换为直线往复运动,也可以将直线往复运动转换为回转运动。

第一节　齿轮传动的特点及类型

一、齿轮传动的特点

齿轮传动与其他传动形式相比主要的特点:①能够获得稳定的传动比($i=$常数),因此传动平稳,这是齿轮传动能够广泛应用的原因之一;②具有足够的承载能力和运动传递能力,其功率传递大和速度变化范围广;③传动效率高,一对齿轮的传动效率(η)可达 0.98～0.99;④工作可靠、使用寿命长、结构紧凑。

齿轮传动的主要缺点:①制造与安装精度高,需要专门的加工、检测设备及安装技术工人,成本较高;②不适合轴间距较大的传动;③不能实现无级变速。

二、齿轮传动的常用类型

齿轮传动按照啮合时的传动比是否恒定可分为两类:定传动比齿轮机构(圆形齿轮机构)和变传动比齿轮机构(非圆形齿轮机构)。其中,圆形齿轮机构应用最为广泛。

按照齿轮轴的相对位置见图 4-1 和图 4-2。

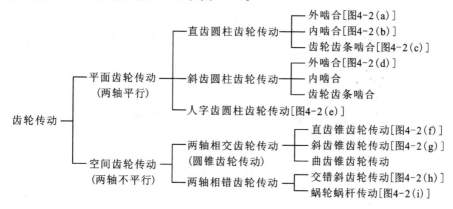

图 4-1　齿轮传动的分类

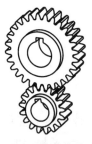
(a)直齿外啮合圆柱齿轮传动

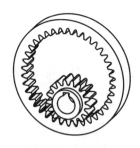
(b)直齿内啮合圆柱齿轮传动

(c)直齿齿轮齿条啮合圆柱齿轮传动

(d)斜齿外啮合圆柱齿轮传动

(e)人字齿圆柱齿轮传动

(f)直齿圆锥齿轮传动

(g)斜齿圆锥齿轮传动

(h)轴交错斜齿轮传动

(i)蜗杆传动

图 4-2 齿轮传动的类型

按照齿轮的工作条件分为闭式传动和开式传动。在闭式传动中,齿轮被安装在润滑条件良好、刚性很大、密闭的箱体内,重要场合的齿轮传动都采用闭式传动。在开式传动中,齿轮外露,不能保证良好的润滑,易于磨损,只能用于低速传动。

按照齿轮齿廓曲线的不同分为渐开线齿轮传动、摆线齿轮传动和圆弧齿轮传动等,其中渐开线齿轮传动应用最广。

第二节 齿廓啮合基本定律

齿轮传递运动是依靠主动轮的轮齿齿廓依次推动从动轮的轮齿齿廓来实现的。而绝大多数机械对齿轮传动的要求:当主动轮按一定的角速度 ω_1 匀速转动时,从动轮转动的角速度 ω_2 也作匀速转动,也就是其齿轮传动的瞬时传动比保持不变,即:

$$i=\frac{\omega_1}{\omega_2}=常数 \qquad (4-1)$$

否则,当主动轮以匀角速度 ω_1 匀速转动时,从动轮则作变角速度转动,就会产生惯性力。这种惯性力在引起机器的震动和噪声的同时,还会影响轮齿的强度和寿命。

事实上,要保证传动比恒定,轮齿的齿廓曲线必须满足一定的条件,这个条件就是齿廓啮合基本定律。

图 4-3 是一对相互啮合的轮齿。主动轮 1 以角速度 ω_1 绕 O_1 轴顺时针转动,推动从动轮 2 以角速度 ω_2 绕 O_2 轴逆时针转动。两轮的轮廓在 K 点接触,在 K 点的线速度分别为:

$$\begin{cases} v_{K1}=\omega_1 \cdot \overline{O_1 K} \\ v_{K2}=\omega_2 \cdot \overline{O_2 K} \end{cases} \qquad (4-2a)$$

过 K 点作两齿廓的公法线 nn' 与两齿轮的连心线 O_1—O_2 相交于 C 点,则 v_{K1} 和 v_{K2} 在公法线 nn' 上的分量必然相等,即:

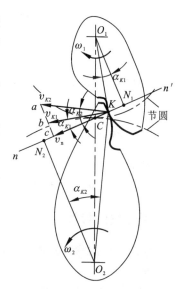

图 4-3 齿廓与传动比的关系

$$v_{K1}\cos\alpha_{K1}=v_{K2}\cos\alpha_{K2}=v_n \qquad (4-2b)$$

将式(4-2a)代入式(4-2b)并整理得:

$$i_{12}=\frac{\omega_1}{\omega_2}=\frac{\overline{O_2 K}\cos\alpha_{K2}}{\overline{O_1 K}\cos\alpha_{K1}} \qquad (4-2c)$$

再由 O_1 轴、O_2 轴分别向公法线 nn' 作垂线,相交于 N_1、N_2 两点,得 $\overline{O_1 K}\cos\alpha_{K1}=\overline{O_1 N_1}$、$\overline{O_2 K}\cos\alpha_{K2}=\overline{O_2 N_2}$;又因 $\triangle O_1 CN_1 \backsim \triangle O_2 CN_2$,则式(4-2c)可写为:

$$i_{12}=\frac{\omega_1}{\omega_2}=\frac{\overline{O_2 N_2}}{\overline{O_1 N_1}}=\frac{O_2 C}{O_1 C} \qquad (4-2)$$

式(4-2)表明,要使一对相互啮合齿轮的传动比 i 为一常数,则齿廓曲线应符合下列条件:两齿轮轮廓不论在哪点位置接触,过接触点所作轮廓的公法线必须通过两齿轮连心线上的一个固定点 C。这就是齿轮实现定角速比传动的齿廓啮合基本定律。

上述固定点 C 称为节点,以 O_1、O_2 为圆心,过节点 C 所作的两个相切的圆称为节圆。一对齿轮只有在啮合时才有节点和节圆,单个齿轮不存在节点和节圆。一对外啮合的齿轮中心距等于其节圆半径之和(图 4-3 中 $O_1 O_2$ 之间的距离)。

由式(4-2)可知,两个节圆的圆周速度相等($v_c=\omega_1 \overline{O_1 C}=\omega_2 \overline{O_2 C}$),说明一对齿轮在传动时,相当于两个节圆在作纯滚动。

凡满足齿廓啮合基本定律的一对齿廓称为共轭齿廓。满足共轭齿廓的曲线有很多,但同时满足制造简单、安装方便、强度高等要求的曲线并不多。常用的共轭齿廓曲线有渐开线齿廓、摆线齿廓、圆弧齿廓等,其中渐开线齿廓应用最为广泛。

第三节 渐开线齿廓及啮合特性

一、渐开线的特性及渐开线方程

1. 渐开线的形成

如图 4-4 所示,当直线 NK 在半径为 r_b 的圆周上作纯滚动时,直线上任意点 K 的轨迹就是该圆的渐开线。该圆称为渐开线的基圆,直线 NK 就是渐开线的发生线。

2. 渐开线的特性

根据渐开线的形成过程(图 4-4),可知渐开线具有如下特性:

(1)发生线在基圆上滚过的长度等于基圆上滚过的圆弧长度,即 $\overline{NK}=\widehat{NA}$。

(2)发生线 NK 是渐开线上任意点 K 的法线,渐开线上任意点 K 的法线,一定是基圆的切线。

(3)发生线 NK 与基圆的切点 N 是渐开线在 K 点的曲率中心,线段 NK 是渐开线在 K 点的曲率半径。渐开线离基圆越远,曲率半径越大;离基圆越近,曲率半径越小。

(4)同一基圆上生成的任意两条反向渐开线间的公法线长度处处相等(如图 4-5 所示: $\overline{A_1B_1}=\overline{A_2B_2}$)。

(5)渐开线的形状取决于基圆的大小。如图 4-6 所示,基圆半径越小,渐开线越弯曲;基圆半径越大,渐开线越平直;当基圆半径为无穷大时,渐开线就是一条直线。

(6)基圆内无渐开线。

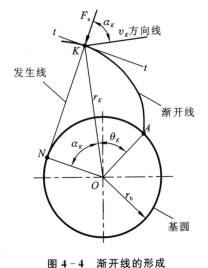

图 4-4 渐开线的形成

3. 渐开线方程

如图 4-4 所示,A 是渐开线上的起点,K 是渐开线上的任意点,K 点的向径用 r_K 表示,θ_K 为 AK 段的展角。渐开线上 K 点的法线是正压力 F_n 的方向线,通过 K 点与 KO 垂直的线是速度 v_K 的方向线,正压力 F_n 的方向线与速度 v_K 的方向线的锐角 α_K 称为渐开线在该点的压力角。由 △ONK 可得:

$$r_K = \frac{r_b}{\cos\alpha_K} \tag{4-3a}$$

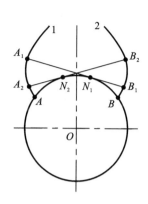

图 4-5 同一基圆上两条反向的
渐开线间的公法线长度

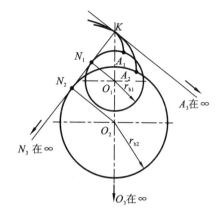

图 4-6 渐开线的形状与
基圆大小的关系

由于
$$\tan\alpha_K = \frac{\overline{NK}}{r_b} = \frac{\overset{\frown}{NA}}{r_b} = \frac{r_b(\alpha_K+\theta_K)}{r_b} = \alpha_K+\theta_K$$

得
$$\theta_K = \tan\alpha_K - \alpha_K$$

由上式可知展角 θ_K 随压力角 α_K 大小的变化而变化。因此,展角 θ_K 是压力角 α_K 的渐开线函数。工程上常用 $\text{inv}\alpha_K$ 表示 θ_K:

$$\text{inv}\alpha_K = \tan\alpha_K - \alpha_K \tag{4-3b}$$

综上所述,可得极坐标参数方程为:

$$\begin{cases} r_K = \dfrac{r_b}{\cos\alpha_K} \\ \text{inv}\alpha_K = \tan\alpha_K - \alpha_K \end{cases} \tag{4-3}$$

将式(4-3a)可改写为:

$$\cos\alpha_K = \frac{r_b}{r_K} \tag{4-4}$$

该式表明,当基圆半径 r_b 一定时,压力角 α_K 随着向径 r_K 的变化而变化。还可以看出:基圆上 A 点的压力角 $\alpha_K=0$,渐开线离开基圆越远压力角越大。

二、渐开线齿廓的啮合特性

1. 渐开线齿廓能保证定传动比传动

图 4-7 是两齿轮上相互啮合的一对渐开线齿廓 E_1 和 E_2,它们的基圆半径分别为 r_{b1} 和 r_{b2}。当 E_1 和 E_2 在任意点 K 啮合时,过 K 点作这对齿廓的公法线 nn',根据渐开线的性质,公法线 nn' 同时与两基圆相切,其切点为 N_1 和 N_2,nn' 是两基圆的一条内公切线。内公切线 nn' 与两

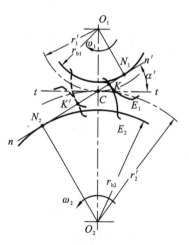

图 4-7 渐开线齿廓的啮合传动

齿轮的连心线 O_1O_2 相交于 C 点,因此这对渐开线齿廓满足齿廓啮合基本定律。

在两齿轮的传动过程中,由于基圆的大小与位置都是不变的,因此在同一方向上的内公切线只有一条。所以,不论两齿廓在什么位置接触(如 K' 点),其啮合点一定在这条内公切线上。这条内公切线就是啮合点 K 的轨迹,称为啮合线。因此,一对渐开线齿廓啮合线是一条两基圆相切的定直线。所以,互相啮合的一对渐开线齿廓的传动比为常数,能保证定传动比传动。由式(4-2)得:

$$i_{12}=\frac{\omega_1}{\omega_2}=\frac{\overline{O_2C}}{\overline{O_1C}}=\frac{r_{b2}}{r_{b1}} \qquad (4-5)$$

式(4-5)说明,互相啮合的一对渐开线齿轮的传动比不仅与节圆的半径成反比,还与两齿轮基圆的半径成反比。

2. 中心距的变化不影响传动比

由式(4-5)可知,渐开线齿轮的传动比取决于两齿轮基圆的大小,而在齿轮加工完成之后,其基圆大小已经确定,不能改变。因此,即使两齿轮的中心距有所偏差也不会影响两齿轮的传动比。渐开线齿轮传动的这一特性就称之为中心距的可变性。

当由于制造、安装磨损等客观条件导致中心距发生微小改变时,仍能保持良好的传动性能。这就是渐开线齿轮传动被广泛应用的主要原因之一。

3. 齿廓间的正压力方向不变

如前所述,一对渐开线齿廓啮合线是一条两基圆相切的定直线。说明这对渐开线齿廓从开始进入啮合到退出啮合整个过程的啮合点均在这条啮合线上。由于两齿轮传动时,其正压力 F_n 是沿齿廓公法线方向作用的(图4-4),而公法线又与啮合线重合,因此两齿轮齿廓间正压力方向不变。

若齿轮传递的力矩不变,则轮齿之间、轴与轴承之间的压力大小及方向均不发生变化,因此齿轮传动平稳。这也是渐开线齿轮传动被广泛应用的另一主要原因。

第四节 渐开线直齿圆柱齿轮的几何尺寸及啮合传动条件

一、齿轮各部分名称及符号

图4-8为直齿圆柱齿轮的局部图。在齿轮的整个圆周上均匀地布置着一定数量的轮齿,轮齿的总数称为齿轮的齿数,用 z 表示。每个轮齿两侧齿廓都由形状相同、方向相反的两渐开线曲面组成。

1. 齿顶圆、齿根圆、分度圆、基圆

齿顶圆:齿轮各齿齿顶所确定的圆,其直径用符号 d_a 表示。

齿根圆:齿轮各齿齿槽底部所确定的圆,其直径用符号 d_f 表示。

分度圆:设计与制造齿轮的基准圆。若是标准齿轮,则规定分度圆上的齿宽等于齿槽宽(即 $s=e$)。分度圆半径用符号 r 表示,直径用 d 表示。在分度圆上的其他参数一律不加角标,如分度圆上的齿厚 s、齿槽宽 e、齿距 p、压力角 α 一律不加角标。

基圆:形成渐开线的圆,其半径用符号 r_b 表示,直径用 d_b 表示。

2. 齿厚、齿槽宽、齿距、法向齿距

齿厚:轮齿在某一圆周上两侧齿廓间的圆弧长。不同圆周上的齿厚都不相同,在半径为 r_K 的圆周上齿厚为 s_K;在半径为 r 的分度圆上齿厚为 s。

齿槽宽:相邻两轮齿间的空间称为齿槽,而某一圆周上齿槽两侧齿廓间的圆弧长就是齿槽宽。在半径为 r_K 的圆周上齿槽宽为 e_K;在半径为 r 的分度圆上齿槽宽为 e。

齿距:又称为周节,为相邻两个轮齿同侧齿廓间在某一圆周上的圆弧长。在半径为 r_K 的圆周上齿距为 p_K。由图 4-8 可以看出任意圆周上的齿距为:

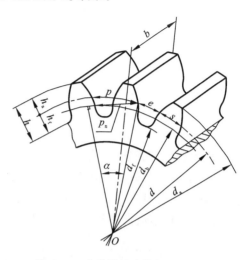

图 4-8 直齿圆柱齿轮各部分名称

$$p_K = s_K + e_K \tag{4-6}$$

在半径为 r 的分度圆上齿距为 p。从图 4-8 上可以看出分度圆周上的齿距为:

$$p = s + e \tag{4-7}$$

法向齿距:相邻两个轮齿同侧齿廓间在法线方向上的距离,用 p_n 表示(图 4-8)。由渐开线的特性可知:$p_n = p_b$(基圆齿距)。

3. 齿顶高、齿根高、齿全高

齿顶高:齿顶圆与分度圆之间的径向距离,用 h_a 表示。
齿根高:齿根圆与分度圆之间的径向距离,用 h_f 表示。
齿全高:齿根圆与齿顶圆之间的径向距离,用 h 表示。由图 4-8 可知:

$$h = h_a + h_f \tag{4-8}$$

二、渐开线齿轮的基本参数

1. 齿数 z

在齿轮的整个圆周上轮齿的总数就是齿轮的齿数,是由齿轮传动机构的要求和加工方法来决定的,应为整数。

2. 模数 m

由前述分度圆及分度圆上齿距的定义可知它们之间的关系为:分度圆的周长 $= d\pi =$

pz，整理得：

$$d = \frac{p}{\pi} z \qquad (4-9a)$$

式中：π 是一个无理数，在设计、制造、检验时都不方便。为此，将 p/π 规定为简单的有理数，称之为模数，用 m 来表示，单位为 mm。即：

$$m = \frac{p}{\pi} \text{ 或 } p = m\pi \qquad (4-9b)$$

将式（4-9b）代入式（4-9a）得分度圆直径为：

$$d = mz \qquad (4-9)$$

模数是齿轮计算中一个重要的基本参数。如图 4-9 所示，齿数相同的齿轮，m 越大，则齿轮的尺寸也越大，轮齿能够承受的载荷也就越大。因此，模数的大小由齿轮所受的载荷及载荷的性质来决定。分度圆的模数已经标准化，其标准值见表 4-1。在设计齿轮时，m 必须取标准值。

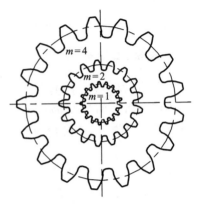

图 4-9 $z=17$ 不同模数的轮齿

表 4-1 标准模数系列表（摘自 GB 1357—2008） （单位：mm）

第一系列	0.6,0.8,1,1.25,1.5,2,2.5,3,4,5,6,8,10,12,16,20,25,32,40,50
第二系列	0.7,0.9,1.75,2.25,2.75,(3.25),3.5,(3.75),4.5,5.5,(6.5),7,9,(11),14,18,22,28,36,45

注：1. 本表适用于渐开线圆柱齿轮，对于斜齿圆柱齿轮是法面模数；2. 优先选用第一系列，括号内的模数尽量不用。

3. 分度圆压力角 α

由式（4-4）可得渐开线齿廓上任意点 K 的压力角为：

$$\alpha_K = \cos^{-1}\left(\frac{r_b}{r_K}\right) \qquad (4-10)$$

上式说明，渐开线齿廓在不同的圆周上有不同的压力角。若分度圆的半径为 r，代入式（4-10）可得分度圆上的压力角为：

$$\alpha = \cos^{-1}\left(\frac{r_b}{r}\right) \qquad (4-11)$$

由式（4-9）可见，当齿数 z 和模数 m 一定，分度圆直径 d（半径 r）的大小就确定了。由式（4-11）可知，若分度圆的压力角 α 不同，齿轮基圆 r_b 的大小也不相同。因此，分度圆压力角是决定渐开线齿廓形状的基本参数。为了设计、制造、检验的方便，国家标准规定分度圆上一般齿轮的压力角 $\alpha = 20°$（也规定了特殊齿轮的压力角：$14.5°$、$15°$、$22.5°$、$25°$ 等）。通常所说的压力角是指分度圆上的压力角。

综上所述，渐开线齿轮的分度圆是指齿轮上具有标准模数和标准压力角的圆。任何一个渐开线齿轮都有一个分度圆，而且只有一个分度圆。

4. 齿顶高系数 h_a^*、顶隙系数 c^*

齿顶高系数是用模数的倍数描述齿顶高的大小的系数，用 h_a^* 表示。国家标准规定正常齿 $h_a^*=1$；短齿 $h_a^*=0.8$。由此可得齿顶高为：

$$h_a = h_a^* m \tag{4-12}$$

顶隙系数是用模数的倍数描述顶隙的大小的系数，用 c^* 表示。国家标准规定正常齿 $c^*=0.25$，短齿 $c^*=0.3$。顶隙是指一对齿轮啮合时，在两轮的分度圆相切的情况下，一个齿轮的齿顶到另一个齿轮的齿根的径向距离，其大小为：

$$c = c^* m \tag{4-13a}$$

由此可得齿根高为：

$$h_f = (h_a^* + c^*)m \tag{4-13}$$

5. 基圆半径 r_b 及基圆直径 d_b

基圆是形成渐开线齿廓的圆，基圆半径和基圆直径分别用 r_b 和 d_b 表示。由式(4-11)可得基圆半径 r_b 与基圆直径 d_b 分别为：

$$r_b = r\cos\alpha = \frac{1}{2}mz\cos\alpha \quad \text{或} \quad d_b = mz\cos\alpha \tag{4-14}$$

三、渐开线标准直齿圆柱齿轮的几何尺寸的计算

标准齿轮是指基本参数 m、α、h_a^*、c^* 均为标准值，而且分度圆上的齿宽等于齿槽宽（即 $s=e$）。不具备这两个特征的齿轮称为非标准齿轮。

渐开线直齿圆柱分为外齿轮(图 4-8)、内齿轮(图 4-10)、齿条(图 4-11)三种。其中，内齿轮、外齿轮的几何计算公式见表 4-2，齿条的几何计算公式参照外齿轮进行。需要说明的是由于齿条的回转中心在无穷远处，因此齿条上的渐开线齿廓是直线齿廓，其基圆、齿顶圆、齿根圆、分度圆都是互相平行的直线。

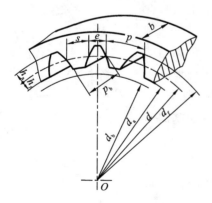

图 4-10 内齿轮各部分尺寸

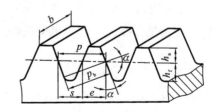

图 4-11 齿条各部分尺寸

表 4－2　标准直齿圆柱齿轮几何尺寸计算公式

名称	符号	计算公式	
		外齿轮	内齿轮
分度圆直径	d	$d=mz$	
齿顶高	h_a	$h_a=h_a^* m$	
齿根高	h_f	$h_f=(h_a^*+c^*)m$	
齿全高	h	$h=h_a+h_f=(2h_a^*+c^*)m$	
齿顶圆直径	d_a	$d_a=d+2h_a=(z+2h_a^*)m$	$d_a=d-2h_a=(z-2h_a^*)m$
齿根圆直径	d_f	$d_f=d-2h_f=(z-2h_a^*-2c^*)m$	$d_f=d+2h_f=(z+2h_a^*+2c^*)m$
基圆直径	d_b	$d_b=mz\cos\alpha$	
齿距	p	$p=\pi m$	
齿厚	s	$s=\pi m/2$	
齿槽宽	e	$e=\pi m/2$	
基圆齿距	p_b	$p_b=p\cos\alpha$	
中心距	a	$a=m(z_1+z_2)/2$	$a=m(z_2-z_1)/2$

四、渐开线直齿圆柱齿轮的啮合传动条件

1. 正确啮合条件

如前所述,一对渐开线齿廓的齿轮满足啮合基本定律就能实现定比传动,并不说明任意两个渐开线齿轮搭配起来都能正确地啮合传动。如图 4－9 中的大模数齿轮和小模数齿轮显然不能实现啮合传动。所以,一对渐开线齿轮要实现啮合传动还需要满足正确啮合条件。

如图 4－12 所示,一对渐开线齿轮在传动时,齿廓的啮合点都在啮合线 N_1N_2 上。要使各对齿轮都能正确地进入啮合,两齿轮同侧齿廓间的法向齿距必须相等,即 $p_{n1}=p_{n2}=\overline{KK'}$。根据渐开线的特性1可知法向齿距等于基圆齿距,即:

$$p_{b1}=p_{b2} \quad (4-15a)$$

由于 $p_{b1}=\pi m_1\cos\alpha_1$、$p_{b2}=\pi m_2\cos\alpha_2$,代入式(4－15a)得两齿轮正确啮合条件为:

$$\pi m_1\cos\alpha_1=\pi m_2\cos\alpha_2 \quad (4-15)$$

式中:m_1、m_2、α_1、α_2 分别为两齿轮的模数和压力角。目前模

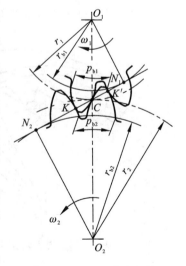

图 4－12　正确啮合条件

数和压力角均已标准化,要满足式(4-15)应使:

$$m_1=m_2=m, \alpha_1=\alpha_2=\alpha \tag{4-16}$$

式(4-16)表明,一对渐开线齿轮正确啮合的条件是两轮的模数和分度圆的压力角分别相等。

根据式(4-5)和图4-12所示,并将式(4-9)代入,整理后得到一对齿轮传动比为:

$$i_{12}=\frac{\omega_1}{\omega_2}=\frac{d_{b2}}{d_{b1}}=\frac{d_2}{d_1}=\frac{z_2}{z_1} \tag{4-17}$$

2. 齿轮传动的标准中心距

如前所述,一对正确啮合的渐开线标准齿轮,其模数相等,说明在分度圆上的齿厚与齿槽宽也应相等,即:$s_1=e_1=s_2=e_2=\pi m/2$。一对齿轮在正确安装时,在理论上应达到无齿侧间隙。只有两齿轮的分度圆相切(即分度圆与节圆重合)时齿侧间隙才为零,此时啮合角与分度圆上的压力角相等(即$\alpha'=\alpha$),这样安装的一对标准齿轮称为标准安装(图4-13),采用标准安装的中心距称为标准中心距,用a表示。对于一对外啮合的标准齿轮:

$$a=r'_1+r'_2=r_1+r_2=\frac{m}{2}(z_1+z_2) \tag{4-18}$$

对于一对内啮合的标准齿轮(图4-14):

$$a=r_2-r_1=\frac{m}{2}(z_2-z_1) \tag{4-19}$$

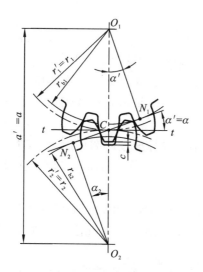

图4-13 正确安装的一对外啮合标准齿轮

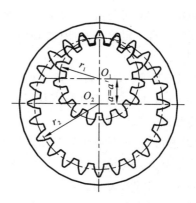

图4-14 正确安装的一对内啮合标准齿轮

需要指出:分度圆和压力角是单个齿轮所具有的两个基本参数,而节圆和啮合角是两个齿轮啮合时才出现的啮合参数。标准齿轮只有正确安装时,分度圆与节圆重合,压力角与啮合角才会相等。

3. 连续传动条件

在图 4-15 中,齿轮 1 为主动轮,齿轮 2 为从动轮,转动方向如图所示。一对齿廓开始啮合时,主动轮的齿根与从动轮的齿顶从 B_2 点(从动轮的齿顶圆与啮合线 N_1N_2 的交点)进入啮合,随着主动轮推动从动轮的转动,啮合点 K 沿着啮合线 N_1N_2 向左下移动,直至主动轮的齿顶与从动轮的齿根(主动轮的齿顶圆与啮合线 N_1N_2 的交点)到达 B_1 点退出啮合。线段 B_2B_1 就是这对齿轮实际啮合点的轨迹,称之为实际啮合线。齿顶圆越大,实际啮合线越长,传动就越平稳,B_2、B_1 就越接近 N_1、N_2。由于基圆内无渐开线,线段 B_2B_1 最大不会超过线段 N_1N_2,故线段 N_1N_2 是最大啮合线,称为理论啮合线,N_1、N_2 点则称为极限啮合点。

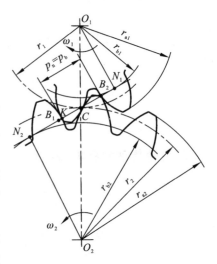

图 4-15 连续传动条件

要实现一对齿轮的连续传动,就要在前一对齿廓退出啮合点 B_1 之前,另一对齿廓就应进入啮合点 B_2。因此,保证连续传动的条件为:

$$\overline{B_2B_1} \geqslant \overline{B_2K} \quad (4-20a)$$

由渐开线性质 1 可知,线段 B_2K 等于基圆齿距 p_b,并将上式整理得连续传动条件为:

$$\varepsilon = \frac{\overline{B_1B_2}}{p_b} \geqslant 1 \quad (4-20)$$

式中:ε 是实际啮合线段 B_2B_1 与基圆齿距 p_b 的比值,称为重合度。重合度 ε 越大,表示同时参加啮合的轮齿对数越多,传动越平稳。理论上 $\varepsilon = 1$ 就能保证齿轮连续传动;但由于齿轮的制造和安装都有一定的误差,因此必须使 $\varepsilon > 1$ 才能保证齿轮连续传动。在一般机械中,要求 $\varepsilon = 1.1 \sim 1.4$。

【例 4.1】 某一传动装置上有一对外啮合渐开线标准直齿圆柱齿轮,其大齿轮已经丢失,小齿轮的齿数 $z_1 = 21$,齿顶圆直径 $d_{a1} = 92mm$,中心距 $a = 134mm$,试求大齿轮的主要几何尺寸及传动比。

解:由题意可知,这对齿轮为渐开线标准直齿圆柱齿轮。根据正确啮合条件两齿轮的模数相等的原则求出大齿轮的模数,然后用中心距计算公式得到大齿轮的齿数,就可以求出大齿轮的主要几何尺寸及传动比。

(1)模数 m:依据已知条件和表 4-2 中有关齿顶高 h_a 的计算公式整理得:

$$m = \frac{d_{a1}}{z_1 + 2h_a^*} = \frac{92}{21 + 2 \times 1} = 4(mm)$$

(2)大齿轮齿数 z_2:由于该对齿轮是外啮合,由式(4-18)得:

$$z_2 = \frac{2a}{m} - z_1 = \frac{2 \times 134}{4} - 21 = 46$$

(3)大齿轮的主要几何参数(由表 4-2 中的公式计算):

分度圆直径 d_2： $d_2 = mz_2 = 4 \times 46 = 184 (\text{mm})$；

齿顶圆直径 d_{a2}： $d_{a2} = m(z_2 + 2h_a^*) = 4 \times (46 + 2 \times 1) = 192 (\text{mm})$；

齿根圆直径 d_{f2}： $d_{f2} = m(z_2 - 2h_a^* - 2c^*) = 4 \times (46 - 2 \times 1 - 2 \times 0.25) = 174 (\text{mm})$；

齿顶高 h_a： $h_a = h_a^* m = 1 \times 4 = 4 (\text{mm})$；

齿根高 h_f： $h_f = (h_a^* + c^*)m = (1 + 0.25) \times 4 = 5 (\text{mm})$；

齿全高 h： $h = h_a + h_f = 4 + 5 = 9 (\text{mm})$；

齿距 p： $p = \pi m = 3.14 \times 4 = 12.56 (\text{mm})$；

齿厚 s 和齿槽宽 e： $s = e = \dfrac{p}{2} = 6.28 (\text{mm})$；

传动比 i： $i = \dfrac{n_1}{n_2} = \dfrac{z_2}{z_1} = \dfrac{46}{21} = 2.19$。

五、渐开线齿轮的加工方法及根切现象

1. 渐开线齿轮的加工方法

渐开线齿轮的加工方法有切削法、铸造法、热轧法、冲压法、电加工法等，应用最为广泛的是切削法。切削法加工齿轮需要专门的刀具或切削加工设备，如渐开线铣刀、插齿机、滚齿机等，就其加工原理有仿形法和范成法两种。

仿形法是采用齿轮齿间形状相同的铣刀在铣床上加工齿轮的方法，如图 4-16 所示。用仿形法加工齿轮所采用的刀具有盘状齿轮铣刀[图 4-16(a)]和指状齿轮铣刀[图 4-16(b)]两种。加工时，铣刀绕本身的轴线回转，同时被加工齿轮沿着自身的轴线移动；铣出一个齿槽后，将被加工齿轮退回原处并转动 $360°/z$，再加工另一个齿槽。这样反复进行直至加工完所有的齿槽。这种加工方法简单，不需专用机床；但加工精度低、效率不高，因此仅用于单件生产和精度要求不高的齿轮加工。

(a)用盘形铣刀切削齿轮

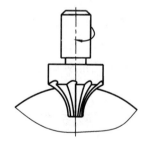
(b)用指状铣刀切制齿轮

图 4-16 仿形法切制齿轮

范成法也称包络法或展成法，是利用齿轮啮合原理，采用专门的切削工具和加工设备切削齿轮。常用的刀具由齿轮插刀[图 4-17(a)]、齿条插刀[图 4-17(b)]和齿轮滚刀[图 4-17(c)]。与齿轮插刀和齿条插刀配套的专用设备是插齿机，与齿轮滚刀配套的专

用设备是滚齿机。不论是用齿轮插刀还是齿条插刀加工齿轮切削过程都是不连续的,都没有滚齿加工齿轮效率高,所以在大批量生产时多采用齿轮滚刀加工齿轮。

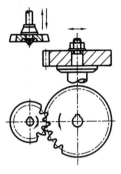 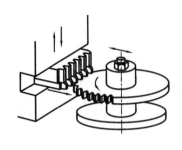 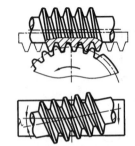

(a)齿轮插刀加工齿轮　　　(b)齿条插刀加工齿轮　　　(c)齿轮滚刀加工齿轮

图 4-17　范成法加工齿轮

2. 根切现象和最少齿数

用范成法加工齿轮时,如果齿轮的齿数太少,刀具的齿顶将齿轮齿根切去一部分,破坏了渐开线齿廓,这种现象称为根切(图 4-18)。

齿轮的轮齿产生根切后,一方面消弱了轮齿的弯曲强度,另一方面齿轮传动的重合度减小、传动平稳性降低。因此,应避免产生根切现象。

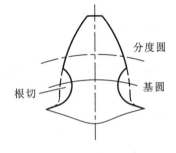

图 4-18　齿轮的根切

根据分析,齿轮的齿数太少,是发生根切现象的根本原因。根据相关资料,标准齿轮不发生根切的最少齿数用下式求出:

$$z_{\min}=\frac{2h_a^*}{\sin^2\alpha} \tag{4-21}$$

对于正常齿,当 $\alpha=20°$、$h_a^*=1$ 时,$z_{\min}=17$;若允许有微量根切,最少齿数可取 14;对于短齿,当 $\alpha=20°$、$h_a^*=0.8$ 时,$z_{\min}=14$。

如果一对齿轮传动要使最小齿数小于 $z_{\min}$,而又不发生根切,就必须采用变位齿轮。

第五节　齿轮的失效形式及齿轮材料

一、齿轮的失效形式

一般来说,齿轮的失效主要发生在轮齿上。因此,齿轮的失效是指在齿轮传递动力时,由不同类型的载荷作用在轮齿上,发生轮齿折断或齿面破坏等现象。轮齿部分的失效形式分为轮齿折断和齿面失效两类。

1. 轮齿折断

轮齿折断有疲劳折断和过载折断两种,是开式齿轮传动的主要失效形式。

齿轮的轮齿在受力时相当于一个悬臂梁,当进入啮合时,轮齿根部存在最大的弯曲应力;轮齿脱离啮合时,齿根弯曲应力为零。因此,轮齿受到变化的弯曲应力。轮齿单侧受力时,齿根弯曲应力按脉动循环变化;双侧受力时,齿根弯曲应力按对称循环变化。在轮齿结构上,齿根处过渡部分的尺寸急剧变化,存在较大的应力集中。在载荷多次重复作用下,轮齿根部的弯曲应力超过疲劳极限时,首先在有应力集中的齿根部产生疲劳裂纹,裂纹逐渐发展,引起轮齿折断,这种折断形式称为疲劳折断,如图 4-19 所示。

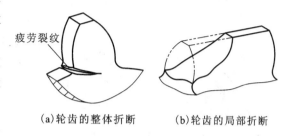

(a)轮齿的整体折断　　(b)轮齿的局部折断

图 4-19　轮齿折断

轮齿在受到短期过载、冲击载荷、轮齿严重磨损后发生的突然折断的现象称为过载折断。过载折断主要发生在用脆性较大的材料(如铸铁、淬火钢等)制成的齿轮上。

在直齿轮上,轮齿的接触线是与回转轴线平行的直线,易发生整体折断[图 4-19(a)];在斜齿轮上,轮齿的接触线是与回转轴线倾斜的直线,易发生局部折断[图 4-19(b)];对于齿宽较大的直齿圆柱齿轮,由于制造、安装误差或轴的变形过大,使轮齿局部受载严重,则轮齿也会发生局部折断。

防止轮齿折断的办法是保证轮齿具有足够的弯曲强度,选择合适的材料和热处理工艺,加大齿根圆角半径并改善齿面的粗糙度,正确安装和操作,可以有效地减少轮齿折断。

2. 齿面失效

(1)齿面磨损:在齿轮传动过程中,如果沙粒、金属屑等磨料物质落到齿面上,轮齿表面就被逐渐磨损,使齿面失去正确的齿形[图 4-20(a)],导致齿轮报废。齿面磨损是开式齿轮传动的主要破坏形式。采用闭式传动、保持润滑油的清洁、提高齿面的表面粗糙度,是减少齿面磨损最有效的办法。

在新设备使用初期,由于齿轮的制造、装配的误差、齿面粗糙度等原因,会出现的齿面磨损现象,但没有破坏正确的齿形,当齿轮运行一段时间后,这种磨损现象会逐步消失。这个过程称为齿轮的磨合(跑合)过程,这种磨损现象称为跑合磨损,是新设备使用初期必然会经历的过程。

(2)齿面点蚀:齿面点蚀是齿面在变化的接触应力作用下,产生疲劳裂纹并逐步扩展,导致齿面上小块金属剥落,形成点状小坑的现象[图 4-20(b)]。随着点蚀的继续发展,就会使齿轮产生强烈的震动和噪声,以至于轮面完全失效,导致齿轮报废。

轮齿在啮合过程中,齿面间的相对滑动有利于形成润滑油膜,且相对滑动速度越高,越容易形成油膜。当轮齿在靠近节线附近啮合时,相对滑动速度低,润滑油膜不易形成;而且在节线附近同时啮合轮齿的对数越少,接触应力则最大,因此点蚀首先出现在靠近节线的齿根面上[图4-20(b)]。由于润滑油液的浸润作用,一旦出现裂纹,油液就会浸入裂纹,对裂纹起挤胀作用,从而加速裂纹扩展,导致金属剥落。

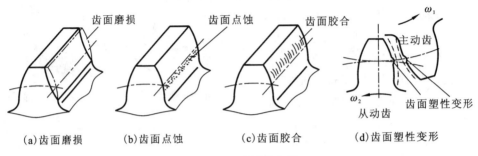

图4-20 齿面的失效

齿面点蚀是润滑条件良好的闭式齿轮传动常见的齿面破坏形式。提高齿面硬度、减小齿面粗糙度、适当增加润滑油的黏度,有助于提高齿面的抗点蚀能力。

(3)齿面胶合:在高速重载的齿轮传动中,致使齿面压力大、温升快、润滑油变稀,降低了润滑效果。造成相互接触的齿面温度过高、黏结在一起;齿轮继续运转,黏住的地方被迫脱离,沿齿面滑动方向上被撕下小条金属形成一条条的沟纹,这种现象称之为齿面胶合[图4-20(c)]。

对于低速齿轮传动,选用黏度较大抗胶合能力强的润滑油;对于高速齿轮传动,选用抗胶合能力强的硫化润滑油。提高齿面精度、减小齿面粗糙度、两齿轮选择不同硬度的材料、加强散热等措施,均可有效地减少齿面胶合的发生。

(4)齿面塑性变形:若齿轮的材料较软,轮齿表面硬度不高,在低速重载和频繁启动的情况下,齿面表层材料就会沿摩擦力方向产生塑性流动,出现齿面局部塑性变形,使齿面失去正确的齿形而失效,这种现象就称为齿面塑性变形[图4-20(d)],甚至发生齿体的塑性变形(图4-21)。

图4-21 齿体塑性变形

二、齿轮常用的材料及热处理方法

1. 齿轮轮齿对材料的基本要求

根据上述齿轮失效形式及产生的原因可知,轮齿齿面应具有较高的抗折断、抗点蚀、抗胶合、耐磨损、抗塑性变形能力,齿根具有较高的抗折断、抗冲击能力。因此,对齿轮材料的基本要求是:①要有足够的强度,保证在寿命范围内轮齿不折断,并得到较小结构尺寸的齿轮;②保证齿面有足够的硬度,提高抗点蚀、抗磨损和抗塑性变形能力;③轮齿齿芯要有足够的韧性,保障轮齿的冲击韧性;④齿轮材料应具有良好的机械加工和热处理性能。

2. 齿轮常用的材料及热处理方法

常用的齿轮材料有优质碳素钢和合金结构钢,其次是铸铁,在高速、轻载、精度不高、功率不大的场合可采用非金属材料。这里简单介绍用作齿轮材料的锻钢、铸钢和铸铁以及热处理方法。部分齿轮常用材料及机械性能见表4-3。

表4-3 部分齿轮常用材料及机械性能

材料	热处理	截面尺寸(mm)		力学性能(MPa)		硬度	
		直径 d	壁厚 s	σ_b	σ_s	HBS	表面淬火(HRC)
45	正火	≤100	≤50	588	294	169~217	40~50
		101~300	51~150	569	284	162~217	
		301~500	151~250	549	275	162~217	
ZG310~570				570	310	163~197	
ZG340~640				640	340	179~207	
45	调质	≤100	≤50	647	373	229~286	40~50
		101~300	51~150	628	343	217~255	
		301~500	151~250	608	314	197~255	
42SiMn	调质	≤100	≤50	784	510	229~286	45~55
		101~200	51~100	735	461	217~269	
		201~300	101~150	686	441	197~255	
40Cr		≤100	≤50	750	550	241~286	48~55
		101~300	51~150	700	550	241~286	
20Cr	渗碳淬火+低温回火	≤60		637	392		56~62
20CrMnTi		≤30		1079	786		
		≤100		834	490		
HT300			>10~20	290		182~273	
HT350			>10~20	340		197~298	
QT500—7				500	320	170~230	
QT600—3				600	370	190~270	

1)锻钢

制造齿轮的毛坯是采用锻造工艺制造的,具有强度高、韧性好、便于制造的特点,还可以通过热处理方法来改善其力学性能。因此,多数齿轮采用锻钢制造。

(1) 软齿面齿轮：齿面硬度 HBS≤350 的齿轮。这类齿轮在热处理（正火或调质）后进行切齿加工，齿面精度一般为 7～8 级，齿面硬度一般在 160～290HBS 范围内。常用材料为 45、40Cr、42SiMn 等中碳钢或中碳合金钢。这种材料具有制造工艺简单、经济实用的特点，常用于对强度、速度要求不高的齿轮传动。

(2) 硬齿面齿轮：齿面硬度 HBS≥350 的齿轮。由于齿面硬度高，这类齿轮是在粗切齿后进行热处理（渗碳、淬火、表面淬火等），然后再进行精加工（磨齿、研磨剂跑合等），精度可达 5～6 级。常用的材料有：①20Cr、20CrMnTi 等低碳钢或低碳合金钢，齿轮经渗碳淬火（齿面硬度可达 HRC56～62）后进行磨齿；②45、40Cr 等中碳钢或中碳合金钢，齿轮经整体淬火后再低温回火（齿面硬度可达 HRC45～55）后进行磨齿、研齿等精加工。这种热处理工艺简单，芯部韧性较低，不能承受冲击载荷；另一种方法是表面淬火后再低温回火（齿面硬度可达 HRC48～55），这种轮齿具有齿面硬度高、芯部韧性好的特点，可用于承受中等冲击载荷。

此外，还有渗氮或碳氮共渗的热处理方法。碳氮共渗的齿轮硬度高、变形小，适用于内齿轮或难以切削的齿轮。常用的材料有 42CrMo、38CrMoAl 等中碳合金钢。

2) 铸钢

当齿轮直径大于 500mm 或结构复杂，且不易锻造时采用铸钢方法制造毛坯。机加工前，一般要进行正火或退火处理，用于消除铸造产生的内应力。常用的材料有 ZG310—570、ZG340—640、ZG35SiMn 等。

3) 铸铁

铸铁齿轮用于低速、轻载、冲击小等不重要的齿轮传动中。铸铁齿轮一般采用毛坯切齿的方法制造。常用的铸铁材料有 HT300、QT600—3 等。

第六节　斜齿圆柱齿轮传动与直齿圆锥齿轮传动

一、斜齿圆柱齿轮传动

1. 斜齿圆柱齿轮齿面的形成与啮合特点

1) 斜齿圆柱齿轮齿面的形成

直齿圆柱齿轮的齿面是发生面 S 绕基圆柱作纯滚动时，发生面上平行于基圆柱轴线的直线 KK' 在空间形成的渐开线曲面[图 4-22(a)]，其特点是在形成直齿渐开线齿面过程中，KK' 线始终与基圆柱轴线保持平行。

斜齿轮齿面形成的原理与直齿轮相同，不同的是形成渐开线齿面的直线 KK' 与基圆柱轴线不再平行，而是 KK' 线和发生面 S 与基圆柱的接触线 NN' 成 β_b 角[图 4-22(b)]。当发生面 S 在基圆柱上作纯滚动时，KK' 线上的各点都依次与基圆柱面相接触，在基圆柱面上

由 KK' 线上每一点所画形状相同的渐开线就形成了斜齿轮的渐开线齿面。由这些渐开线的起始点所连成的线就是螺旋线 AA'，由 KK' 线形成的渐开线齿面称为渐开线螺旋面，斜齿轮基圆柱面上的螺旋角(螺旋线 AA' 螺旋角)就是 KK' 线与 NN' 线的角度 β_b。螺旋角 β_b 越大，轮齿倾斜就越厉害；若 $\beta_b=0$，斜齿轮就成为直齿轮。因此，直齿圆柱齿轮是斜齿圆柱齿轮的特例。

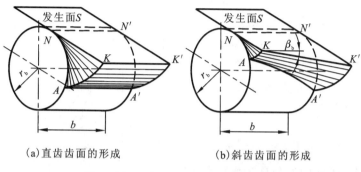

(a) 直齿齿面的形成　　　(b) 斜齿齿面的形成

图 4-22　圆柱齿轮渐开线齿面的形成

2) 斜齿圆柱齿轮的啮合特点

直齿圆柱齿轮在啮合传动时[图 4-23(a)]，齿面上的接触线 KK' 沿啮合平面移动，并平行于齿轮轴线，轮齿沿齿宽方向上同时进入和退出啮合，其载荷沿齿宽方向上也是同时加载和卸载。因此，直齿轮传动存在载荷冲击，引起震动和噪声的现象。

斜齿圆柱齿轮在啮合传动时[图 4-23(b)]，齿面上的接触线 KK' 沿啮合平面移动，但与齿轮轴线不平行。齿面上的接触线在整个啮合过程中，由短变长，再由长变短，直至脱离啮合，其载荷也是由小变大，再由大变小。此外，由于轮齿是螺旋形，其接触线比直齿轮传动接触线长。因此，斜齿圆柱齿轮工作平稳，震动和噪声要小得多。

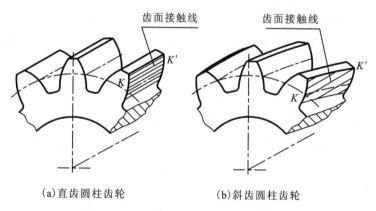

(a) 直齿圆柱齿轮　　　(b) 斜齿圆柱齿轮

图 4-23　直齿轮与斜齿轮齿面上的接触线

2. 斜齿圆柱齿轮的基本参数与几何尺寸计算

1) 斜齿圆柱齿轮的基本参数

由于斜齿轮的轮齿是螺旋形的,在垂直于螺旋线的法面上的齿廓曲线和齿形与端面是不同的。因此,斜齿轮的基本参数就有端面与法向之分。垂直于齿轮轴线的截面称为端面,垂直于轮齿的截面称为法面,分别用下标 t 和下标 n 表示端面和法面的参数。

由于轮齿的啮合情况及强度分析与校核按端面参数进行。因此,应建立法向参数与端面参数的换算关系。

(1) 螺旋角与齿距。

斜齿轮与分度圆的交线为一螺旋线,这根螺旋线与齿轮轴线的夹角称为螺旋角(图4-24)。螺旋角 β 不宜过大,一般 $\beta=7°\sim15°$(最大不超过 30°)。螺旋线有左旋

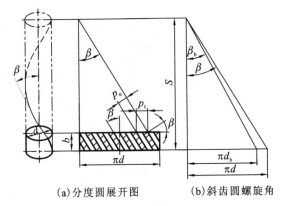

(a) 分度圆展开图　　(b) 斜齿圆螺旋角

图 4-24　斜齿轮分度圆展开图

和右旋之分,向右方向旋转的螺旋线为右旋,向左方向旋转的螺旋线为左旋(图4-25)。由图4-24(b)可得分度圆柱上的螺旋角 β 为:

$$\tan\beta=\frac{\pi d}{S} \quad (4-22a)$$

式中:S 为螺旋线的导程(mm)。

同一斜齿轮上任意螺旋线的导程 S 都相同。因此,斜齿轮基圆柱面上的螺旋角 β_b[图4-24(b)]为:

$$\tan\beta_b=\frac{\pi d_b}{S} \quad (4-22b)$$

将上述两式相除,并整理得:

$$\tan\beta_b=\tan\beta\cos\alpha_t \quad (4-23)$$

(a) 右旋　　(b) 左旋

图 4-25　斜齿轮的旋向

式中:α_t 为斜齿轮端面压力角(°)。

由图4-24(a)所示的几何关系,可得法向齿距 p_n 与端面齿距 p_t 的关系为:

$$p_n=p_t\cos\beta \quad (4-24)$$

(2) 法向模数 m_n 与端面模数 m_t。

由于 $p=\pi m$,由式(4-24)可得法向模数 m_n 与端面模数 m_t 的关系为:

$$m_n=m_t\cos\beta \quad (4-25)$$

在加工斜齿轮时,通常是用滚刀或铣刀进行切齿的,切削时沿螺旋方向进给,斜齿轮的法向模数 m_n 和法向压力角 α_n 与刀具模数 m 和压力角 α 分别相等,采用标准值。其中,法向模数 m_n 按表 4-1 选取,法向压力角 α_n 为 20°。

(3)法向压力角 α_n 与端面压力角 α_t。

在图 4-26 中，ABC 和 A_1B_1C 分别为斜齿条的端面和法面，$\angle ABC$ 和 $\angle A_1B_1C$ 分别为斜齿条的端面压力角 α_t 和法向压力角 α_n。由于直角 $\triangle ABC$ 和直角 $\triangle A_1B_1C$ 的高相等，即 $\overline{AC}=\overline{A_1C}$，由图中的几何关系得：

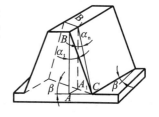

图 4-26 斜齿条压力角

$$\frac{\overline{AC}}{\tan\alpha_t}=\frac{\overline{A_1C}}{\tan\alpha_n} \qquad (4-26a)$$

在直角 $\triangle AA_1C$ 中，$\overline{A_1C}=\overline{AC}\cos\beta$，代入上式整理得法向压力角 α_n 与端面压力角 α_t 的关系为：

$$\tan\alpha_n=\tan\alpha_t\cos\beta \qquad (4-26)$$

(4)齿顶高系数和顶隙系数。

对于斜齿轮的齿顶高和顶隙，其法向与端面都是分别相等的，即：

$$h_a=h_{an}^* m_n=h_{at}^* m_t \qquad (4-27a)$$

$$c=c_n^* m_n=c_t^* m_t \qquad (4-28a)$$

将式(4-25)分别代入(4-27a)得法向齿顶高系数 h_{an}^* 与端面齿顶高系数 h_{at}^* 之间的关系为：

$$h_{at}^*=h_{an}^*\cos\beta \qquad (4-27)$$

将式(4-25)分别代入(4-28a)得法向顶隙系数 c_n^* 与端面顶隙系数 c_t^* 之间的关系为：

$$c_t^*=c_n^*\cos\beta \qquad (4-28)$$

其中，法向齿顶高系数 h_{an}^* 和法向顶隙系数 c_n^* 为标准值，分别为 $h_{an}^*=1$、$c_n^*=0.25$。

2)斜齿圆柱齿轮齿面的几何尺寸

标准斜齿圆柱齿轮的几何尺寸计算公式见表 4-4。

表 4-4 标准斜齿圆柱齿轮的几何尺寸计算公式

名称	代号	计算公式	
齿顶高	h_a	$h_a=h_{an}^* m_n=m_n$	
齿根高	h_f	$h_f=(h_{an}^*+c_n^*)m_n=1.25m_n$	
齿全高	h	$h=h_a+h_f=2.25m_n$	
顶隙	c	$c=c_n^* m_n=0.25m_n$	
分度圆直径	d_1、d_2	$d_1=m_t z_1=\dfrac{m_n z_1}{\cos\beta}$	$d_2=m_t z_2=\dfrac{m_n z_2}{\cos\beta}$
齿顶圆直径	d_{a1}、d_{a2}	$d_{a1}=d_1+2h_a=d_1+2m_n$	$d_{a2}=d_2+2h_a=d_2+2m_n$
齿根圆直径	d_{f1}、d_{f2}	$d_{f1}=d_1-2h_a=d_1-2.5m_n$	$d_{f2}=d_2-2h_a=d_2-2.5m_n$
中心距	a	$a=\dfrac{d_1+d_2}{2}=\dfrac{m_n(z_1+z_2)}{2\cos\beta}$	

3. 斜齿圆柱齿轮的啮合条件

1) 斜齿圆柱齿轮正确啮合条件

对于两轴平行斜齿圆柱齿轮传动,除了与直齿圆柱齿轮传动一样要求两轮的模数和压力角相等外,两斜齿轮相啮合的螺旋面相切。因此,斜齿轮传动的正确啮合条件是:①相啮合的两斜齿轮的法面模数 m_n 及法面压力角 α_n 分别相等(或端面模数 m_t 及端面压力角 α_t 分别相等)。②两斜齿轮为外啮合时,两斜齿轮的螺旋角大小相等,旋向相反,即 $\beta_1 = -\beta_2$;两斜齿轮为内啮合时,两斜齿轮的螺旋角大小相等,旋向相同,即 $\beta_1 = \beta_2$。由此写出一对斜齿圆柱齿轮(两轴平行)传动的正确啮合条件的公式为:

$$\begin{cases} m_{n1} = m_{n2} = m \\ \alpha_{n1} = \alpha_{n2} = \alpha \\ \beta_1 = \mp \beta_2 \end{cases} \quad \text{或} \quad \begin{cases} m_{t1} = m_{t2} \\ \alpha_{t1} = \alpha_{t2} \\ \beta_1 = \mp \beta_2 \end{cases} \tag{4-29}$$

2) 斜齿圆柱齿轮的重合度

图 4-27 是断面尺寸相同的一对直齿圆柱齿轮传动和一对斜齿圆柱齿轮传动啮合区图。在如图 4-27(a)所示的直齿轮传动中,一对齿轮在 B_1B_1' 处进入啮合,在 B_2B_2' 处退出啮合,其端面重合度为:

$$\varepsilon_\alpha = \frac{L}{p_b} \tag{4-30a}$$

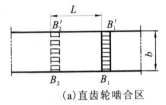

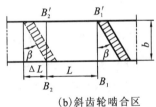

图 4-27 直齿轮与斜齿轮啮合区的比较

在如图 4-27(b)所示的斜齿轮传动中,轮齿在 B_1B_1' 处进入啮合时,仅仅是轮齿上端的 B_1' 点进入啮合;而在到达 B_2B_2' 时,轮齿上端的 B_2' 点开始退出啮合,这时轮齿并没有完全脱离啮合,只有在下端 B_2 到达 B_2B_2' 时,这对轮齿才完全退出啮合。也就是断面尺寸相同的一对斜齿圆柱齿轮传动的啮合区比一对直齿圆柱齿轮传动的啮合区要长 $\Delta L = b\tan\beta_b$,用 p_{bt} 表示齿轮端面的齿距,则所增加的重合度(称为轴向重合度 ε_β)为:

$$\varepsilon_\beta = \frac{\Delta L}{p_b} = \frac{b\tan\beta_b}{p_t \cos\alpha_t} = \frac{b\sin\beta}{\pi m_n} \tag{4-30b}$$

由于斜齿轮的端面重合度与端面尺寸相同的直齿轮的端面重合度相同,由此可得斜齿轮总的重合度 ε_t 为:

$$\varepsilon_t = \varepsilon_\alpha + \varepsilon_\beta = \varepsilon_\alpha + \frac{b\sin\beta}{\pi m} \tag{4-30}$$

式(4-30)说明斜齿轮的重合度比直齿轮传动大,还随着螺旋角 β 和齿宽 b 的增大而增大,所以斜齿轮的传动平稳性和承载能力都较高,更适用于高速重载传递动力。

二、直齿圆锥齿轮传动

直齿圆锥齿轮传动用于传递两轴相交的空间齿轮传动,其特点是轮齿分布在一个截锥体上(图4-28)。因此,相应的圆柱齿轮参数由"圆柱"改称为"圆锥"了,如圆锥齿轮中有分度圆锥、基圆锥、齿顶圆锥、齿根圆锥。圆锥齿轮的大端与小端的参数是不同的,通常以大端的参数为标准值,其大端的模数按表4-1选取,压力角一般取 $\alpha=20°$。

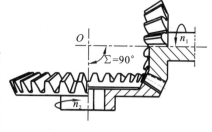

图 4-28 直齿圆锥齿轮传动

一对圆锥齿轮两轴线的夹角∑可根据传动的需要确定,一般∑=90°。

1. 当量齿轮和当量齿数

如图4-29所示,在圆锥齿轮的大端作与分度圆锥面(简称分锥)同一轴线且母线与分锥母线垂直相交的圆锥面,这个圆锥面就称为圆锥齿轮的背锥。若将圆锥齿轮的背锥展开成平面,得一扇形圆柱齿轮;再将这个扇形圆柱齿轮缺口补全后就得到假想的圆柱齿轮,这个圆柱齿轮称为该圆锥齿轮的当量齿轮。该当量齿轮的齿数称为当量齿数,用 z_v 表示。由于当量齿轮是由圆锥齿轮大端展开而成,因此当量齿轮的模数 m_v 和压力角 α_v 与圆锥齿轮大端的模数 m 和压力角 α 相等时,由图4-28可知:

$$r_v = \frac{r}{\cos\delta} \quad (4-31a)$$

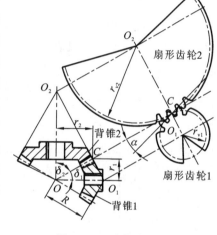

图 4-29 当量齿轮

将 $r=mz/2$ 及 $r_v=m z_v/2$ 代入上式得当量齿轮齿数为:

$$z_v = \frac{z}{\cos\delta} \quad (4-31)$$

式中:δ 为圆锥齿轮分度圆锥角(°)。

当量齿轮的概念在研究圆锥齿轮的啮合传动和加工中具有重要的作用。可将圆柱齿轮的一些结论直接用于圆锥齿轮:①用仿形法加工齿轮时,铣刀的模数和压力角与当量齿轮的模数和压力角相同;②用范成法加工时,可根据当量齿数来计算圆锥齿轮不发生根切的最少齿数,即 $z_{min}=z_{vmin}\cos\delta$;③直齿圆锥齿轮的重合度可按当量齿轮的重合度计算;④在进行强度计算时,也要用到当量齿数。

2. 直齿圆锥齿轮的啮合传动

如前分析可知,一对直齿圆锥齿轮传动相当于该对锥齿轮的当量齿轮的啮合传动。根据一对直齿圆锥齿轮的正确啮合条件可知:一对直齿圆锥齿轮正确啮合的条件为两锥齿轮大端模数和压力角分别相等,其表达见式(4-16)。

如图 4-30 所示，各齿的分度圆直径分别为 $d_1=2R\tan\delta_1$ 和 $d_2=2R\tan\delta_2$，代入式(4-17)得圆锥齿轮的传动比为：

$$i_{12}=\frac{\omega_1}{\omega_2}=\frac{z_2}{z_1}=\frac{d_2}{d_1}=\frac{\sin\delta_2}{\sin\delta_1} \quad (4-32)$$

若两锥齿轮的轴角 $\Sigma=90°$，代入上式得轴角 $\Sigma=90°$ 圆锥齿轮的传动比为：

$$i_{12}=\frac{\sin\delta_2}{\sin\delta_1}=\frac{\sin(90°-\delta_1)}{\sin\delta_1}=\cot\delta_1=\tan\delta_2 \quad (4-33)$$

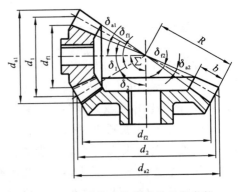

图 4-30 圆锥齿轮传动的几何参数

3. 直齿圆锥齿轮基本参数的确定和几何尺寸计算

直齿圆锥齿轮的基本参数和几何尺寸以大端为基准。标准直齿圆锥齿轮($\Sigma=90°$)的主要几何尺寸计算公式见表 4-5 和图 4-30。

表 4-5 标准直齿圆锥齿轮($\Sigma=90°$)的主要几何尺寸计算公式

名称	代号	计算公式	
		小齿轮	大齿轮
齿顶高	h_a	$h_a=h_a^* m=m$	
齿根高	h_f	$h_f=(h_a^*+c^*)m=1.2m$	
齿全高	h	$h=h_a+h_f=2.2m$	
顶隙	c	$c=c^* m=0.2m$	
分度圆锥角	δ_1、δ_2	$\delta_1=\arctan(z_1/z_2)$	$\delta_2=\arctan(z_2/z_1)=90°-\delta_1$
分度圆直径	d_1、d_2	$d_1=mz_1$	$d_2=mz_2$
齿顶圆直径	d_{a1}、d_{a2}	$d_{a1}=d_1+2h_a\cos\delta_1$	$d_{a2}=d_2+2h_a\cos\delta_2$
齿根圆直径	d_{f1}、d_{f2}	$d_{f1}=d_1-2h_f\cos\delta_1$	$d_{f2}=d_2-2h_f\cos\delta_2$
锥距	R	$R=\frac{1}{2}\sqrt{d_1^2+d_2^2}=\frac{m}{2}\sqrt{z_1^2+z_2^2}$	
齿顶角	θ_a	$\theta_a=\arctan(h_a/R)$	
齿根角	θ_f	$\theta_f=\arctan(h_f/R)$	
顶锥角	δ_{a1}、δ_{a2}	$\delta_{a1}=\delta_1+\theta_a$	$\delta_{a2}=\delta_2+\theta_a$
根锥角	δ_{f1}、δ_{f2}	$\delta_{f1}=\delta_1-\theta_f$	$\delta_{f2}=\delta_2-\theta_f$
齿宽	b	$b_{max}\leq 0.3R, b_{max}\leq 10m, b_{min}\geq 4m$	

其中,基本参数按照 GB 12368—1990 的规定:大端压力角 $\alpha=20°$、齿顶高系数 $h_a^*=1$、顶隙系数 $c^*=0.2$。其中大端的模数 m 值为标准值,从表 4-6 中选取。

表 4-6　锥齿轮模数(摘自 GB 12368—1990)　　　　　　　　(单位:mm)

1,1.125,1.25,1.375,1.5,1.75,2,2.25,2.5,2.75,3,3.25,3.5,3.75,4,4.5,5,5.5,6,6.5
7,8,9,10,12,14,16,18,20,22,25,28,30,32,36,40,45,50

第七节　蜗杆传动

一、蜗杆传动的类型及特点

1. 蜗杆与蜗轮的形成

蜗杆传动机构可以看成是由一对空间交错轴斜齿圆柱齿轮传动演变而来的。如图 4-31 所示,若小齿轮的螺旋角 β_1 很大、齿数 z_1 很少、直径很小、齿宽 b_1 很大时,小齿轮由盘状变为杆状,在齿轮的圆柱面上就形成了连续的螺旋齿,这时的小齿轮就称为蜗杆;而与之相啮合的大齿轮的螺旋角 β_2 就很小、齿数多、直径大、齿宽 b_2 小,这时的大齿轮就称为蜗轮。

蜗杆传动用于传递空间两轴交错的运动和动力,属于空间齿轮传动,通常两轴交角 $\Sigma=90°$。如图 4-32 所示,蜗杆传动由蜗杆 1 与蜗轮 2 共同组成大传动比的减速机构。一般情况下,蜗杆 1 为主动件输入动力,蜗轮 2 为从动件输出动力。

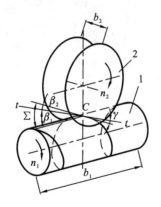

图 4-31　蜗杆与蜗轮啮合传动
1.蜗杆;2.蜗轮

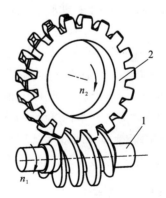

图 4-32　蜗杆传动的组成
1.蜗杆;2.蜗轮

2. 蜗杆传动的类型

根据蜗杆形状的不同,蜗杆传动通常分为圆柱面蜗杆传动、环面蜗杆传动、锥面蜗杆传动(图4-33)。通常,圆柱面蜗杆传动最为常用。

根据蜗杆螺旋线旋向的不同,蜗杆传动可分为右旋蜗杆传动和左旋蜗杆传动。一般采用右旋蜗杆传动。

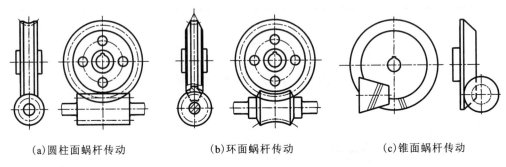

(a)圆柱面蜗杆传动　　(b)环面蜗杆传动　　(c)锥面蜗杆传动

图4-33　蜗杆传动的类型

根据蜗杆头数(螺旋线的根数)的不同,蜗杆传动又可分为单头蜗杆传动、双头蜗杆传动及多头蜗杆传动。单头蜗杆传动比大,具有自锁性能;双头及多头蜗杆传动效率较高,但结构复杂、加工难度大。

根据加工方法的不同,圆柱面蜗杆分为阿基米德蜗杆(断面轮廓为阿基米德螺旋线)、渐开线蜗杆(断面轮廓为渐开线)、法向直廓蜗杆(断面轮廓接近于延伸渐开线)等多种。其中,阿基米德蜗杆制造方便、应用广泛。本节主要介绍的是阿基米德蜗杆传动。

如图4-34所示,在加工阿基米德蜗杆时,将具有标准齿条型的车刀水平放置在蜗杆轴线所在的平面上,其刀头部夹角$2\alpha = 40°$,这样蜗杆的轴向剖面$A—A$上的齿形相当于梯形齿条形状,在垂直于螺旋线剖面$N—N$上的齿形为渐开线;在垂直于轴线剖面$B—B$上的齿廓为阿基米德螺旋线,其蜗杆齿面为阿基米德螺旋面。阿基米德蜗杆加工简便,适用于软齿面、精度要求不高、头数少的蜗杆传动。

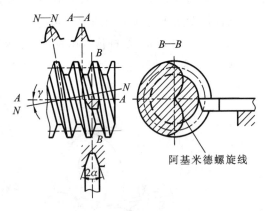

图4-34　阿基米德蜗杆

3. 蜗杆传动的特点

蜗杆传动具有以下特点:①传动比大,结构紧凑,单级传动比可达8~80;在功率很小、主要用来传递运动(如分度机构)时,传动比可达1 000。②传动平稳、噪声小。③头数少时,可实现自锁。④传动效率较低(与其他类型的齿轮传动相比)、易磨损、发热较大,具有自锁性的蜗杆传动啮合效率<50%,一般传动啮合效率70%~80%。⑤成本较高,需用耐磨材料(如青铜等)制造。

二、圆柱蜗杆传动的主要参数及几何尺寸计算

如图4-35所示,蜗杆轴线垂直于蜗轮轴线的平面称为中间平面,在中间平面内蜗轮与蜗杆的啮合相当于齿轮与齿条的啮合。因此,蜗杆传动以中间平面的参数和几何尺寸为基准,并沿用齿轮传动的计算关系。

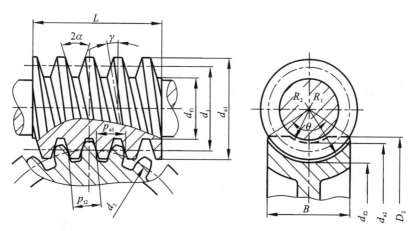

图4-35 普通圆柱蜗杆传动的几何尺寸

1. 正确啮合条件

当蜗轮与蜗杆啮合时,在中间平面上,蜗杆轴向齿距 p_{a1} 等于蜗轮的端面分度圆齿距 p_{t2}。因此,蜗杆的轴向模数 m_{a1} 等于蜗轮的端面模数 m_{t2},均为标准模数 m;蜗杆的轴向压力角 α_{a1} 等于蜗轮的端面分度圆压力角 α_{t2},均为标准压力角。由于蜗杆与蜗轮轮齿为螺旋状,若蜗杆回转轴与蜗轮回转轴的交错角 $\Sigma=90°$ 时,蜗杆与蜗轮轮齿的螺旋线方向必须相同,且蜗杆的导程角 γ 与蜗轮轮齿的螺旋角 β_2 相等。所以,蜗杆传动的正确啮合条件为:

$$\begin{cases} m_{a1}=m_{t2}=m \\ \alpha_{a1}=\alpha_{t2}=\alpha \\ \gamma=\beta_2 \end{cases} \qquad (4-34)$$

2. 主要参数

1)模数 m 和压力角 α

由式(4-34)可知,在中间平面上蜗杆的轴向模数 m_{a1} 和蜗轮的端面模数 m_{t2} 均为标准模数 m,其值由表4-7选取。蜗杆的轴向压力角 α_{a1} 与蜗轮的端面分度圆压力角 α_{t2},均为标准压力角 $\alpha,\alpha=20°$。

表 4-7 蜗杆的基本参数（摘自 GB 10085—2018）

模数 m (mm)	分度圆直径 d_1 (mm)	头数 z_1	直径系数 q	模数 m (mm)	分度圆直径 d_1 (mm)	头数 z_1	直径系数 q
1	18	1	18.000	6.3	63	1,2,4,6	10.000
1.25	20	1	16.000		**112**	**1**	**17.778**
	22.4		**17.920**	8	80	1,2,4,6	10.000
1.6	20	1,2,4	12.500		**140**	**1**	**17.500**
	28			10	90	1,2,4,6	9.000
2	22.4	1,2,4,6	11.200		160	1	16.000
	35.5	**1**	**17.750**	12.5	112	1,2,4	8.960
2.5	28	1,2,4,6	11.200		200	1	16.000
	45	**1**	**18.000**	16	140	1,2,4	8.750
3.15	35.5	1,2,4,6	11.270		250	1	15.625
	56	**1**	**17.778**	20	160	1,2,4	8.000
4	40	1,2,4,6	10.000		315	1	15.750
	71	**1**	**17.750**	25	200	1,2,4	8.000
5	50	1,2,4,6	10.000		400	1	16.00
	90	**1**	**18.000**				

注：表中黑体是导程角 γ 小于 3°30′，具有自锁性能的蜗杆。

2) 蜗杆分度圆直径 d_1 与蜗杆直径系数 q

为了减少切制蜗轮滚刀的数量，便于滚刀的标准化，国家标准（GB 12368—1990）规定了每一个标准模数一种或几种蜗杆分度圆直径 d_1 值（表 4-7），并定义蜗杆分度圆直径 d_1 与模数 m 的比值为蜗杆直径系数 q，即：

$$q = \frac{d_1}{m} \quad (4-35)$$

3) 蜗杆导程角 γ

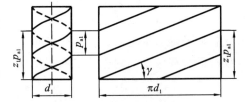

图 4-36 蜗杆分度圆柱上的导程角 γ

如图 4-36 所示，将蜗杆分度圆柱表面展开，依据其几何关系，并将式（4-35）代入，得蜗杆分度圆柱上的导程角 γ 为：

$$\tan\gamma = \frac{z_1 p_{a1}}{\pi d_1} = \frac{z_1 m}{d_1} = \frac{z_1}{q} \quad (4-36)$$

蜗杆传动的效率与导程角 γ 有关：导程角大，效率高；导程角小，效率低。做动力传动时，要求效率高，γ 应取大些，通常为 15°～30°；要求具有自锁性能时，导程角 γ＜3°30′。

4)传动比 i、蜗杆头数 z_1、蜗轮齿数 z_2

蜗杆传动是由齿轮传动演变而来的,其传动比 i_{12} 为:

$$i_{12}=\frac{n_1}{n_2}=\frac{z_2}{z_1} \qquad (4-37)$$

蜗杆头数 z_1 的选择与传动比、效率、制造有关。在结构紧凑、大传动比的蜗杆传动中采用单头蜗杆,但效率较低;在传动功率较大时,为提高效率采用多头蜗杆,但过多的头数加工精度不易保证,一般头数 z_1 为 2 或 4。头数的选取见表 4-7。

蜗轮齿数 z_2 用式(4-37)求出。为了避免发生根切,z_2 应大于 26;对于动力蜗杆传动,一般 $z_2=27\sim80$。若 z_2 过大会使蜗轮结构尺寸过大,蜗杆长度增加,其刚度降低,影响啮合精度。z_1 和 z_2 的推荐值见表 4-8。

表 4-8 圆柱蜗杆传动 z_1 和 z_2 推荐值

传动比 $i=z_2/z_1$	5~6	7~8	9~13	14~24	25~27	28~40	>40
蜗杆头数 z_1	6	4	4	2	2	2,1	1
蜗轮齿数 z_2	29~36	28~32	27~52	28~72	50~81	28~80	>40

3. 蜗轮传动几何尺寸计算

普通蜗杆传动各部分几何尺寸如图 4-35 所示,计算公式见表 4-9。其中齿顶高系数 $h_a^*=1$、顶隙系数 $c^*=0.2$。

表 4-9 圆柱蜗杆传动 z_1 和 z_2 推荐值

名称	符号	蜗杆	蜗轮
齿顶高	h_a	\multicolumn{2}{c}{$h_{a1}=h_{a2}=h_a^* m=m$}	
齿根高	h_f	$h_{f1}=h_{f2}=(h_a^*+c^*)m=1.2m$	
齿全高	h	$h=h_{a1}+h_{f1}=h_{a2}+h_{f2}=2.2m$	
分度圆直径	d	$d_1=mq$	$d_2=mz_2$
齿顶圆直径	d_a	$d_{a1}=d_1+2h_{a1}=(q+2)m$	$d_{a2}=d_2+2h_{a2}=(z_2+2)m$
齿根圆直径	d_f	$d_{f1}=d_1-2h_{f1}=(q-2.4)m$	$d_{a2}=d_2+2h_{a2}=(z_2-2.4)m$
蜗杆导程角	γ	$\gamma=\arctan\left(\dfrac{z_1}{q}\right)$	
蜗轮螺旋角	β_2		$\beta_2=\gamma$
中心距	a	$a=\dfrac{1}{2}m(q+z_2)$	
蜗杆螺旋部分长度	L	当 $z_1=1$ 或 2 时,$L\geqslant(11+0.06z_2)m$ 当 $z_1=4$ 时,$L\geqslant(12.5+0.09z_2)m$	

4. 蜗轮回转方向的判断

蜗轮的回转方向取决于蜗杆轮齿的螺旋方向和蜗杆的回转方向。蜗杆按照轮齿的螺旋方向分为右旋蜗杆和左旋蜗杆两种(图4-37)。右旋蜗杆是指右手的四指与螺旋线旋转方向一致时,右手的大拇指的方向与螺旋线的旋进方向一致;左旋蜗杆是指左手的四指与螺旋线旋转方向一致时,螺旋线的旋进方向与左手的大拇指指向一致。

蜗轮转向采用右手定则或左手定则来判断,具体方法是:①对于右旋蜗杆用右手定则,即用右手四指弯曲指向蜗杆的回转方向,则蜗轮上与蜗杆相啮合点的速度方向就与右手大拇指的指向相反;②对于左旋蜗杆用左手定则,则是用左手四指弯曲指向蜗杆的回转方向,其蜗轮上与蜗杆相啮合点的速度方向就与左手大拇指的指向相反。其平面示意图的两种表示方法见图4-38。

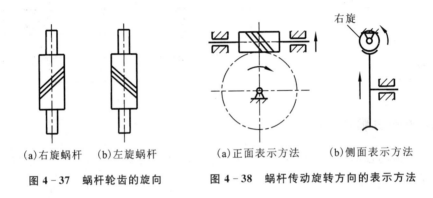

图4-37 蜗杆轮齿的旋向　　图4-38 蜗杆传动旋转方向的表示方法

第八节　齿轮的结构

齿轮由轮圈、轮毂、轮辐、轮齿组成。齿轮的轮齿是依据前面所讨论的强度计算及几何尺寸来确定的。这里所说的齿轮结构是指轮圈、轮毂、轮辐,它们的结构形式及几何尺寸的大小是由结构设计来确定的。

齿轮的结构与齿轮的毛坯材料、轮齿的几何尺寸、加工方法、使用要求、经济性等因素有关。在确定齿轮结构时,在考虑以上因素的基础上,按照生产厂的实际情况及经验数据,依据齿轮外径的大小,选择合理的结构形式。

一、齿轮轴

对于圆柱齿轮,若齿轮的齿根圆到轴孔键槽底部的距离 $e<2m$(对于斜齿轮为端面模数 m_t)时,应将齿轮和轴做成一体的齿轮轴,见图4-39(a)。对于圆锥齿轮,若齿轮的小端齿根圆到轴孔键槽底部的距离 $e<1.6m$(m 为大端模数)时,也应将齿轮和轴做成一体的齿轮轴,见图4-39(b)。齿轮轴采用锻制毛坯制造。

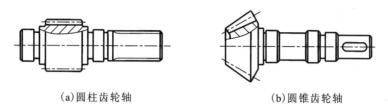

(a)圆柱齿轮轴　　　　　　(b)圆锥齿轮轴

图 4-39　齿轮轴

二、实心式齿轮

对于圆柱齿轮,若 $e>2m_t$、齿顶圆直径 $d_a\leqslant 160mm$ 时,齿轮应单独制造,做成实心结构的圆柱齿轮,见图 4-40(a)。对于圆锥齿轮,若 $e>1.6m$ 时,做成实心结构的圆锥齿轮,见图 4-40(b)。实心式齿轮采用锻制毛坯制造。

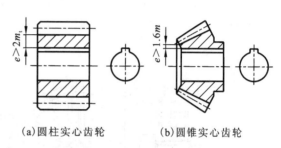

(a)圆柱实心齿轮　　(b)圆锥实心齿轮

图 4-40　实心式齿轮结构

三、腹板式齿轮

当齿顶圆 $d_a=160\sim 500mm$,圆柱齿轮和圆锥齿轮均做成腹板结构,其齿轮结构尺寸见图 4-41。腹板式齿轮采用锻制或铸造毛坯制造。

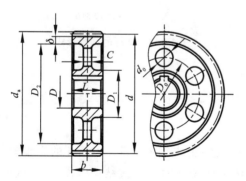
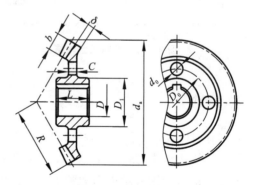

(a)圆柱腹板式齿轮　　　　　　　　　(b)圆锥腹板式齿轮

$D_1=1.6D$;　$D_2=d_a-10m_n$;　$D_0=0.5(D_1+D_2)$;
$d_0=(0.25\sim 0.35)(D_2-D_1)$;　$C=(0.2\sim 0.3)b$;
当 $\delta>10mm$ 时,$\delta=(2.5\sim 4)m_n$;
当 $b=(1\sim 1.5)d$ 时,取 $L=b$,否则取 $L=(1.2\sim 1.5)d$

$D_1=1.6D$;　$L=(1\sim 1.2)d$;　$\delta=(3\sim 4)m$,但不小于 10mm;　$C=(0.1\sim 0.17)R$;　D_0、d_0 随结构而定

图 4-41　腹板式齿轮结构

四、轮辐式齿轮

当齿顶圆 d_a >500mm，做成"十字形"的轮辐式结构齿轮，见图 4-42。由于齿轮太大，结构复杂、不便于锻造，采用铸造的方法制造毛坯。

五、蜗杆

蜗杆通常和轴做成一体，称为蜗杆轴。按照蜗杆加工方式的不同，分为铣削结构和车削结构两种。当轴径 d_s 大于齿根圆直径 d_{f1} 时，蜗杆螺旋部分只能铣削，铣削式结构见图 4-43(a)；否则，可以铣削，也可以车削，车削式结构见图 4-43(b)。

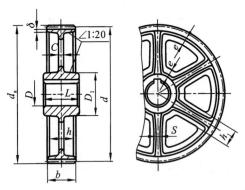

$D_1=1.6D$(铸钢)；$D_1=1.8D$(铸铁)；$L=(1.2～1.5)D$，应使 $L\geqslant b$；$h=0.8D$；$h_1=0.8h$；$C=0.2b$，但不小于10mm；$S=0.15h$；$\delta=(2.5～4)m_n$，但不小于8mm；$e=0.8\delta$

图 4-42 轮辐式齿轮结构

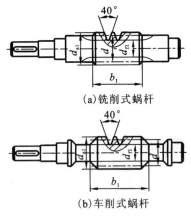

当 $z_1=1$ 或 2 时，$b_1\geqslant(11+0.06z_2)m$；
当 $z_1=4$ 时，$b_1\geqslant(12.5+0.09z_2)m$

图 4-43 蜗杆的结构形式

六、蜗轮

蜗轮有整体式和组合式两种结构形式(图 4-44)。

整体浇铸式结构[图 4-44(a)]，主要用于铸铁蜗轮或直径小于100mm 的青铜蜗轮。对于尺寸大的蜗轮则采用齿圈为青铜、轮芯为铸钢或铸铁的组合式结构。图 4-44(b)为轮毂式结构，其齿圈与轮芯多采用 H7/r6 的配合，并加装 4～8 个紧定螺钉(或用普通螺钉，拧紧后将头部锯掉)，以增强连接的可靠性。为了便于钻孔，应将螺孔中心线由配合缝向材料较硬的轮芯部分偏移 2～3mm；这种结构用于尺寸不大，且工作温度变化较小的场合。图 4-44(c)为螺栓连接式结构，可用普通螺栓(或绞制孔螺栓)连接，螺栓的尺寸及数量依据蜗轮的结构尺寸而定，随后作强度校核。这种结构装拆方便，常用于尺寸较大或易磨损的蜗轮。图4-44(d)为拼铸式结构，为防止齿圈在轮芯上滑动，轮芯上预先制出榫槽，然后在铸铁轮芯上加铸青铜齿圈，这种结构用于成批制造的蜗轮。

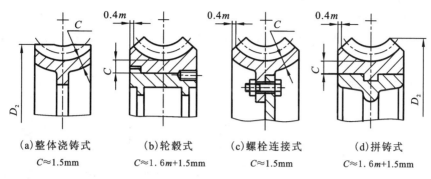

(a)整体浇铸式　　　　(b)轮毂式　　　　(c)螺栓连接式　　　　(d)拼铸式
$C≈1.5mm$　　　$C≈1.6m+1.5mm$　　　$C≈1.5mm$　　　$C≈1.6m+1.5mm$

图 4-44　蜗轮的结构

第九节　轮　系

一、轮系的分类

在实际机械中,为了满足动力传动和转动方向的需要,由一系列齿轮组成的齿轮传动系统就称为轮系。轮系可以分为定轴轮系、周转轮系、混合轮系三种类型。

1. 定轴轮系

轮系在传动中,若各齿轮的回转轴线相对于机架固定不动,则称该轮系为定轴轮系。在定轴轮系中,由回转轴线相互平行的圆柱齿轮组成的轮系称为平面定轴轮系[图 4-45(a)]。在定轴轮系中,存在空间齿轮传动(如锥齿轮传动、蜗杆齿轮传动)的轮系称为空间定轴轮系[图 4-45(b)]。

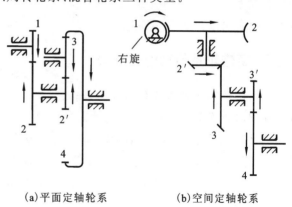

(a)平面定轴轮系　　　　(b)空间定轴轮系

图 4-45　定轴轮系

2. 周转轮系

轮系在传动中,至少有一个齿轮的回转轴线相对于机架的位置是变化的,并绕着其他齿轮的回转轴线回转的轮系称为周转轮系。如图 4-46 所示,齿轮 2 在绕着自身的回转轴线 O_2 自转的同时,还随着构件 H 绕着 O_1 轴线公转。因此,称齿轮 2 为行星轮,构件 H 为行星架(系杆或转臂)绕着 O_H 轴回转,绕着 O_1 轴回转的齿轮 1 为太阳轮(中心轮),其中 O_H 轴与 O_1 轴同轴。

周转轮系按照自由度的不同分为差动轮系和行星轮系。如图 4-47(a)所示的轮系，中心轮 1、中心轮 3(也称齿圈)、行星架 2 都转动，则轮系的自由度为 2，说明该周转轮系必须具有两个独立的原动件才有确定的运动输出，则称该周转轮系为差动轮系。如图 4-47(b)所示的轮系，中心轮 3 被固定，则轮系的自由度为 1，说明该周转轮系具有 1 个原动件，就有确定的运动输出，则称该周转轮系为行星轮系。

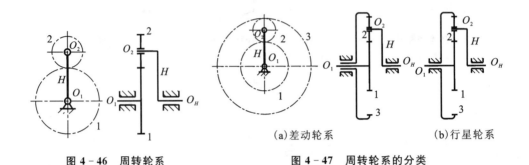

图 4-46　周转轮系

(a)差动轮系　(b)行星轮系

图 4-47　周转轮系的分类

3. 混合轮系

在轮系中，既有定轴轮系又有周转轮系[图 4-48(a)]，或者由两排及两排以上的周转轮系[图 4-48(b)]组成的复杂轮系称为混合轮系。

(a)定轴轮系＋行星轮系　(b)行星轮系＋行星轮系

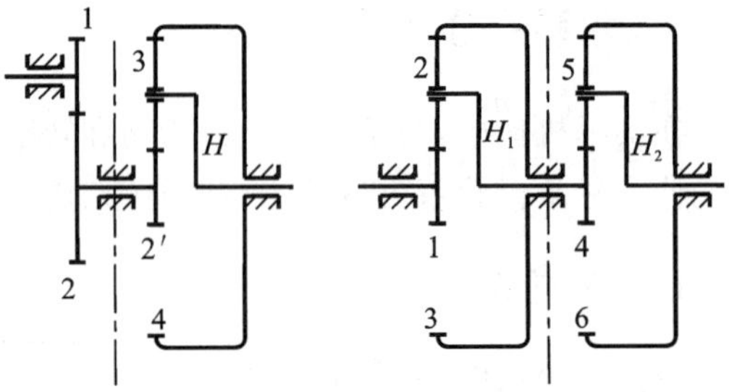

图 4-48　混合轮系

二、定轴轮系传动比的计算

轮系的传动比是指轮系运动时，输入轴与输出轴的角速度(或转速)之比。传动比的计算包括传动比的大小、确定输入轴与输出轴之间的转向关系。传动比用符号 i_{1k} 表示，其下标 1 为首轮代号、下标 k 为末轮代号，即轮系的传动比为：

$$i_{1k}=\frac{\omega_1}{\omega_k}=\frac{n_1}{n_k} \tag{4-38}$$

1. 一对齿轮的传动比

如图 4-49 所示为回转轴线相互平行的平面齿轮传动，其传动比为：

$$i_{12}=\frac{\omega_1}{\omega_2}=\frac{n_1}{n_2}=\mp\frac{z_2}{z_1} \tag{4-39}$$

式中：负号表示一对外啮合齿轮传动的输入轴与输出轴转向相反，正号表示一对内啮合齿轮传动的输入轴与输出轴转向相同。齿轮的转向也可以用箭头的方法在图中确定(图 4-49)。

对于回转轴线不平行的空间齿轮传动，其传动比大小可以用式(4-39)求出，但不能带正负号，齿轮的转向只能用箭头的方法在图中确定(图 4-50)。

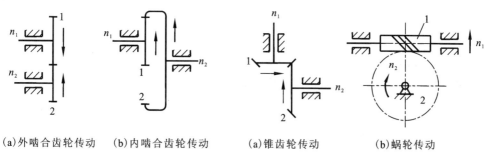

(a)外啮合齿轮传动　　(b)内啮合齿轮传动　　　　(a)锥齿轮传动　　　(b)蜗轮传动

图 4-49　平面齿轮传动的转向　　　　　图 4-50　空间齿轮传动的转向

2. 定轴轮系的传动比

对于由多对齿轮组成的平面定轴轮系的传动比的计算,可以从一对齿轮传动比的计算公式中推出。在如图 4-51 所示的轮系中,齿轮 1 为主动齿轮,通过各对齿轮的啮合传动,将运动传递到最后一个从动齿轮 k。若各齿轮的齿数分别为 z_1、z_2、$z_{2'}$、z_3、z_4、$z_{4'}$、$\cdots$、z_k,转速分别为:n_1、n_2、$n_{2'}$、n_3、n_4、$n_{4'}$、$\cdots$、n_k,则每对相互啮合齿轮的传动比为:

$$i_{12}=\frac{n_1}{n_2}=-\frac{z_2}{z_1};\ i_{2'3}=\frac{n_{2'}}{n_3}=-\frac{z_3}{z_{2'}};\ i_{34}=\frac{n_3}{n_4}=\frac{z_4}{z_3};\cdots;\ i_{(k-1)'k}=\frac{n_{(k-1)'}}{n_k}=\frac{z_k}{z_{(k-1)'}}$$

由于 $i_{1k}=i_{12}\cdot i_{2'3}\cdot i_{34}\cdots i_{(k-1)',k}$,将以上各式和同轴条件 $n_2=n_{2'}$、$n_3=n_3$、$n_4=n_{4'}$、$\cdots$、$n_{k-1}=n_{(k-1)'}$(图 4-51)代入得:

$$i_{1k}=\frac{n_1}{n_k}=(-1)^m\frac{z_2 z_3 z_4 \cdots z_k}{z_1 z_{2'} z_3 \cdots z_{(k-1)'}}$$

或写成:

$$i_{1k}=\frac{n_1}{n_k}=(-1)^m\frac{\text{从动轮齿数的乘积}}{\text{各主动轮齿数的乘积}} \qquad (4-40)$$

式中:m 为轮系中外啮合齿轮的对数,$(-1)^m$ 仅限于轴线相互平行的平面定轴轮系。

在应用式(4-40)时,应注意以下几点:

(1)对于平面定轴轮系,传动比 i_{1k} 由式(4-40)可见,若 m 为偶数时,i_{1k} 为正,则说明 n_1 与 n_k 的转向相同;若 m 为奇数时,i_{1k} 为负,则说明 n_1 与 n_k 的转向相反;也可以用箭头的方法在图中表示出来。

(2)对于含有锥齿轮、螺旋齿轮、蜗杆传动等组成的空间定轴轮系,其传动比 i_{1k} 的大小将式(4-40)去掉 $(-1)^m$ 后进行计算,其各齿轮的转向只能用箭头的方法在图中确定。

(3)在轮系中,不影响轮系传动比的大小,仅引起传递运动和改变转向齿轮称为惰轮(或介轮)。在图 4-51 中,齿轮 3 既是齿轮 $2'$ 的从动轮,也是齿轮 4 的主动轮,齿轮 3 的齿数在式(4-40)中,同时出现在分母和分子中,可以相互约去。

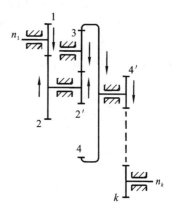

图 4-51　平面定轴轮系
传动比的计算

因此，齿轮3齿数的多少不影响轮系传动比的大小，只影响输出轮的转向，齿轮3就是该轮系中的惰轮。

【例4.2】 如图4-45(a)所示轮系，已知各齿轮的齿数分别为：$z_1=z_{2'}=20$、$z_2=40$、$z_3=26$、$z_4=80$，试求传动比i_{14}，并确定齿轮4的转向。

解：由图4-45(a)可以看出，该轮系为平面定轴轮系，由式(4-40)求得传动比i_{14}为：

$$i_{14}=\frac{n_1}{n_4}=(-1)^2\frac{z_2 z_3 z_4}{z_1 z_{2'} z_3}=\frac{40\times 26\times 80}{20\times 20\times 26}=8$$

传动比i_{14}为正，说明齿轮1和齿轮4的转向相同。

【例4.3】 如图4-45(b)所示轮系，已知右旋蜗杆的头数$z_1=2$、转速$n_1=1\,450\mathrm{r/min}$，其他各齿轮齿数分别为：$z_2=50$、$z_{2'}=z_{3'}=20$、$z_3=z_4=40$，求齿轮4的转速n_4，并确定其转向。

解：由图4-45(b)可以看出，该轮系为空间定轴轮系，由式(4-40)求得传动比i_{14}为：

$$i_{14}=\frac{n_1}{n_4}=\frac{z_2 z_3 z_4}{z_1 z_{2'} z_{3'}}=\frac{50\times 40\times 40}{2\times 20\times 20}=100$$

由上式推出齿轮4的转速n_4，并将$n_1=1\,450\mathrm{r/min}$代入得：

$$n_4=\frac{n_1}{i_{14}}=\frac{1\,450}{100}=14.5(\mathrm{r/min})$$

由于是空间定轴轮系，各齿轮的转向只能用箭头标注在传动图中。齿轮4的转向见图4-45(b)。

三、周转轮系传动比的计算

在如图4-52所示的周转轮系中，由于行星架H的存在，使得行星轮2的回转轴线不固定。因此，不能直接利用定轴轮系传动比的计算方法来计算，但可以利用相对运动原理，将周转轮系转化为假想的定轴轮系，再利用定轴轮系传动比的计算方法来计算周转轮系的传动比。这种方法就称为反转法或转换机构法。

如图4-52(a)所示的周转轮系，给整个轮系加上一个与行星架H转速相等、方向相反的公共转速"$-n_H$"后，各构件间的相对运动关系不变；此时行星架H的转速为$n_H-n_H=0$，即行星架可以看成固定不动，于是周转轮系就转化为定轴轮系[4-52(b)]。这个假想的定轴轮系就是原周转轮系的转化轮系。周转轮系及转化轮系中各构件的转速见表4-10。

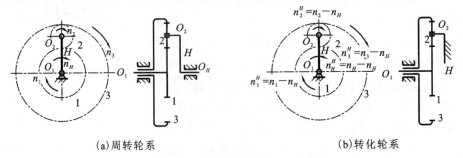

(a)周转轮系　　　　　　　　　　(b)转化轮系

图4-52 周转轮系的转化

表 4-10　周转轮系转化前后各构件的转速

构件代号	周转轮系中的转速	转化轮系中的转速
1	n_1	$n_1^H = n_1 - n_H$
2	n_2	$n_2^H = n_2 - n_H$
3	n_3	$n_3^H = n_3 - n_H$
H	n_H	$n_H^H = n_H - n_H = 0$

表中转化轮系各构件的转速右上方的角标 H,表示在转化轮系中各构件相对于行星架 H 的转速。由于转化轮系是定轴轮系,所以转化轮系的传动比可以用定轴轮系传动比的计算方法求得。

对于如图 4-52(a)所示的周转轮系,在转化轮系[图 4-52(b)]中,中心轮 1 与中心轮 3 的传动比 i_{13}^H 由式(4-39)得:

$$i_{13}^H = \frac{n_1^H}{n_3^H} = (-1)^m \frac{n_1 - n_H}{n_3 - n_H} = (-1)^1 \frac{z_2 z_3}{z_1 z_2} = -\frac{z_3}{z_1}$$

式中:齿数比前的"一"号,表示转化轮系中,中心轮 1 与中心轮 3 的转向相反。

上述分析可以推广到一般的周转轮系中。设周转轮系的首轮 1、末轮 k 的转速为 n_1、n_k,则它们与行星架 H 的转速 n_H 之间的关系为:

$$i_{1k}^H = \frac{n_1^H}{n_k^H} = \frac{n_1 - n_H}{n_k - n_H} = (-1)^m \frac{\text{转化轮系从 1 到 } k \text{ 所有从动轮齿数的乘积}}{\text{转化轮系从 1 到 } k \text{ 所有主动轮齿数的乘积}} \quad (4-41)$$

式中:m 为首轮 1 到末轮 k 之间外啮合齿轮的对数。

在应用式(4-41)时,应注意以下几点:

(1)公式仅适用于齿轮 1、齿轮 k 和行星架的 H 轴线相互平行的场合。这是因为只有在两轴线相互平行时,两回转轴的转速才能代数相加。

(2)代入上式时,n_1、n_k、n_H 的数值都有正负号。在设定某一齿轮转向为正时,另一齿轮转向与之相同为正,反之为负。计算时,在代入数值的同时,必须将转向的正负号代入。

(3)当周转轮系中存在空间齿轮时,等式右边的 $(-1)^m$ 不再适用,必须用箭头的方法确定。

(4)$i_{1k}^H \neq i_{1k}$,i_{1k}^H 是转化轮系中齿轮 1 与齿轮 k 的转速比($i_{1k}^H = n_1^H/n_k^H$),i_{1k} 则是周转轮系中齿轮 1 与齿轮 k 的转速比($i_{1k} = n_1/n_k$)。

【例 4.4】　在如图 4-52(a)所示的差动轮系中,已知各轮齿数分别为:$z_1 = 40$、$z_2 = 20$、$z_3 = 80$,齿轮 1 的转速 $n_1 = 100 \text{r/min}$,行星架 H 的转速 $n_H = 200 \text{r/min}$,且转向相同,求齿轮 3 的转速 n_3 和传动比 i_{13}。

解:由式(4-41)及图 4-52(a)可知:

$$i_{13}^H = \frac{n_1 - n_H}{n_3 - n_H} = (-1)^1 \frac{z_2 z_3}{z_1 z_2} = -\frac{z_3}{z_1}$$

将数据代入得:

$$i_{13}^H = \frac{100 - 200}{n_3 - 200} = -\frac{z_3}{z_1} = -\frac{80}{40} = -2$$

解得:　　　　　$n_3 = 250(\text{r/min})$,n_3 为正,说明 n_3 与 n_1 转向相同;

传动比： $i_{13}=\dfrac{n_1}{n_3}=\dfrac{100}{250}=0.4$

【例 4.5】 在如图 4-53 所示的行星轮系中，已知各轮齿数分别为：$z_1=100$、$z_2=101$、$z_{2'}=100$、$z_3=99$，求传动比 i_{H1}。

解：由图 4-53 可知：$n_3=0$，并代入式(4-41)得：

$$i_{13}^H=\dfrac{n_1-n_H}{n_3-n_H}=\dfrac{n_1-n_H}{0-n_H}=(-1)^2\dfrac{z_2 z_3}{z_1 z_{2'}}=\dfrac{101\times 99}{100\times 100}$$

解方程得：$i_{1H}=\dfrac{n_1}{n_H}=\dfrac{1}{10\,000}$，所以 $i_{H1}=\dfrac{n_H}{n_1}=\dfrac{1}{i_{1H}}=10\,000$

求得传动比 i_{H1} 为正，说明 n_H 与 n_1 转向相同。

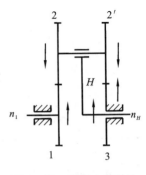

图 4-53 获得大传动比

结果说明，该轮系的齿轮齿数相差不多，却可以获得很大的减速比，但机械效率较低，不宜用于传递大功率的场合，也不宜用于增速传动。因此，这种行星轮系仅用于仪表中测量高速转动或作为精密的微调机构。

四、混合轮系传动比的计算

对于混合轮系传动比的计算，必须首先正确地将混合轮系中的定轴轮系和各个单一的周转轮系区分开来，而后列出各轮系传动比的计算方程式，找出相互联系，然后联立求解。

正确地找出各个周转轮系是求解混合轮系传动比的关键。所采用的方法：先找出具有动轴线的行星轮，进而找出支撑行星轮的行星架 H 以及与行星轮相啮合的一个或两个中心轮。混合轮系在确定了各个单一的周转轮系后，如有剩下的就是一个或多个定轴轮系。

【例 4.6】 在如图 4-48(a)所示的轮系中，已知各轮齿数分别为：$z_1=20$、$z_2=40$、$z_{2'}=20$、$z_3=30$、$z_4=80$，求传动比 i_{1H}。

解：(1)轮系包括两部分：(a)由齿轮 $2'$、3、4 以及行星架 H 所组成的周转轮系；(b)由齿轮 1 和齿轮 2 组成的定轴轮系。

(2)求传动比 i_{1H} 及旋转方向：

(a)定轴轮系传动比：$i=\dfrac{n_1}{n_2}=-\dfrac{40}{20}=-2$，得：$n_1=-2n_2$　①

(b)周转轮系传动比：$i_{2'4}^H=\dfrac{n_{2'}-n_H}{n_4-n_H}=-\dfrac{z_4}{z_{2'}}$

将数据代入得：$\dfrac{n_{2'}-n_H}{0-n_H}=-\dfrac{80}{20}=-4$，得：$n_{2'}=5n_H$

由于齿轮 2 与 $2'$ 同轴，则 $n_2=5n_H$　②

将式②代入式①得：$n_1=-2n_2=-10n_H$，即 $i_{1H}=\dfrac{n_1}{n_H}=-10$

(c)由于 i_{1H} 值为负，即 n_H 与 n_1 的转向相反。

思考与练习

1. 渐开线是怎样形成的？具有哪些性质？

2. 试述重合度的概念。直齿圆柱齿轮正确啮合条件是什么?

3. 在图 4-4 中,已知基圆半径 $r_b=50$mm。①当 $r_K=65$mm 时,求渐开线的展角 θ_K 及渐开线上 K 点的压力角 α_K 和曲率半径 $\overline{NK}$;②当 $\theta_K=20°$时,求 α_K 与 r_K 的值。

4. 一对标准直齿圆柱齿轮,已知 $m=3$mm,齿数为 $z_1=19$,$z_2=41$,求这对齿轮的分度圆直径、齿顶高、齿根高、齿全高、齿顶圆直径、齿根圆直径、中心距、齿厚、齿槽宽。

5. 渐开线齿廓有哪些切齿方法?为什么要限制标准齿轮的最小齿数?

6. 常见的齿轮失效形式有哪些?失效原因是什么?

7. 何谓斜齿轮传动?与直齿轮传动有何不同?

8. 何谓锥齿轮传动?如何确定一对锥齿轮的转动方向?

9. 蜗杆传动有哪些特点?如何确定蜗杆、蜗轮的转向?

10. 何谓定轴轮系?何谓周转轮系?何谓混合轮系?其传动比如何计算?

11. 在如图 4-54 所示的轮系中,若 $z_1=z_2=z_{3'}=z_4=20$,且齿轮 1、3、3′ 与 5 同轴。求该轮系的传动比 i_{15},确定 n_5 的转向。

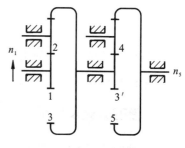

图 4-54 11题图

12. 在如图 4-55 所示的轮系中,已知:蜗杆为单头、右旋,转速 $n_1=1\,440$r/min,转动方向如图所示;其他各齿轮齿数为 $z_2=40$、$z_{2'}=20$、$z_3=30$、$z_{2'}=18$、$z_4=54$,求齿轮 4 的转速 n_4,并确定转动方向。

13. 在如图 4-56 所示的行星轮系中,已知:$n_3=2\,400$r/min、$z_1=105$、$z_3=135$,求行星架 H 的转速 n_H,并确定其转向。

14. 在如图 4-57 所示的轮系中,已知:$z_1=z_4=40$、$z_2=z_5=30$、$z_3=z_6=100$,求该轮系的传动比 i_{1H} 和 n_H 的转动方向。

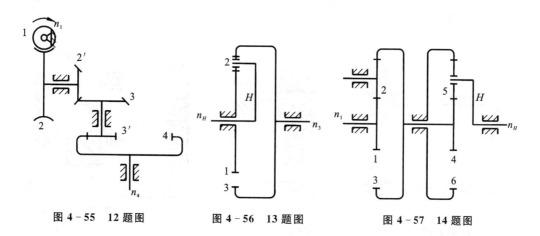

图 4-55 12题图　　　图 4-56 13题图　　　图 4-57 14题图

第五章　轴及轴系零部件

第一节　轴

轴是组成机械最基本的重要零件之一。轴的作用是支撑轴上的旋转零件,使其具有确定的工作位置,同时传递运动和动力。

一、轴的分类及应用

根据轴的几何形状的不同分为直轴、曲轴和挠性钢丝轴。

1）直轴

直轴按其承载情况的不同分为传动轴、心轴和转轴三类。传动轴是只传递转矩,而不承受弯矩或承受弯矩很小(自重引起的弯矩)的轴,如汽车的变速箱与驱动桥之间的轴(图 5-1)。心轴用于支撑回转零件的轴(图 5-2),因而只承受弯矩,而不传递转矩。心轴分为转动心轴和固定心轴,如火车车轮轴[图 5-2(a)]和起重机上的滑轮轴[图 5-2(b)]。转轴是既传递转矩又承受弯矩的轴,如齿轮减速器中的轴(图 5-3)。

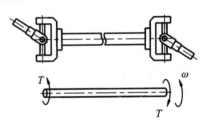

图 5-1　传动轴及受力简图

直轴按其外形可分为光轴和阶梯轴,如图 5-3 所示的轴就是阶梯轴。根据轴芯部的情况可分为实心轴和空心轴。

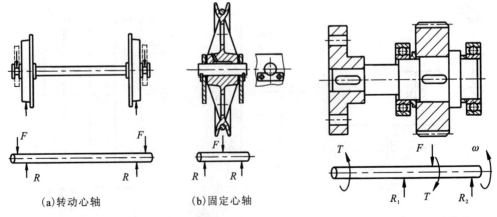

(a)转动心轴　　(b)固定心轴

图 5-2　心轴及受力简图　　图 5-3　转轴及受力简图

2) 曲轴

曲轴(图5-4)是用于往复运动和旋转运动相互转换的机械中的专用零件,如内燃机及气泵的主轴。

3) 软轴

软轴(也称挠性轴,图5-5)具有良好的挠性,它可以把回转运动灵活地传递到空间的任何位置。挠性钢丝轴由几层钢丝按一定规律编织、缠绕在一起而成,常用于传递动力不大的机械工具上,如插入式混凝土振动器等。

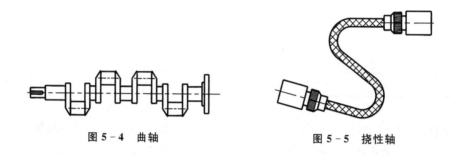

图5-4 曲轴　　　　图5-5 挠性轴

二、轴的材料

轴的材料是决定轴的承载能力的重要因素之一,因而轴的材料应具有足够的强度、刚度、耐磨性、耐腐蚀性要求,还必须具有良好的加工性。

轴的材料主要采用碳素钢和合金钢。碳素钢对应力集中敏感性小、价格低,是轴及相关零件最常用的材料之一。其中35、40、45等中碳钢具有较高的综合力学性能,采用这类材料加工轴时,一般需经调质或正火等热处理方法改善和提高其机械性能。合金钢比碳素钢具有更高的力学性能和较好的热处理性能,常用于高速、重载及要求耐磨、高温、具有腐蚀性等特殊条件的场合,常用的20Cr、20CrMnTi等低碳合金钢,需经渗碳、淬火热处理方法来提高轴的耐磨性。此外,合金钢对应力集中敏感性较强,且价格较碳素钢贵。轴常用的材料及主要力学性能见表5-1。

表5-1 轴的常用材料及主要力学性能

材料	热处理方法	毛坯直径(mm)	硬度(HBS)	抗拉强度 σ_b	屈服点 σ_s	弯曲疲劳极限 σ_{-1}	扭转疲劳极限 τ_{-1}	备注
				($\geqslant$,MPa)				
45	正火	25	≤241	610	360	260	150	应用最为广泛
	正火	≤100	170~217	600	300	240	140	
	回火	100~300	162~217	580	290	235	135	
	调质	≤200	217~255	650	360	270	155	

续表 5-1

材料	热处理方法	毛坯直径 (mm)	硬度 (HBS)	抗拉强度 σ_b	屈服点 σ_s	弯曲疲劳极限 σ_{-1}	扭转疲劳极限 τ_{-1}	备注
				($\geqslant$, MPa)				
40Cr	调质	25		1 000	800	485	280	用于载荷较大, 无冲击载荷的重要轴
		≤100	241~286	750	550	350	250	
		100~300	229~269	700	500	320	200	
35CrMo	调质	25		1 000	850	500	285	用于重载荷的轴
		≤100		7 500	550	350	200	
		100~300	207~269	700	500	320	185	
20Cr	渗碳、淬火、回火	15	表面56~62HRC	850	550	375	215	用于强度、韧性较高的轴
		30		650	400	280	160	

直轴的原材料一般采用热轧圆钢或经锻造处理的圆钢。对于形状复杂的轴(如曲轴、凸轮轴等)可以采用铸钢或球墨铸铁铸造。球墨铸铁具有吸震性好、对应力集中敏感性低、价格低等优点。

轴材料的选取取决于轴的工作性质、工作强度及工作环境等方面的因素,同时还应考虑制造工艺性、经济性及制造技术等方面的影响。

三、轴的结构设计

轴的结构设计应在机器整体方案确定后,根据轴上核心部件的主要参数、尺寸、功率、材料、具体运行状况等条件,在初步估算轴径的基础上,确定轴的合理外形及尺寸(包括各轴段的长度、直径及其他细部结构尺寸在内的全部结构尺寸)。

轴的结构应当满足:①轴与轴上的零件要有准确的工作位置(定位要求);②各零件要牢固可靠地固定在轴上的预定位置(固定要求);③容易加工,方便装拆轴上零件(制造安装要求);④轴的受力合理,应力集中小(力学要求)。

1. 轴的结构

以阶梯轴为例来说明轴的结构。如图 5-6 所示,轴由以下部分组成:
(1)轴上安装轴承的部分称为轴颈(图中③、⑦);
(2)安装轮毂的部分称为轴头(图中①、④);
(3)连接轴头与轴颈的部分称为轴身(图中②、⑤、⑥)。

轴头的尺寸根据旋转零件的轴毂尺寸及配合情况进行设计。轴颈的尺寸根据安装轴承的情况确定,若轴颈上安装滚动轴承时,直径尺寸应按滚动轴承的国家标准尺寸来确定,其尺寸公差和表面粗糙度按国家标准选择。轴身的尺寸应使轴颈与轴头过渡合理,避免截面尺寸变化过大,同时还应具有良好的工艺性。

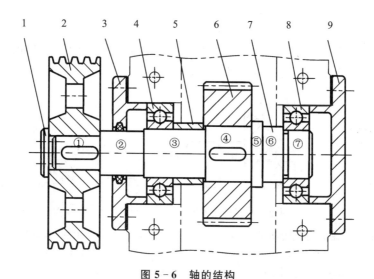

图 5-6 轴的结构
1.轴端挡圈；2.带轮；3、9.轴承盖；4、8.滚珠轴承；5.套筒；6.齿轮；7.轴
①、④.轴头；②、⑤、⑥.轴身；③、⑦.轴颈

2.零件在轴上的定位与固定

为了实现轴的功能,确保轴上零件稳定可靠地工作,就必须保证轴上的零件有确定的工作位置,即零件在轴上沿周向、轴向有可靠的固定和定位。

1)零件在轴向的定位与固定

轴上零件的轴向定位与固定是为了防止零件在轴向力的作用下产生轴向位移。轴向定位与固定常用的方法有轴肩(或轴环)、套筒、圆螺母、挡圈等。

轴肩(或轴环)是阶梯轴上截面变化的部位。轴肩有两种:起定位作用的轴肩称为定位轴肩(图 5-6 所示的①②、④⑤、⑥⑦之间的轴肩均起轴向定位作用);不起定位作用的轴肩称为过渡轴肩(图 5-6 所示的②③、③④、⑤⑥之间的轴肩不起定位作用)。

用轴肩定位是零件在轴向定位的主要方法。为了确保轴上零件紧靠在轴肩上,轴肩圆角半径 r、轴上零件圆角半径 R 或倒角 C、轴肩高度 h 应满足:$r<R<h$ 或 $r<C<h$(图 5-7),一般取定位轴环高度 $h=(0.07\sim0.1)d$,轴环宽度 $b=1.4h$。滚动轴承轴肩(或轴环)高度必须低于轴承内圈高度。轴颈变化越大应力集中越明显,且加工量也越大,因而非定位轴肩(或轴环)高度一般为 0.5~3mm。

若传递的轴向力较大,而两个零件的距离较近时,宜采用轴肩和套筒共同实现轴向定位和固定(图 5-8)。这种方式不宜用于套筒过长或高速旋转的场合。若不能采用套筒或套筒太长时,可采用轴肩、圆螺母共同实现轴向定位和固定,为了防止松动需采用双螺母或加止动垫圈防松(图 5-9)。这种方式由于轴上螺纹处存在很大的应力集中,降低了轴的疲劳强度。

若传递的轴向力较小,要求结构紧凑时,可采用轴肩、挡圈共同实现轴向定位和固定(图5-10)。对于图5-10(a)所示的锁紧挡圈固定方式,不宜用于高速轴上的零件固定;对于图5-10(b)所示的弹簧挡圈固定方式,由于轴上切槽处存在应力集中,对轴的强度影响较大,因而常用于轴向应力较小的滚动轴承的轴向定位。

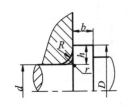
(a)轴肩与轴毂均为圆角

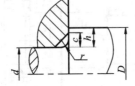
(b)轴肩为圆角轴毂为倒角

图5-7 轴肩-轴毂的轴向定位

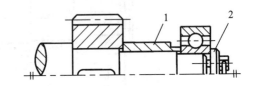
图5-8 轴肩-套筒轴向定位与固定
1.套筒;2.轴端挡圈

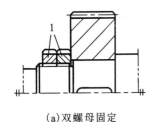
(a)双螺母固定

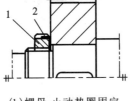
(b)螺母-止动垫圈固定

图5-9 轴肩-圆螺母轴向定位与固定
1.圆螺母;2.止动垫圈

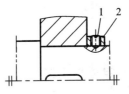
(a)锁紧挡圈固定

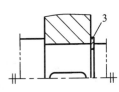
(b)弹性挡圈固定

图5-10 轴肩-挡圈轴向定位与固定
1.锁紧挡圈;2.紧定螺钉;3.弹性挡圈

对于轴端零件的定位与固定可采用轴端挡圈的定位与固定方式(图5-11)。若轴向需要精确定位,且轴向力较大时,可采用如图5-11(a)所示的轴肩-轴端挡圈的定位与固定方式。对于轴上零件与轴对中精度要求较高,而对轴向位置要求不高时,可采用如图5-11(b)所示的锥形轴头-轴端挡圈的定位与固定方式。这种方式可用于高速和受震动的场合。

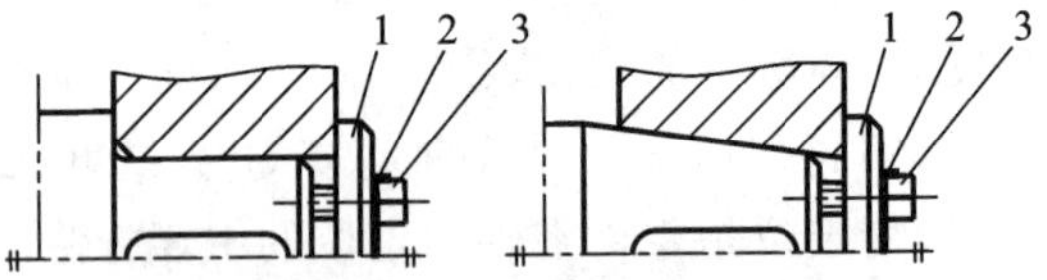

(a)轴肩-挡圈固定 (b)锥形轴头-轴端挡圈固定

图5-11 轴端挡圈的定位与固定
1.轴端挡圈;2.止动垫圈;3.螺栓

2)零件在轴上的周向定位与固定

轴上零件的周向固定是为了防止零件与轴产生相对转动。周向定位与固定常用的方法有键、花键、成型、弹性环、销、过盈配合等连接形式(图5-12)。有时传递较大的扭矩时,零件与轴采用花键、成型连接,或同时采用平键连接和过盈连接作为周向固定;当传递较小扭矩时,可采用销钉连接或紧定螺钉连接,同时实现周向固定和轴向固定。

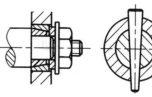

(a)键连接　　　(b)花键连接　　　(3)成型连接　　　(4)弹性环连接　　　(5)销连接　　　(f)过盈配合连接

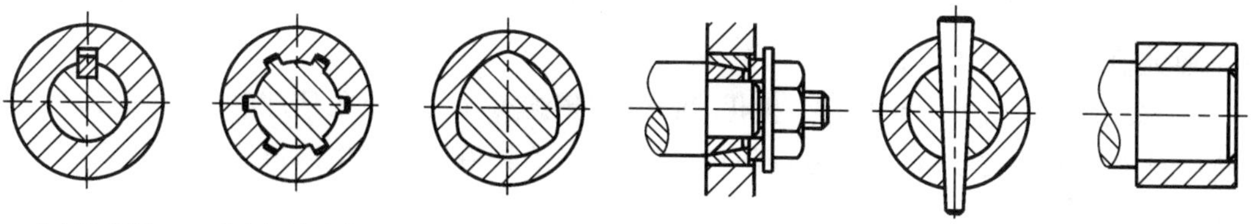

图 5-12　轴上零件的轴向固定方法

3. 轴的结构工艺性

轴的结构形状和尺寸应满足加工、装配和维修的要求。因而在轴的结构设计时，应可能使轴的形状简单、加工方便、阶梯数少，并具有良好的加工工艺性和装配工艺性。

1）轴的加工工艺性

轴上各段的键槽、圆角半径、倒角、中心孔等尺寸尽可能统一。轴上有多个键槽时应将各键槽布置在同一母线上，尽可能地采用同一规格、符合标准的键槽，以便于加工。

当轴上某一轴段需磨削加工或车制螺纹时，应留有越程槽或退刀槽(图 5-13)。

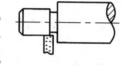 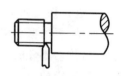

(a)砂轮越程槽　　　(b)螺纹退刀槽

图 5-13　砂轮越程槽与螺纹退刀槽

2）轴的装配工艺性

为了便于轴上零件的装配，轴的直径应采用从两边向中间逐渐增大的阶梯轴。轴上固定方式按轴上的定位与固定方式选取。

轴的直径应按《标准尺寸》(GB 2822—2005)取标准值与滚动轴承配合的轴段直径按轴承内径尺寸确定。固定滚动轴承的轴肩高度应符合轴承的安装尺寸要求，以便于轴承的拆卸。

轴端应有倒角或圆角，并去掉毛刺，以便于装配。

4. 提高轴的疲劳强度

轴通常在交变应力下工作，因而疲劳破坏是其主要破坏形式，所以在轴的结构设计时，应尽量减少和避免应力集中(特别是应力较大的部位)，提高表面加工质量，具体措施如下：

(1)应尽量避免在轴上设置引起应力集中的结构，如螺纹、横孔、各种凹槽等。

(2)当应力集中不可避免时，应采取减少应力集中的措施，如尽量加大阶梯轴轴肩处的圆角半径。若相配合的零件内孔的倒角或圆角很小时，可采用凹切圆角或过渡肩环的结构(图 5-14)。

 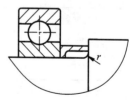

(a)凹切圆角　　　(b)过渡肩环

图 5-14　阶梯轴减少应力集中的结构

(3)为避免损伤过渡圆角,减少多种应力在阶梯轴轴肩处重合的机会,轴上键槽的端部与阶梯轴轴肩处的距离不宜过小。

(4)采用滚压、喷丸、渗碳淬火、氰化、氮化、高频淬火等表面强化处理的方法来对轴的表面进行处理,以提高轴的承载能力,再经磨削加工来消除粗加工产生的可能成为疲劳裂纹的痕迹。

四、轴的强度计算

在进行轴的强度计算时,应根据轴的具体承受的载荷及受力情况,采取如下相应的计算方法进行计算:①对于只传递转矩(扭矩)的轴(传动轴),按扭转强度计算;②对于只承受弯矩的轴(心轴),按弯曲强度计算;③对于既承受转矩又承受弯矩的轴(转轴),按弯扭合成强度条件计算;④对于重要的轴,进行疲劳强度校核;⑤对于瞬时过载很大或应力循环不对称性较为严重的轴,应进行静强度校核。

在进行强度计算之前,应仔细分析轴的实际受力情况,并对其进行简化,建立轴受力的力学模型,再根据简化后的力学模型进行轴的强度计算。具体简化方法:根据轴上的零件的位置,将传动零件的作用力简化为作用于宽度中点的集中力,支点的位置根据轴承的安装位置确定,转矩的简化从回转零件的中点起始或终止。

1. 按扭转强度条件计算

对于只受转矩作用的传动轴,可根据扭矩的大小,通过计算轴的切应力,按轴材料的许用切应力来确定轴的直径;对于转轴,因其受到弯扭复合作用,常用此法估算受扭轴段的最小直径,然后进行轴的结构设计,并用弯扭合成进行强度校核。

根据材料力学可知,实心圆轴的扭转强度条件为:

$$\tau_T = \frac{T}{W_T} \approx \frac{9.55 \times 10^6 P}{0.2 d^3 n} \leqslant [\tau_T] \tag{5-1}$$

式中:τ_T 为轴的扭转切应力(MPa);T 为轴传递的扭矩(N·mm);W_T 为轴的抗扭截面模量(mm^3),其中实心圆轴 $W_T = \pi d^3/16 \approx 0.2 d^3$;$P$ 为轴传递的功率(kW);d 为轴的直径(mm);n 为轴的转速(r/min);$[\tau_T]$ 为轴材料的许用切应力(MPa),轴常用材料的许用切应力见表 5-2。

表 5-2 轴常用材料的许用切应力 $[\tau_T]$ 和计算常数 C 值

轴的材料	Q235、20	Q255、Q275、35	45	40Cr、35SiMn
$[\tau_T]$(MPa)	12~20	20~30	30~40	40~52
C	160~135	135~118	118~106	106~98

注:当作用在轴上的弯矩比扭矩小或只传递扭矩时,C 取小值,否则取大值。

由式(5-1)可得轴径的设计公式为：

$$d \geqslant \sqrt[3]{\frac{9.55 \times 10^6 P}{0.2[\tau_T]n}} = C\sqrt[3]{\frac{P}{n}} \quad (5-2)$$

式中：C 为计算常数，与轴的材料和许用切应力 $[\tau_T]$ 有关，见表 5-2。

另外，若按式(5-2)得出的轴径一般为轴的最小直径，其他轴段的轴径按结构要求确定。在最小轴径上开有键槽时，应适当增加轴径，对有一个键槽的轴径增加 3%，对双键轴径增加 7%，然后将轴径依照《标准尺寸》(GB 2822—2005)进行圆整。

2. 按弯扭合成强度计算

在轴的结构设计初步完成后，轴上的零件和轴承的尺寸、位置及轴上载荷的大小、方向为已知时，可按弯扭合成对轴的强度进行校核。主要步骤如下：

(1) 确定坐标系，作出轴的计算简图，将外载荷分解为水平面和垂直面上的分力，求出水平面和垂直面上的支撑反力 F_H 和 F_V。

(2) 计算水平面弯矩 M_H 和垂直面弯矩 M_V，并分别作出水平面和垂直面的弯矩图。

(3) 计算合成弯矩 $M = \sqrt{M_H^2 + M_V^2}$，绘制合成弯矩图。

(4) 绘制扭矩(转矩) T 图。

(5) 根据已求出的合成弯矩 M 图和扭矩 T 图，按照第三强度理论计算当量弯矩 M_e，并作出当量弯矩图。当量弯矩 M_e 按下式计算：

$$M_e = \sqrt{M^2 + (\alpha T)^2} \quad (5-3)$$

式中：α 为考虑扭转剪切应力与弯曲应力性质差异而定的应力修正系数。若为不变的扭矩，取 $\alpha = 0.3$；若为脉动循环的扭矩，取 $\alpha = 0.6$；若为对称循环的扭矩，取 $\alpha = 1$；若扭矩变化规律不清楚一般按脉动循环扭矩处理。

(6) 确定危险截面，校核危险截面的轴径，其校核公式为：

$$\sigma_b = \frac{M_e}{W} = \frac{M_e}{0.1d^3} \leqslant [\sigma_{-1b}] \quad (5-4)$$

或

$$d \geqslant \sqrt[3]{\frac{M_e}{0.1[\sigma_{-1b}]}} \quad (5-5)$$

式中：W 为危险截面的抗弯截面模量(mm^3)，对于实心圆轴 $W = \pi d^3/32 \approx 0.1d^3$；$d$ 为危险截面的轴径(mm)；$[\sigma_{-1b}]$ 为材料在对称循环状态下的许用弯曲应力(MPa)，见表 5-3。

表 5-3 轴的许用弯曲应力　　　　　　　　(单位：MPa)

材料	σ_b	$[\sigma_{+1b}]$	$[\sigma_{0b}]$	$[\sigma_{-1b}]$	材料	σ_b	$[\sigma_{+1b}]$	$[\sigma_{0b}]$	$[\sigma_{-1b}]$
碳素钢	400	130	70	40	合金钢	800	270	130	75
	500	170	75	45		1 000	330	150	90
	600	200	95	55	铸钢	400	100	50	30
	700	230	110	65		500	120	70	40

3. 按疲劳强度计算

对于重要的轴,需要考虑轴上交变应力的循环特性、应力集中、表面质量状况、轴颈尺寸等因素对轴疲劳强度的影响,要对轴的危险截面处进行疲劳安全系数的校核。具体方法请参考相关设计手册。

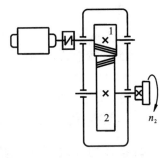

图 5-15 单级斜齿轮减速器

【例 5.1】 图 5-15 为单级斜齿轮减速器传动简图。已知从动轴传递功率 $P=7.5\text{kW}$,转速 $n_2=160\text{r/min}$,齿轮的分度圆直径 $d_2=350\text{mm}$,所受的圆周力 $F_{t2}=2\,656\text{N}$,径向力 $F_{r2}=952\text{N}$,轴向力 $F_{a2}=544\text{N}$,轮毂宽度 $b=80\text{mm}$,齿轮单向转动。试设计此从动轴。

解:(1)按扭转强度条件估算最小轴径。

选用 45# 钢,正火处理,估计直径 $d<100\text{mm}$,由表 5-2,取 $C=118$,由式(5-2)得:

$$d \geqslant C\sqrt[3]{\frac{P}{n_2}} = 118 \times \sqrt[3]{\frac{7.5}{160}} = 42.5(\text{mm})$$

由于轴头上有一键槽,应将轴径增大 3%,即 $d=42.5\times1.03=43.78(\text{mm})$,圆整取 $d=45(\text{mm})$。

(2)轴的结构设计。

① 确定各轴段直径,见图 5-16 和表 5-4。

② 确定各轴段长度,图 5-16 和表 5-5。

③ 传动零件的周向固定。

齿轮及联轴器处的周向固定均采用 A 型普通平键,其中:④段处为键 18×70(见 GB 1096—2003),①段处为键 14×70(见 GB 1096—2003)。

④ 其他尺寸(略)。

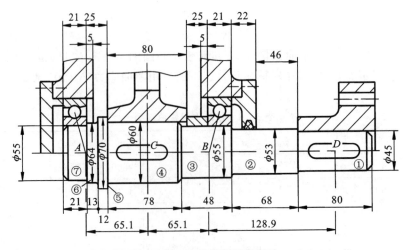

图 5-16 输出轴的结构设计

表 5-4 例 5.1 中各轴段直径及说明

位置	轴径(mm)	说明
①段	$\phi 45$	按扭转强度条件估算的最小轴径
②段	$\phi 53$	为满足联轴器的轴向固定而设置的轴肩,取定位轴肩高度 $h=(0.07\sim 0.1)d=(0.07\sim 0.1)\times 45=3.15\sim 4.5(mm)$,取 $h=4mm$,同时该轴径应满足油封标准
③段与⑦段	$\phi 55$	依据已知条件,轴承承受径向力和轴向力;考虑轴承从右端装拆,轴承内径应稍大于油封处的轴径,并符合滚动轴承内径;因有轴向力 F_{a2},故初定轴承型号为 7211 角接触轴承,且两端相同,"面对面"安装
④段	$\phi 60$	考虑齿轮从右端装入,故齿轮孔径稍大于轴承处轴径;考虑齿轮孔的加工问题,该轴径为圆整直径
⑤段	$\phi 70$	齿轮左端用轴环定位,取定位轴肩高度 $h=(0.07\sim 0.1)d=(0.07\sim 0.1)\times 60=4.2\sim 6(mm)$,取 $h=5mm$
⑥段	$\phi 64$	滚动轴承轴肩(或轴环)高度必须低于轴承内圈高度,取轴肩高度为 4.5mm（见轴承手册）

表 5-5 例 5.1 中各轴段长度及说明

位置	长度(mm)	说明
④段	78	据已知齿轮轮毂宽度为 80mm,为保证套筒顶紧齿轮该轴段的长度应略小于齿轮轮毂的宽度,故取 78mm
③段	48	该轴段从左到右包括:齿轮轮毂的宽度减去轴段④的长度为 2mm;箱体内壁与齿轮右侧保留距离为 20mm;考虑箱体的铸造误差,轴承左端面与箱体内壁的间距取 5mm;7211 轴承内圈宽度为 21mm,故该轴段的长度为:2+20+5+21=48(mm)
②段	68	为了便于拆装轴承盖(对轴承添加润滑脂和更换轴承),保证联轴器不与轴承盖相撞,取轴承盖与联轴器左端面的距离为 46mm,设计轴承盖的宽度为 22mm,故该轴段的长度为:22+46=68(mm)
①段	80	根据所需联轴器的连接长度（为 82mm）,此轴端的长度略小于该值取 80mm
⑤段与⑥段	12、13	考虑箱体内壁与齿轮右侧保留距离为 20mm;考虑箱体的铸造误差,轴承左端面与箱体内壁的间距取 5mm;⑤段与⑥段的总长度＝20+5=25(mm),结合轴环的宽度要求,故取⑤段长度 12mm,⑥段长度 13mm
⑦段	21	安装在此处的 7211 轴承内圈的宽度(21mm)
轴全长	21+25+80+25+21+68+80=320(mm)	

(3) 按弯扭合成对轴的强度进行校核。
① 分析受力,绘制受力简图,见图 5-17(a)、(b)、(d)。
② 求水平面内的支撑反力及弯矩。

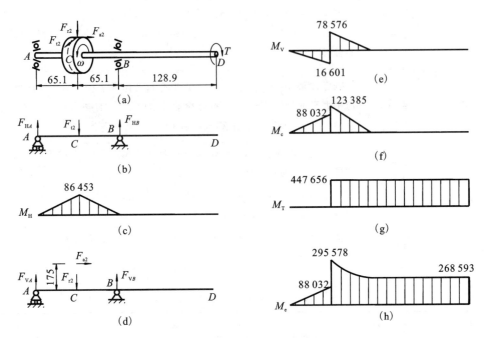

图 5-17 输出轴的受力及弯矩图

如图 5-17(b)所示,A、B 两铰点在水平方向上的反力为:

$$F_{HA} = F_{HB} = \frac{F_{t2}}{2} = \frac{2\,656}{2} = 1\,328(N)$$

截面 C 处的弯矩为:

$$M_{HC} = F_{HA} \times 65.1 = 1\,328 \times 65.1 = 86\,453(N \cdot mm)$$

水平平面的弯矩图见图 5-17(c)。
③ 求垂直平面内的支撑反力及弯矩。
如图 5-17(d)所示,A、B 两铰点在垂直方向上反力的求解过程如下。
由 $\sum M_A = 0$,得:

$$130.2 F_{VB} - 175 F_{a2} - 65.1 F_{r2} = 0$$

$$F_{VB} = \frac{544 \times 175 + 952 \times 65.1}{130.2} = 1\,207(N)$$

由 $\sum F_V = 0$,得:

$$F_{VA} = F_{r2} - F_{VB} = 952 - 1\,207 = -255(N)$$

截面 C 左侧弯矩:

$$M_{VC1} = 65.1 F_{VA} = -255 \times 65.1 = -16\,601(N \cdot mm)$$

截面 C 右侧弯矩：
$$M_{VC2}=65.1F_{VB}=1\ 207\times65.1=78\ 576(\text{N}\cdot\text{mm})$$
垂直平面内的弯矩图见图 5-17(e)。
④求合成弯矩。
截面 C 左侧合成弯矩：
$$M_{C1}=\sqrt{M_{HC}^2+M_{VC1}^2}=\sqrt{86\ 453^2+(-16\ 601)^2}=88\ 032(\text{N}\cdot\text{mm})$$
截面 C 右侧合成弯矩：
$$M_{C2}=\sqrt{M_{HC}^2+M_{VC2}^2}=\sqrt{86\ 453^2+78\ 576^2}=123\ 385(\text{N}\cdot\text{mm})$$
合成弯矩图见图 5-17(f)。
⑤求转矩。
$$T=9\ 550\times10^6\times\frac{P}{n_2}=9.55\times10^6\times\frac{7.5}{160}=447\ 656(\text{N}\cdot\text{mm})$$
转矩图见图 5-17(g)。
⑥求当量弯矩。
因轴为单向传动，转矩为脉动循环变化，故应力修正系数取 0.6，则 C 截面的当量弯矩为：
$$M_{eC}=\sqrt{M_{C2}^2+(\alpha T)^2}=\sqrt{123\ 385^2+(0.6\times447\ 656)^2}=295\ 578(\text{N}\cdot\text{mm})$$
当量弯矩图见图 5-17(h)。
⑦校核危险截面处的轴径。
对于 45#钢：$\sigma_b=600\text{MPa}$，由表 5-3 查出：$[\sigma_{-1b}]=55\text{MPa}$，则危险截面 C 处的轴径为：
$$d\geqslant\sqrt[3]{\frac{M_{eC}}{0.1[\sigma_{-1b}]}}=\sqrt[3]{\frac{295\ 578}{0.1\times55}}=37.74(\text{mm})$$

因截面 C 处有一键槽，故将直径增加 3%，则 $d=37.74\times1.03=38.87(\text{mm})$，结构设计中此处为 60mm，因而强度足够。

第二节　轴　承

轴承是用来支承轴及轴上的旋转零件、减少轴与支撑之间摩擦与磨损、保障轴快速回转的部件。根据轴承工作时的摩擦性质，轴承可分为滑动轴承和滚动轴承；根据轴承承受载荷的方向可分为承受径向载荷的向心轴承、承受轴向载荷的推力轴承，同时承受径向和轴向载荷的向心推力轴承。

一、滑动轴承

滑动轴承的主要优点是结构简单、承载能力大、寿命长、制造及装拆方便，还具有良好的运转平稳、回转精度高、良好的抗冲击性能和吸震性能。因而在高速、重载、高精度机械及仪器上得到广泛应用，如内燃机、仪器仪表、机床、车辆等；同时在低速有冲击和恶劣环境中工作的机器中也常采用滑动轴承,如搅拌机、岩石破碎机等。滑动轴承的主要缺点是启动摩擦阻力大、维护较复杂。

滑动轴承在工作时为工作表面间的滑动摩擦,是靠工作表面间的润滑剂形成的润滑膜来减少摩擦阻力。根据工作表面间的摩擦状态,滑动轴承可分为液体摩擦润滑轴承和混合摩擦轴承;另外,根据承受载荷的方向不同分为向心滑动轴承和推力滑动轴承。这里仅介绍混合摩擦向心滑动轴承。

1. 结构形式

常见的向心滑动轴承的结构形式有整体式、剖分式和调心式三种,其结构与尺寸都已经标准化。

1) 整体式向心滑动轴承

如图 5-18 所示为整体式向心滑动轴承结构图,其特征是轴承座 1 是整体式的,由抗磨材料制成的轴瓦 3 被压入轴承座 1 孔内,润滑油通过螺栓孔 2 进入轴瓦上的油沟 4 对回转轴进行润滑。

整体式向心滑动轴承结构简单、制造方便、价格低廉,其结构尺寸都已标准化,可方便选购。由于轴只能从轴承端面装

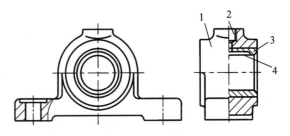

图 5-18 整体式向心滑动轴承
1.轴承座;2.螺栓孔;3.轴瓦;4.油沟

入,因而不便于装拆,轴承表面磨损后无法调整径向间隙;而且只能承受径向载荷,不能承受轴向载荷,其使用场合受到限制。一般用于低速轻载或间歇工作的机械。

2) 剖分式向心滑动轴承

如图 5-19 所示为剖分式向心滑动轴承结构图,其特征是轴承座沿中心轴被剖分成轴承座 1 和轴承盖 2 两部分,而且将轴承座 1 和轴承盖 2 的剖分面做成阶梯型的配合止口。在轴承孔内放入轴瓦 4 后,再由双头螺栓 3 将轴承座 1 和轴承盖 2 压装在一起,适当增加剖分面间的调整垫片,可调整安装时或磨损后轴承的间隙。

由于在剖分面处不能承载载荷,因此要求径向载荷的方向与剖分面垂线的夹角一般小于 35°。为了适应不同方向的径向载荷,剖分式向心滑动轴承有正剖和斜剖(剖分面倾斜 45°)两种剖分形式。

与整体式向心滑动轴承相比较,剖分式向心滑动轴承结构较复杂、价格高;但装拆方便,而且轴瓦磨损后可通过调整垫片的总厚度来调整轴承的间隙,还能承受一定的轴向力(不大于径向力的 40%)。

3) 调心式向心滑动轴承

当安装有误差或轴的弯曲变形较大时,轴承孔的两端会产生接触磨损或机构在运行过程中轴承座 1 与轴瓦 2 两孔(图 5-20)不能保证完全平行时,常采用调心式向心滑动轴承,如液压缸两端的铰接孔中均为该轴承。

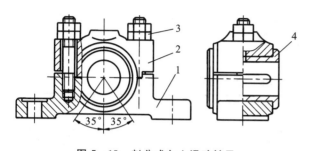

图 5-19 剖分式向心滑动轴承
1.轴承座;2.轴承盖;3.双头螺栓;4.轴瓦

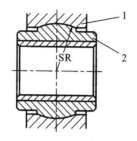

图 5-20 调心式向心滑动轴承
1.轴承座;2.轴瓦

如图 5-20 所示为调心式向心滑动轴承结构图,其特征是轴承座 1 与轴瓦 2 之间采用球面配合,并且球面中心位于轴颈中心线上。这样轴瓦 2 随着轴的弯曲变形,可以在任意方向上转动,以适应轴颈的偏斜,避免轴承不均匀磨损,保障轴承正常运转。

2. 轴瓦的材料与结构

滑动轴承的失效,主要是轴瓦的失效。要保证滑动轴承足够的使用寿命,取决于轴瓦的材料与合理的轴瓦结构。

1)轴瓦的材料

滑动轴承常见的失效形式是轴瓦的磨损、胶合(烧瓦)、疲劳破坏和由于制造工艺一起的轴承衬的脱落,其中主要的破坏形式是磨损与胶合。因而轴瓦的材料应满足如下要求:①要有足够的疲劳强度,以保证轴瓦在变载荷作用下有足够的寿命;②要有足够的抗压强度,防止产生过大的塑性变形;③具有良好的减磨性和耐磨性,即要求摩擦系数小;④具有良好的抗胶合性能,防止过热产生胶合;⑤对润滑油有良好的吸附能力和储油能力,以便形成良好的润滑油膜;⑥具有良好的顺应性和良好的镶藏性,以适应轴的各种误差和容纳润滑油中微小固体颗粒的影响;⑦具有良好的导热性和耐腐蚀性,还应考虑经济性、工艺性等因素。

轴瓦材料有金属材料、粉末冶金材料和非金属材料三类。

(1)轴承合金:又称为巴氏合金或白合金,是锡、铅、锑、铜合金的统称,分为锡基、铅基轴承合金,其塑性、跑和性、抗胶合性能较好,但强度较低、价格较高。通常做轴承衬使用,广泛应用于高速、中速及重载、中载作用下的轴承。

(2)青铜:具有强度高、承载能力大,其耐磨性和导热性均优于轴承合金,而且可以在较高的温度下工作(可达 250℃),由于青铜轴承塑性差、不宜跑和,与之相配合的轴径必须淬硬。这种材料的滑动轴承应用最为广泛,主要有锡青铜、铅青铜、铝青铜三种。

(3)铸铁:主要有灰铸铁、耐磨铸铁和球墨铸铁。铸铁中的片状和球状石墨成分,可形成一层起润滑作用的石墨层;耐磨铸铁表面经磷化处理后形成多孔性薄层,提高了耐磨性。铸铁主要用于轻载、低速轴承的轴瓦材料。

(4)粉末冶金:就是用粉末冶金方法(制粉、成型、烧结等工艺)制成的轴承,由于具有可储存润滑油的多孔组织,所以称为含油轴承。粉末冶金轴承由于韧性较小,故在平稳、无冲击载荷及中低速情况下使用。常用的含油轴承有青铜-石墨、多孔铁质和铁-石墨三种。

常用轴瓦材料的性能及应用范围见表5-6。

表5-6 常用轴瓦材料的性能及应用范围

材料名称	材料代号	[p](MPa)		[v](m/s)	[pv](MPa·m/s)	轴径最小硬度(HBS)	应用范围
铸锡锑轴承合金	ZSnSb8Cu4	平稳	25	80	20	150	重载、高速、温度低于110℃的重要轴承
	ZSnSb11Cu6	冲击	20	60	15		
铸铅锑轴承合金	ZPbSb16Sn16Cu2	12		12	12	150	无剧烈变载
	ZPbSb15PbSn10	20		15	15		无变载工作条件
铸锡青铜	ZCuPb5Sn5Zn5	5		3	10	200	无变载工作条件
铸铝青铜	ZCuAlFe3	25		12	30	200	减速器、起重机等
铸铅青铜	ZCuPb30	平稳	25	12	30	300	变载和冲击载荷工作条件,如内燃机
		冲击	15	8	60		
铸造黄铜	ZCuZn16Si4	12		2	10	200	滑动速度小得稳定载荷
耐磨铸铁	MT4	0.1~6		3~0.75	0.3~0.45	195~260	与经热处理的轴相配合

2) 轴瓦的结构

轴瓦的结构应保证轴瓦在轴承座中固定可靠、有一定的强度和刚度,并装拆方便,轴瓦的形状与结构应满足润滑和散热要求。因此不同工作条件下的滑动轴承,其结构也不尽相同。

(1) 整体式轴瓦。整体式轴瓦又称为轴套,结构如图5-21所示,分为无油沟式轴瓦[图5-21(a)]和有油沟式轴瓦[图5-21(b)]。轴瓦与轴承座一般采用过盈配合;有时为连接可靠,可在轴承的端部用紧定螺钉固定。

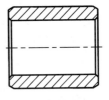
(a)无油沟式轴瓦

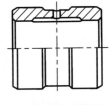
(b)有油沟式轴瓦

图5-21 整体式轴瓦

(2) 剖分式轴瓦。剖分式轴瓦[图5-22(a)]由上下两半轴瓦组成,工作时由下轴瓦承受载荷,在剖分面上开有油沟,并在不承载的上轴瓦上开有油沟和油孔。轴瓦两端的凸缘用来实现轴向定位,周向定位则采用定位销[图5-22(b)]。

(3) 轴瓦上的油沟与油孔。为了向轴承孔内加注润滑油,在轴承的上方开有加油孔,为了使润滑油能均匀地分布到轴承孔的整个工作表面,在轴承孔的非承载区布置有油沟。常见的油沟与油孔如图5-23所示。

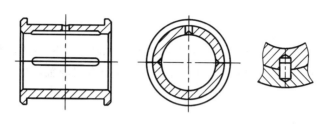

(a)剖分式轴瓦结构　　　(b)周向定位

图 5-22　剖分式轴瓦

图 5-23　常见油沟和油孔形式

1. 油孔；2. 油沟

3）混合摩擦向心滑动轴承承载能力校核

由于混合摩擦向心滑动轴承常见的失效形式是轴瓦的磨损与胶合，一般都是采用限制性计算条件来保证其使用功能。

对于低速或间歇工作的滑动轴承，限制轴瓦的平均压强 p 来避免轴瓦过度磨损，保证轴承具有良好的润滑性能。因此，应使平均压强 p 满足如下条件：

$$p=\frac{F_{\mathrm{r}}}{dB}\leqslant [p] \tag{5-6}$$

式中：F_{r} 为轴承的径向承载力(N)；d 为轴承的内径(mm)；B 为轴承的工作宽度(mm)；$[p]$ 为轴瓦材料的许用压力(MPa)，见表 5-6。

对于载荷较大、转速较高工作的滑动轴承，限制影响发热的因素摩擦功耗 pv 值，来防止因过度发热而产生胶合。因此，应使滑动轴承的摩擦功耗 pv 满足如下条件：

$$pv=\frac{F_{\mathrm{r}}}{dB}\cdot\frac{\pi dn}{60\times 1\,000}=\frac{F_{\mathrm{r}}n}{19\,100B}\leqslant [pv] \tag{5-7}$$

式中：n 为轴承的转速(r/min)；$[pv]$ 为许用 pv 值$[\mathrm{MPa}\cdot(\mathrm{m/s})]$，见表 5-6。

对于轻载、高速工作的滑动轴承，由于平均压强 p 很小，滑动速度 v 很大，即使 p 与 pv 值满足要求，也可能由于 v 值过大而加速磨损。所以，也应对滑动轴承的滑动速度进行校验：

$$v=\frac{\pi dn}{60\times 1\,000}\leqslant [v] \tag{5-8}$$

式中：$[v]$ 为滑动轴承的许用滑动速度(m/s)，见表 5-6。

二、滚动轴承

滚动轴承是通过零件间的滚动接触来支撑轴和保障轴快速回转的部件,是各种机械中广泛使用的主要部件。常用的滚动轴承都已标准化,并由专门的轴承生产厂制造,这里主要是解决轴承的选用与安装问题。

1. 滚动轴承的结构

常用的滚动轴承结构如图 5-24 所示,由外圈 1、内圈 2、滚动体 3、保持架 4 组成。其中外圈 1 装在机座上的轴承孔内,内圈 2 装在轴颈上,保持架 4 将滚动体 3 均匀地保持在内、外圈上的滚道内。工作时,滚动体在滚道内滚动,从而实现了内圈上的轴相对于外圈的轴承座的转动。其中,滚动体是滚动轴承中最基本的元件,其他 3 个元件可根据具体结构的需要来决定取舍。

由于滚动轴承是点(球轴承)或线接触(圆柱轴承、圆锥轴承、滚针轴承)比滑动轴承的面接触的摩擦要小得多,因而滚动轴承适用于转速较高、载荷较小的场合,滑动轴承适用于转动速度较低、载荷较大的场合。

2. 滚动轴承的类型与选择

1) 滚动轴承的类型

为了满足机械的不同要求,滚动轴承有多种类型。按照滚动体的不同,滚动轴承可分为球轴承和滚子轴承两大类(图 5-24),其中滚子又分为圆柱滚子、圆锥滚子、球面滚子、非对称球面滚子、滚针等多种类型(图 5-25)。按照工作时能否调心,可分为刚性轴承和调心轴承,其调心轴承是指外圈滚道为球面,具有调心能力的轴承(图 5-26)。按照承载方向或公称接触角 α 的大小,可分为向心轴承和推力轴承两大类(图 5-27)。按照滚动体的列数可分为单列和双列轴承。按照部件能否分离,可分为可分离轴承和不可分离轴承。

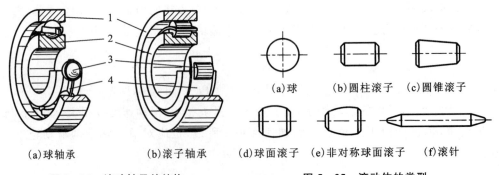

图 5-24 滚动轴承的结构
1.外圈;2.内圈;3.滚动体;4.保持架

图 5-25 滚动体的类型

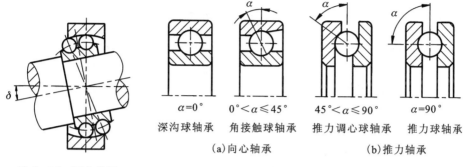

图 5-26 调心轴承　　　图 5-27 滚动轴承的接触角

公称接触角 α 是滚动体与外圈接触处的法线与轴承径向平面(垂直于轴心线的平面)之间的夹角。α 越大,滚动轴承所承受的轴向力就越大。向心轴承主要承受径向载荷,公称接触角为 $0°\leqslant\alpha\leqslant45°$;推力轴承主要承受轴向载荷,公称接触角为 $45°\leqslant\alpha\leqslant90°$。

我国常用滚动轴承的类型及特性见表 5-7。滚动轴承的代号表示方法见 GB/T 272—2017。

表 5-7　常用滚动轴承的类型及特性(摘自 GB/T 272—2017)

轴承类型及标准号	简图	类型代号	基本额定动载荷比	极限转速比	允许角偏差	特性
双列角接触球轴承 GB/T 296—2015		0	1.6~2.1	中		能同时承受径向和双向轴向载荷
调心球轴承 GB/T 281—2013		1	0.6~0.9	中	2°~3°	外圈滚道表面是以轴承轴线中点为球心的球面,具有自动调心性能,主要承受径向载荷,适用于弯曲刚度小的轴
调心滚子轴承 GB/T 288—2013		2	1.8~4	低	1°~2.5°	与调心球轴承相似,可自动调心,但具有较大的径向承载能力,允许角偏移略低于调心球轴承

续表 5-7

轴承类型及标准号	简图	类型代号	基本额定动载荷比	极限转速比	允许角偏差	特性
圆锥滚子轴承 GB/T 297—2015		3	1.5~2.5	中	2′	能同时承受较大的径向载荷及轴向载荷,内外圈可分离,便于装拆和调整轴承的游隙,一般成对使用
双列深沟球轴承		4	1.6~2.3	中	8′~16′	能同时承受径向和一定的双向轴向载荷,但它比深沟球轴承具有更大的承载能力
推力球轴承 GB/T 301—2015		5	1	低	≈0°	只能承受单向轴向载荷
深沟球轴承 GB/T 276—2013		6	1	高	2′~10′	能同时承受径向和较小的双向轴向载荷,在高速时可代替推力轴承,价格最低,使用最广
角接触球轴承 GB/T 292—2007		7	1~2.4	高	2′~10′	能同时承受径向和单向轴向载荷;接触角 α 有 15°、25°、40° 三种,α 越大承受轴向载荷能力越大,一般成对使用
推力圆柱滚子轴承 GB/T 4663—2017		8	1.7~1.9	低	≈0°	只能承受较大的单向轴向载荷

续表 5-7

轴承类型及标准号	简图	类型代号	基本额定动载荷比	极限转速比	允许角偏差	特性
圆柱滚子轴承 GB/T 283—2007		N	1.5~3	高	2′~4′	只能承受较大径向载荷，不能承受轴向载荷，其内外圈可沿轴向自由移动
滚针轴承 GB/T 5801—2006		NA		低		在内径相同的条件下，与其他类型的轴承相比，其外径最小，而且内外圈可分离，径向承载能力大

2) 滚动轴承类型的选择

滚动轴承的选择应根据具体的工作条件和轴承自身性能特点，并参照同类机械中的使用经验进行合理的选择，一般应考虑如下因素。

(1) 载荷速度、大小与方向：在速度较高、载荷较小或中等载荷时应选用球轴承。若速度较低、载荷较大或有冲击时应选用滚子轴承。仅承受径向载荷时应选用向心轴承，只承受轴向载荷时应选用推力轴承。同时承受径向载荷和轴向载荷的轴承，若轴向载荷与径向载荷相比较小时，应选用深沟球轴承、接触角 α 较小的角接触球轴承或圆锥滚子轴承。若轴向载荷较大时，应选用接触角 α 较大的角接触球轴承、圆锥滚子轴承、向心轴承和推力轴承的组合结构。

(2) 调心性能：对轴的支点跨距较大、轴的弯曲变形较大或两个轴承座孔的同轴度误差较大时，应选用轴承的内外圈的回转轴心可以相对转动的调心球轴承或调心滚子轴承，并应成对使用。

(3) 结构尺寸：若轴承孔的径向尺寸受到限制时，选用特轻、超轻系列的双列球轴承、双列滚子轴承或滚针轴承。若轴承孔的轴向尺寸受到限制时，选用窄系列或轻窄系列的球轴承或滚子轴承。

(4) 经济性及其他因素：选择轴承时应考虑经济性。普通结构轴承比特殊结构的轴承价格低，低精度轴承比高精度轴承价格便宜，如同型号的轴承其尺寸公差等级为 P_0、P_6、P_5、P_4、P_2 的轴承，价格比为 1∶1.5∶2∶7∶10。在保证使用性能的前提下，优先选用制造容易、价格低的球轴承。

此外，轴承类型的选择应考虑轴承的装拆、调整、轴承游隙的控制是否方便等因素。

3. 滚动轴承的失效形式及寿命计算

1) 滚动轴承的载荷分析

工作时，对于只承受轴向力的滚动轴承，其载荷由各滚动体平均分担；对于只承受径向力 F_r 的滚动轴承，其载荷由 F_r 正前方的滚动体承载（图 5-28）。当滚动体进入承载区后，所承受的载荷由零逐渐增大至 F_{max}，再逐渐减小到零。对于转动的轴承圈，其受载情况与滚动体类似；对于固定的轴承圈，处于承载区内的半圈受载，其接触载荷与接触应力按脉动的规律循环变化。

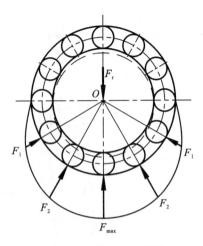

图 5-28 向心轴承径向载荷分布

2) 滚动轴承的失效形式与计算准则

根据滚动轴承的工作情况，其主要的失效形式有疲劳点蚀、塑性变形。

疲劳点蚀是滚动轴承的主要失效形式，是指在工作中的滚动轴承，其滚动体和内外圈的滚道受到交变接触应力的反复作用，经一定的工作时间后，在滚动体的表面和内外圈的滚道上产生疲劳点蚀的现象。疲劳点蚀使工作中的轴承产生震动和噪声，直至不能正常工作。

塑性变形是指在低速或间歇摆动时的轴承，在受到很大的静载荷或冲击载荷的作用下，使轴承内外圈的滚道在滚动体接触处产生超过材料屈服极限的塑性变形（滚道表面形成凹坑）的现象。塑性变形使工作中的轴承产生剧烈震动和噪声，直至不能正常工作。

此外，由于润滑不良、密封不严或使用及维护不当等，致使轴承产生过度磨损、胶合、内外圈和保持架破坏等失效现象。

根据以上的失效形式，滚动轴承的计算准则：①对于一般工作条件的滚动轴承，点蚀是其主要的失效形式，主要进行寿命计算和静强度校核；②对于摆动或转速低的滚动轴承，应控制塑性变形，主要进行静强度计算；③对于高速回转的滚动轴承，应进行寿命计算和极限转速校核。

3) 滚动轴承的寿命计算

(1) 基本额定寿命 L 与基本额定载荷 C：轴承的疲劳寿命是指滚动轴承上的任意元件（滚动体和内外滚道）发生点蚀前的总转数或在某一恒定转速下工作的小时数。

由于同一材料、同一尺寸、同一批次生产出来的轴承，在完全相同的条件下工作，它们的疲劳寿命也不尽相同，甚至相差几倍乃至几十倍，所以轴承的疲劳寿命不能用同一批次的最长寿命或最短寿命作为标准。因此就规定：一组同一型号、相同质量的轴承，在相同条件下运转时，其中 10% 的轴承发生点蚀破坏，90% 的轴承不发生点蚀破坏前的总转数（以 10^6 为单位）作为滚动轴承的疲劳寿命，并把它称为基本额定寿命，以 L_{10}（单位为 $10^6 r$）或 L_{10h}（单位为 h）表示。

国家标准规定：在基本额定寿命为 $L_{10} = 10^6 r$ 时，滚动轴承所能承受的载荷就是基本额定动载荷，用符号 C 表示。不同型号的轴承，有不同的基本额定动载荷值，C 值越大，承载能力就越大，因此 C 值表征了轴承承载能力的大小。对于向心轴承指的是径向基本额定动载荷 C_r；对于推力轴承指的是轴向基本额定动载荷 C_a；对于角接触轴承指的是径向分量。C_r

和 C_a 可从机械设计手册或轴承产品样本中获得。

（2）当量动载荷 P：滚动轴承的基本额定动载荷是在向心轴承或角接触轴承只承受径向载荷、推力轴承只承受轴向载荷的条件下测得的。而在实际工作时，滚动轴承可能同时承受径向载荷和轴向载荷的复合作用，因此需将实际载荷转化成与基本额定动载荷的载荷条件一致的等效载荷，这个等效载荷就称为当量动载荷，用 P 表示，其计算公式为：

$$P=(XF_r+YF_a) \tag{5-9}$$

式中：X、Y 分别为径向动载荷系数及轴向动载荷系数，见表 5-8。

表 5-8　单列滚动轴承径向动载荷系数 X 和轴向动载荷系数 Y

轴承类型		相对轴向载荷 F_a/C_{0r}	e	$F_a/F_r>e$		$F_a/F_r\leqslant e$	
				X	Y	X	Y
深沟球轴承 （60000 型）		0.014	0.19	0.56	2.30	1	0
		0.028	0.22		1.99		
		0.056	0.26		1.71		
		0.084	0.28		1.55		
		0.11	0.30		1.45		
		0.17	0.34		1.31		
		0.28	0.38		1.15		
		0.42	0.42		1.04		
		0.56	0.44		1.00		
角接触球轴承	$\alpha=15°$ （70000C 型）	0.015	0.38	0.44	1.47	1	0
		0.029	0.40		1.40		
		0.058	0.43		1.30		
		0.087	0.46		1.23		
		0.12	0.47		1.19		
		0.17	0.50		1.12		
		0.29	0.55		1.02		
		0.44	0.56		1.00		
		0.58	0.56		1.00		
	$\alpha=25°$ （70000AC 型）	—	0.68	0.41	0.87	1	0
	$\alpha=40°$ （70000B 型）	—	1.14	0.35	0.57	1	0
圆锥滚子轴承（30000 型）		—	轴承手册	0.4	轴承手册	1	0
调心球轴承（10000 型）		—	轴承手册	0.65	轴承手册	1	轴承手册

表 5-8 中的 F_r、F_a 分别为作用在轴承上的径向载荷及轴向载荷(N)。e 为轴向载荷影响系数,与轴承类型和 F_a/C_{0r}(C_{0r} 为径向额定静载荷)有关,其大小反映了轴向载荷对滚动轴承承载能力的影响。由表中可以看出,当 $F_a/F_r>e$ 时,表示轴向载荷影响较大,在计算当量动载荷 P 时必须考虑 F_a。根据 e 值,可在表中查出 X 和 Y 的值。若 $F_a/F_r\leqslant e$ 时,表示轴向载荷影响较小,F_a 忽略不计,只考虑径向载荷 F_r,此时 $X=1$,$Y=0$,当量动载荷为 $P=F_a$。

(3)寿命计算:图 5-29 为在大量的实验研究基础上得出的轴承载荷-寿命曲线。该曲线表明轴承的载荷 P 与基本额定寿命 L_{10} 之间的关系为:

$$P^\varepsilon L_{10}=C^\varepsilon \times 1 = 常数 \tag{5-10}$$

整理上式可得:

$$L_{10}=\left(\frac{C}{P}\right)^\varepsilon \tag{5-11}$$

式中:L_{10} 为轴承的基本额定寿命($\times 10^6$ r);P 为当量动载荷(N);C 为轴承的基本额定动载荷(N);ε 为轴承寿命指数,对于球轴承 $\varepsilon=3$,对于滚子轴承 $\varepsilon=10/3$。

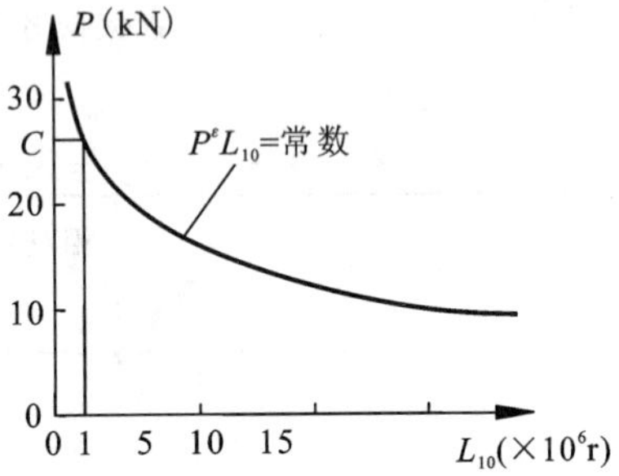

图 5-29 轴承的载荷-寿命曲线

实际计算时,通常用工作小时数 L_{10h} 来表示轴承的寿命,若给出轴承的转速 n(r/min),则 L_{10h} 与 L_{10} 的关系为:

$$L_{10h}=\frac{10^6}{60n}L_{10} \tag{5-12}$$

考虑到机器工作时振动、冲击和其他载荷对轴承寿命的影响,引入载荷系数 f_P(表 5-9)修正当量动载荷 P。当轴承工作温度超过 120℃ 时,基本额定动载荷 C 将降低,故引入温度系数 f_t(表 5-10)修正基本额定动载荷 C。将载荷系数 f_P 和温度系数 f_t 代入式(5-11)后,再将式(5-11)代入式(5-12),整理后得寿命计算公式:

$$L_{10h}=\frac{10^6}{60n}\left(\frac{f_t C}{f_P P}\right)^\varepsilon \tag{5-13}$$

表 5-9 载荷系数 f_P

载荷性质	载荷系数 f_P	举例
无冲击或轻微冲击	1.0~1.2	电机、汽轮机、通风机等
中等冲击	1.2~1.8	车辆、传动装置、起重机、机床、冶金机械、水利机械等
强大冲击	1.8~3.0	破碎机、轧钢机、钻探机、振动筛

表 5-10 温度系数 f_t

工作温度(℃)	≤120	125	150	200	250	300	350
温度系数 f_t	1	0.95	0.9	0.8	0.7	0.6	0.5

若轴承的当量动载荷 P 和转速 n 已知,并给定了轴承的预期寿命 L'_h,则轴承所能承受的额定动载荷 C' 及所选用轴承的基本额定动载荷 C 应满足下式:

$$C \geqslant C' = \frac{f_P P}{f_t}\left(\frac{60n}{10^6}L'_h\right)^{\frac{1}{\varepsilon}} \qquad (5-14)$$

4) 角接触轴承与圆锥滚子轴承轴向载荷的计算

计算支反力时应首先确定轴承的载荷作用中心 O。向心轴承在承受径向载荷 F_r 时,其作用中心 O 的位置为轴承宽度的中点。角接触轴承和圆锥滚子轴承在承受径向载荷 F_r 时,其作用中心 O 的位置为各滚动体的载荷矢量与轴中心线的交点(图 5-30)。角接触轴承和圆锥滚子轴承载荷中心与轴承外侧端面的距离 a,可直接从轴承样本和机械设计手册中查取。

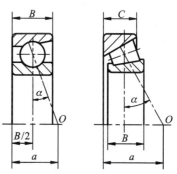

图 5-30 角接触轴承的载荷作用中心

角接触轴承和圆锥滚子轴承在承受径向载荷 F_r 时,由于轴承的滚动体和外圈滚道接触处存在接触角 α,会产生内部轴向力 S,其值的大小(按表 5-11 进行计算)取决于该轴承所承受的径向载荷和轴承结构,其方向是由轴承外圈的宽边指向窄边。

表 5-11 角接触球轴承和圆锥滚子轴承的内部轴向力 S

轴承类型	角接触球轴承 70000 型			圆锥滚子轴承 30000 型
	70000C ($\alpha=15°$)	70000AC ($\alpha=25°$)	70000B ($\alpha=40°$)	
内部轴向力 S	eF_r (e 见表 5-8)	$0.68F_r$	$1.14F_r$	$F_r/2Y$ (Y 是 $F_a/F_r > e$ 时的轴向载荷系数)

为了使内部轴向力 S 平衡,角接触轴承和圆锥滚子轴承应成对使用。按照轴承安装方向的不同,有正装[或称"面对面"安装,图 5-31(a)]和反装[或称"背靠背"安装,图 5-31(b)]两种安装方式。

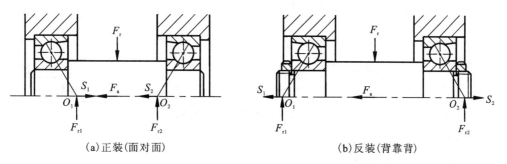

(a)正装(面对面)　　　　　　　　(b)反装(背靠背)

图 5-31 角接触轴承与圆锥滚子轴承轴向载荷分析

如图 5-31 所示,若作用于轴上的轴向外载荷和径向外载荷分别为 F_r 和 F_a,左右两轴承所受的径向载荷分别为 F_{r1} 和 F_{r2},所产生的内部轴向力分别为 S_1 和 S_2;O_1 和 O_2 分别是轴承 1 和轴承 2 上支反力的作用点,它们与轴承端面的距离可由轴承手册查取。

计算轴承的轴向载荷应首先判断内部轴向力与外部轴向载荷的合力方向,然后计算轴承的轴向载荷。若合力方向由外圈的窄边指向宽边,则该轴承被"压紧",被"压紧"的轴承所承受轴向载荷等于除自身派生轴向力外的其他所有轴向力的代数和。若合力方向由外圈的宽边指向窄边,则该轴承被"放松",被"放松"的轴承所承受轴向载荷等于自身派生轴向力。

在图 5-31(a)中,存在如下两种情况:

(a)当 $F_a+S_2-S_1>0$ 时,合力方向由轴承 1 外圈的窄边指向宽边,轴承 1 被"压紧",轴承 2 被"放松"。则轴承 1 和轴承 2 的内部轴向力 F_{a1} 和 F_{a2} 分别为:

$$\begin{cases} F_{a1} = F_a + S_2 \\ F_{a2} = S_2 \end{cases} \tag{5-15}$$

(b)当 $F_a+S_2-S_1<0$ 时,合力方向由轴承 1 外圈的宽边指向窄边,轴承 1 被"放松",轴承 2 被"压紧"。则轴承 1 和轴承 2 的内部轴向力 F_{a1} 和 F_{a2} 分别为:

$$\begin{cases} F_{a1} = S_1 \\ F_{a2} = S_1 - F_a \end{cases} \tag{5-16}$$

5)滚动轴承的静强度计算

对于那些转速很低或很少旋转的轴承,其主要失效形式为塑性变形,设计时应进行静强度计算。对于那些转速较高,同时承受重载荷或冲击载荷的轴承,除进行寿命计算外,还应进行静强度计算。计算公式为:

$$C_0 \geqslant S_0 P_0 \tag{5-17}$$

式中:C_0 为轴承的基本额定静载荷(N),指受载最大的滚动体与滚道接触处的塑性变形达到滚动体直径万分之一时的载荷;对于向心轴承是指径向静载荷 C_{0r};对于推力轴承是指轴向静载荷 C_{0a};对于角接触轴承是指轴承静载荷的径向分量;S_0 为静强度安全系数,见表 5-12。

表 5-12 轴承静强度安全系数 S_0

轴承的使用情况	使用要求、载荷性质、使用场合	S_0	
		球轴承	滚子轴承
旋转轴承	运转精度和平稳性要求高,受冲击载荷	1.5~1.2	2.5~4.0
	一般情况	0.5~2.0	1.0~3.5
	对旋转精度和平稳性要求较低,没有冲击或振动荷载	0.5~2.0	1.0~3.0
不常旋转或只作摆动的轴承	水坝闸门装置、附加载荷小的大型起重机吊钩	≥1	
	附加载荷大的小型起重机吊钩	≥1.6	
推力调心滚子轴承	任何条件	≥4	

P_0为轴承的当量静载荷(N),用式(5-18)计算:
$$P_0 = X_0 F_r + Y_0 F_a \tag{5-18}$$
式中:X_0、Y_0为径向静载荷系数和轴向静载荷系数,见表5-13;F_r、F_a为轴承所承受的径向载荷(N)和轴承所承受的轴向载荷(N)。

表5-13 轴承的径向静载荷系数X_0和轴向静载荷系数Y_0

轴承的类型		X_0	Y_0
深沟球轴承(60000)		0.6	0.5
角接触球轴承	$\alpha=15°$(70000)	0.5	0.4
	$\alpha=25°$(70000AC)		0.3
	$\alpha=40°$(70000B)		0.2
圆锥滚子轴承(30000C)		0.5	查手册

6)滚动轴承的极限转速

轴承的极限转速是指轴承在一定的载荷和润滑条件下,达到所能承受最高热平衡温度时的转速值(该值可在轴承手册中查到)。如果滚动轴承的转速过高,会使轴承摩擦面间产生高温,影响润滑剂的性质,破坏润滑油膜,致使滚动体回火或元件产生胶合而失效。因此轴承的工作转速应低于极限转速。

如果轴承的工作转速超过许用转速,可改用高极限转速的轴承,如高精度轴承、特殊材料轴承、特殊结构保持架的轴承;还可以采用喷油或油雾润滑,改善冷却条件,适当增加轴承游隙,也能有效地提高轴承的极限转速。

4. 滚动轴承的安装结构

为了确保滚动轴承在机器上能够正常、高效地工作,在正确地选用轴承的类型和尺寸后,还必须解决轴承的布置、定位、装拆、调整、润滑等合理的安装结构问题。

(1)滚动轴承内外圈的轴向固定:滚动轴承在承受轴向载荷时,轴承的轴向固定是为了解决内外圈相对于轴或轴承孔的轴向移动问题。

图5-32是滚动轴承内圈常用的轴向固定方法。其中,图5-32(a)是利用轴肩所作的单向固定,只能承受大的单向轴向力;图5-32(b)是利用所作的轴肩和轴用弹性挡圈作双向固定,弹性挡圈一侧只能承受很小的轴向力;图5-32(c)是利用轴肩和轴端挡圈所作的双向固定,轴端挡圈一侧能承受中等轴向力;图5-32(d)是利用轴肩和圆螺母、止动垫圈所作的双向固定,能承受较大的轴向力。

图5-33是滚动轴承外圈常用的固定方法。其中,图5-33(a)是利用轴承盖所作的单向固定,只能限制轴承的单向移动,轴承盖一侧能承受大的单向轴向力;图5-33(b)是利用孔内凸肩和孔用弹簧挡圈所作的双向固定,能限制轴承的双向移动,孔用弹簧挡圈一侧只能承受较小的轴向力;图5-33(c)是利用轴承盖和孔内凸肩所作的双向固定,能限制轴承的双向移动,能承受较大的双向轴向力。

(a)轴肩单向固定　　(b)轴肩与轴用弹性　　(c)轴肩与轴端　　(d)轴肩与圆螺母、
　　　　　　　　　　　挡圈双向固定　　　　挡圈双向固定　　　止动垫圈双向固定

图 5-32　滚动轴承内圈常用轴向固定方法

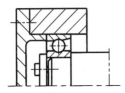 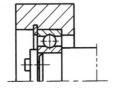 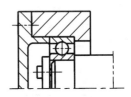

(a)轴承盖单向固定　　(b)孔内凸肩与孔用弹簧　　(c)轴承盖与孔内凸肩
　　　　　　　　　　　　挡圈双向固定　　　　　　　　双向固定

图 5-33　滚动轴承外圈常用轴向固定方法

(2)轴系的轴向固定：轴系的轴向固定的目的是轴系在正常传递动力的基础上，确保轴及轴上的零件都具有准确、可靠的工作位置。

图 5-34(a)为双支点单向固定式(两端固定式)。该轴系左右两支点的轴承固定结构分别限制不同方向上的轴向移动，两支点联合起来就实现了轴系的双向定位。考虑到轴因受热伸长的影响，对于深沟球轴承，在轴承盖与轴承外圈端面间预留补偿间隙 c（一般 $c=0.25\sim0.4$ mm）；对于角接触轴承，调整内圈或外圈的轴向位置（内部轴向游隙）来补偿。这种结构形式适合于工作温度变化不大、支点跨距小于 350mm 的短轴。

图 5-34(b)为单支点双向固定式(一端固定、一端浮动式)。该轴系左端轴承的内外圈均双向固定，并承受双向轴向载荷；而右端轴承仅对内圈双向固定，外圈在轴承座孔内动配合，以保证轴在伸长或缩短时轴承外圈可以自由移动。这种结构形式适合于支点跨度大、工作温度高的场合。

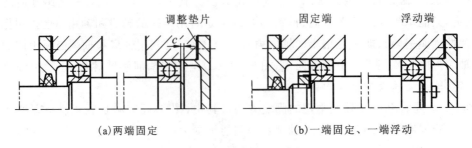

(a)两端固定　　　　　　(b)一端固定、一端浮动

图 5-34　轴系的轴向固定形式

第三节 联轴器与离合器

联轴器和离合器是用于轴与轴或轴与回转零件的连接,并一同转动、传递动力的部件。二者不同之处:联轴器必须在机器停止后,经过装拆才能使两轴分离或结合;离合器在机器工作中,可以根据需要随时使两轴结合或分离。

一、联轴器

1. 联轴器的分类

联轴器的类型很多。根据两轴的相对关系,常用的联轴器可分为刚性联轴器和挠性联轴器。

刚性联轴器根据工作时是否允许两轴线产生相对位移分为固定式刚性联轴器和可移式刚性联轴器。固定式刚性联轴器常用的类型有套筒联轴器、夹壳联轴器和凸缘联轴器;可移式刚性联轴器常用的类型有十字块联轴器、齿式联轴器和万向联轴器。

挠性联轴器根据是否含有弹性元件可分为可移式刚性联轴器和弹性联轴器。弹性联轴器常用的类型有弹性套柱销联轴器、弹性柱销联轴器和轮胎联轴器。

2. 固定式刚性联轴器

固定式刚性联轴器是各元件组成的一个刚性整体。由于各元件无相对移动,固定式刚性联轴器只能用在轴心线同轴、工作时不发生相对位移的场合,其特点是结构简单、制造容易、成本低,但两轴的同轴度要求高。

(1)套筒联轴器:套筒联轴器(图5-35)是将两个需要连接的轴插入同一个套筒内,并用键[图5-35(a)]或销[图5-35(b)]将两轴与套筒连接在一起。套筒联轴器的优点是结构简单、制造容易、径向尺寸小、组成零件少、成本低,缺点是被连接的两轴同轴度要求高、装拆不方便,主要用于工作平稳、径向尺寸受限、两轴线严格对中的小功率传动中。

(2)凸缘联轴器:凸缘联轴器(图5-36)由两个用螺栓连接的半联轴器组成。按照对中方式可分为用铰制孔螺栓对中的凸缘联轴器[图5-36(a)]和用凸肩凹槽对中的凸缘联轴器[图5-36(b)]。采用铰制孔螺栓对中的凸缘联轴器是依靠铰制孔螺栓与孔壁的挤压来传递扭矩;而采用凸肩凹槽对中的凸缘联轴器是依靠由螺栓连接在一起的两个半联轴器结合面间的摩擦力来传递扭矩。凸缘联轴器的优点是结构简单、装拆方便、刚度及传递扭矩大,缺点是被连接的两轴同轴度要求高、无补偿能力、不能缓冲减震,常用于工作平稳、对中性能好、扭矩大、速度低的场合。

3. 可移式刚性联轴器

用联轴器连接的两轴,其轴线在理论上应该是同轴,但由于制造及安装的误差、承载后

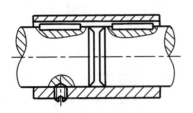 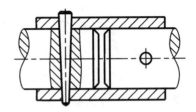

(a) 键连接式套筒联轴器　　(b) 销连接式套筒联轴器

图 5-35　套筒联轴器

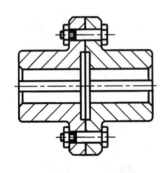 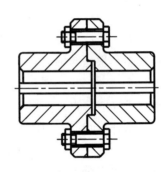

(a) 铰制孔螺栓对中　　(b) 凸肩凹槽式对中

图 5-36　凸缘联轴器

的变形和温度变化的影响等原因,很难保证两轴严格对中,就会出现两轴间轴向位移 x [图5-37(a)]、径向位移 y[图 5-37(b)]、角位移 α[图 5-37(c)] 和前三种位移组合的综合位移(图 5-37(d))。这就要求联轴器应具有适应这些相对位移的结构,防止在联轴器、轴和轴承中产生附加载荷或引起强烈的震动。可移式刚性联轴器就是利用自身具有相对可动的元件或间隙来解决这一问题的。

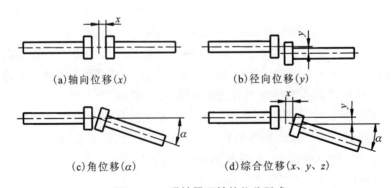

(a) 轴向位移(x)　　(b) 径向位移(y)

(c) 角位移(α)　　(d) 综合位移(x、y、z)

图 5-37　联轴器两轴的位移形式

1)十字滑块联轴器

十字滑块联轴器由两个端面带有凹槽的半联轴器1、3和两端面各有一个凸缘的十字滑块2组成[图5-38(a)]。当一个回转轴通过十字滑块联轴器向另一个回转轴传递动力时,十字滑块2上的凸缘可在两个半联轴器1和3上的凹槽内滑动,以补偿两轴线的径向位移[图5-38(c)]。

十字滑块联轴器的优点是结构简单、径向尺寸小、允许两轴有较大的径向位移和较小的角度位移,缺点是对两轴的角度补偿[图5-38(b)]较小、传动效率较低。所以,十字滑块联轴器适用于载荷平稳、径向位移 $y \leqslant 0.04d$(d 为轴径)、角度位移 $\alpha \leqslant 30'$、转速 $n \leqslant 300\text{r/min}$ 的两轴连接。

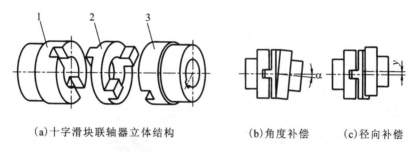

(a)十字滑块联轴器立体结构　　(b)角度补偿　　(c)径向补偿

图5-38　十字滑块联轴器

1、3.半联轴器;2.十字滑块

2)齿轮联轴器

齿轮联轴器由两个用螺栓连接的带有内齿轮的外壳和两个带有外齿的半联轴器[图5-39(a)]组成,其内齿和外齿有间隙可补偿径向位移。半联轴器的外齿顶部为球心在轴心线上的球面,可补偿角位移,见图5-39(b)。

齿轮联轴器有较多的轮齿同时工作,其优点是可传递很大的转矩、具有补偿两轴综合位移的能力、结构紧凑、安装精度低、工作可靠,其缺点是结构复杂、质量较大、转速低、成本高,常用于低速的重型机械中。

3)万向联轴器

万向联轴器由一个十字轴和两个叉形零件组成(图5-40),其结构特点是十字轴与两个叉形零件为铰链连接。由于夹角 α 的存在,当单个十字轴万向联轴器的叉形零件1以 ω_1 作等角速转动时,叉形零件2的角速度 ω_2 将作周期性变化,从而产生附加动载荷。理论分析及实践证明,两叉形零件间的夹角 α 越大,附加动载荷就越大,α 最大可达 35°~45°。

为了消除单个十字轴万向联轴器上从动轴的速度波动,通常将其成对使用(图5-41)。其结构特点是中间传动轴3上的两个叉形平面共面,同时还应使主、从动轴与传动轴3轴线的夹角相等(即 $\alpha_1 = \alpha_2$),这是保证主、从动轴的瞬时角速度相等的必要条件。

双万向联轴器能可靠地传递运动和扭矩、能补偿较大的角位移、结构紧凑,广泛地应用于汽车、土木工程机械等设备的传动系统中。需要说明的是中间传动轴的角速度仍然是波动的,所以传输速度不宜太高。

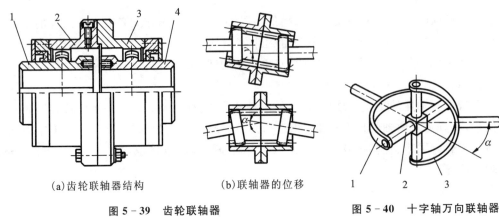

(a) 齿轮联轴器结构　　　(b) 联轴器的位移

图 5-39　齿轮联轴器

1、4. 半联轴器；2、3. 外壳

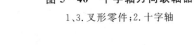

图 5-40　十字轴万向联轴器

1、3. 叉形零件；2. 十字轴

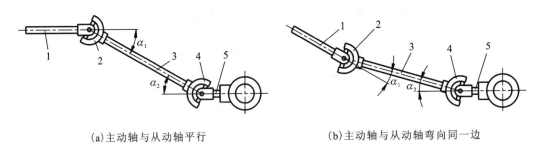

(a) 主动轴与从动轴平行　　　(b) 主动轴与从动轴弯向同一边

图 5-41　双万向联轴器

1. 主动轴；2、4. 万向节；3. 传动轴；5. 从动轴

4. 弹性联轴器

弹性联轴器是装有弹性元件的挠性联轴器。它是靠弹性元件的弹性变形来补偿两轴线间的相对位移，同时缓和载荷冲击和吸收振动，具有结构简单、制造方便、成本低的特点。

1) 弹性套柱销联轴器

弹性套柱销联轴器（图 5-42）与凸缘联轴器相似，只是用弹性套 1 代替了连接螺栓。该联轴器用弹性套来传递动力，其弹性变形可补偿主、从动轴线间的径向位移和角位移，依靠安装时预留的间隙 c 来补偿轴向位移。弹性套为易损件，故预留安装距离 A，便于更换弹性套。

弹性套柱销联轴器适用于工作温度在 -20～+70℃ 之间，由电动机驱动、启动频繁、经常正反转的中小功率机械。

2) 弹性柱销联轴器

弹性柱销联轴器（图 5-43）在结构上类似于弹性套柱销联轴器，所不同的是用尼龙柱销 1 代替了弹性套柱销。柱销的形状有圆柱形和一段为柱形、一段为腰鼓形，而后者可增加角位移的补偿能力。为了防止柱销从柱销孔中滑出,在联轴器两端装有用螺钉固定的挡板 2。

弹性柱销联轴器是靠尼龙柱销来传递动力,与弹性套柱销联轴器相比承载能力大,但允许转速低、允许位移小,适用于启动频繁、经常正反转、对缓冲性能要求不高的场合。

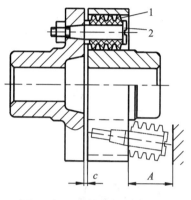

图 5-42 弹性套柱销联轴器
1.弹性套;2.柱销

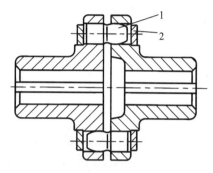

图 5-43 弹性柱销联轴器
1.弹性柱销;2.挡板

3) 轮胎式联轴器

轮胎式联轴器(图 5-44)是利用轮胎 3 作为中间连接件用螺栓 2 将半联轴器 1 和半联轴器 4 连接在一起。这种联轴器结构简单、装拆维护方便,具有良好的吸振、缓冲和补偿较大的相对位移的能力。但径向尺寸较大,在传递较大的转矩时,会因过大的扭转变形而产生较大的附加轴向载荷。

轮胎式联轴器的工作温度在 -20~+80℃ 之间,适用于潮湿、多尘、冲击力大、启动频繁、相对位移较大的场合。

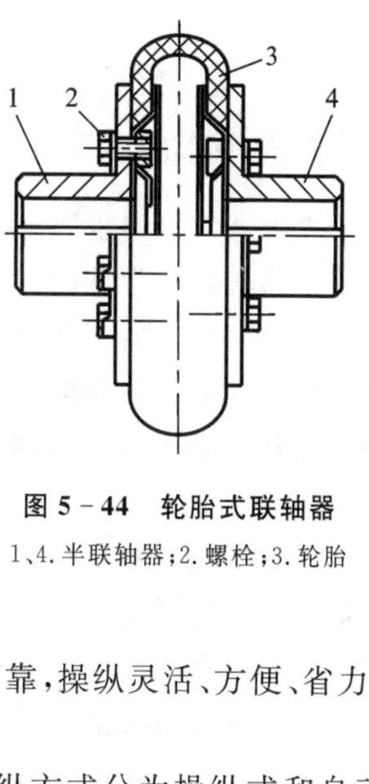

二、离合器

图 5-44 轮胎式联轴器
1、4.半联轴器;2.螺栓;3.轮胎

离合器是机器在传递动力过程中,通过各种操纵方式使两轴随时结合或分离的机械装置,用于动力传动系统的启动、变速、变速等场合。应满足如下基本要求:结合与分离迅速、平稳、可靠,操纵灵活、方便、省力,调节和维修方便,外形尺寸小,重量轻,耐磨性及散热性好。

离合器的种类很多,按工作原理分为嵌合式和摩擦式;按操纵方式分为操纵式和自动式;按控制方式分为机械式、液压式、气压式、电磁式。这里仅介绍如下几种。

1. 牙嵌式离合器

牙嵌式离合器属于操纵式离合器,是靠两半联轴器端面上牙的相互啮合来传递转矩的。如图 5-45(a)所示,半联轴器 1 固定在主动轴上,半联轴器 2 通过导向平键 3(或花键)与从动轴连接,由操纵机构拨动滑环 4 使半联轴器 2 沿轴向移动,来实现离合器的离合。其中,对中环 5 的作用是将从动轴限制在对中环内,保持主、从动轴同轴,以保证联轴器正常离合。

牙嵌式离合器上常用的牙形有矩形、梯形、锯齿形等,见图 5-45(b)。矩形牙齿制造容易、结合与分离较困难、牙根强度低,故应用较少。梯形牙齿结合与分离方便,牙根强度高,能传递更大扭矩,能自动补偿因磨损产生的侧隙,减小了反转时的冲击,应用最为普遍。锯齿形牙齿结合方便、强度最高,因而能传递更大的扭矩,但只能用于传递单向扭矩。

牙嵌式离合器结构简单、制造容易、外廓尺寸小,结合后两轴不会发生相对转动,应用广泛,但只能在停车或低速时结合,否则会发生断齿而损坏。

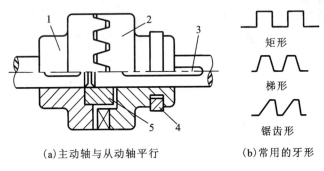

(a)主动轴与从动轴平行　　　(b)常用的牙形

图 5-45　牙嵌式离合器

1、2.半联轴器;3.导向平键;4.滑环;5.对中环

2. 摩擦式离合器

摩擦式离合器也属于操纵式离合器,是靠摩擦盘间的摩擦力来传递转矩。常见的有单片离合器和多片离合器。图 5-46 所示为单片离合器,其中摩擦盘 2 固定在主动轴 1 上,摩擦盘 3 通过导向平键与从动轴 4 连接,由操纵机构拨动滑环 5 使摩擦盘 3 沿从动轴 4 的表面移动,来实现离合器的离合,完成动力的传递与停止工作。

单片式离合器结构简单、散热性好,但传递扭矩有限,多用于低速、轻载的轻型机械。若传递速度较高、动力较大可采用多片式离合器。

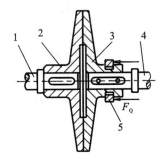

图 5-46　摩擦式离合器

1.主动轴;2、3.摩擦盘;
4.从动轴;5.滑环

与牙嵌式离合器相比,摩擦式离合器可以在不停车或主、从动轴转速相差较大时平稳地实现离合,且振动与冲击现象较轻,存在的打滑现象可实现过载保护,但不适用于传动比要求严格的场合。此外,摩擦片间还存在磨损和发热现象,是在设计与使用过程中需要考虑的问题。

3. 定向离合器

定向离合器属于自动离合器的一种,其特点是只能按一个方向传递转矩,反向旋转时自动分离。

如图 5-47 所示为滚柱式超越离合器，弹簧顶杆 4 以很小的推力使滚柱 3 与星轮 1 和外环 2 保持接触。若星轮 1 为主动件按顺时针方向回转时，滚柱 3 被楔紧在星轮 1 和外环 2 之间的槽内，带动外环 2 一起回转，离合器处于结合状态；若星轮 1 按逆时针方向回转时，滚柱 3 被推至楔形槽的宽敞部分，外环 2 将不再随星轮 1 一起回转，离合器处于分离状态。若外环 2 与星轮 1 同时按顺时针方向转动，外环转速小于星轮转速，离合器处于结合状态；外环转速大于星轮转速，离合器处于分离状态。因此，定向离合器也称超越离合器。

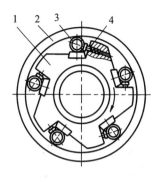

图 5-47 滚柱式超越离合器

1.星轮；2.外环；3.滚柱；4.弹簧顶杆

定向离合器尺寸小，离合平稳，工作时没有噪声，故适用于高速传动，但制造精度要求较高。定向离合器常用于汽车、工程机械、机床等设备的传动装置中。

思考与练习

1. 何谓转轴、心轴、传动轴？分别用于哪种场合？试判断图 5-15 中的轴属于哪种类型？
2. 轴常用的材料有哪些？在同一工作条件下，若不改变轴的结构尺寸，采用碳素钢或合金钢在强度及刚度上有何不同？
3. 零件在轴上的固定方式有哪些？各用于什么场合？
4. 在齿轮减速器中，低速轴的直径为什么要比高速轴的直径粗许多？
5. 滑动轴承和滚动轴承有何不同？各用于什么场合？
6. 对于滑动轴承，轴瓦材料与结构有哪些要求？请介绍滑动轴承的失效形式。
7. 滚动轴承由哪些基本元件组成？有哪些类型？各用于什么场合？
8. 向心推力轴承为何成对使用？若圆锥齿轮轴用圆锥滚子轴承，图 5-48 中的两种布置方案你认为哪种正确？为什么？

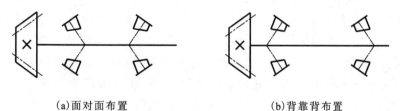

(a)面对面布置　　　　　(b)背靠背布置

图 5-48 习题 8 图

9. 联轴器和离合器在机械设备中的作用是什么？有何异同？
10. 说明刚性联轴器和挠性联轴器的特点及应用场合。
11. 说明牙嵌式离合器和摩擦式离合器的特点及应用场合。

第六章　液压传动

液压传动是以液体为中间介质,借助于液体的压力能来进行能量传递、能量控制、能量转换的一种传动方式。

第一节　液压传动的基础知识

一、液压传动的工作原理及组成

1. 液压传动的工作原理

图 6-1 是液压千斤顶工作原理示意图。图中:由杠杆 1、小油缸 3、吸油单向阀 4、压油单向阀 6 组成手动活塞泵,由大油缸 8、截止阀 7、压油单向阀 6 组成举升系统。当提起杠杆 1 时,小活塞 2 向上移动,小油缸 3 的下腔空间增大,腔内压力降低,致使吸油单向阀 4 被吸开、压油单向阀 6 被关闭,油箱 5 中的油在大气压力的作用下,进入小油缸 3 的下腔,完成吸油过程;当向下压杠杆 1 时,小活塞 2 向下移动,小油缸 3 的下腔空间减小,腔内压力增大,吸油单

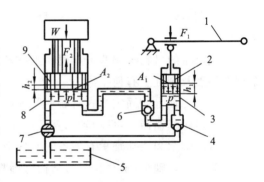

图 6-1　液压千斤顶原理图
1.杠杆;2.小活塞;3.小油缸;4.吸油单向阀;5.油箱;
6.压油单向阀;7.截止阀;8.大油缸;9.大活塞;10.重物

向阀 4 被关闭、压油单向阀 6 被推开,油液经过单向阀 6 流入大油缸 8 的下腔,完成压油过程;由于截止阀 7 处于关闭状态,输送过来的油液受到挤压,进而推动大活塞 9 向上运动,将重物 10 顶起,完成做功过程;如此反复提压杠杆 1,重物 10 就不断地被顶起,直至完成起重任务。此时,若杠杆 1 不动,只要不把截止阀 7 打开,重物 10 就不会因重力的作用而下降,只是停留在原来的位置不动,这种性质就称为液压传动的自锁性。

由此可见,液压传动装置是将机械能转换成液体的压力能,输送到需要的地方,又将液压能转换成机械能而做功的能量转换装置。可以看出,液压传动具有如下特性:①液压传动是在密闭容器内进行的;②力的传递是通过液体的压力来实现的;③运动的传递是按液体容积变化相等的原理进行的;④液体的工作压力取决于负载;⑤液压传动易于实现自锁。

2. 液压传动的理论依据

液压传动的理论基础是基于流体力学的帕斯卡原理,就是在密闭容器内,作用于液体上的压力将等值地传递到液体中所有各点,或称静压传递原理。

1) 力传递的基本方程

如图 6-1 所示,若小活塞 2 的面积为 A_1、大活塞 9 的面积为 A_2,小活塞 2 上的作用力为 F_1,大活塞 9 上的重物为 W,则作用在小活塞 2 和大活塞 9 上的液体压力分别为:

$$p_1 = \frac{F_1}{A_1}, p_2 = \frac{F_2}{A_2}$$

根据帕斯卡原理,密闭容器内的液体压力处处相等,即 $p_1 = p_2$,整理得力传递方程为:

$$F_2 = F_1 \frac{A_2}{A_1} \tag{6-1}$$

由式(6-1)可知,大活塞 9 上的作用力与该活塞的面积成正比。若 A_1 的面积很小、A_2 的面积很大,则只需在小活塞 2 上施加很小的力 F_1,大活塞 9 就可以获得很大的推力 F_2。这说明力在液压传动中,不仅靠液体的静压进行传递,还可以通过两活塞面积之比对力进行放大,这就是力的放大原理。同时说明,力的传递与流量无关。

如果大活塞 9 上没有负载(即 $W = 0$),若略去活塞质量及其他阻力时,不论怎样推动小活塞 2,也不能使液体形成压力。由此说明了液压传动的一个基本概念:液压系统中的压力是由负载来决定的。

2) 运动传递的基本方程

在图 6-1 中,小活塞 2 向下移动排出的流量 q_1 和大活塞 9 向上移动需要的流量 q_2 分别为:

$$q_1 = A_1 v_1 = A_1 \frac{h_1}{t}, q_2 = A_2 v_2 = A_2 \frac{h_2}{t}$$

式中:v_1、v_2 分别为小活塞 2 和大活塞 9 的移动速度。

假设液体不可压缩,而且无泄露,根据流动液体连续性方程 $q_1 = q_2$,整理得运动传递方程为:

$$A_1 h_1 = A_2 h_2 \text{(或 } A_1 v_1 = A_2 v_2 \text{)} \tag{6-2}$$

或

$$h_2 = \frac{A_1}{A_2} h_1 \text{(或 } v_2 = \frac{A_1}{A_2} v_1 \text{)} \tag{6-3}$$

从式(6-3)中可以看出:在液压传动中,速度取决于液体的流量,大小活塞的移动速度之比等于两活塞面积的反比。

3. 液压传动系统的组成

任何一个液压传动系统,无论复杂与否,都由以下几部分组成。

(1) 动力装置:把原动机的机械能转换为油液的液压能的装置。实现机-液能量转换的元件是液压泵,它给液压系统提供压力油。

(2) 控制调节装置:对液压系统中油液的流动方向、流量、压力进行控制调节的装置。对油液进行控制调节的元件是溢流阀、节流阀、换向阀等,这些元件的不同组合就组成了不同功能的控制系统。

(3) 执行装置:将油液的液压能转换为机械能的装置。实现液-机能量转换的元件有能够作直线运动的液压油缸和作回转运动的液压马达。

(4) 辅助装置:除上述三部分以外的其他装置,包括油箱、密封元件、滤油器、冷却器、油管、接头、压力表等。它们对组成液压系统和保证液压系统正常工作起着重要的作用。

除此之外,还有负责传递能量的工作介质——液压油,同时它还起到润滑各运动部件的作用。液压系统所使用的液压油主要是矿物油,其他还有高水基液压油和合成液压油等。

图 6-2 为液压系统组成示意图,原动机的回转动力(M、ω)由液压泵转变成为液压能(p、q),由控制装置将液压能输送到执行元件,由液压油缸或液压马达转变成为机械能(F、v 或 M、ω)来完成特定的工作。

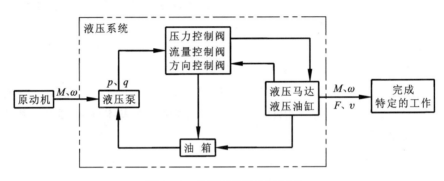

图 6-2 液压系统组成示意图

4. 液压传动的优缺点

液压传动与机械传动及电力传动相比具有以下优点:①可实现大范围的无级调速(可达 2 000r/min),可以在运动过程中调整,工作机构简单;②传递动力大,同功率相比较,液压传动具有体积小、重量轻的特点,从而使运动件的惯性小、启动及换向迅速(回转运动换向可达 500 次/min,直线往复运动换向可达 1 000 次/min);③采用油液作为工作介质,所有运动部件均在油中工作,因此可自行润滑、运动平稳、寿命长;④液压系统中的各种元件通过液压胶管及管道连接,可根据需要灵活布置;⑤操作简便、省力,易实现自动化、智能化;⑥自锁性好,易实现过载保护;⑦液压元件已实现标准化、系列化、通用化,便于设计、制造和使用。

液压传动的缺点:①具有较多的能量损失(摩擦损失、泄漏损失等),效率较低,不能实现定比传动,不易远距离输送;②油液对温度的变化较敏感,液压系统的工作性能及工作稳定性受温度的影响较大,不易在较低或较高的温度条件下工作;③系统故障诊断较困难,使用和维修技术水平要求高;④液压元件的制造精度较高,价格较贵。

二、液压油的特性与选用

1. 液压油的一般特性

1)密度 ρ 与重度 γ

对于匀质液体来说,密度 ρ 是指单位体积的液体所具有的质量,即:

$$\rho = \frac{m}{V} \tag{6-4}$$

式中:ρ 为液体的密度(kg/m^3);m 为液体的质量(kg);V 为液体的体积(m^3)。

对于匀质液体来说,重度 γ 是指单位体积的液体所具有的重量,即:

$$\rho = \frac{G}{V} \tag{6-5}$$

式中:G 为液体的重量(N)。

由于 $G = mg$,所以密度 ρ 与重度 γ 的关系为:

$$\gamma = \rho g \tag{6-6}$$

式中:γ 为液体的重度(N/m^3);g 为重力加速度(m/s^2)。

由于液体的密度 ρ 与重度 γ 都随压力及温度的变化而变化很小,在工程计算中可以看成常数。对于普通液压油 $\rho = 900 kg/m^3$,$\gamma = 8.8 \times 10^3 N/m^3$。

2)可压缩性

液体的可压缩性是指液体受压力作用体积变小的性质。液体的可压缩性用体积压缩系数 β_p 来表示,是指液体在单位压力变化下,其体积的相对变化量,即:

$$\beta_p = -\frac{1}{\Delta p}\frac{\Delta V}{V} \tag{6-7}$$

式中:β_p 为液体体积压缩系数;Δp 为压力增加量(N);ΔV 为压力增加后,液体体积的减少量(m^3);V 为压力增加前,液体的体积(m^3)。

由于压力增加时液体的体积相对减少,两者变化方向总是相反,为使 β_p 为正值,在上式右边加一负号。

液体体积压缩系数 β_p 的倒数称为液体体积的弹性模量 E_0,即:

$$E_0 = \frac{1}{\beta_p} = -\frac{\Delta p}{\Delta V}V \tag{6-8}$$

液体体积压缩系数 β_p 和体积弹性模量 E_0 随压力和温度的变化而变化。一般情况下,若温度升高,体积弹性模量减小;若压力增加,体积弹性模量增加。在常温下,液体的压缩系数很小,弹性模量很大,因此液压油的可压缩性对液压系统性能的影响不大,但在高压状态下,研究系统动态性能及计算远距离操纵液压机构时,就应考虑液体压缩性的影响。

3)液体的黏性

液体在外力作用下流动时,由于液体分子间内聚力的存在,使液体的流动受到牵制,产生了一种阻碍液体分子间相对运动的内摩擦力,这种特性就称为液体的黏性。液体的黏性反映了液体抵抗剪切变形的一种固有能力,液体只有在流动时才呈现出黏性,静止的液体不呈现黏性。

黏性是液压油的一个重要特性,也是选择液压油的一个重要依据。不同的液体均有不同的黏性,衡量黏性大小的物理量称为黏度。液体的黏度常用三种方法表示:动力黏度、运动黏度、相对黏度。

(1)动力黏度(绝对黏度)μ:表示流动液体内摩擦力大小的黏性系数,其物理意义是液体在单位速度梯度下流动或有流动趋势时,相接触的液体层间单位面积上所产生的内摩擦力,即:

$$\mu = \frac{\tau}{\mathrm{d}u/\mathrm{d}y} \tag{6-9}$$

式中:τ 为液层间的切应力,即单位面积上的内摩擦力(Pa);$\mathrm{d}u/\mathrm{d}y$ 为单位速度梯度;μ 为动力黏度(Pa·s 或 N·s/m²)。

(2)运动黏度 v:液体的绝对黏度与密度的比值,即:

$$v = \frac{\mu}{\rho} \tag{6-10}$$

式中:v 为运动黏度(m²/s)。

(3)相对黏度(条件黏度):是用相对于水的黏性来表示该液体的黏度,是采用特定的黏度计在规定的条件下测量出来的黏度。当采用相对黏度计测量出相对黏度后,再根据相应的换算关系算出动力黏度或运动黏度,以便使用。我国采用恩氏黏度(°E)。恩氏黏度与运动黏度的换算关系为:

$$v = 7.31°E - 6.31/°E \tag{6-11}$$

在土木工程机械液压系统中,一般以50℃的温度作为测定液压油恩氏黏度的标准温度,用符号°E^{50} 表示。

4)液体的黏度与温度和压力的关系

液压系统中使用的液压油对温度的变化很敏感。当系统的油温升高时,油液的黏度会显著降低,黏度的变化直接影响液压系统的工作性能和泄漏量。因此,要求液压油的黏度随温度的变化越小越好。

液压系统中压力的变化对液压油的黏度也有影响,一般情况下,液压油的黏度随着压力的增大而增大,但增加的幅度很小,在一般液压系统所使用的压力范围内,可以忽略不计。

2.液压油的选用

1)液压传动对液压油的要求

液压油是液压系统传递和转换能量的工作介质,同时兼有润滑剂的作用。不同的机械、不同的工作条件对液压油都有不同的要求,总结起来大致有如下要求:①合适的黏度和良好的黏温性能,一般情况下液压油的黏度 $v = (11.5 \sim 41.3) \times 10^{-6}$ m²/s,黏度指数应在90以上,优质的在100以上;②具有良好的热稳定性、氧化稳定性、水解稳定性;③对液压系统使用的各种材料具有良好的相容性;④具有良好的润滑性和较高的油膜强度,可有效地减少液压元件的磨损;⑤具有良好的阻燃性能,即油液的闪点和燃点要高,一般矿物液压油的闪点和燃点在150～220℃之间;⑥具有良好的流动性,油液的凝固点和流动点要低,一般矿物液压油的流动点在-15～-5℃之间,低凝油可达-45℃,在低温下工作时应加入抗凝剂;⑦具有良好的抗腐蚀性、抗氧化性和消泡能力;⑧对人体无毒,无明显的刺激作用;⑨体积膨胀系数小,体积模量大;⑩空气溶解度小,消泡能力强,吸水性小,水油容易分离。

2) 液压油的选用

实际应用表明,合理正确地选择液压油,对保证液压系统的工作性能、延长液压系统各元件的使用寿命、提高液压系统及元件工作的可靠性具有重要意义。

选择液压油主要是选择液压油的类型和黏度。根据液压系统的工作环境和载荷条件来选择合适的液压油的类型。对于在高温或有热源的工作环境中工作的设备应选择抗燃性好的液压油;对于在寒冷地区露天工作的设备,应选择低温性能好的液压油;对于在重载、高压、高速环境工作的设备(如挖掘机、重载汽车等)应选用抗磨液压油。然后再根据液压系统的工作环境和载荷条件来选择合适的液压油的黏度,黏度是影响液压系统工作性能的重要因素。一般环境温度高、工作压力大、运动部件速度低时,选择黏度高的液压油;反之选择黏度低的液压油。

三、液压传动的基本参数

1. 压力 p 及压力的分级

液压系统的压力是指液体的静压力。由流体静力学可知,液体在单位面积上所受的法向力称为压力,用 p 表示,即:

$$p = \lim_{\Delta A \to 0} \frac{\Delta F}{\Delta A} \tag{6-12}$$

压力具有如下性质:①油液的静压力垂直于作用面,其方向与作用面的内法线方向一致;②静止油液内任意点处的压力在各个方向上均相等。

在流动液体内,由于惯性力和黏性力的影响,任意点处在各个方向上的压力并不相等,其数值相差甚微。若把液体当作理想液体,其惯性力又很小时,流动液体内任意点处的压力在各个方向上的数值仍可以看作是相等的。

油液压力的表示方法有绝对压力和相对压力两种。绝对压力是以绝对零压力(绝对真空)为基准所表示的压力;相对压力是以大气压力为基准所表示的压力。绝对压力与相对压力的关系见图6-3。通常所称的压力是指油液的相对压力,液压系统中压力表指示的压力也是相对压力,又称表压力。

如果油液的绝对压力小于大气压力,则大气压力减去绝对压力的那部分压力值就称为真空度,即:

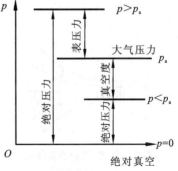

图6-3 绝对压力与相对压力的关系

真空度＝大气压力－绝对压力　　　　　　　　　　(6-13)

我国采用 Pa 作为压力计量单位，$1Pa=1N/m^2$。液压传动常用的单位是 MPa，$1MPa=10^6Pa$。欧美等国家的压力计量单位采用 bar，$1bar=10^5Pa=0.1MPa$。

根据液压元件及液压系统压力的大小，压力可分为低压、中压、中高压、高压、超高压 5 个等级，其数值见表 6-1。

表 6-1　液压元件及液压系统压力分级及公称压力

压力分级	低压	中压	中高压	高压	超高压
压力范围(MPa)	≤2.5	2.5~8	8~16	16~32	>32
公称压力(MPa) (摘自 GB/T 2346—2003)	0.1、0.16、0.25 0.4、0.63、1.0 1.6、2.5	4.0、 6.3	10.0、 12.5、 16.0	20.0、 25.0、 31.5	40、 50、 63

2. 通流截面、流量 q 和平均流速 v

在流管内的流线群称为流束，在流束中与所有流线正交的截面称为通流截面。在液压系统中，油液在管道内流动时，垂直于流动方向的截面就是通流截面。通流截面既可以是曲面，也可以是平面，如图 6-4 所示的截面 A 是平面，而截面 B 是曲面。

单位时间内流过某一通流截面的液体体积称为流量，用 q 表示(单位为 L/min)，即：

$$q=\frac{V}{t} \quad (6-14)$$

式中：V 为流过通流截面液体的体积(L)；t 为液体通过的时间(min)。

如图 6-5(a)所示，当液体流过微小通流截面 dA 时，该面上液体的流速为 u，则流过通流截面 dA 的微小流量 dq 为：

$$dq=udA$$

对上式进行积分，得整个通流截面 A 的流量为：

$$q=\int_A u dA \quad (6-15)$$

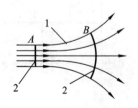

图 6-4　流束和通流截面
1.流线；2.通流截面

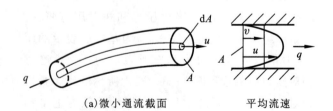

(a)微小通流截面　　　平均流速

图 6-5　微小流通截面和平均速度

由于液体具有黏性,液体在管道内流动的流速,在整个通流截面上各微小通流截面 u 的流速是不相等的,其分布规律也是很复杂的。在液压传动中采用假想的平均流速 v[图6-5(b)]来计算流量 q。所谓平均流速是假设通过某一通流截面上各点的流速均匀分布,液体以平均流速流过该通流截面的流量等于实际流速流过的流量,即:

$$q = \int_A u \, dA = vA$$

由此得出通流截面 A 的平均流速为:

$$v = \frac{q}{A} \qquad (6-16)$$

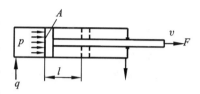

图6-6 液压缸的油液流量与活塞运动速度

在液压传动中,人们关心的是油液在某个特定空间或特定区域的平均运动情况,因此平均流速具有实际意义。如液压缸在工作时(图6-6),活塞的运动速度就等于缸体内油液的平均流速 v。由式(6-16)可知,当液压缸的有效面积为 A 时,活塞的运动速度 v 取决于液压缸内油液的流量 q。

四、液体流动的连续性方程与伯努利方程

1. 连续性方程

连续性方程是液体流动的连续性方程的简称,是质量守恒定律在流体力学中的一种表达式。若液体在不同横截面的任意形状的管道中作恒定流动(图6-7),任取两个面积分别为 A_1 和 A_2 的通流截面1和通流截面2,流体经过这两个截面的平均流速和密度分别为 v_1、ρ_1 和 v_2、ρ_2。根据质量守恒定律:单位时间内流过这两个截面的液体质量相等,即:

$$\rho_1 v_1 A_1 = \rho_2 v_2 A_2 \qquad (6-17)$$

若忽略液体的压缩性,即:$\rho_1 = \rho_2 = \rho$,则上式可写成:

$$v_1 A_1 = v_2 A_2 \qquad (6-18)$$

由此可以得出液体流动的连续性方程为:

$$q = vA = 常数 \qquad (6-19)$$

该方程表明,液体在管道中流动时,不论平均流速和通流截面如何变化,流过各通流截面的流量相等。或者说,在管道中流动的液体,其平均流速 v 与通流截面的面积成正比。

对于如图6-8所示的有分支的管路,其输入端的流量等于所有分支管路的输出之和,即:

$$v_1 A_1 = v_2 A_2 + v_3 A_3 \qquad (6-20)$$

$$q_1 = q_2 + q_3 \qquad (6-21)$$

2. 伯努利方程(能量方程)

伯努利方程是能量守恒定律在流体力学中的一种表达式。

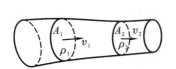 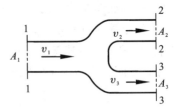

图 6-7　管道中的液流　　　　图 6-8　液流在分支管道的流动

1) 理想液体伯努利方程

理想液体是基于以下假设的一种的液体，即：①无黏性；②不可压缩；③在管道内稳定流动。如图 6-9 所示为理想液体在管道内稳定流动，取通流截面 A_1、A_2 的高度分别为 z_1、z_2，液体的流速分别为 v_1、v_2，压力分别为 p_1、p_2，经推导得到理想液体伯努利方程为：

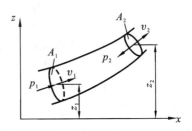

图 6-9　理想液体在管道内稳定流动

$$\frac{p_1}{\rho g}+\frac{v_1^2}{2g}+z_1=\frac{p_2}{\rho g}+\frac{v_2^2}{2g}+z_2 \qquad (6-22)$$

或

$$\frac{p}{\rho g}+\frac{v^2}{2g}+z=常数 \qquad (6-23)$$

理想液体伯努利方程的物理意义：理想液体作稳定流动时，存在压力能、动能、势能三种能量形式。在任意通流截面上，这三种能量互相转换，其者总和不变，即能量守恒。

2) 实际液体伯努利方程

由于实际液体黏性的存在，在流动时会产生内摩擦力，存在摩擦损耗；此外由于管道内表面不平，以及管道局部形状和尺寸的骤然变化，使液体产生扰动，也造成能量损失。因此应对理想液体伯努利方程进行修正。另外，由于通流截面速度分布规律难以确定，也应对理想液体伯努利方程的动能项作必要的修正。修正后得到实际液体伯努利方程为：

$$\frac{p_1}{\rho g}+\frac{\alpha_1 v_1^2}{2g}+z_1=\frac{p_2}{\rho g}+\frac{\alpha_2 v_2^2}{2g}+z_2+h_w \qquad (6-24)$$

式中：α_1、α_2 分别为通流截面 1 和通流截面 2 的动能修正系数，理论分析和实验表明，其大小与流体流动状态有关，层流时 $\alpha=2$，紊流时 $\alpha=1$；h_w 为液体在管道内流动时，从通流截面 1 到通流截面 2 过程中产生的平均能量损耗。

五、液体在管路中流动时的压力损失

1. 液体流动状态和雷诺数

液体在管道中流动时，存在两种流动状态：层流和紊流。实验表明：在层流时，液体质点互不干扰，液体的流动成线性或层状，并平行于管道轴线；紊流时，液体质点的运动杂乱无章，液体的流动除平行于管道轴线外，还存在剧烈的横向运动。

层流和紊流是两种不同性质的流态。层流时，液体流速较低，质点受液体黏性的制约，

不能随意运动,黏性力起主导作用,液体的能量主要消耗在摩擦损失上,并转化为热能;紊流时,液体流速较高,液体黏性的制约作用减弱,惯性力起主导作用,液体的能量主要消耗在动量损失上,这部分损失是液体搅动,产生漩涡,造成气穴,撞击管壁,引起震动,产生噪声。

对于液体在管道内的流动状态采用雷诺数来判别。实验证明,液体在管道内的流动状态与液体在管道内的流速 v、管径 d 及液体的运动黏度 ν 有关,它们与雷诺数 R_e 的关系为:

$$R_e = \frac{vd}{\nu} \qquad (6-25)$$

液流由层流转变为紊流时的雷诺数与紊流转变为层流时的雷诺数是不同的,其中前者数值较大,而后者数值较小。因此,一般用后者作为判别液体流动状态的依据称为临界雷诺数 R_{er}。若 $R_e < R_{er}$ 时,液流的状态为层流;若 $R_e > R_{er}$ 时,液流的状态为紊流。液流临界雷诺数由实验获得,常见的光滑金属圆管的临界雷诺数 R_{er} 为 2 000~2 320,橡胶软管的临界雷诺数 R_{er} 为 1 600~2 000。

2. 沿程压力损失

沿程压力损失是指液体在等径的直管内流动时,因摩擦而产生的压力损失,即:

$$\Delta p_\lambda = \frac{128\mu l}{\pi d^4} q = \frac{32\mu l v}{d^2} \qquad (6-26)$$

式中:μ 为液体的动力黏度;l 为液体在管道内流动的距离;v 为液体的平均流速;d 为管道直径。

若将 $\mu = \nu\rho$、$R_e = vd/\nu$、$q = \pi d^2 v/4$ 代入上式,并整理后得:

$$\Delta p_\lambda = \frac{64}{R_e} \frac{l}{d} \frac{\rho v^2}{2} = \lambda \frac{l}{d} \frac{\rho v^2}{2} \qquad (6-27)$$

式中:ρ 为液体的密度;λ 为沿程阻力系数,理论值 $\lambda = 64/R_e$,在实际计算时应留有余地,在金属管道内流动时取 $\lambda = 75/R_e$,在橡胶软管内流动时取 $\lambda = 80/R_e$。

式(6-27)是通用公式,既适用于层流状态,又适合于紊流状态,只是不同管道内的液体在不同流动状态下的沿程阻力系数 λ 有所不同,具体值见相关手册。

3. 局部压力损失

局部压力损失是指液体流经管道的弯头、接头、阀口、弯管以及各种突然变化的截面时,因流速或流向的急剧变化,在局部区域内产生流动阻力所造成的压力损失。

局部压力损失 Δp_ζ 与液流的动能有关,其计算公式为:

$$\Delta p_\zeta = \xi \frac{\rho v^2}{2} \qquad (6-28)$$

式中:ξ 为局部阻力系数,一般通过实验来确定,使用时查相关手册;ρ 为液体的密度;v 为液体的平均流速,一般指局部阻力下游处的流速。

4. 液压系统管路的总压力损失与系统调定压力的确定

在液压系统中,整个管路的总压力损失 $\sum \Delta p$ 等于所有直管中的沿程压力损失 $\sum \Delta p_\lambda$ 与所有局部(如过滤器、管接头、弯管等元件)压力损失 $\sum \Delta p_\zeta$ 的总和,即:

$$\sum \Delta p = \sum \Delta p_\lambda + \sum \Delta p_\xi = \sum \lambda \frac{l}{d} \frac{\rho v^2}{2} + \sum \xi \frac{\rho v^2}{2} \qquad (6-29)$$

需要说明的是上式仅在两相邻局部压力损失之间的距离大于管道内径 10~20 倍时才是正确的。这是由于液流经过局部阻力区域后受到很大的干扰,要经过一段距离才能稳定下来。通常情况下,液压系统的管路并不长,沿程压力损失比较小,而阀等液压元件的局部压力损失较大。因此,管路总压力损失一般以局部压力损失为主。

在系统管路的总压力损失确定后,就可以确定系统的调定压力(即泵的输出压力或系统输入压力)。系统的调定压力 p_t 等于液压执行元件(如液压缸、液压马达等)的有效工作压力 p 与管路的总压力损失 $\sum \Delta p$ 之和,即:

$$p_t = p + \sum \Delta p \qquad (6-30)$$

由此可见,系统管路的总压力损失 $\sum \Delta p$ 的增大,系统输入压力也需要增大,导致液压系统效率降低。另外,管路的压力损失大部分将转化为热量,致使系统油温升高、液压油黏度降低、泄露增加,从而影响系统工作性能。因此应尽量减少压力损失。

六、液体气穴现象与液压冲击

1. 气穴现象

在液压系统中,由于某种原因使流动液体压力低于空气分离压时,原来溶解在液体中的空气游离出来形成气泡的现象称为液体的气穴现象。

如果液压系统发生了气穴现象,若气穴所产生的气泡流到高压区域时,气泡在周围高压油的冲击下将被挤破,而周围高压油液以高速突然占据气泡原来的空间,会引起剧烈的局部液压冲击,使压力和温度急剧升高,引起系统的震动及噪声。此外,气泡被挤破后气体中所含的氧气对管壁或其他液压元件的金属表面具有较强的氧化腐蚀作用,这种因气穴现象而造成的零件腐蚀现象称为气蚀。

气穴多发生在阀口和液压泵的进口处。由于阀口的通道狭窄,液流的速度增大,压力则下降,容易产生气穴;当泵的安装高度过高、吸油管直径过小、吸油管阻尼太大或泵的转速太高,都会造成进口处真空度过大,从而产生气穴。

为减少气穴和气蚀的危害,通常采取下列措施:①减小孔口(尤其是节流口)或缝隙前后的压力差,一般孔口或缝隙前后的压力比 $p_1/p_2 < 3.5$;②降低泵的吸油高度,适当加大吸油管直径,限制吸油管内油液的流速,尽量减小吸油管路中的压力损失(如及时清洗过滤器或更换滤芯等),对自吸能力差的泵安装辅助泵补油;③管路要有良好的密封,防止空气进入,同时尽量避免油液通道的急弯和局部狭缝;④提高液压零件的抗气蚀能力,采用抗腐蚀能力强的金属材料,减小零件表面的粗糙度等。

2. 液压冲击

在液压系统中,若突然关闭或开启液流通道以及外负载突然变化时,引起通道内液体压力急剧升降的波动过程称为液压冲击。出现液压冲击时,液体的峰值压力往往比正常工作压力高几倍乃至几十倍,甚至会损坏密封装置、管道和液压元件,同时引起震动和噪声;还可能使某些液压元件产生误动作,影响系统正常工作,甚至造成事故。

发生液压冲击主要有两种情况:一种是阀门突然打开或关闭,以及系统中某些元件反应的滞后,使液流突然停止运动;另一种是由于外负载突然变化,造成运动部件突然启动或停止,由于液体的运动惯性,使管道内的压力产生急剧的变化而形成压力波,而产生液压冲击。

液压冲击是由于液体在短时间内由动能转化为液压能时形成的。为了减少液压冲击,可采取如下措施:①缓慢关闭阀门,延长运动部件的制动换向时间;②在液压冲击源前面设置蓄能器,吸收冲击压力并减小冲击压力的传递距离;③在液压冲击源前面设置限压安全阀;④加大管道直径,以减小管道长度和管内液体的流速;⑤在系统中适当的位置采用软管,以增加系统的弹性。

第二节 液压元件

一、液压泵与液压马达

在液压系统中,液压泵与液压马达都是能量转换装置。液压泵属于液压动力元件,其作用是把输入的机械能转变为液体的压力能,并向液压系统提供具有一定压力和一定流量的液流。液压马达属于液压执行元件,其作用是将液压系统提供的液体压力能转变为连续回转的机械能。

1. 液压泵(液压马达)的工作原理与分类

图 6-10 是单柱塞式液压泵的工作原理。当凸轮 1 旋转时,柱塞 2 在凸轮 1 和复位弹簧 4 的作用下,在缸体 3 中左右往复运动。若柱塞 2 向右移动时,缸体 3 内的工作腔 7 的容积增大,形成真空,油箱中的液压油在大气压力的作用下通过吸油单向阀 5 被吸入工作腔 7,完成吸油过程;若柱塞 2 向左移动时,缸体 3 内的工作腔 7 的容积减小,压力增大,工作腔 7 内受到挤压的液压油打开压油单向阀 6 向液压系统供油,完成压油过程。只要凸轮 1 连续不断地回转,工作腔 7 周期性地增大或缩小,液压泵就连续不断地重复吸油、压油过程。因此,液压泵是依靠工作腔 7 的容积变化来进行工作的,称之为容积式泵。

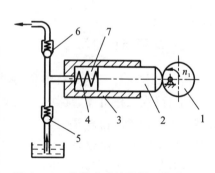

图 6-10 单柱塞式液压泵工作原理图
1.凸轮;2.柱塞;3.缸体;4.复位弹簧;
5.吸油单向阀;6.压油单向阀;7.工作腔

由此可知,若正常工作必须具备以下基本条件:①具有可以变化的一个或若干个密封容积;②密封容积能产生由小到大和由大到小的变化,以形成吸油、压油过程;③具有相应的配流机构,使吸油、压油过程能各自独立完成;④容积式液压泵能吸液的外部条件是油箱内液体绝对压力必须不小于大气压力。

从原理和能量转换的角度来说,液压马达和液压泵完成的工作相反,但工作原理基本类似,因此,液压马达同样需要满足液压泵的上述前三项基本条件。

液压泵与液压马达的类型很多。液压泵按结构的不同分为齿轮泵、叶片泵、柱塞泵和螺杆泵四大类;按照泵的排量能否调整分为定量泵和变量泵;按照吸油与压油方向能否改变分为单向泵和双向泵。液压马达按结构的不同分为齿轮马达、叶片马达、柱塞马达和螺杆马达四大类;按照马达的排量能否调整分为定量马达和变量马达;按照其工作速度分为高速液压马达(额定转速>500r/min)和低速大扭矩液压马达(额定转速<500r/min)。

液压泵和液压马达的图形符号如图 6-11 所示。

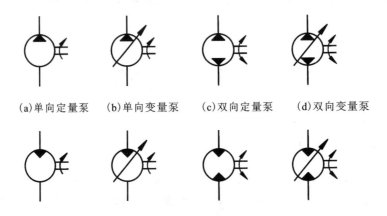

(a)单向定量泵　　(b)单向变量泵　　(c)双向定量泵　　(d)双向变量泵

(e)单向定量马达　(f)单向变量马达　(g)双向定量马达　(h)双向变量马达

图 6-11　液压泵及液压马达的图形符号

2. 齿轮泵与齿轮马达

齿轮泵与齿轮马达具有结构简单、体积小、重量轻、工艺性好、工作可靠、维修方便、对油液的污染不敏感等优点;此外,齿轮泵与齿轮马达中相互啮合的轮齿把吸油腔和压油腔分开,因此不需要专门的配油机构。其缺点是压力较低、流量和压力脉动较大、噪声大、容积效率较低、排量不可调节(为定量泵和定量马达),因此使用范围受到一定的限制。

齿轮泵及齿轮马达按齿轮啮合形式的不同分为外啮合和内啮合两种;按齿形曲线的不同分为渐开线齿形和非渐开线齿形(如摆线转子泵等)两种。

1)外啮合齿轮泵的工作原理

如图 6-12 所示为外啮合齿轮泵的工作原理。在壳体 1 内装有一对相互啮合的齿轮 2 和齿轮 3,齿

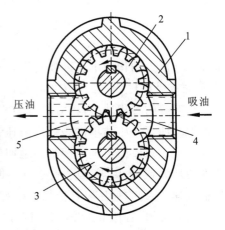

图 6-12　外啮合齿轮泵工作原理图
1.壳体;2.主动齿轮;3.从动齿轮;
4.吸油腔;5.压油腔

轮两侧由两端盖(图中未画出)盖住,壳体、端盖和齿轮的齿槽一起形成了一个个密闭工作腔,并在齿轮啮合点两侧的壳体1上开有两个口,分别为吸油口和压油口;当齿轮2和齿轮3按箭头方向旋转时,右侧轮齿退出啮合,吸油腔4的容积逐渐增大,同时轮齿间的油液由吸油腔4带入压油腔5,使吸油腔4内的油液减少,形成真空,油箱中的油液在大气压力的作用下进入吸油腔,此过程称为吸油过程;随着齿轮2和齿轮3的旋转,轮齿间的油液由吸油腔4带入压油腔5,压油腔5内的油液逐渐增多,同时左侧轮齿进入啮合,压油腔5的容积逐渐减小,齿间的油液被挤出压油腔,此过程称为压油过程。随着齿轮的连续运转,实现了齿轮泵连续地吸压油液。

根据齿轮泵的工作原理,齿轮泵的排量可近似地看作两个齿轮齿槽容积之和。若齿槽的容积与轮齿的体积相等,当齿轮的齿数为z、分度圆直径为d、模数为m、工作齿高为h_w、齿宽为B时,齿轮泵的排量V近似为:

$$V = \pi d h_w B = 2\pi z m^2 B \tag{6-31}$$

考虑到齿槽的容积比轮齿的体积稍大,齿轮泵的排量通常按下式计算:

$$V = 2\pi C z m^2 B \tag{6-32}$$

式中:C为修正系数,$z=13\sim20$时,取$C=1.06$;$z=6\sim12$时,取$C=1.15$。

由此可得齿轮泵的平均输出流量q为:

$$q = 2\pi C z m^2 B n \eta_V \tag{6-33}$$

式中:n为齿轮泵的转速;η_V为齿轮泵的容积效率。

实际上,齿轮泵上的齿轮在相互啮合过程中,由于其啮合点的位置不断变化,压油腔的容积也是变化的,因此齿轮泵的瞬时流量是脉动的。流量的脉动会直接影响液压系统工作的平稳性,使管路部分产生震动和噪声。

若用q_{max}、q_{min}分别表示最大、最小瞬时流量,q表示平均流量,则流量脉动率为:

$$\sigma = \frac{q_{max} - q_{min}}{q} \tag{6-34}$$

流量脉动率是衡量容积式泵的一个重要指标。在容积式泵中,外齿轮泵的流量脉动最大,并且齿数越少脉动越大,甚至可达0.20以上。相比之下,内啮合齿轮泵就小得多。因此,外齿轮泵一般用于对工作平稳性要求不高的场合。

2) 内啮合齿轮泵

内啮合齿轮泵有渐开线齿轮泵和摆线齿轮泵两种(图6-13),它们的工作原理和主要特点与外啮合齿轮泵完全相同,其小齿轮是主动轮。在内啮合的渐开线齿轮泵中,小齿轮和内齿轮之间用一块月牙形隔板3将吸油腔1和压油腔2隔开[图6-13(a)]。摆线齿轮泵又称转子泵,其小齿轮和内齿轮只相差一齿,因而不需设置隔板[图6-13(b)]。

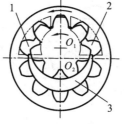 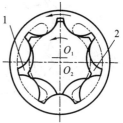

(a) 渐开线内啮合齿轮泵　　(b) 摆线内啮合齿轮泵

图6-13　内啮合齿轮泵工作原理图

1.吸油腔;2.压油腔;3.隔板

若内啮合渐开线齿轮泵采用齿顶高系数为 $h_a^* = 1$、压力角为 $\alpha = 20°$ 的标准渐开线齿轮，其排量 V 可用下式近似计算：

$$V = \pi B m^2 \left(4z_1 - \frac{z_1}{z_2} - 0.75\right) \times 10^{-3} \tag{6-35}$$

式中：z_1、z_2 分别为小齿轮和内齿轮的齿数；B 为齿宽；m 为齿轮的模数。

内啮合排线齿轮泵的排量 V 可用下式近似计算：

$$V = 2\pi e B D_2 (z_2 - 0.125) \times 10^{-3} \tag{6-36}$$

式中：e 为啮合副的偏心距；B 为齿宽；D_2 为内齿轮齿顶圆直径；z_2 为内齿轮的齿数。

内啮合齿轮泵结构紧凑、尺寸小、重量轻，由于齿轮转向相同，相对滑动速度小，使用寿命长，流量脉动远比外啮合齿轮泵小，因而压力脉动和噪声都较小。内啮合齿轮泵在高转速下的离心力能使油液更好地充入齿槽工作腔，故允许使用高转速，获得较大的容积效率。摆线内啮合齿轮泵的结构更为简单，而且由于啮合的重合度大，其传动平稳，吸油条件更好。内啮合齿轮泵的缺点是齿形复杂，加上精度要求高，需要专门的加工设备，造价较高。

3）外啮合齿轮马达

图 6-14 是外啮合齿轮马达工作原理图。如图 6-14（a）所示，当高压油进入齿轮马达的上腔时，腔体内的所有轮齿均受到压力油的作用；齿槽内的液压油分别作用在两个轮齿表面，由于正反两个方向的压力和作用面积相等，因此不会对齿轮的运动产生作用；只是在啮合点 C 处的两齿轮的部分齿面处于高压腔内[图 6-14（b），对于齿轮 1 为齿顶部分，对于齿轮 2 为齿根部分]。若啮合点 C 到两个齿轮齿根的距离分别为 a 和 b，由于 a 和 b 均小于齿高 h，两个轮齿上分别作用一个使齿轮旋转的液压力 F_1 和 F_2，如果齿宽为 B，则 F_1 和 F_2 的大小分别为：

$$F_1 = pB(h-a) \tag{6-37}$$

$$F_2 = pB(h-b) \tag{6-38}$$

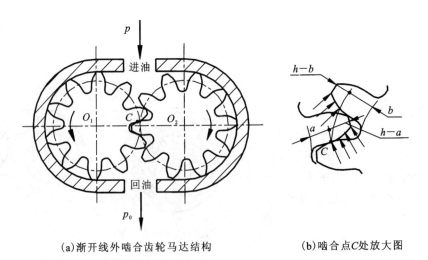

(a) 渐开线外啮合齿轮马达结构　　(b) 啮合点C处放大图

图 6-14　外啮合齿轮马达工作原理图

在这两个力的作用下,两个齿轮按图示方向旋转,由输出轴输出扭矩;同时,随着齿轮的旋转由轮齿将液压油带到回油腔排出。

齿轮马达的结构与齿轮泵相似,但齿轮马达与齿轮泵的使用要求不同,其主要特点是为了适应正反转要求,马达内部结构以及进出油口都具有对称性。由于进回油腔相互变化,设置有单独的泄漏油孔,为了减少马达的摩擦损失,改善启动性能,采用滚动轴承。

齿轮马达结构简单、尺寸小、重量轻、价格低。但与齿轮泵一样,由于密封性能差,容积效率低,输入油压就不能过高,因而不能产生较大的转矩。而且其转速和转矩又都随啮合点位量的变化而变化,因此齿轮马达仅适用于高速小扭矩的工作状况。

3. 叶片泵与叶片马达

1) 叶片泵

按照叶片泵转子每转完成吸油和压油的次数,可将叶片泵分为单作用式和双作用式两种。土木工程机械主要采用双作用式叶片泵。

双作用式叶片泵为定量叶片泵。图 6-15 为双作用式叶片泵的工作原理图,它由定子 2、转子 3、叶片 4、壳体 5 以及配油盘 1 和两端的端盖(图中未画出)等零件组成。其中,定子 2 与转子 3 的回转中心重合;定子 2 的内表面由两段长半径为 R 的圆弧、两段短半径为 r 的圆弧和四段过渡曲线构成;在转子

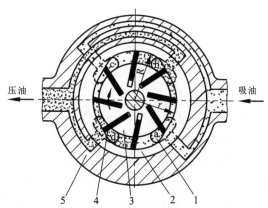

图 6-15　双作用式叶片泵工作原理图
1. 配油盘;2. 定子;3. 转子;4. 叶片;5. 壳体

3 上均匀开有若干条(一般为 12 或 16 条)与径向成一定角度(一般为 13°)的叶片槽,并且槽内装有可自由滑动的叶片 4;在配油盘 1 上对应于定子 2 上的四段过渡曲线处开有 4 个配流口(其中 a、c 口接吸油口,b、d 口接压油口)。当转子 3 在传动轴的带动下按顺时针方向旋转时,叶片 4 在离心力和根部液压力的作用下紧贴在定子 2 的内表面上,将定子 2、转子 3 和配流盘 1 内的环形空间分隔成相互隔离的密闭工作腔;当叶片由短径 r 向长径 R 曲线段滑动时,工作腔由小变大,形成真空,油液从吸油口经 a、c 口被吸入,这就是吸油过程;与此同时,当叶片由长径 R 向短径 r 曲线段滑动时,工作腔由大变小,油液受到挤压从压油口经 b、d 口被压出,这就是压油过程。这种叶片泵转一周,每个密封空间完成两次吸油、排油过程,故称为双作用叶片泵;同时,这种叶片泵的两吸油腔和两压油腔各自对称,作用在转子上的液压力互相平衡,因此这种泵又称为平衡式叶片泵或双作用卸荷式叶片泵。这种泵的排量不可调,因而属于定量泵。

叶片泵的排量是由泵内密封工作腔压油时其容积变化总量决定的,而这个容积变化总量可以看成每相邻两叶片围成的工作腔,在压油时其容积变化的总和。由图 6-15 可知,当叶片伸缩一次时,每个工作腔油液的排出量等于其容积的变化量。若忽略叶片的体积,且工作腔数(叶片数)为 z,定子及转子的厚度为 B,则双作用叶片泵每转排量 V 等于每个工作腔

油液排出量的总和,即:

$$V = 2\pi(R^2 - r^2)B \qquad (6-39)$$

若考虑叶片所占据的体积,则双作用叶片泵的实际排量为:

$$V = 2B\left[\pi(R^2 - r^2) - \frac{R-r}{\cos\theta}sz\right] \qquad (6-40)$$

式中:θ 为叶片的倾角;s 为叶片的厚度。

由此可得双作用叶片泵的实际流量为:

$$q = 2B\left[\pi(R^2 - r^2) - \frac{R-r}{\cos\theta}sz\right]n\eta_V \qquad (6-41)$$

式中:n 为转子的转速;η_V 为叶片泵的容积效率。

对于双作用叶片泵来说,由于叶片厚度的影响,长径 R 和短径 r 圆弧的加工误差,不可能完全保持同心,存在两圆弧的圆度误差。因此,泵的瞬间流量将出现微小的波动,但脉动率要比其他形式的泵小得多。

2)叶片马达

图 6-16 为双作用式叶片马达的工作原理图。当压力为 p 的液压油从配流盘 1 进入压力腔时,叶片 b 和叶片 f 的两面均受到相同压力的液压油的作用,不产生转矩;而叶片 a、c 和叶片 e、g 处于压力腔和回油腔之间,这些叶片的一侧为高压,另一侧为低压,而且叶片 c 和叶片 g 伸出的面积大于叶片 a 和叶片 e,便产生了顺时针方向的扭矩,从而将液压能转换成为机械能来做功。

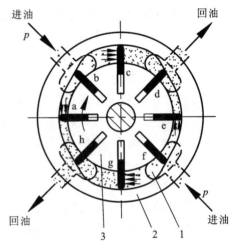

图 6-16 双作用式叶片马达原理图
1.配油盘;2.定子;3.转子

为了适应液压马达正反转的要求,叶片马达的结构成对布置,进出油口大小相同,叶片在转子上径向布置,并设有专门的泄油孔道。为了保证工作时叶片紧贴在定子内表面上(其叶片槽的根部应始终通高压),在进出口之间设置油压力选择阀(梭阀)。在启动前为保证启动时叶片紧贴在定子内表面上,叶片根部装有弹簧。

叶片马达体积小,转动惯性小,动作灵敏,适用于高转速、小转矩以及动作要求灵敏的工作场合。

4. 柱塞泵与柱塞马达

柱塞泵是依靠圆柱形的柱塞在缸体孔内做往复运动,改变缸孔内密封工作腔容积来实现吸入和排出油液的。对于柱塞马达来说,柱塞的伸缩是由液压油的进入和流出而将液压能转换成马达回转轴的输出。柱塞泵与柱塞马达的主要工作构件是柱塞和缸体,均是易于加工的圆柱形,容易保证精密的间隙配合,能保证在高压(额定压力一般可达 32～40MPa)下仍有较高的容积效率(一般在 95% 左右),通常在高压、大流量、大功率的液压系统中使用,因而在土木工程机械中应用广泛。

按柱塞的排列与运动方向,柱塞泵与柱塞马达可分为轴向柱塞式和径向柱塞式。轴向柱塞式与传动轴平行或相交成一锐角,径向柱塞式的柱塞与传动轴垂直。

1) 斜盘式轴向柱塞泵

这种柱塞泵的柱塞中心线与传动轴线平行,靠斜盘对柱塞的约束反作用力和滑靴等元件的共同作用使柱塞做轴向往复运动。图6-17为斜盘式轴向柱塞泵的工作原理图,它主要由传动轴1、配油盘2、缸体3、柱塞7、斜盘10等零件组成。柱塞7安装在缸体3上沿径向均匀布置的轴向柱塞孔中;内滑套6在弹簧5的作用下,通过压板8将滑靴9压靠在斜盘10(斜盘10轴线与缸体3轴线的夹角为γ,称为倾斜角)上,同时弹簧5通过外滑套4将缸体3压靠在配流盘2上;配流盘2上两个腰形口分别与泵的吸、排油口接通。当缸体3和柱塞7在传动轴1的带动下转动时,压板8下的滑靴9带动柱塞7在缸体3上的柱塞孔中往复运动,致使各柱塞与柱塞孔内的密闭容积(称为工作腔)产生增大或缩小的变化,通过配流盘2上吸油口、压油口来进行吸油和压油。

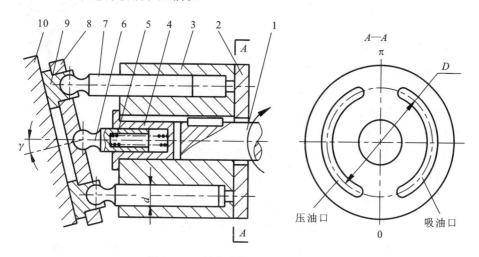

图6-17 斜盘式轴向柱塞泵原理图
1.传动轴;2.配油盘;3.缸体;4.外滑套;5.弹簧;6.内滑套;7.柱塞;8.压板;9.滑靴;10.斜盘

如图6-17所示,若柱塞7与缸体3从0点逆时针转到π点,柱塞7与柱塞孔内的密闭逐渐容积增大,产生真空,油液从配油盘2上的吸油口被吸入,这就是吸油过程;若继续旋转,即柱塞7与缸体3从π点逆时针转到0点,柱塞7与柱塞孔内工作腔的容积逐渐减小,油液从配流盘2上的压油口被压出,这就是压油过程。因此,每转一周,每个柱塞就往复运动一次,完成一次吸油、压油过程。若改变斜盘10上的倾斜角γ的大小(γ<40°)就能够改变柱塞的行程,从而改变了液压泵的排量,则该液压泵就是变量轴向柱塞泵。若改变斜盘10上倾斜角γ的方向,就能使液压泵的进出油口互换,则该液压泵就是双向轴向柱塞泵。

轴向柱塞泵的排量取决于柱塞行程的长度l,而l又取决于斜盘上倾斜角γ的大小。如图6-17所示,设柱塞的直径为d、柱塞数为z、柱塞分布圆的直径为D。当缸体旋转时,柱塞的行程为:$l=D\tan\gamma$。由此可得轴向柱塞泵的排量为:

$$V = \frac{\pi}{4}d^2 lz = \frac{\pi}{4}d^2 Dz\tan\gamma \qquad (6-42)$$

考虑到泵的转速 n 和容积效率 η_V，轴向柱塞泵的实际流量为：

$$q = \frac{\pi}{4}d^2 Dzn\eta_V \tan\gamma \qquad (6-43)$$

实际上，轴向柱塞泵的流量是脉动的，当柱塞数为单数时，脉动量较小。因此，一般常用的柱塞数为 7 个、9 个或 11 个。

2) 斜轴式轴向柱塞泵

因该种轴向柱塞泵的缸体中心线相对于传动轴中心线倾斜一个角度 $\gamma(\gamma<40°)$，故称为斜轴式轴向柱塞泵。如图 6-18 所示，当传动轴 1 转动时，通过连杆 2 和柱塞 3 带动缸体 4 转动；同时，连杆 2 带动柱塞 3 在缸体 4 内往复运动，进行泵的吸油和压油。

轴向柱塞泵的排量和流量按式(6-42)和式(6-43)进行计算。与斜盘式轴向柱塞泵相比较，斜轴式轴向柱塞泵由于缸体所受的不平衡径向力较小，故结构强度较高，变量范围较大(倾斜角 γ 较大)；但外形尺寸较大，结构也较复杂。目前，斜轴式轴向柱塞泵的使用相当广泛。

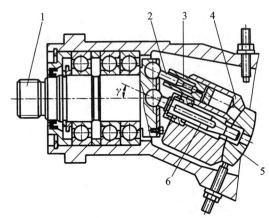

图 6-18 斜轴式轴向柱塞泵原理图
1.传动轴；2.连杆；3.柱塞；4.缸体；
5.配流盘；6.中心轴

3) 轴向柱塞泵马达

轴向柱塞泵与轴向柱塞马达的结构基本相同，因而轴向柱塞泵基本上都能作为马达使用，具有转速高、输出转矩小的特点，在使用时常和多级行星减速器联合使用。

图 6-19 为斜盘式轴向柱塞马达的工作原理图。图中柱塞 3 的有效工作面积为 A，若压力为 p 的液压油通过配流盘 1 进入柱塞 3 和缸体 2 上柱塞孔所形成的工作腔时，滑靴 4 就受到压向斜盘 5 的作用力为 pA，则反作用力的为 F。将 F 分解为两个分力：柱塞的轴向分力 F_x 和与柱塞轴线垂直向上的分力 F_y。其中 F_x 与柱塞所受的液压力的大小相等，即 $F_x = pA$；而 F_y 则使缸体 2 旋转，带动输出轴 6 输出力，其大小为 $F_y = F_x \tan\gamma = pA\tan\gamma$。

由图 6-19 可以看出，轴向柱塞马达所产生的总输出扭矩等于所有处在高压区的柱塞产生的扭矩之和。若改变压力油的输入方向，则液压马达输出轴的旋转方向也随之反向；若改变斜盘的倾斜角 γ 的大小，则液压马达的排量与输出扭矩随之改变；若改变斜盘的倾斜角 γ 的倾斜方向，则液压马达输出轴的旋转方向相反。

4) 径向柱塞泵

径向柱塞泵的柱塞是沿传动轴的径向布置的柱塞泵，其柱塞的往复运动是通过凸轮或连杆机构的回转来实现。按柱塞的配置情况可分为柱塞装在转子(转子为缸体)上和柱塞装在定子(定子为缸体)上两种结构形式。前者一般采用轴配流方式，后者采用阀配流方式。

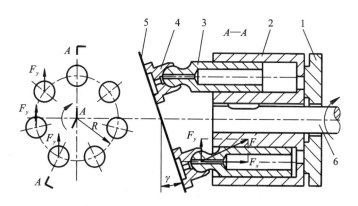

图 6-19 斜盘式轴向柱塞马达原理图
1.配流盘;2.缸体;3.柱塞;4.滑靴;5.斜盘;6.输出轴

图 6-20 为轴配流式径向柱塞泵的工作原理图。柱塞 5 装在转子 2 沿径向均匀分布的孔内,转子 2 的轴心相对于定子 1 的轴心之间的偏心距为 e,在固定不动的配流轴 3 上开有上下两个槽,装在传动轴上的衬套 4 内组成两相互隔开的吸油通道 a 和压油通道 b。当传动轴上的衬套 4 带动转子 2 顺时针方向旋转时,转子 2 上半部分的柱塞在离心力作用下外伸,柱塞底部容积增大,经吸油通道 a 吸油,完成吸油过程;而下半部分的柱塞在定子 1 内圆面的作用下缩回,柱塞底部容积减小,液压油经压油通道 b 被压出,完成压油过程。

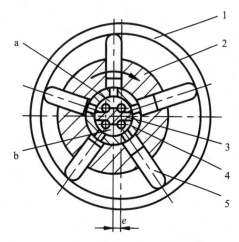

图 6-20 轴配流式径向柱塞泵原理图
1.定子;2.转子;3.配流轴;4.衬套;5.柱塞;
a.吸油通道;b.压油通道;e.转子与定子的偏心距

由上所述,转子每转一圈,每个柱塞就完成一次吸油、压油过程。若柱塞的直径为 d、转子与定子的偏心距为 e,柱塞数为 z,则径向柱塞泵的排量为:

$$V = \frac{\pi}{2} d^2 e z \tag{6-44}$$

由式(6-44)可以看出,在泵的结构尺寸确定以后,其排量的大小取决于偏心距 e 的大小,即改变偏心距 e,就可以改变径向柱塞泵的排量;若改变偏心距的方向(偏心距可以在 $\pm e$ 之间变化)或转子的旋转方向,就可以改变泵的吸排油方向。

考虑到泵的转速 n 和容积效率 η_V,轴向柱塞泵的实际流量为:

$$q = \frac{\pi}{2} d^2 e z n \eta_V \tag{6-45}$$

实际上,径向柱塞泵的流量也是脉动的,其瞬时流量的变化规律与轴向柱塞泵相同。

5)径向柱塞马达

径向柱塞马达属于低速大转矩液压马达,按结构形式主要有径向柱塞马达曲柄连杆型和内曲线型两类。径向柱塞马达具有排量大、工作压力高、输出转矩大和低速稳定性好等特点，不需要减速器就可以直接与工作机构连接，土木工程、冶金等机械上应用较多。由于结构的特殊性，径向柱塞马达与径向柱塞泵不具备可逆性。

图 6-21 为内曲线径向柱塞马达的工作原理图。它由定子 1、转子 2、柱塞组（柱塞 3、横梁 4、滚轮 5）、配流轴 6 等元件组成。其中，定子 1 的内表面由 x 段（图中为 6 段）均匀分布、形状完全相同的曲面组成。每段曲面在凹部的顶点处分为对称两部分：允许柱塞组件伸出的部分称为进油区段（或工作区段），允许柱塞组件缩回的部分称为回油区段。在转子 2 的径向均匀分布有 z 个柱塞孔（本图为 8 个），在每个柱塞孔的根部都有一孔道与配流轴 6 上的配油口相通。配流轴 6 和定子 1 一起固定不动；在配流轴 6 上有 $2x$ 个配油口，其中每隔一个配油口共 x 个配油口与进油口相通，并与定子的进油区段对应；其余 x 个配油口与回油口相通，并与定子的回油区段对应。

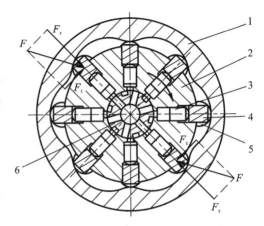

图 6-21　内曲线径向柱塞马达原理图
1.定子；2.转子；3.柱塞；4.横梁；5.滚轮；6.配流轴

当压力油经配流轴 6 进入处于进油区段的各柱塞孔时，相应的柱塞组在液压力的作用下使滚轮 5 顶靠在定子 1 的内曲面上。定子 1 的内曲面就对滚轮 5 产生一个反作用力 F，可将该力分解为径向分力 F_r 和切向分力 F_t（图 6-21），其中径向分力 F_r 与柱塞 3 后端的液压力相等，切向分力 F_t 则是使回转轴产生扭矩的力。与此同时，处于回油区段的各柱塞组受到定子 1 上内曲面的推力，迫使柱塞组收缩，并通过配流轴 6 经回油口回油。而柱塞组处于定子内曲面的凹凸顶点位置时，是柱塞组既不进油也不回油的死点位置。就这样转子每转一圈，每个柱塞就往复运动 x 次。由于 x 与 z 不相等，所以每一瞬时都有一部分柱塞处于进油区段，保证了转子的连续转动。

内曲线马达多为定量马达。若将马达进、回油口互换，马达的转向也随之改变。

二、液压缸

液压缸是液压系统中的执行元件。同液压马达一样也是将液压系统提供的液体压力能转变为机械能的能量转换装置，所不同的是液压马达提供连续回转的运动，而液压缸是提供直线往复运动或小于 360°的摆动。液压缸的特点是结构简单、工作可靠、使用及维护方便，因而广泛应用于各种液压机械即设备中。

1.液压缸的类型及符号

液压缸按照运动方式可分为直线往复式、摆动式两大类。按照结构方式可分为柱塞式、活塞式、伸缩套筒式、组合缸等。按照液压油的作用方式可分为单作用液压缸和双作用液压缸。

所谓单作用液压缸只有一个工作油口,在压力油的作用下,活塞杆(或柱塞)伸出,返回行程依靠重力或弹簧力等实现。双作用液压缸有两个工作油口,活塞的往复运动都是在压力油作用下实现的。

常用液压缸的类型及符号见表 6-2。

表 6-2 常用液压缸的类型及符号

分类		型式	符号	说明
直线往复式液压缸	单作用	活塞式		活塞仅能单向运动,反向运动则需要外力来完成
		柱塞式		工作原理与活塞式液压缸相同,但其行程一般较活塞式液压缸大
		伸缩套筒式		有多个依次运动的活塞,各活塞逐次运动时,其输出的速度和力是变化的
	双作用 单活塞杆	无缓冲式		活塞双向运动,在行程终了时不减速
		不可调缓冲式		活塞双向运动,在行程终了时减速制动,减速值不变
		可调缓冲式		活塞双向运动,在行程终了时减速制动,减速值可调
		差动式		活塞两端面积差较大,往复运动时输出的速度及力的差值较大
	双作用 双活塞杆	等速等行程式		活塞两端杆径相同,正、反向运动速度和推力均相等
		双向式		两活塞同时向相反方向运动,其输出速度和力相等
		伸缩套筒式		有多个可依次动作的话塞,其行程长,可双向运动
	组合式	串联式		当液压缸直径受到限制时,用来获得较大的推力
		增压式		利用活塞两端承压面积的不同,输入较低的流体压力,较高的输出压力
		齿条传动活塞式		经齿轮齿条传动,将活塞的直线运动转换成齿轮的回转运动
摆动式液压缸		单叶片式		输出小于360°的回转运动
		双叶片式		

2. 单作用液压缸

图 6-22 为单作用柱塞式和活塞式液压缸的工作原理图。当压力为 p、流速为 q 的液压油进入柱塞腔(或活塞腔)时,腔体内的柱塞(或活塞和活塞杆)在液体压力的作用下,以推力为 F、速度为 v 向外伸出。

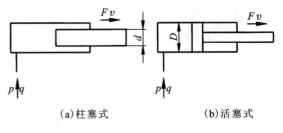

图 6-22 单作用液压缸

若进油孔道泄压,则柱塞(或活塞杆)在自重(垂直安装时)、弹簧或外力的作用下缩回。

如图 6-22 所示的单作用柱塞式(或活塞式)液压缸,其产生的速度 v 和推力 F 为:

$$v=\frac{4q\eta_V}{\pi d^2} \text{ 或 } v=\frac{4q\eta_V}{\pi D^2} \quad (6-46)$$

$$F=\frac{\pi}{4}d^2 p\eta_m \text{ 或 } F=\frac{\pi}{4}D^2 p\eta_m \quad (6-47)$$

式中:$d(D)$ 为柱塞(活塞)的直径;q 为进入柱塞工作腔(或活塞工作腔)液体的流量;p 为进入柱塞腔(或活塞腔)液体的压力;η_V、η_m 分别为液压缸容积效率和机械效率。

由以上两式可以看出,推力 F 的大小取决于进入柱塞腔(或活塞腔)液体的压力 p,而压力 p 与负载有关,与进液流量 q 无关。柱塞(活塞杆)的伸出速度取决于进液流量 q,与进压力 p 无关。

3. 双作用液压缸

1) 单杆活塞缸

双作用单杆活塞缸是在活塞的一端带活塞杆的液压缸。如图 6-23 所示,这种液压缸有两个工作腔:有杆腔和无杆腔,而且这两个工作腔的有效工作面积不相等。若向有杆腔和无杆腔分别输入具有相同压力和流量的压力油时,活塞往复运动的速度和推力都不相等。

当无杆腔进油[图 6-23(a)]时,活塞带动活塞杆伸出的速度 v_1 和推力 F_1 分别为:

$$v_1=\frac{4q}{\pi D^2}\eta_V \quad (6-48)$$

$$F_1=(pA_1-p_0 A_2)\eta_m=\frac{\pi}{4}[D^2(p-p_0)+d^2 p_0]\eta_m \quad (6-49)$$

式中:D、d 分别为活塞的直径和活塞杆的直径;q 为进入活塞工作腔液体的流量;η_V 为液压缸的容积效率;p、p_0 分别为液压缸的进油压力和回油压力;η_m 为液压缸的机械效率。

当有杆腔进油[图 6-23(b)]时,活塞带动活塞杆缩回的速度 v_2 和推力 F_2 分别为:

$$v_2=\frac{4q}{\pi(D^2-d^2)}\eta_V \quad (6-50)$$

$$F_2=(pA_2-p_0 A_1)\eta_m=\frac{\pi}{4}[D^2(p-p_0)-d^2 p_0]\eta_m \quad (6-51)$$

将有杆腔和无杆腔都接通压力油时称为"差动连接"。如图 6-23(c)所示,差动连接时活塞带动活塞杆伸出的速度 v_3 和推力 F_3 分别为:

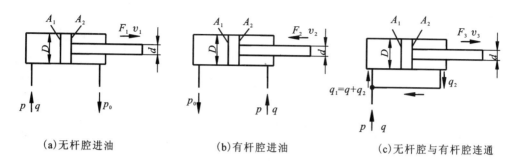

(a) 无杆腔进油　　　　(b) 有杆腔进油　　　　(c) 无杆腔与有杆腔连通

图 6-23　双作用单杆活塞缸

$$v_3=\frac{4q_1}{\pi D^2}\eta_V=\frac{4(q+q_2)}{\pi D^2}\eta_V \tag{6-52}$$

$$F_3=p(A_1-A_2)\eta_m=\frac{\pi}{4}pd^2\eta_m \tag{6-53}$$

差动连接时,活塞带动活塞杆只能向外伸出,要使其缩回油路的连接必须是图 6-23(b)所示的非差动连接,其活塞杆缩回的速度 v_2 和推力 F_2 分别用式(6-50)和式(6-51)进行计算。

2) 双杆活塞缸

双杆液压缸是指活塞两端都有活塞杆的液压缸。如图 6-24 所示为双作用、双活塞杆直径相同的液压缸。若供油压力与流量不变,则两个

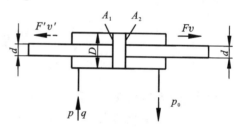

图 6-24　双作用双杆活塞缸

方向上的作用力、运动速度均相等,即 $F=F'$、$v=v'$,则活塞带动活塞杆伸出的速度 v 和推力 F 分别为:

$$v=\frac{4q}{\pi(D^2-d^2)}\eta_V \tag{6-54}$$

$$F=\frac{\pi}{4}(p-p_0)(D^2-d^2)\eta_m \tag{6-55}$$

3) 伸缩套筒式活塞缸

伸缩套筒式活塞缸具有二级或多级活塞,其伸出顺序一般为由大到小,推力则由大到小,速度由慢转快;而缩回顺序为由小到大,推力由小到大,速度由快转慢,适用于安装空间受限、而要求行程大的场合或设备中。土木工程机械中汽车起重机上的伸缩臂液压缸是其应用的一个范例。

图 6-25 是一种双作用伸缩套筒式活塞缸。在供油流量和压力不变的情况下,

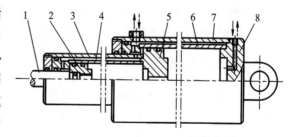

图 6-25　双作用伸缩套筒式活塞缸
1.活塞杆;2.小活塞;3.小套筒;4.小活塞缸;
5.大活塞;6.大活塞缸;7.大套筒;8.缸盖

其各级输出的速度 v_i 和压力的 p_i 值由式(6-48)和式(6-49)求得;各级缩回的速度 v_i 和压力的 p_i 值由式(6-50)和式(6-51)求得。

4. 摆动式液压缸

摆动式液压缸是将液压能转换为往复式回转摆动的液压执行元件,有叶片式和螺旋式两种类型。如图 6-26(a)所示为单叶片式摆动缸,当下油口进入压力油、上油口回油时,摆动轴逆时针回转;反之上油口进入压力油、下油口回油时,摆动轴顺时针回转。

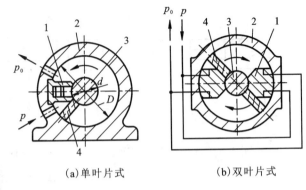

(a)单叶片式　　(b)双叶片式

图 6-26　叶片式摆动缸

1.定子块;2.缸体;3.摆动轴;4.叶片

若叶片的宽度为 B,则单叶片式摆动缸的输出角速度 ω 和转矩 M 分别为:

$$\omega = \frac{8q}{B(D^2-d^2)}\eta_V \tag{6-56}$$

$$M = \frac{B}{8}(D^2-d^2)(p-p_0)\eta_m \tag{6-57}$$

单叶片摆动缸的摆动角度一般不超过 $280°$,双叶片摆动缸[图 6-26(b)]的摆动角度一般不超过 $150°$。若输入流量和压力不变,则双叶片摆动缸的输出转矩是单叶片摆动缸的两倍,而角速度是单叶片摆动缸的一半。叶片式摆动缸结构紧凑、输出转矩大,但密封较困难,一般用于中低压系统中的往复或间歇摆动的地方。

三、液压阀

液压阀属于液压控制元件。在液压系统中,液压阀用来调节油液的压力、流量和流动方向的元件。因此,液压阀按用途及功能的不同分为以下三类。

压力控制阀:用于控制或调节液压系统或回路压力的液压元件,如溢流阀、减压阀、顺序阀、压力继电器等。

方向控制阀:用于控制液压系统中液流的通断及流动方向的液压元件,从而控制液压执行元件的启动、停止及运动方向;如单向阀、换向阀等。

流量控制阀:用于控制液压系统中工作液体流量多少的液压元件,如节流阀、调速阀等。

1. 压力控制阀

在液压系统中,压力控制阀是利用油液的压力对阀芯产生的推力与弹簧力平衡的位置的不同,来实现对系统的压力进行控制。按功能分溢流阀、减压阀、顺序阀、平衡阀、压力继电器等;按阀芯结构分滑阀、球阀、锥阀;按工作原理分直动式、先导式。

1)溢流阀

在液压系统中,溢流阀是用来限制和维持系统工作压力的液压控制元件。常用的溢流阀有直动式溢流阀和先导式溢流阀。前者用于低压系统,后者用于中高压系统。

(1)直动式溢流阀。直动式溢流阀按阀芯的结构型式分为锥阀式、滑阀式、球阀式三种。其中,锥阀型直动式溢流阀[图6-27(a)]和滑阀型直动式溢流阀[图6-27(b)]应用最为广泛。

图6-27(b)是滑阀型直动式溢流阀的工作原理图。其中,进油口P与液压系统的压力油路相通,出油口T与回油路相通;同时,弹簧3将滑阀5推向阀体1的底部,此时溢流阀处于关闭状态。当系统压力超过溢流阀的调定压力时,滑阀5下腔室向上的液压力大于上腔室向下的弹簧力,滑阀3就向上运动,打开阀口,压力油经T口返回油箱,系统的压力就会降低;当向上的液压力小于向下的弹簧力时,弹簧3推动滑阀2向下移动,阀口被关闭;这样就维持了系统的压力近似恒定。若旋转调整螺钉4来调整弹簧3的压缩量,就可以调整溢流压力,从而改变系统的工作压力。直动式溢流阀的液压符号见图6-27(c)。

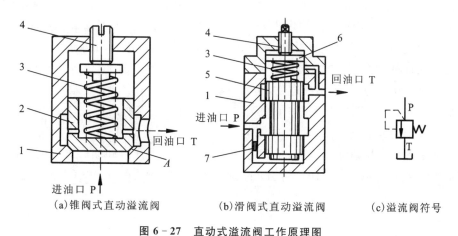

(a)锥阀式直动溢流阀　　(b)滑阀式直动溢流阀　　(c)溢流阀符号

图6-27　直动式溢流阀工作原理图
1.阀体；2.锥形阀芯；3.弹簧；4.调整螺钉；5.滑阀；6.弹簧座；7.阻尼孔

直动式溢流阀结构简单,灵敏度高,但系统压力随阀口开度(溢流流量)的变化而变化,只有阀口开度远远小于弹簧预压缩量时,系统的压力才基本保持恒定,因而调压偏差大。常用作安全阀或用于调压精度要求不高的场合。

(2)先导式溢流阀。图6-28为先导式溢流阀的工作原理图。它由主阀和先导阀两部分组成。压力油从进油口P进入主阀的下腔室,而后经主阀芯1上的阻尼孔a进入主阀的上腔室,再经油孔b、缓冲小孔c,进入先导阀的前腔d。主阀芯1上腔的有效作用面积A_1略大于下腔的有效作用面积A(通常$A_1/A \approx 1.04$)。当系统压力低于先导阀开启压力时,先导阀芯4处于关闭状态,阻尼孔a中油液不流动,主阀芯1的上下腔压力相等(即$p_1 = p$);在液压力(由于$A_1 > A$)和主弹簧6的共同作用下,主阀芯1被紧紧压在阀座7上,此时溢流阀不溢流。当系统压力大于先导阀开启压力时,先导阀芯4被推开,油液经先导阀体上的孔e、主阀芯中心孔g,由T口流回油箱。这时阻尼孔a中油液流动,主阀芯1的上腔压力小于下腔压力(即$p_1 < p$);于是主阀芯1被向上开启,油液经T口溢流,从而使系统压力维持恒定。

若转动调压螺钉2,改变调压弹簧3的预紧力,就可以调节溢流阀的溢流压力。若将K口直接接通油箱,则主阀芯就会在很低的压力下被打开溢流,此时的液压系统处于卸荷状态。

(3)溢流阀在液压系统中的作用。在液压系统中,溢流阀有如下作用:①在定量泵的节流调速系统中,用节流阀来调节执行元件的流量,多余的流量由并联在液压泵的出口处的溢流阀溢流,从而维持系统压力的恒定,起稳压作用[图6-29(a)]。在这种情况下,溢流阀口是常开的。②在变量泵调速系统中,溢流阀口是常闭的,只有系统压力超过溢流阀的调定压力时,阀芯才开启。在这种情况下,溢流阀用来限制系统的最高工作压力,防止系统过载,起

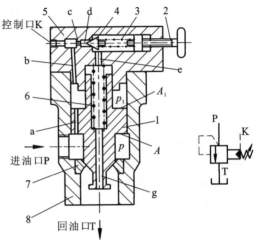

(a)先导式溢流阀　　(b)先导式溢流阀符号

图6-28　先导式溢流阀工作原理图

1.主阀芯;2.调压螺钉;3.调压弹簧;4.先导阀芯;
5.先导阀体;6.主弹簧;7.阀座;8.主阀体

安全保护作用,作安全阀使用[图6-29(b)]。③在先导式溢流阀的遥控口K接常闭式二位二通电磁阀共同组成电磁溢流阀[图6-29(c)]。当电磁阀通电时,先导式溢流阀上的K口经二位二通电磁阀直接与油箱接通,主阀芯在很低的压力下开启卸载。这时的溢流阀就称为卸荷阀。④在先导式溢流阀的遥控口K远距离接溢流阀[图6-29(d)]就能进行远程调压。

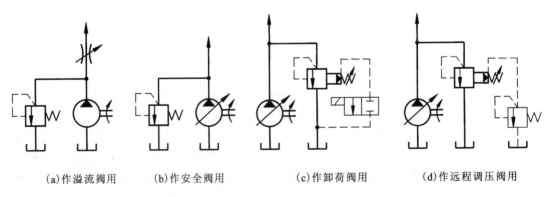

(a)作溢流阀用　　(b)作安全阀用　　(c)作卸荷阀用　　(d)作远程调压阀用

图6-29　溢流阀的应用

2)减压阀

在液压系统中,减压阀是用来使子系统的工作压力低于主系统工作压力的压力控制元件。常用的减压阀有直动式减压阀和先导式减压阀。

(1)直动式减压阀。图6-30为直动式减压阀的工作原理图。当出口P_2的压力没达到

调定压力时,阀芯 2 在弹簧 3 的作用下,处于下止点的位置时,阀口 a 处于全开状态;当出口 P_2 的压力超过调定压力时,经通道 b 来的压力油推动阀芯 2 上移,阀口 a 的开度减小,出口 P_2 的压力降低至调定压力;若出口压力低于调定压力时,弹簧 3 推动阀芯 2 下移,出口 P_2 的压力增加。如此作用就可以在出口获得低于进口压力的液压油液。

(2) 先导式减压阀。图 6-31 为先导式减压阀的工作原理图。它由主阀和先导阀两部分组成。当出油口 P_2 的压力低于先导阀开启压力时,先导阀芯 4 处于关闭状态,阻尼孔 10 中油液不流动,主阀芯 8 的上下腔压力相等;在主弹簧 7 的作用下,主阀芯 8 被压在底部的端盖 11 上,减压阀口全开,进油口 P_1 的压力与出油口 P_2 的压力近似相等($p_1 \approx p_2$),减压阀不起减压作用。当出油口 P_2 的压力高于先导阀开启压力时,先导阀芯 4 被推开,油液经先导阀体 6 上的泄油口 L 流回油箱;这时阻尼孔 10 中油液流动,主阀芯 8 的上腔压力小于下腔压力;当压差产生的推力大于主弹簧 7 的推力时,主阀芯 8 上移,开口减小,减压作用增强,直至出油口 P_2 的压力稳定在减压阀的调定压力上,从而维持系统压力恒定。

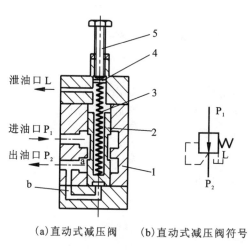

(a) 直动式减压阀　(b) 直动式减压阀符号

图 6-30　直动式减压阀工作原理图
1. 阀体;2. 阀芯;3. 弹簧;4. 弹簧座;5. 调整螺钉

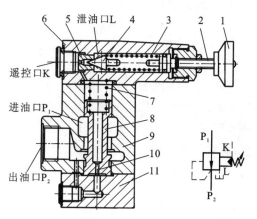

(a) 先导式减压阀　(b) 先导式减压阀符号

图 6-31　先导式减压阀工作原理图
1. 调压手轮;2. 调压螺钉;3. 调压弹簧;4. 先导阀芯;
5. 先导阀座;6. 先导阀体;7. 主弹簧;8. 主阀芯;
9. 主阀体;10. 阻尼孔;11. 端盖

3) 顺序阀

在液压系统中,顺序阀是利用压力来控制多个执行元件顺序动作的压力控制元件。常用的顺序阀有直动式顺序阀和先导式顺序阀。

(1) 直动式顺序阀。图 6-32(a) 为内控式直动顺序阀的工作原理图。当进油口 P_1 的压力低于顺序阀的调定压力时,阀芯 3 在弹簧 4 的作用下处于底部位置,出油口 P_2 被关闭,向进油口 P_1 连通的回路 I 供油。当进油口 P_1 的压力超过顺序阀的调定压力时,液压力克服弹簧 4 的作用力推动阀芯 3 向上打开阀口,接通进出油口,向出油口 P_2 连接的回路 II 供油。由于回路 I 和回路 II 均为压力回路,因此顺序阀必须设置泄油口 L,将内泄油液引回油箱。

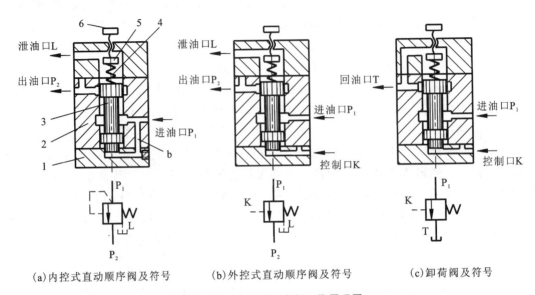

(a) 内控式直动顺序阀及符号　　(b) 外控式直动顺序阀及符号　　(c) 卸荷阀及符号

图 6-32　直动式顺序阀工作原理图
1.底盖；2.阀体；3.阀芯；4.弹簧；5.弹簧座；6.调整螺钉

将图 6-32(a)中的底盖 1 转动 90°安装，内控油路被切断，若将底盖 1 的螺钉孔打开，接通控制油路，此时的内控式直动顺序阀就变为外控式直动顺序阀，如图 6-32(b)所示。

若将图 6-32(b)中的出油口 P_2 接油箱(出油口 P_2 等同回油口 T)，泄油口 L 与回油口 T 连通，此时的顺序阀就成为卸荷阀，见图 6-32(c)。

(2) 先导式顺序阀。图 6-33 为 DZ 型先导式顺序阀的工作原理图，它由主阀和先导阀

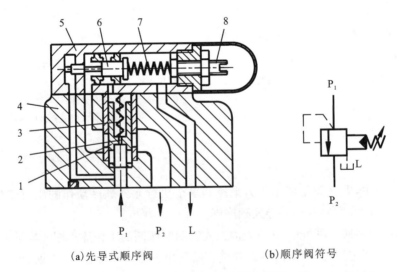

(a) 先导式顺序阀　　　　　　(b) 顺序阀符号

图 6-33　DZ 型先导式顺序阀工作原理图
1.主阀芯；2.阻尼孔；3.主弹簧；4.主阀体；5.先导阀体；6.先导阀芯；7.调压弹簧；8.调压螺钉

两部分组成。图中是顺序阀的初始位置,此时进油口 P_1 向出油口 P_2 的油路被关闭,压力油从进油口 P_1 进入后有两条油路:一路经阻尼孔 2 进入主阀芯 1 的上腔后,到达先导阀芯 6 的中部环形腔;二路由左侧进入先导阀芯的左腔。当进油口 P_1 的压力低于顺序阀的调定压力时,先导阀芯 6 及主阀芯 1 处于图示位置。当进油口 P_1 的压力超过顺序阀的调定压力时,先导阀芯 6 在左腔压力油的作用下右移,将出油口 P_2 的油路接通;由于油液的流动及阻尼孔 2 的阻尼作用,使主阀芯 1 上腔的压力低于下腔的压力,液压力推动主阀芯 1 向上运动,打开进油口 P_1 与出油口 P_2 的油路,向出油口 P_2 连接的油路供油。

顺序阀除在顺序回路中应用外,在平衡回路、卸荷回路中也可作为平衡阀、卸荷阀使用。

2. 方向控制阀

1)单向阀

在液压系统中,单向阀是用于控制油液向一个方向流动的液压元件。单向阀根据油液流动方向的可控性分为普通单向阀和液控单向阀两种。

(1)普通单向阀。普通单向阀的作用是于控制油液只能向一个方向流动,而不允许反向流通。根据连接方式的不同普通单向阀分为管式和板式两种。

图 6-34 为管式普通单向阀的结构图。压力油从进油口 P_1 流入时,克服弹簧 3 的作用力,推动阀芯 2 向右移动;压力油经阀口 a、阀芯 2 上的径向孔 b 从出油口 P_2 流出。压力油从出油口 P_2 流入时,液压力和弹簧力同时作用在阀芯 2 上,阀口 a 被关闭,油液不能流通。

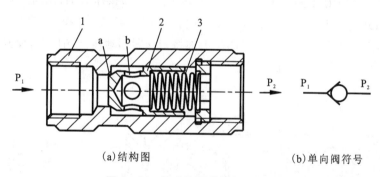

(a)结构图　　　　　　　(b)单向阀符号

图 6-34　管式普通单向阀结构图
1.阀体;2.阀芯;3.弹簧

(2)液控单向阀。液控单向阀是可以控制油液向一个方向流动,也可以运用外部液压控制的方法控制油液反向流通的液压元件。根据连接方式的不同普通单向阀分为管式和板式两种。

图 6-35 为板式液控单向阀的结构图。当控制口 K 接回油时,其作用与普通单向阀相同,只允许油液从进油口 P_1 向出油口 P_2 流动。当控制口 K 接通压力油时,液压力推着活塞 1、顶杆 2、阀芯 3 向右移动,打开阀口 a,就可以实现正反两个方向的流动。活塞右腔 b 与 P_1 口连通为内泄式,直接回油箱为外泄式;反向压力低时采用内泄式,反向压力高时采用外泄式。

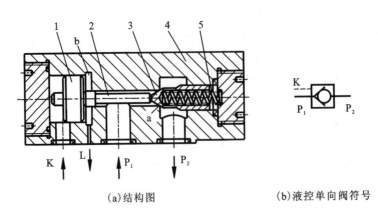

(a)结构图　　　　　　　　(b)液控单向阀符号

图 6-35　板式液控单向阀

1.活塞；2.顶杆；3.阀芯；4.阀体；5.弹簧

(3)双液控单向阀(液压锁)。双液控单向阀是采用两个液控单向阀来闭锁液压执行元件的进出油口的液压元件,能使执行元件具有在受力状态下保持静止不动的性能。双液控单向阀是在土木工程机械上常见的液压元件。

图 6-36 为双液控单向阀(液压锁)的结构图。在液压回路中,A_1、B_1 分别接控制元件的进回油路,A_2、B_2 分别接执行元件的进回油路。当 A_1 口进压力油时,液压力推开钢球 1 向 A_2 口供压力油；同时,液压力推动阀芯 3 向右移动,顶开钢球 4,使 B_2 口的回油从 B_1 口流回。反之,当 B_1 口进压力油时,液压力推开钢球 4 向 B_2 口供压力油；同时,液压力推动阀芯 3 向左移动,顶开钢球 1,使 A_2 口的回油从 A_1 口流回。若 A_1 口和 B_1 口均无压力油供给时,则两钢球关闭,由 A_2 口或 B_2 口来的压力油将钢球紧紧地压在阀口上,使其不能回油,可靠地将执行元件锁定在相应的位置上。

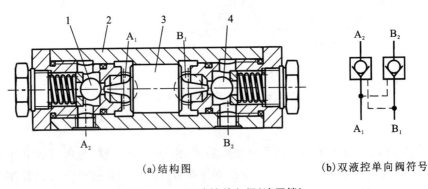

(a)结构图　　　　　　　　(b)双液控单向阀符号

图 6-36　双液控单向阀(液压锁)

1.钢球；2.阀体；3.阀芯；4.钢球

2)换向阀

在液压系统中,换向阀是利用阀芯在阀体中的相对位置的变化来改变油液的接通、关闭及流动方向的液压控制元件。

(1)换向阀的结构原理、分类及符号。图 6-37 是一种滑阀式和转阀式换向阀的工作原理及符号。当滑阀芯 2(转阀芯 4)处于图示的Ⅰ位时,压力油由 P 口进入,B 口输出;回油由 A 口进入,T 口返回油箱。当滑阀芯 2(转阀芯 4)处于Ⅱ位时,压力油由 P 口进入,A 口输出;回油由 B 口进入,T 口返回油箱。其工作原理可用图 6-37(c)来表示。

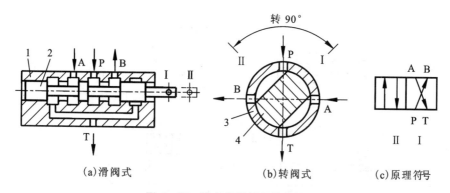

(a)滑阀式　　(b)转阀式　　(c)原理符号

图 6-37　换向阀的原理及符号
1. 阀体;2. 滑阀芯;3. 阀体;4. 转阀芯

换向阀的种类很多,按工作位置分为二位、三位、四位和多位;按通道数目分为二通、三通、四通和多通;按阀芯结构分为滑阀式和转阀式(图 6-37);按操纵方式分为手动、机动、电磁、液动、气动及组合式(如电液联动、气液联动)等,换向阀的控制方式符号见表 6-3。

表 6-3　常用换向阀的控制方式符号(摘自 GB/T 786.1—2009)

手动式	机控式	液动式	气动式	电磁式	电液动式	电气动式	定位机构

换向阀功能主要是由工作位置的数量以及所控制的通道数目来决定的,如图 6-37 所示的换向阀两个位置(Ⅰ位、Ⅱ位)和四个通道(P、A、B、T),称为二位四通换向阀。常用换向阀的结构原理和机能符号见表 6-4。

(2)三位换向阀的中位机能及符号。滑阀机能是指滑阀处于某个工作位置时各油口的连通关系,不同液压系统对滑阀机能有不同的要求,不同的滑阀机能对换向阀的换向性能和液压系统的工作特性有不同的作用。中位机能是指滑阀在中位时,各油口的连通关系。表 6-5 列出了三位四通换向阀常用的滑阀机能符号及中位机能代号,其左位和右位均为直通和交叉相通。

表 6-4 常用换向阀的结构原理及机能符号

名称	结构原理图	机能符号	特性
二位二通阀	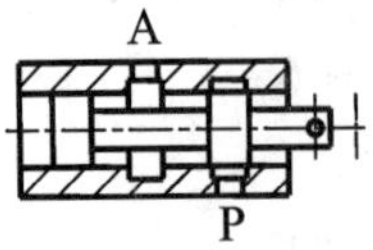	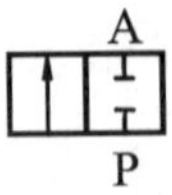	只起开关作用,不能换向
二位三通阀	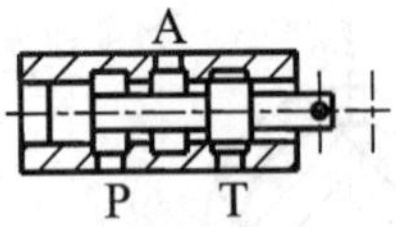		起开关作用和换向作用
二位四通阀	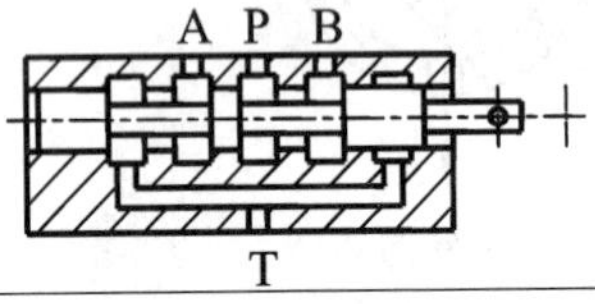		不起开关作用,只起换向作用
三位三通阀	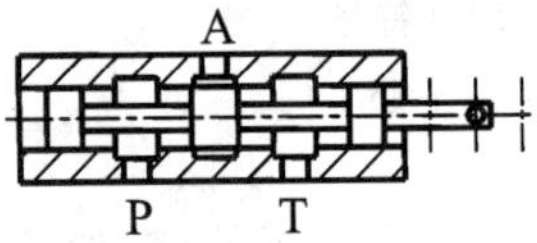	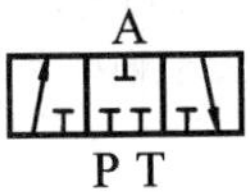	起开关作用和换向作用,中位关闭
三位四通阀	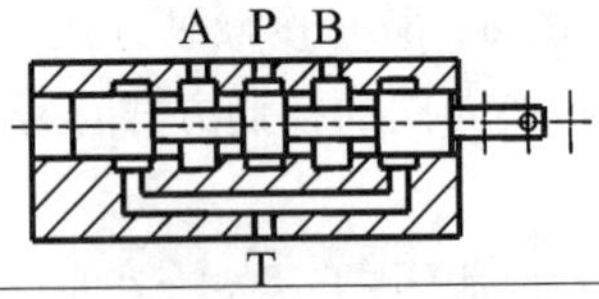		同三位三通阀
三位五通阀	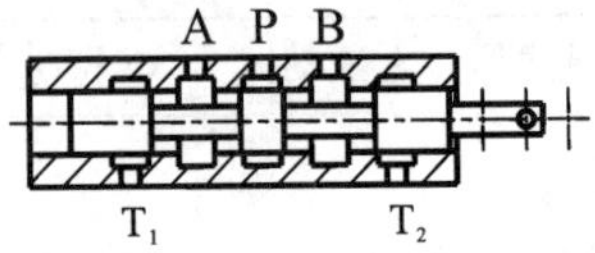	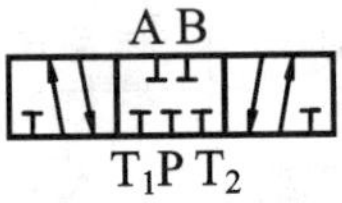	同三位三通阀

表 6-5 三位四通换向阀常用的滑阀机能符号及中位机能代号

中位机能代号	滑阀中位状态	机能符号	中位特点
O			各油口封闭,系统不卸载;启动平稳,换向和制动时有冲击
H			各油口全部贯通,系统卸载;启动有冲击
Y			压力口 P、A 口、B 口连通,系统不卸载;启动有冲击

续表 6-5

中位机能代号	滑阀中位状态	机能符号	中位特点
J	T A P B T	A B / P T	系统不卸载，A 口封闭，B 口与回油口 T 连通
C	T A P B T	A B / P T	压力口 P 与 A 口连通，B 口、回油口 T 封闭
P	T A P B T	A B / P T	压力口 P 与 A 口、B 口连通，回油口 T 封闭；启动平稳
K	T A P B T	A B / P T	压力口 P 与 A 口、回油口 T 连通，B 口封闭
X	T A P B T	A B / P T	压力口 P、A 口、B 口、回油口 T 处于半开启状态；系统基本卸载，系统保持一定压力
M	T A P B T	A B / P T	压力口 P 与回油口 T 连通，系统卸载；A 口、B 口封闭
U	T A P B T	A B / P T	A 口与 B 口连通，压力口 P、回油口 T 封闭，系统不卸载
N	T A P B T	A B / P T	A 口与回油口 T 连通，压力口 P、B 口封闭，系统不卸载

有时，由于特殊的使用要求，将滑阀的某一段或左右两端的连通方式设计成特殊的机能，并分别用三个字母按从左到右分别表示中位、右位、左位的滑阀机能。如图 6-38 所示的 OP 型和 NdO 型的三位四通阀就属于特殊滑阀。

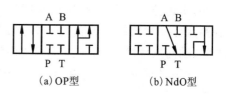

图 6-38 滑阀的特殊机能

（3）多路换向阀。多路换向阀是将两个或两个以上的换向阀组合在一起所构成的换向阀组。它以多路换向阀为主体，根据不同液压系统的要求,把溢流阀、单向阀、节流阀等阀组合在一起构成为集成式多路换向阀。多路换向阀具有结构紧凑、油路简单、压力损失小、安装方便的特点,因而在土木工程机械中得到了广泛应用。多路换向阀油路连接的形式有并联式、串联式、顺序单动式(图6-39)。

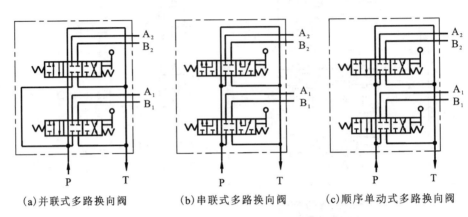

(a)并联式多路换向阀　　(b)串联式多路换向阀　　(c)顺序单动式多路换向阀

图6-39　多路换向阀油路连接的形式

当多路换向阀采用如图6-39(a)所示的并联式时,从压力口P来的液压油进入各换向阀的进油腔,各回油腔与回油口T相通。各换向阀可单独动作,若负载相同也可同时动作,此时压力口P的流量等于各执行元件流量的总和;若同时操作两个或两个以上的换向阀时,执行机构依负载从小到大的顺序动作。

当多路换向阀采用如图6-39(b)所示的串联式时,前一联阀所控制的执行元件的回油腔与后一联阀的进油腔相连。各执行元件可以同时动作,也可以单独动作。压力口P的压力等于各执行元件压力总和。

当多路换向阀采用如图6-39(c)所示的顺序单动式时,前一联阀所控制的执行元件的回油腔与后一联阀的进油腔在中位相连。只有在前面的所有阀都处于中位时,后面的阀才能工作,因而执行元件只能单独动作。

3. 流量控制阀

在液压系统中,流量控制阀是通过改变阀口流通面积的大小来调节输出流量的大小,实现控制执行元件运动速度的液压控制元件。常用的节流阀口有针阀式、偏心式、轴向三角槽式、轴向缝隙式等多种形式。常用的流量控制阀有节流阀和调速阀等。

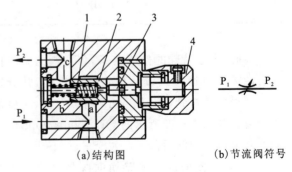

(a)结构图　　(b)节流阀符号

图6-40　L型节流阀

1.弹簧;2.阀芯;3.推杆;4.调节把手

1)节流阀

图6-40是一种L型节流阀的结构及符号。这种节流阀的节流口是轴向三角槽

式[图6-40(b)]。液压油由进油口 P_1 进入,经孔 a、阀芯 2 上的节流口 b、孔 c,从出油口 P_2 流出。旋转把手 4 推动推杆 3,使阀芯 2 克服弹簧 1 的推力作轴向移动;从而达到改变节流口 b 的流通面积,实现调节流量的目的。

流过节流口的流量 q 可用下式计算:
$$q=CA_T\Delta p^\varphi \tag{6-58}$$

式中:C 为流量系数,与节流口的形状、油液的性质及流动状态等因素有关,具体数值由实验得出;A_T 为节流口的通流面积;Δp 为节流口前后的压力差,$\Delta p=p_1-p_2$;φ 为节流口形状决定的节流指数,一般在 0.5～1.0 之间。

由式(6-58)可知,当节流阀的通流面积一定时,流量与压差有直接关系。若由于负载的变化引起节流阀进出油口的压差发生变化时、或因油温的上升使油液的黏度产生变化时、或因节流口的堵塞引起输出流量发生变化时,工作装置的运动速度会出现不稳定现象,所以节流阀只适用于负载变化不大或对速度稳定性要求不高的场合。对于负载变化较大、稳定性要求较高的系统,应采用流量可调节、能稳定压力的调速阀。

2)调速阀

调速阀是由定差式减压阀与节流阀串联而成的组合阀。其中,节流阀是用来调节与控制油液的流量;定差式减压阀则是用来自动补偿负载变化的影响,维持节流阀前后压差为定值,消除负载的变化对流量的影响。

图 6-41 是调速阀的工作原理图及符号。压力为 p_1 的压力油从进油口 P_1 进入减压阀,经减压后的压力为 p_m 进入通孔 K;此时,一部分压力油经通道 f 进入油腔 c,另一部分压力油经通孔 e 进入油腔 d,对减压阀芯 1 施加向上的力,其绝大部分压力油进入节流阀;经节流后压力油的主要部分以 p_2 压力从出油口 P_2 输出,小部分压力油经通孔 a 进入油腔 b,同减压弹簧 2 一起对减压阀芯 1 施加向下的力。调速阀在稳定工作时,减压阀芯 1 在向上的合力与向下的合力共同作用下处于某个平衡位置上。若负载增加时,排油口 P_2 的压力 p_2 升高,经通孔 a 进入油腔 b 作用在减压阀芯 1 上面的向下推力增大,推动减压阀芯 1 下移,

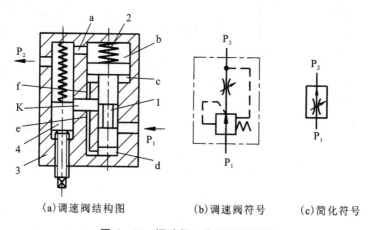

(a)调速阀结构图　　(b)调速阀符号　　(c)简化符号

图 6-41　调速阀工作原理及符号

1.减压阀芯;2.减压弹簧;3.阀体;4.节流阀芯

阀芯开口加大、液阻减小,通孔 K 内的压力 p_m 增大,维持了节流阀两端的压力差($\Delta p = p_m - p_2$)不变;若负载减小时,p_2 降低,减压阀芯 1 上移,阀芯开口减小、液阻增大,p_m 减小,维持 Δp 不变。由此可以看出减压阀保持了节流阀两端压差 Δp 为常数。因此,通过节流阀的流量只随节流口流通面积的变化而变化,与外负载无关,故通过节流阀的流量稳定不变。

第三节 液压基本回路

液压系统由一个或多个液压基本回路组成。液压基本回路是指将相关的液压元件按一定的方式组合起来,从而实现特定功能的油路单元。常用的液压基本回路有压力控制回路、速度控制回路、方向控制回路。

一、压力控制回路

压力控制回路是利用压力控制元件来控制系统整体或部分的压力,以达到稳压、减压、增压、平衡、卸荷目的的回路。

1. 调压回路

调压回路的作用是保持系统的整体或某一部分压力恒定,或不超过某一设定压力。其中,调压回路的关键元件是溢流阀。

图 6-42(a)为单级调压回路。定量泵 1 的出口处有一并联的溢流阀 2,当系统因负载突变或其他原因造成压力超过溢流阀 2 的设定(调定)压力时,压力油经溢流阀 2 流回油箱,这时溢流阀起到稳定系统压力和保护系统的作用,此时的溢流阀称为安全阀。

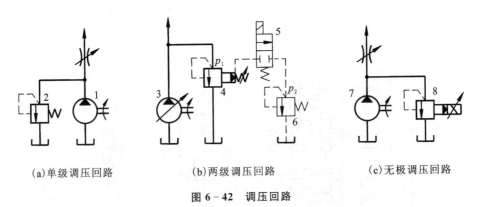

图 6-42 调压回路

1、7. 定量泵;2、6. 溢流阀;3. 变量泵;4. 先导式溢流阀;5. 二位二通电磁换向阀;8. 比例溢流阀

图 6-42(b)为两级调压回路。先导式溢流阀 4 的遥控口串联着二位二通电磁换向阀 5 和溢流阀 6,此时溢流阀 6 的调定压力 p_2 必须低于先导式溢流阀 4 的调定压力 p_1。当二位二通电磁换向阀 5 处于图示的断开位置时,泵的出口压力为先导式溢流阀 4 的调定压力 p_1;

当二位二通电磁换向阀5处于接通位置时,泵的出口压力为溢流阀6的调定压力p_2。若将二位二通电磁换向阀5改为多位多通换向阀,并在相应的通道连接具有不同调定压力($<p_1$)的溢流阀,就可以实现多级调压。

图6-42(c)为无级调压回路。泵的出口压力是通过调节比例溢流阀8的输入电流,就可以实现系统压力的无级调节。这样的回路结构简单、压力切换平稳,易于实现远距离控制和计算机程序控制。

2. 减压回路

减压回路的作用是指系统中某一执行元件或某一子系统的工作压力低于主系统的工作压力时所采用的回路,其中减压回路的关键元件是减压阀。

如图6-43所示的减压回路,在主系统和子系统之间连接有减压阀3,回路中的单向阀4是用来防止主系统压力低于减压阀3的调定压力时油液倒流,起短时保压作用。减压回路中也可以用比例减压阀来实现无级减压。

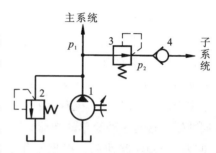

图6-43 减压回路
1.定量泵;2.溢流阀;3.减压阀;4.单向阀

为了使减压回路工作可靠,减压阀的最低调定压力不应小于0.5MPa,最高调定压力至少比系统压力小0.5MPa。当减压回路中的执行元件需要调速时,调速元件应放在减压阀的后面,其目的是避免由于减压阀泄漏对执行元件的速度产生影响。

3. 增压回路

增压回路的作用是指系统中某一执行元件或某一子系统的工作压力高于主系统的工作压力时所采用的回路,其中增压回路的关键元件是增压缸。

如图6-44(a)所示为单作用增压回路。当二位二通电磁换向阀1处于图示位置时,压力为p_1的液压油进入单作用增压缸2的大活塞腔,推动活塞向右移动,在小活塞腔得到压力为p_2的液压油,其增压倍数为大活塞与小活塞面积之比。当二位二通电磁换向阀1处于右位时,液压油进入增压缸2的大活塞与小活塞之间的中腔,推动活塞向左移动,油箱中的油经单向阀3向小活塞腔补油。由于采用这种增压缸的回路只能间断增压,所以称为单作用增压回路。

如图6-44(b)所示为双作用增压回路。当二位二通电磁换向阀4处于图示位置时,

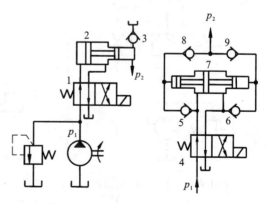

(a)单作用增压回路　　(b)双作用增压回路

图6-44 增压回路
1、4.二位二通电磁换向阀;2.单作用增压缸
3、5、6、8、9.单向阀;7.双作用增压缸

压力为 p_1 的液压油分两路进入双作用增压缸 7 的左端:一路直接进入左端大活塞腔,另一路经单向阀 5 进入左端小活塞腔;右端大活塞腔的液压油经换向阀 4 回油箱,而右端小活塞腔的液压油增压为 p_2 经单向阀 9 输出。当活塞移动到双作用增压缸 7 的右端时,换向阀 4 换向,液压油进入右端大活塞腔,同时经单向阀 6 进入小活塞腔,推动活塞向左移动,左端大活塞腔回油,同时小活塞腔的液压油增压为 p_2 经单向阀 8 输出。

4. 卸荷回路

卸荷回路的作用是在液压泵不间断工作的条件下,执行元件又停止工作,使液压泵处于零压或低压状态下运行时所采用的回路,其目的是减少功率损耗,降低系统发热,保证系统稳定,延长液压泵的使用寿命。

如图 6-45(a)所示为 M 型换向阀中位卸荷回路。当 M 型三位四通电磁液控换向阀 4 处于图示的中位时,执行元件(液压缸 5)不工作,定量泵 1 排出的油液经单向阀 3、换向阀 4 流回油箱。这是一种简单的卸荷方法,其单向阀 3 的作用是使系统保持 0.2～0.3MPa 的压力供液压控制油路使用。根据工作机能的需要,利用中位机能进行卸荷的换向阀还有 H 型、K 型等。

如图 6-45(b)所示为先导式溢流阀卸荷回路。当二位二通电磁换向阀 8 处于图示位置时,经换向阀 8 的卸荷通道被断开,系统正常工作。若换向阀 8 通电时,经换向阀 8 的卸荷通道被接通,液压油经先导式溢流阀 7 上的控制口直接流回油箱,系统卸荷。这种卸荷回路的特点是卸荷压力低,功率损失小。

如图 6-45(c)所示为二位二通阀旁路卸荷回路。回路中,二位二通电磁换向阀 11 直接于系统并联组成卸荷通道。若换向阀 11 不通电,卸荷通道被断开,系统正常工作;若换向阀 11 通电,卸荷通道被接通,系统卸荷。

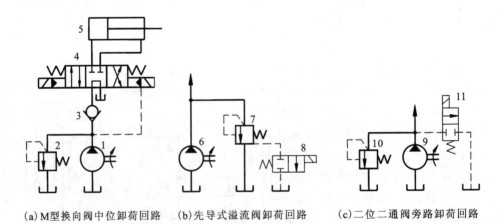

(a) M 型换向阀中位卸荷回路　　(b) 先导式溢流阀卸荷回路　　(c) 二位二通阀旁路卸荷回路

图 6-45　卸荷回路

1、6、9. 定量泵;2、10. 溢流阀;3. 单向阀;4. M 型三位四通电磁液控换向阀;
5. 液压缸;7. 先导式溢流阀;8、11. 二位二通电磁换向阀

5. 平衡回路

平衡回路的作用是防止垂直或倾斜放置的液压缸或其他执行元件,由于自重或受力而自行下落所采用的回路。其目的是减少功率损耗,降低系统发热,保证系统稳定,延长液压泵的使用寿命。

如图 6-46(a)所示为单向顺序阀平衡回路。当 M 型电磁换向阀 3 处于左位时,液压缸 5 的活塞伸出;由于单向顺序阀 4 的作用,液压缸 5 的下腔具有一定的背压;只要调整顺序阀的开启压力稍大于活塞下腔的背压,就可以确保活塞平稳下降。由于这种回路中的单向顺序阀 4 起到平衡阀的作用,所以该回路称为平衡回路。这种平衡回路的特点是运动平稳,功率损失较大。

如图 6-46(b)所示为外控单向顺序阀平衡回路。当 M 型电磁换向阀 3 处于左位,液压缸 5 的活塞伸出时,外控单向顺序阀 9 被进油路的液压油打开回油,因而背压小,功率损失也较小。这种平衡回路的缺点是在液压缸 5 的活塞下运行较快时,造成上腔供油不足,油液压力过低,导致外控单向顺序阀 9 被关闭,活塞伸出受阻,油压上升打开外控单向顺序阀 9,活塞处于时伸时停的不稳定状态。

用顺序阀组成的平衡回路,在换向阀中位锁住时,由于顺序阀和换向阀存在泄漏问题,因而,只适用于自重及负载较小或定位要求不高的场合。

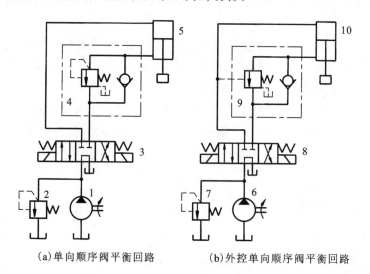

(a)单向顺序阀平衡回路　　　(b)外控单向顺序阀平衡回路

图 6-46　平衡回路

1、6.定量泵;2、7.溢流阀;3、8.M 型电磁换向阀;4.单向顺序阀;
5、10.液压缸;9.外控单向顺序阀

二、速度控制回路

速度控制回路是用来满足对执行机构运动速度的调节、变换、制动及多执行元件同步运动等要求的回路。它包括调速回路、快速运动回路、速度换接回路。

1. 调速回路

调速回路是通过改变流量的方法来改变执行元件运动速度的液压回路。它包括节流调速回路、容积调速回路、容积节流调速回路。

1) 节流调速回路

节流调速回路是通过调节流量控制元件通流截面积的大小来控制流入液压执行元件的流量,调节其运动速度的回路,其中节流调速回路的关键元件是节流阀。这种回路按其压力是否随负载变化,而分成定压式节流调速回路和变压式节流调速回路两种。

如图 6-47 所示为定压式节流调速回路。这种回路采用了与定量泵并联的溢流阀来溢流,回路中执行元件的流量由与之串联的节流阀来调节。

图 6-47(a)是在执行元件的进油路上串联节流阀的结构,称为进油节流调速回路。该油路的特点是工作元件回油腔压力低,可获得较大输出动力;泵的出口压力为溢流阀的调定压力,因而调速范围较宽;由于回油路上无背压,不能承受反方向载荷;受外负载变化的影响,速度调节稳定性差,工作平稳性差。

图 6-47(b)是在执行元件的回油路上串联节流阀的结构,称为回油节流调速回路。该油路的特点是回油路上有较大的背压,因而工作元件工作比较平稳;可以在方向载荷的作用下进行调速,调速范围与进口节流调速回路基本相同;速度调节的稳定性受到外负载变化的影响,波动较大。

图 6-48 为变压式节流调速回路。该回路采用了与定量泵并联的溢流阀来限制最高压力,溢流阀只起过载保护作用,该溢流阀称为安全阀;此外,还有与定量泵并联的节流阀调节回油箱的流量,间接地对执行元件的流量进行控制,因而也称为旁路节流调速回路。该油路的特点是工作压力随负载的变化而变化,轻载时节流损失较小,与定压式节流调速回路相比效率较高;由于节流口的流量受负载变化的影响大,速度稳定性最差;回油路上由于无背压,不能承受反方向载荷。

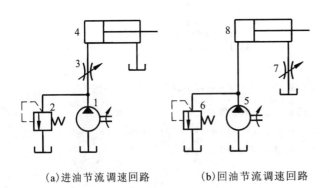

图 6-47 定压式节流调速回路
1、5.定量泵;2、6.溢流阀;3、7.节流阀;4、8.液压缸

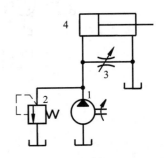

图 6-48 变压式节流调速回路
1.定量泵;2.溢流阀;
3.节流阀;4.液压缸

综上所述,无论是定压式节流调速回路还是变压式节流调速回路,速度稳定性差的根本原因是采用了节流阀节流,当负载变化时就会引起节流阀前后压差的变化。因而均适用于轻载、低速、负载变化不大、对速度要求不高的场合。

在上述节流阀调速回路中,用调速阀代替节流阀所组成的进口、出口、旁路调速阀节流调速回路,其速度稳定性就会得到大大改善。

2) 容积调速回路

容积调速回路是用改变液压泵或液压马达排量的方法来调节执行元件运动速度的回路。这种回路由于液压泵的输出压力油直接进入执行元件,没有溢流损失和节流损失,而且工作压力随负载的变化而变化,因而效率高,发热少。在土木工程机械等大功率的调速系统中,多采用容积调速回路。

根据油路的循环方式,容积调速回路分为开式回路和闭式回路两种。在开式回路(图6-49)中,液压泵从油箱中吸油,执行元件的回油直接回油箱。开式回路的优点是油液在油箱中能够得到充分冷却,便于沉淀过滤杂质和析出气体,但油箱体积较大,空气、灰尘或其他污染物侵入系统的机会多。在闭式回路(图6-50)中,液压泵将压力油送到执行元件的进油腔,同时又从执行元件的回油腔直接抽吸液压油。闭式回路的优点是结构紧凑,可方便地改变执行元件的运动方向,空气、灰尘或其他污染物侵入系统的机会少;但散热条件差,须设置补油、冷却等装置。

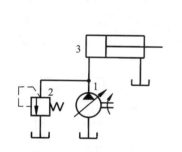
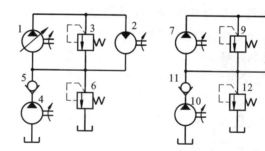

(a) 变量泵-定量马达调速回路　　(b) 定量泵-变量马达调速回路

图 6-49　变量泵-液压缸
　　开式容积调速回路
1.变量泵;2.溢流阀;3.液压缸

图 6-50　泵-马达闭式容积调速回路
1、7.变量泵;2、8.变量马达;3、9.安全阀;4、10.补油泵;
5、11.单向阀;6、12.低压溢流阀;7.定量泵

根据液压泵及执行元件的不同,容积调速回路可分为泵-液压缸和泵-马达容积调速回路两种。其中,泵-马达容积调速回路普遍应用于土木工程机械的行走系统中。绝大部分的泵-马达容积调速回路和一部分泵-液压缸容积调速回路均采用闭式回路。

图6-49为变量泵-液压缸开式容积调速回路,它是通过改变变量泵的排量来调节液压缸的伸出速度。图6-50(a)为变量泵-定量马达闭式容积调速回路;它是通过改变泵的排量来调节定量马达的回转速度。对于这两种回路,改变泵的排量,其缸的速度、马达转速及输出功率成比例变化,但推力、转矩及回路的工作压力不随速度的变化而改变,称为等转矩调

速。由于变量泵有泄漏,执行元件的运动速度会随负载的加大而减小,速度刚性受负载变化的影响,而且在低速状态下的承载能量很差。若采用轴向柱塞变量泵,其变速范围(最高转速与最低转速之比)可达 40。图 6-50(b)为定量泵-变量马达闭式容积调速回路,它是通过改变变量马达的排量来调节马达的回转速度。对于这种回路,不能通过改变马达排量的方法实现反向,而且调速范围很小(仅有 4 左右)。由于定量泵的最大输出功率不变,故马达的输出功率为常数,因此称这种回路为恒功率调速回路,此时马达的调节系统应是一个自动的恒功率调节装置(其原理是保证马达的进、出口压差为常数),该马达称为恒功率变量马达。

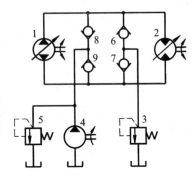

图 6-51 变量泵-变量马达闭式容积调速回路

1.变量泵;2.变量马达;3.安全阀;
4.补油泵;5.溢流阀;6、7、8、9.单向阀

图 6-51 为变量泵-变量马达闭式容积调速回路。它既可以改变泵的排量,也可以改变马达的排量来调节马达的回转速度;改变泵的供油方向,也改变了马达的回转方向。图中 4、5、8、9 为补油回路,其中单向阀 8 和 9 用于确保向变量泵 1 的低压腔补油;安全阀 3 是用来限制变量泵 1 高压腔的最高压力,单向阀 6 和 7 确保变量泵 1 上下两个油路都能起到过载保护作用。该回路的调速分为低速和高速两个阶段进行:①在低速段,变量马达 2 的排量固定在最大值,通过改变变量泵 1 的排量来调节马达的转速,这一阶段为变量泵-定量马达的工作特性;②在高速段,将变量泵 1 的排量调至最大后,改变变量马达 2 的排量来调节马达的转速,这一阶段为定量泵-变量马达的工作特性。所以,这种调速回路是变量泵-定量马达和定量泵-变量马达两种闭式容积调速回路的组合,其调速范围是变量泵和变量马达调速范围的乘积,因而调节范围可达 100。因此,该回路适用于大功率液压系统,特别是系统中有两个及多个马达共用一个液压泵,又能独立进行调速的场合。

3) 容积节流调速回路

容积节流调速回路是采用压力补偿变量泵供油,用调速阀调节流入或流出执行元件的流量来控制执行元件速度,并使变量泵的供油量自动与执行元件工作所需流量相适应。这种调速回路虽然有节流损失,但没有溢流损失,效率较高,速度稳定性比单纯的容积调速回路要好。常见的容积调速回路有定压式和变压式两种。

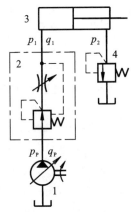

图 6-52 定压式容积调速回路

1.限压式变量泵;2.调速阀;
3.液压缸;4.溢流阀

图 6-52 为定压式容积调速回路。它由限压式变量泵 1、调速阀 2、液压缸 3、溢流阀 4 组成。当节流阀的通流面积调定后,则通过调速阀的流量不变;若泵的输出流量 q_P 大于液压缸的输入流量 q_1 时,泵的出口压力 p_P 上升,由于泵自身的压力反馈作用,使泵的流量自动减少到 $q_P \approx q_1$;反之,当 $q_P < q_1$ 时,泵的出口压力 p_P 下

降,泵的流量又会自动增加到 $q_P \approx q_1$。因此,调速阀作用是在保持进入液压缸的流量恒定的同时,还使泵的输出流量恒定,并与液压缸的流量相匹配。

定压式容积调速回路的速度刚性、运动平稳性、承载能力和调速范围都与它对应的节流调速回路性能相同。

2. 快速运动回路

快速运动回路又称增速回路,其作用是加快液压执行元件的运动速度,缩短工作时间,提高系统工作效率。

图 6-53(a)为液压缸差动连接快速回路。当二位三通电磁换向阀 3 处于右位时,液压缸 4 呈差动连接,泵 1 输出的油与液压缸 4 排出的油合流,进入液压缸的无杆腔,活塞作快速伸出运动;当换向阀 3 处于图示位置时,液压缸差动连接被切断,活塞伸出速度回复正常状态。这种差动回路结构简单,在不增加泵流量的情况下提高执行元件的运动速度,但速度提高有限。此外,差动时,推力将减小,因而不能满足更高的要求。

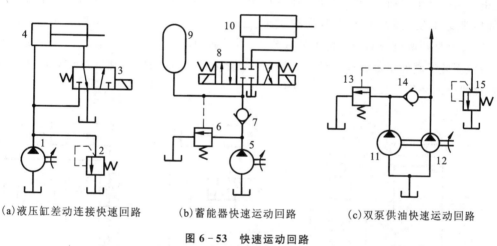

(a)液压缸差动连接快速回路　　(b)蓄能器快速运动回路　　(c)双泵供油快速运动回路

图 6-53　快速运动回路

1、5、11、12.泵；2、15.溢流阀；3.二位三通电磁换向阀；4、10.液压缸；6、13.卸荷阀；
7、14.单向阀；8.O 型三位四通电磁换向阀；9.蓄能器

图 6-53(b)为蓄能器快速运动回路。当 O 型三位四通电磁换向阀 8 处于图示的中位时,蓄能器 9 将泵 5 流入的压力油储存起来;当蓄能器的压力达到卸荷阀 6 的调定压力时,卸荷阀打开,泵 5 卸荷,此时单向阀 7 的作用是给蓄能器保压,防止压力油倒流;当换向阀 8 处于左位或右位时,泵和蓄能器共同给液压缸 10 供油,可实现活塞的快速伸出或缩回的运动。这种快速运动回路适用于短时间内需要大流量而泵排量不足的系统中。在这种回路中,卸荷阀的调定压力高于系统最高工作压力,同时应保证系统在整个工作循环内蓄能器有足够的充油时间。

图 6-53(c)为双泵供油快速运动回路。图中泵 11 为大流量泵,泵 12 为小流量泵。在执行元件快速运动时,泵 11 输出的压力油经单向阀 14 与泵 12 输出的压力油共同向系统供

油;在执行元件工作时,由于负载的作用致使系统压力升高,压力升高到卸荷阀13的调定压力时,卸荷阀打开,泵11卸荷,单向阀14关闭,由泵12单独向系统供油。双泵供油与单泵供油方式相比,功率损耗小,系统效率高,在快速和慢速相差较大的机械中得到广泛应用。

3. 速度换接回路

速度换接回路的作用是使液压执行元件在一个工作中从一种运动速度转到另一种运动速度的回路。它包括快速转慢速的速度换接回路和两种慢速的换接回路。

图6-54为用行程阀来实现快速转慢速的速度换接回路。在图示位置,换向阀3处于右位,行程阀4接通,液压缸7的活塞快速伸出;当活塞上的挡块压下行程阀4时,行程阀被关闭,液压缸右腔的压力油经节流阀5流回油箱,活塞转为慢速伸出;换向阀3处于左位时,压力油经单向阀6进入液压缸的右腔,活塞快速缩回。该回路的优点是快慢速换接过程平稳,换接点的位置比较准确;缺点是行程阀的安装位置不能任意布置。

图6-55为用两个调速阀来实现不同速度的换接回路。图6-55(a)为两个调速阀并联,由二位三通电磁换向阀4实现换接。在图示位置,换向阀4处于左位时,液压缸5的活塞伸出速度由调速阀2控制;当换向阀4处于右位时,活塞的伸出速度由调速阀3决定。该回路的特点是两调速阀的开口可单独调节、互不影响,但一个调速阀工作时另一个调速阀无油通过,当减压阀处于最大开口位置,进行速度换接时,大量的压力油通过该处使执行元件出现突然前冲现象,因而速度换接不平稳。

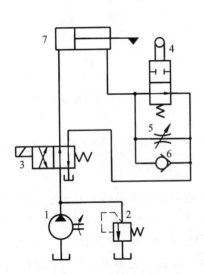

图6-54 行程阀快速换接回路
1.定量泵;2.溢流阀;3.换向阀;4.行程阀;
5.节流阀;6.单向阀;7.液压缸

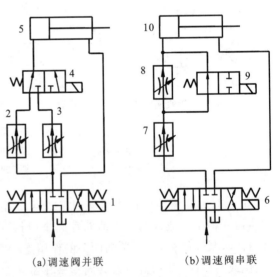

(a)调速阀并联 (b)调速阀串联

图6-55 用两个调速阀的速度换接回路
1、6.M型三位四通换向阀;2、3、7、8.调速阀;
4.二位三通电磁换向阀;5、10.液压缸;9.二位三通换向阀

图6-55(b)为两个调速阀串联的速度换接回路。在图示位置,二位三通换向阀9处于左位时,调速阀8被短接,液压缸10的活塞伸出速度由调速阀7来控制;当换向阀9处于右

位时,由于调速阀 8 流量比调速阀 7 小,液压缸 10 的活塞伸出速度由调速阀 8 决定。由于该回路的调速阀 7 一直处于工作状态,在速度换接的瞬间限制了进入调速阀 8 的流量,因而换接较平稳;但由于压力油经过两个调速阀,所以能量损失较大。

三、方向控制回路

方向控制回路是利用各种换向阀或双向变量泵来控制液压系统中液流的通、断,来改变流向的液压回路。常用的方向控制回路有换向回路、锁紧回路、顺序动作回路等。

1. 换向回路

换向回路是利用各种换向阀或双向变量泵来实现执行元件换向动作的。开式系统中常用各种换向阀换向,其核心元件是换向阀(图 6-56);闭式系统中常用改变双向泵的排油方向换向,其核心元件是双向泵(图 6-51)。根据液压系统所采用的控制原理、控制方式及换向性能要求的不同分为手动换向[图 6-56(a)中 M 型三位四通换向阀]、机动换向(图 6-54 中二位二通行程阀)、液动换向[图 6-45(a)中 M 型三位四通换向阀]、电磁换向[图 6-56(b)中 H 型三位四通电磁换向阀]等。

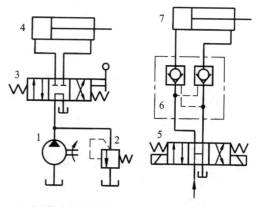

(a)换向阀锁紧回路　　(b)液控单向阀锁紧回路

图 6-56　液压阀锁紧回路
1.液压泵;2.溢流阀;3.M 型三位四通手动换向阀;
4、7.液压缸 5.H 型三位四通电磁换向阀;6.双液控单向阀

2. 锁紧回路

锁紧回路的功用是使液压执行元件停止在任意位置上,并防止在自重或外力作用下发生移动的回路。如汽车起重机液压支腿将底盘支撑起来,保证在起吊重物时的整个工作过程中底盘的稳定。

1)换向阀锁紧回路

换向阀锁紧回路是利用 O 型或 M 型换向阀的中位机能将执行元件的进出油口封闭,而实现锁紧目的的回路。图 6-56(a)是 M 型三位四通手动换向阀锁紧回路,当换向阀 3 处于中位时,M 型中位机能将液压缸 4 的进出油口封闭,活塞就被锁紧在任意位置上。这种锁紧回路简单方便,但由于换向阀的阀块与阀芯存在间隙,因而锁紧效果不好,只能用在锁紧精度要求不高或短时停留的场合。

2)液控单向阀锁紧回路

液控单向阀锁紧回路是在执行元件的进出油口安装液控单向阀(又称液压锁),实现锁紧目的的回路。图 6-56(b)是液控单向阀锁紧回路,当 H 型三位四通电磁换向阀 5 处于中位时,由于双液控单向阀 6 的进、回油口都回油箱,两单向阀都处于关闭状态,液压缸 7 的进出油不能流动,活塞就被锁紧在任意位置上;当换向阀 5 处于左位或右位时,进入双液控单向阀 6 的压力油首先将回油打开,就可以实现液压缸 7 的伸缩动作。由于液控单向阀锁紧回路在执行元件不工作时,活塞能准确、可靠、长时间地停止在所需要的位置上;在执行元件工作时,活塞能迅速、准确、稳定地伸缩。因而,这种回路在土木工程机械的液压系统中有高锁紧要求的场合得到广泛应用。

3) 制动器锁紧回路

制动器锁紧回路是在液压马达的输出轴上安装液压制动缸,来实现锁紧目的的回路。利用制动缸锁紧不会因泄漏而影响锁紧精度,可实现安全可靠的锁紧,特别适用于液压马达作为执行元件的液压系统中。如图 6-57 所示的制动缸锁紧回路,一般采用弹簧锁紧、液压松闸的单作用缸作为制动器(称为常闭式制动器)。

在图 6-57(a)中,制动缸 3 为单作用缸,进油口与液压马达的进油路并联。当 M 型三位四通换向阀 1 处于左位或右位时,压力油经单向节流阀 2 向制动缸 3 供油,使制动缸松闸,液压马达 4 回转。这种制动回路中单向顺序阀的作用是限制液压马达的回转速度,其单向节流阀的作用是直动快速、松闸滞后,如在钢丝绳卷筒上起吊重物开始时,避免松闸过快,防止先下后上的现象。为了避免换向阀 1 处于中位时,压力油松开制动缸,所以这种制动器锁紧回路只能用在串联回路的末端。如需要放在其他位置,只将制动缸 3 的泄油口接在压力油路中就可以解决问题,见图 6-57(b)。

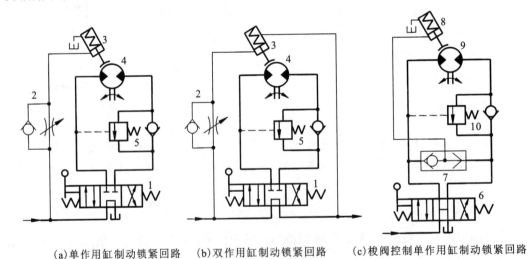

(a) 单作用缸制动锁紧回路　(b) 双作用缸制动锁紧回路　(c) 梭阀控制单作用缸制动锁紧回路

图 6-57　制动缸锁紧回路

1.M 型三位四通手动换向阀;2.单向节流阀;3、8.制动缸;4、9.液压马达;
5、10.外控单向顺序阀;6.H 型三位四通电磁换向阀;7.梭阀

在图 6-57(c)中,制动缸 3 是通过梭阀 7 来与液压马达 9 的进出油口相连。当 H 型三位四通电磁换向阀 6 处于左位或右位时,都能松开制动缸 8。为了保证换向阀 6 处于中位时制动,换向阀 6 必须是 H 型中位机能,同时该制动回路只能用在串联回路的末端。

四、多缸动作回路

液压系统中,用一个液压源供给多个液压执行元件工作的回路称为多缸动作回路。根据执行元件动作的配合关系,多缸动作回路分为顺序动作回路、同步动作回路、互不干扰回路三类。

1. 顺序动作回路

顺序动作回路是使多缸液压系统的各液压缸按照给定的顺序进行的工作回路。按照控制方式顺序动作回路有行程控制回路、压力控制回路和时间控制回路等。

1)行程控制式顺序动作回路

行程控制式顺序动作回路是在液压缸运动到一定位置时发出信号,控制另一液压缸开始动作的回路。这种回路是用行程阀或行程开关作为控制元件操纵换向阀换向,控制液压缸顺序动作的。

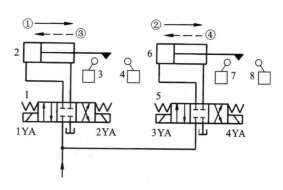

图 6-58 行程控制式顺序动作回路
1、5.O 型三位四通电磁换向阀;2、6.液压缸;
3、4、7、8.行程开关

图 6-58 是行程控制式顺序动作回路。它是通过行程开关阀来控制换向阀换向来实现液压缸顺序动作的,其工作流程见表 6-6。该回路调整液压缸行程及工作顺序方便,可靠性高,适用于动作循环经常要求改变的场合。

表 6-6 利用电磁阀和行程开关顺序动作回路动作顺序表

行程开关状态				换向阀电磁铁状态				换向阀位置		液压缸状态	
3	4	7	8	1YA	2YA	3YA	4YA	阀1	阀5	缸2	缸6
按下启动按钮				+	−	−	−	左位	中位	→①	−
−	+	−	−	−	−	+	−	中位	左位	−	→②
−	−	−	+	−	+	−	−	右位	中位	←③	−
+	−	−	−	−	−	−	+	中位	右位	−	←④
−	−	+	−	−	−	−	−	中位	中位		

2)压力控制式顺序动作回路

压力控制式顺序动作回路是利用液压系统工作过程中的压力变化控制顺序阀、压力继电器等液压元件动作,来控制执行元件顺序动作的回路。

图6-59是直动式顺序阀顺序动作回路。当O型三位四通电磁换向阀1处于左位,而单向顺序阀5的调定压力大于液压缸2的最大伸出工作压力时,压力油进入液压缸2的无杆腔,执行伸出动作①;当液压缸2的外伸动作完成后,压力升高,单向顺序阀5被打开,压力油进入液压缸4的无杆腔,执行伸出动作②;当换向阀1处于右位,而单向顺序阀3的调定压力大于液压缸4的最大

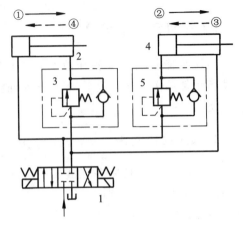

图6-59 直动式顺序阀顺序动作回路
1.O型三位四通电磁换向阀;2、4.液压缸;
3、5.单向顺序阀

缩回工作压力时,压力油进入液压缸4的有杆腔,执行缩回动作③;当液压缸4的缩回动作完成后,压力升高,单向顺序阀3被打开,压力油进入液压缸2的有杆腔,执行缩回动作④。为保证动作顺序可靠,该回路中顺序阀的调定压力应比先动作液压缸的最高工作压力高出0.8~1MPa;否则会使顺序阀在系统压力波动时产生误动作,引发事故。因而这种回路只适用于系统中液压缸数目不多、负载变化不大的场合。

2. 同步动作回路

同步动作回路是指在液压系统中保持两个或多个液压执行元件以相同的移动或转动速度运动的回路。在同步运动回路中,执行元件常采用并联或串联的连接方式来使其同步,但由于各执行元件所受到的负载、摩擦阻力、制造精度、泄漏及结构弹性形变不同等因素的影响,难以保证同步运动。因此,同步动作回路需采取补偿措施来减少这些影响。

1)调速阀控制的同步动作回路

图6-60是调速阀控制的同步动作回路。其中液压缸3和液压缸5并联接入油路,在两个液压缸的进油口分别串联着调速阀2和调速阀4,通过仔细调整调速阀开口量的大小,在O型三位四通电磁换向阀1处于左位时,就可以实现在活塞伸出方向上实现同步运动;当换向阀1处于右位时,两液压缸的回油分别经调速阀2和调速阀4上的单向阀流回油箱,实现活塞的快速缩回。这种同步动作回路的结构简单,易于实现多缸同步。但调整较难,同步精度受油温及载荷的变化和各调速阀性能差异的影响,适用于同步精度要求不高、速度较低的场合。

2)分流阀控制的同步动作回路

图6-61是分流阀控制的同步动作回路原理图。这也是一种液压缸并联的回路,它是利用分流阀来控制进入两个液压缸的流量,实现两缸同步运动的。这种同步回路较好地解决了同步效果不能调整或不易调整的问题。

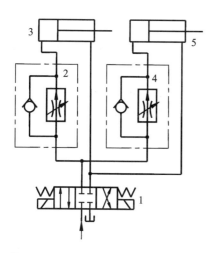

图 6-60 调速阀控制的同步动作回路
1.O 型三位四通电磁换向阀；
2、4.单向调速阀；3、5.液压缸

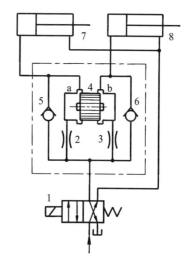

图 6-61 分流阀控制的同步动作回路
1.二位四通电磁换向阀；2、3.节流阀；
4.分流阀；5、6.单向阀；7、8.液压缸

如图 6-61 所示，压力油经过二位四通电磁换向阀 1 后，分两路通过两个尺寸相同的固定节流阀 2 和 3 分别进入分流阀 4 的左腔和右腔，再经油阀芯控制的两个环形槽 a 和 b，分别进入液压缸 7 和 8，推动各自的活塞向外伸出。当两液压缸的负载相同时，分流阀 4 内阀芯的两端压力相等（即 $p_1=p_2$），阀芯处于某一平衡位置不动，节流阀 2 和 3 进出油口的压降相等（即 $p-p_1=p-p_2$），进入液压缸 7 和 8 的流量也相等，因此两液压缸活塞以相同的速度向外伸出；若液压缸 7 上的负载增大，则分流阀左腔的内压力（p_1）上升，阀芯右移，a 口加宽，b 口减小，使 p_1 下降，p_2 上升，直至达到一个新的平衡位置时阀芯不再运动，阀芯两端的压力再次达到平衡（即 $p_1=p_2$），此时液压缸活塞的伸出速度仍然保持速度同步；当换向阀 1 断电复位时，液压缸 7 和 8 的活塞缩回，回油经单向阀 5 和 6、换向阀 1 流回油箱。

这种同步回路与调速阀控制的同步动作回路相比精度较高，而且使用方便，但分流阀的制造精度及造价均较高。

3) 带补偿措施的串联液压缸同步回路

图 6-62 是带补偿措施的串联液压缸同步回路。在这种回路中，液压缸 2 和液压缸 3 串联连接，若液压缸 2 有杆腔的有效面积 A 等于液压缸 3 有杆腔的有效面积 B，则两液压缸就能实现同步伸出或缩回。这种回路结构简单、效率高；但供油压力高，而且会由于制造误差、内泄漏等因素的影响，只

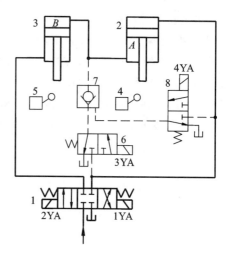

图 6-62 带补偿措施的串联液压缸同步回路
1.O 型三位四通电磁换向阀；2、3.液压缸；
4、5.行程开关；6、8.三位二通电磁换向阀；
7.液控单向阀

能实现近似同步,且会逐渐积累而达到严重失调的地步,因而需采用补偿措施来消除误差。

如图6-62所示,当O型三位四通电磁换向阀1处于右位时,两个液压缸的活塞同时伸出;若液压缸2首先到达终点并触动行程开关4时,使电磁铁3YA通电、三位二通电磁换向阀6换向至右位,压力油经换向阀6、液控单向阀7向液压缸3的B腔补油,推动液压缸3的活塞快速下行至终点;若液压缸3首先到达终点并触动行程开关5时,使电磁铁4YA通电、换向阀8换向至上位,压力油经换向阀8将液控单向阀7的反向通道打开,液压缸2的A腔内的压力油经液控单向阀7、换向阀6流回油箱,液压缸2快速下行至终点。这样就消除了液压缸活塞位置的误差。这种同步回路只适用于负载较小的液压系统。

3. 互不干扰回路

在液压系统中,互不干扰回路的作用是防止几个液压缸因负载大小或速度快慢的不同在动作上相互干扰的回路。

图6-63是双泵供油多缸快慢速互不干扰回路。图中小泵1为高压小流量泵,大泵4是低压大流量泵。当液压缸10和液压缸14快进时,电磁铁2YA、4YA通电,液压缸10(液压缸14)为差动连接,由大泵4和液压缸10(液压缸14)B腔(D腔)来的压力油经换向阀7(换向阀11)和换向阀9(换向阀13)同时向液压缸10的A腔和液压缸14的C腔供油;在工进时,电磁铁1YA、3YA通电,由小泵1来的压力油经换向阀7(换向阀11)和换向阀9(换向阀13)同时向液压缸10的A腔和液压缸14的C腔供油;在快退时,四个电磁铁都通电,由大泵4来的压力油经换向阀9(换向阀13)同时向液压缸10的B腔和液压缸14的D腔供油;四个电磁铁都不通电,两液压缸则停止工作。

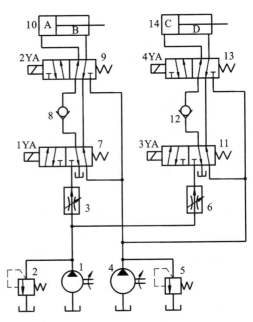

图6-63 双泵供油多缸快慢速互不干扰回路
1.小泵;2、5.溢流阀;3、6.调速阀阀;4.大泵;
7、9、11、13.二位五通电磁换向阀;
8、12.单向阀;10、14.液压缸

第四节 典型液压系统

一、自升式塔式起重机顶升液压系统

塔式起重机是土木工程常备的机械设备,其塔身能借助内部的顶升机构,随着建筑物的升高而自行升高,其顶升机构采用最多的是液压顶升机构。

如图 6-64 所示为自升式塔式起重机的顶升机构液压系统图。由图可见，该系统中的压力控制回路是一个两级调压回路；当塔架需要接一个标准节升高时，该系统的工作压力由先导式溢流阀 2（高压）来控制，此时操纵换向阀 5 处于左位，压力油进入液压缸 6 的上腔，推动活塞杆伸出而顶起塔顶，直至放入标准节规定的高度；顶升完毕并完成其他必备工作后，控制换向阀 4 换向至左位，该系统的工作压力就由溢流阀 3（低压）来控制，将换向阀 5 处于右位，压力油进入液压缸 6 的下腔，推动活塞杆向上缩回后，再放入标准节并固定；至此就完成了一个标准节的安装。在这个系统中由于采用了两级调压回路，保证了液压缸的活塞杆伸出时在高压状态下工作、缩回时在低压状态下工作，从而减少了功率损失，降低了油液发热。

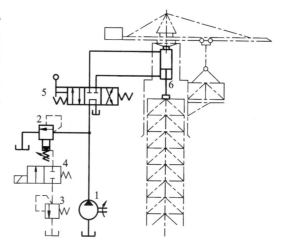

图 6-64 自升式塔式起重机顶升机构液压系统
1.定量泵；2.先导式溢流阀；3.溢流阀；6.液压缸；4.二位二通电磁换向阀；5.M 型三位四通手动换向阀

二、QY-8 型汽车式起重机液压系统

汽车式起重机是一种自行式起重设备，具有机动性好的特点，因而在各种工程施工，特别是土木工程施工中得到广发的应用。QY-8 型汽车式起重机（图 6-65）是一种较小的汽车起重机，其工作机构由支腿、回转机构、伸缩机构、变幅机构、起吊机构组成，相应的液压系统（图 6-66）由控制其动作的支腿收放回路、回转回路、伸缩回路、变幅回路、起吊回路组成。

如图 6-66 所示的 QY-8 型汽车式起重机液压系统是上述各执行动作回路通过手动操纵的串联阀组来控制其动作的回路。该系统定量泵 5 的动力由汽车底盘变速箱上的取力箱驱动，系统中的定量泵 5、安全阀 6 及下车系统（包括支腿阀组 7、液压锁 8、前后支腿液压缸）装在汽车底盘上，油箱及上车系统（系统其余部分）安装在回转机构上面的上车上面，其中上车系统和下车系统通过中心回转接头相连。因此，这是一个单泵、开式、换向阀串联式液压系统，作用是在正常工作情况下，各回路只能单独动作，只有在负载较小的情况下才能复合动作。

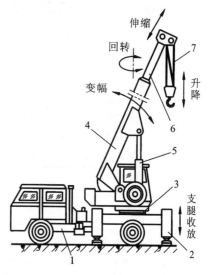

图 6-65 QY-8 型汽车式起重机
1.载重汽车底盘；2.支腿机构；3.回转机构；4.起重臂；5.变幅机构；6.伸缩机构；7.起吊机构

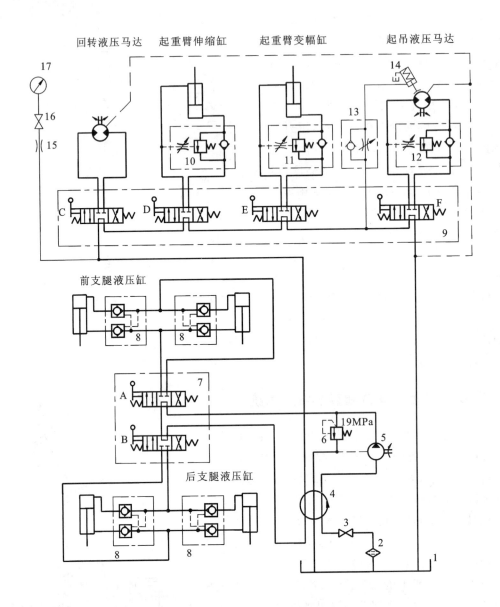

图 6-66 QY-8 型汽车式起重机液压系统

1.油箱;2.过滤器;3、16.开关;4.中心回转接头;5.定量泵;6.安全阀;7.支腿阀组;8.液压锁;9.上车系统阀组;10、11、12.平衡阀;13.单向节流阀;14.制动缸;15.节流阀;17.压力表;A、B、C、D、E、F.M型三位四通手动换向阀

(1)底盘支腿收放回路。底盘支腿收放回路的作用:起重机进行起吊工作时,由支腿收放回路将支腿伸出,将底盘撑起,使轮胎离地,增加起重机的稳定性;起重机行走时,支腿收放回路将支腿收回,方便行走。该起重机底盘前后各有两个支腿,每个支腿配有一个液压缸,并由两个 M 型三位四通手动换向阀 A 和 B 分别控制前两个支腿的两个并联液压缸和后两个支腿的两个并联液压缸,在每个液压缸的回路上都设置有液压锁 8,用来保证换向阀处于中位时支腿被可靠地锁住,防止在进行起重作业时发生软腿现象或行车过程中支腿自行下落。

(2) 上车回转回路。上车回转回路是使整个上车部分和起吊的重物回转的回路。由液压马达通过蜗轮减速箱,再经内啮合齿轮来驱动转盘。由于转盘转速较低(仅 1～3r/min),因而没有设置制动回路。M 型三位四通手动换向阀 C 控制,可获得正转、反转、停止三种工作状况。

(3) 起重臂伸缩回路。起重臂伸缩回路的作用是增加起重臂的长度,扩大起吊工作范围和高度。起重臂伸缩机构由基本臂、伸缩臂和伸缩缸组成,由 M 型三位四通手动换向阀 D 控制装在二者之间的伸缩缸来推动伸缩臂伸缩和停止。当换向阀 D 处于中位时,装在伸缩回路上的平衡阀 10 是为了防止伸缩臂在自重和重物的作用下回缩而设置的平衡回路。

(4) 起重臂变幅回路。起重臂变幅回路的作用是调整起重臂的俯仰角度,改变起吊工作范围和高度。起重臂变幅机构由起重臂和变幅油缸组成,由 M 型三位四通手动换向阀 E 控制变幅油缸的伸缩来调整起重臂的俯仰角度。当换向阀 E 处于中位时,装在变幅回路上的平衡阀 11 是为了防止起重臂在自重和重物的作用下下落而设置的平衡回路。

(5) 重物起吊回路。重物起吊回路是汽车起重机的主要机构,有起吊、放下、在空中停止三个作用。它是由 M 型三位四通手动换向阀 F 控制大扭矩液压马达带动卷扬机正反转来实现重物的起落,在液压马达的回路上设置平衡阀 12 来防止重物自由下落,由常闭式制动缸 14 确保液压马达迅速制动和防止"溜车"现象发生。单向节流阀 13 的作用是使制动缸 14 上闸快、松闸慢,避免在半空中的重物重新起升时,拖动液压马达反转而产生滑降的现象。

思考与练习

1. 何谓液压传动？液压传动的理论依据是什么？
2. 液压传动由哪几部分组成？各部分有何作用？
3. 什么是压力？它是如何产生的？压力的单位有哪些？它们之间的关系如何？
4. 解释下列名词：理想液体、实际液体、通流截面、流量、流速、平均流速、层流、紊流。
5. 液体流动的连续性方程与伯努利方程的物理意义是什么？
6. 液压系统中的能量损失有哪些表现形式？如何减少这些损失？
7. 什么是气穴现象和液压冲击？气穴现象和液压冲击是怎样产生的？怎样预防和避免气穴现象与液压冲击的危害？
8. 从能量和结构两个方面来看,液压泵与液压马达有什么区别和联系？
9. 何谓定量泵或定量马达？何谓变量泵或变量马达？齿轮、叶片、轴向柱塞、径向柱塞泵或马达,哪些可以是定量泵或定量马达？哪些可以做成变量泵或变量马达？
10. 常用液压缸有哪些类型？各有什么特点？熟悉各种液压缸的职能符号及技术参数。
11. 两结构尺寸相同的单活塞杆式双作用液压缸,均为缸筒固定,一个为差动连接,另一个为非差动连接,试比较：①供油压力相同时,推动负载的大小；②供油流量相同时,活塞杆伸缩速度的大小；③两液压缸推动负载相同,活塞杆伸出速度也相同,供油压力和流量的大小。

12. 如图 6-67 所示,两个结构及尺寸相同、相互串联的液压缸,无杆腔的面积 $A_1=100\text{cm}^2$,有杆腔的面积 $A_2=80\text{cm}^2$,缸 1 的供油压力 $p_1=0.9\text{MPa}$,供油流量 $Q_1=12\text{L/min}$,若不计各种损失,求:①两缸负载相同时(即 $F_1=F_2$),该负载的大小及两缸的运动速度;②缸 2 的供油压力是缸 1 的一半时,两缸各能承受多大负载?③缸 1 不承受负载时($F_1=0$),缸 2 能承受多大负载?

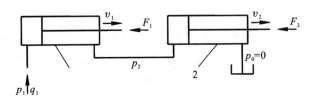

图 6-67　12 题图

13. 如图 6-68 所示,两个结构及尺寸相同、相互并联的双杆液压缸,若 F_1 远远大于 F_2、供油流量为 q。当缸 2 活塞运动时,确定两缸的运动速度 v_1、v_2 和供油压力 p 的大小。

14. 说明溢流阀、减压阀、顺序阀各自的用途,液压符号分别怎样表示?

15. 什么是换向阀的"位"和"通"?有哪些控制方式?液压符号怎样表示?

16. 什么是换向阀的中位机能?写出中位机能为 M、H、P、Y 三位四通的液压符号,并说明各自的特点及应用场合。

17. 节流阀和调速阀原理上有何不同?各应用在什么场合?画出各自的液压符号。

18. 何谓调压回路、减压回路、增压回路、卸荷回路、平衡回路?分别怎样识别?

19. 确定如图 6-69 所示的调压回路在如下工况下液压泵的出口压力:①全部电磁铁断电;②电磁铁 2YA 通电,1YA 断电;③电磁铁 2YA 断电,1YA 通电。

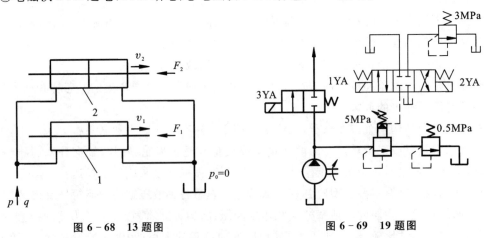

图 6-68　13 题图　　　　图 6-69　19 题图

20. 在如图 6-70 所示的减压回路中,已知溢流阀的调定压力为 6MPa,减压阀的调定压力为 2MPa。试分析活塞在运动期间及顶到挡块后管路 A 点和 B 点的压力值。

21. 调速回路有哪些类型?分别怎样识别?

22. 在如图 6-71 所示的节流调速回路中,已知无杆腔面积 $A_1=10\times10^3\,\mathrm{mm^2}$,有杆腔面积 $A_2=5\times10^3\,\mathrm{mm^2}$,节流阀进出口最小压差 $\Delta p=0.5\mathrm{MPa}$。试求:①当负载 F 从零增加到 30kN 时,若保持向右运动的速度稳定不变,溢流阀最小调定压力 p_y 为多少?②若负载 $F=0$,泵的输出压力 p、油缸有杆腔为压力 p_2 各为多少?

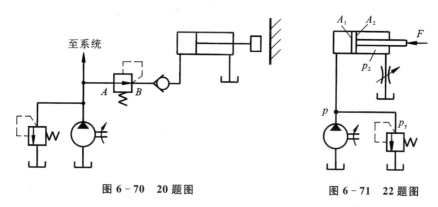

图 6-70 20 题图   图 6-71 22 题图

23. 锁紧回路有哪些?其关键元件是什么?分别应用在什么场合?

24. 何谓顺序动作回路、同步动作回路、互不干扰回路?

25. 在如图 6-72 所示的双液压缸液压系统中,若电磁铁 1YA 和 2YA 按图所规定的顺序通电,试列表说明各液压阀和液压缸的工作状态。

25题电磁铁动作顺序		
序号	1YA	2YA
1	−	+
2	−	−
3	+	−
4	+	+
5	+	−
6	−	−

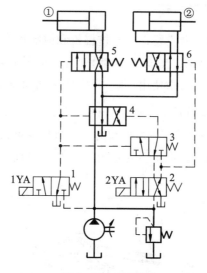

图 6-72 25 题图

第七章 装载机械

在土木工程施工中,装载机械是用来完成场地平整、路基铺筑、基础及沟槽开挖、隧道土石方装载等作业的机械。

第一节 装载机械的分类

装载机械根据不同的使用要求,发展形成了许多不同的结构类型,主要是按作业场所、取料方式、行走方式、动力类型进行分类。

一、按作业场所分类

按照作业场所,装载机械可分为露天装载机械和井下矿用装载机械。

1. 露天装载机械

露天装载机械主要是单斗挖掘机和前端式装载机。在水电及铁路施工中大部分采用大斗容前端式装载机完成装载作业,而且当运距不大或运距和坡度经常变化时,前端式装载机亦可作为装运设备来使用,即一机完成装载和短距离运输作业。

1)单斗挖掘机

单斗挖掘机(图 7-1)按动力分为机械挖掘机和液压挖掘机。以电力驱动的机械或液压驱动的正铲单斗挖掘机主要是用于装载停机面以上的岩石及土方挖掘作业;以液压驱动的

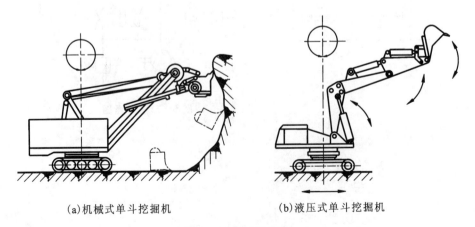

(a)机械式单斗挖掘机　　　(b)液压式单斗挖掘机

图 7-1 单斗挖掘机

反铲单斗挖掘机主要是用于装载停机面以下的土方挖掘作业。无论机械式还是液压式单斗挖掘机,其作业方式都属于循环作业式,其行走方式主要采用履带式,在中小型反铲液压挖掘机少量采用轮胎式。

所谓循环作业式就是每个工作循环都包括挖掘、回转、卸料和返回四个过程。

液压挖掘机是在机械式单斗挖掘机的基础上发展起来的。随着液压传动技术的广泛应用,单斗液压挖掘机得到了迅速的发展。在中小型单斗挖掘机中,液压挖掘机已经取代了机械挖掘机,大型单斗液压挖掘机的应用也与日俱增。这是由于液压传动挖掘机具有重量轻、体积小、结构紧凑、挖掘力大、传动平稳、操纵简单,以及容易实现无级变速和自动挖掘等一系列优点,在土木工程中已得到广泛应用。

2)前端式装载机

前端式装载机也是一种循环作业式装载机械。根据铲斗卸载方式的不同分为前卸式、后卸式、侧卸式和回转式四种,其主要特点见表 7-1。不同卸载方式的装载机工作过程如图 7-2 所示。这种装载机的工作机构都放在机器的前端,因此把这种装载机称为前端式装载机。

表 7-1 装载机四种卸料方式

卸料方式	作业特点	使用要求
前卸式	前端卸料;作业时调车比较费时,但装载机结构简单、视野好	卸料时要求与运输车辆相对垂直
后卸式	前端铲装,后端卸料;作业时不需调车,作业效率高;适用于工作面狭小或坑道施工;缺点是安全性较差,视野不好,操纵不便	装、卸时要尽量作直线运动
侧卸式	前端铲装,向一侧卸料;作业时不需调车,效率高;适用于狭窄场地,但结构比较复杂	装载机与运输车辆须并排作业
回转式	前端铲装,转台回转一定角度卸料;对准性好,装卸方便、效率高,但结构复杂,稳定性差	要求有一定的装卸场地

露天用前端式装载机基本上采用内燃机驱动。按照行走装置分为履带式[图 7-2(c)]和轮胎式两种[图 7-2(d)]。使用最多的是轮胎式,轮胎式装载机按照驱动轮数又可分为前轮驱动、后轮驱动和全轮驱动三种,全轮驱动加大了装载机的牵引力和铲取力。与单斗挖掘机相比,前端式装载机具有造价低、重量轻、速度快、灵活性大和一机多用等优点。缺点是铲斗臂较短,装载高度受到一定的限制,对装载岩石的块度有一定的要求,以及轮胎工作条件恶劣、磨损较快、费用较高(一般为作业成本的 40%~50%)等。

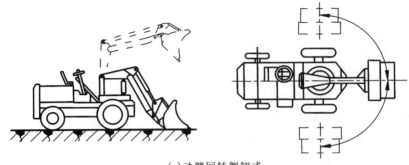

(a) 动臂回转侧卸式

(b) 铲斗单向倾翻侧卸式

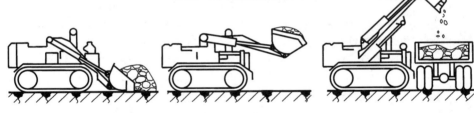

(c) 履带行走前卸式

(d) 轮胎行走前卸式

图 7-2 各种装载机的工作过程

2. 地下矿用装载机械

地下矿用装载机是在隧道施工中对岩石或矿石等爆破后的松散物料进行装载作业的设备。按铲装方式分为铲斗式装载机、耙爪式装载机、挖斗式装载机和耙斗式装载机等。

1) 铲斗式装载机

铲斗式装载机属于循环作业式装载机械。装载作业时，先将铲斗放平，依靠自身的质量和向前运行速度所产生的动能将铲斗插入碎石堆，通过提升和翻转将碎石卸入矿车或转载设备中，然后重复进行这一作业循环。铲斗式装载机具有结构紧凑、工作可靠、操作简便，能在弯道内作业以及清理工作面等优点。地下用铲斗式装载机的种类见图7-3。

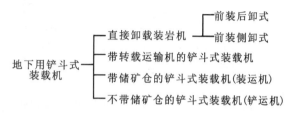

图7-3 井下铲斗式装载机的种类

前装后卸式铲斗装岩机(图7-4)是一种正铲后卸轻型装载机。进行装岩作业时，装岩机前行，放平的铲斗将碎石铲入，提升后将其抛卸到机器后面的矿车内。按行走方式有轨轮式、履带式和轮胎式。

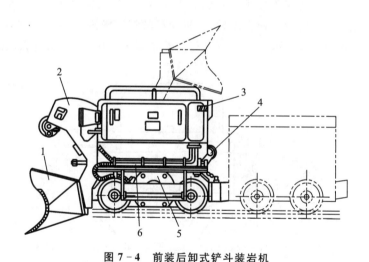

图7-4 前装后卸式铲斗装岩机
1.铲斗；2.斗柄；3.缓冲弹簧；4.提升机构；
5.行走机构；6.回转座

前装侧卸式铲斗装岩机[图7-5、图7-2(b)]的铲斗无侧壁或保留一面侧壁，铲取碎石后，通过侧卸油缸的动作使铲斗向旁侧倾斜，将碎石倾卸到旁侧的运输设备内。这种装岩机具有如下特点：①铲斗比机身宽，容积大；②由于铲斗的侧壁低或无侧壁，因而插入阻力小，容易装满铲斗；③运输车辆布置在旁侧，提升与卸载的行程较短，装岩的生产率高，特别适合于在狭窄的隧道中进行装岩作业；④在隧道内还可用于撬顶和安装锚杆的作业；⑤行走方式多为履带式。

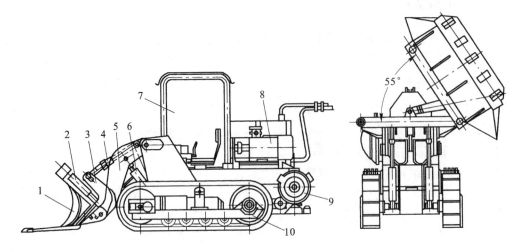

图 7-5 前装侧卸式铲斗装岩机

1.铲斗;2.侧卸油缸;3.铲斗座;4.拉杆;5.动臂;6.动臂油缸;7.驾驶室;8.电机1;9.电机2;10.履带式行走底盘

带储矿仓的铲斗式装载机(装运机,图 7-6),是一种能完成铲装→运输→卸载三种作业的一机多能的联合设备(又称装运卸机,简写为 LHP)。装运机作业时,铲斗铲取岩石并抛卸到机器后面的储矿仓内,储矿仓装满后,将机器行驶到运输机或溜井等卸载地点并自行卸载,然后进行下一循环的装→运→卸作业。行走装置多为轮胎式,动力为气动或内燃两种。

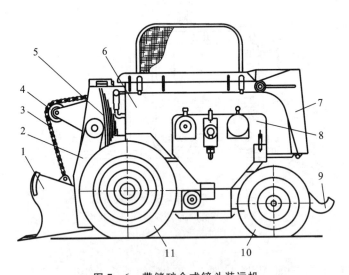

图 7-6 带储矿仓式铲斗装运机

1.铲斗;2.斗柄;3.链条;4.支承滚轮;5.缓冲弹簧;6.车厢;7.后挡板;
8.操纵板;9.车厢道轨;10.转向轮;11.驱动轮

只有一个大铲斗的铲斗式装载机简称铲运机(图 7-7)。铲运机的大铲斗既铲又运,铲斗装满后行驶到溜井或其他卸载地点进行卸载。铲运机是一种专门为矿山井下设计的矮车身、铰接底盘的前端式装载机,也是一种能独立完成装→运→卸作业的一机多能的联合设备。铲运机即可用于井下回采出矿,又可用于掘进清渣。目前使用的铲运机主要采用内燃驱动,是我国金属矿山井下采矿进行装→运→卸作业的主要设备。

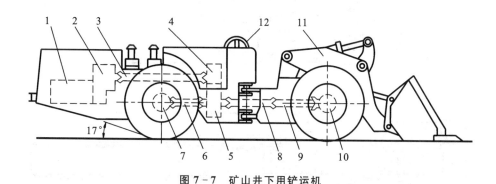

图7-7 矿山井下用铲运机

1.发动机;2.传动箱;3.传动轴;4.变矩器;5.变速箱;6.后驱动轴;7.后驱动桥;
8.中间传动轴;9.前驱动轴;10.前驱动桥;11.工作机构;12.转向机构

2)耙爪式装载机

耙爪式装载机属于连续作业式装载机械。装载作业时,装载机前行,铲板铲入碎石堆,由耙爪不断地将碎石耙取到刮板运输机上,再将碎石连续地转运到矿车或转载设备中。耙爪式装载机装载效率高,特别适用于断面较大、装岩量多的隧道装载作业,可与凿岩台车、梭式矿车一起组成钻→装→运机械化作业线。爪式装载机按耙爪及动作原理可分为蟹爪式装载机、立爪式装载机和蟹立爪式装载机。

蟹爪式装载机(图7-8)在前面倾斜的铲板上安装着转向相反的一对耙爪(称为蟹爪)。工作时从两侧蟹爪交替耙取碎石,不间断地输送到中间的刮板运输机上,连续向后面的皮带运输机及运输车辆上转载。蟹爪式装载机实现了连续式装载作业,生产率较高,可与大容量的运输设备(如自卸汽车、梭式矿车等)配套使用,减少调车时间,提高装运效率。这种设备用于巷道爆破碎石的装载,更多的用于采矿和出矿。蟹爪式装载机一般为电力驱动,液压控制,履带行走。

立爪式装载机(图7-9)是在刮板运输机前端的两侧设置了一对立爪。工作时,由立爪从上向下耙取碎石送到刮板运输机上,再转载到梭车或运输车辆上。立爪式装载机是在蟹爪装载机的基础上发展起来的一种半连续作业式装载机。按行走方式有轨轮式和履带式,其特点是机构简单可靠,动作灵活,对巷道断面和岩石块度适应性强,除装岩外还能挖水沟和清理底板等。

另外,还有一种集中了蟹爪式和立爪式两种装载机优点的蟹立爪式装载机,具有蟹爪式装岩效率高和立爪式能够扒取岩堆高处以及两侧向蟹爪喂料的功能,减少了蟹爪装载机对插入深度的要求,因而提高了装载机的生产能力。蟹立爪式装载机与皮带矿车和斗式转载列车配套,在平巷掘进工程中,取得了良好的效果。

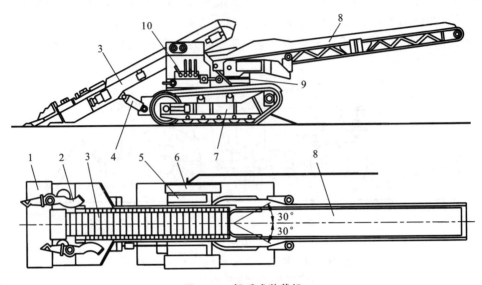

图 7-8 蟹爪式装载机

1.铲板;2.蟹爪;3.刮板运输机;4.铲板升降缸;5.电器系统;6.液压系统;7.履带式底盘;
8.皮带运输机;9.回转台;10.操作控制台

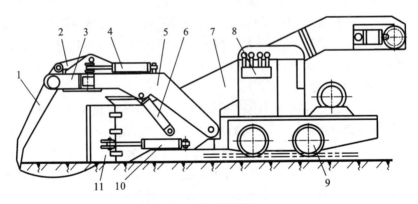

图 7-9 立爪式装载机

1.立爪;2.耙取油缸;3.小臂;4.小臂油缸;5.大臂;6.大臂油缸;7.刮板运输机;
8.液压控制系统;9.行走底盘;10.集渣液压缸;11.集渣板

3)反铲式挖装机

反铲式挖装机(也称顶耙式装载机)是一种连续作业式装载机械。它是将立爪换成多年实践行之有效的、强有力的反铲工作装置(图 7-10),其行走方式主要是履带式。

反铲式挖装机具有如下特点:①反铲工作装置是挖掘机械生产率最高、作业最有效的工作装置;②装有附加的轨轮式行走装置,进出隧道、短距离拖运方便,同时也减少了履带装置的磨损;③挖掘高度远比立爪的挖掘大得多,所以它在立爪装载机的基础上又近了一步;④工作装置可换装液压破碎器,从而扩大功能;⑤动力装置有两套,即电动机与柴油机,可根据工地实际情况选择其一。

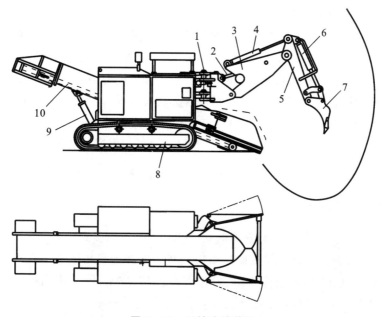

图 7－10　反铲式挖装机

1.转臂机构；2.动臂油缸；3.动臂；4.斗杆油缸；5.斗杆；6.转斗油缸；7.铲斗；
8.履带式底盘；9.升降油缸；10.刮板运输机

二、按取料方式分类

装载机械按工作装置的取料方式不同可分为上取式、底取式、侧取式。

(1)上取式装载机械。上取式装载机械的工作机构是从物料堆的上表面倾斜向下铲取物料。这种取料方式的优点是获取相同容积的物料,取料阻力较小,重力方向帮助机器向物料方向推进。这种类型的装载机有立爪式装载机、顶耙式装载机、耙斗式装载机、反铲式挖掘机等。

(2)底取式装载机械。底取式装载机械的工作机构是从物料堆的底部插入,再倾斜向上获取物料的。这种取料方式的特点是料堆对工作机构阻力较大,阻力方向阻止装载机械向岩堆推进。这种类型的装载机械有铲斗式装载机、前端式装载机、单斗正铲挖掘机等。

(3)侧取式装载机械。侧取式装载机械的工作机构是从料堆的旁侧插入,再横向运动来装载物料的。这种取料方式的特点是每次获取物料量较少,取料动作连续,且速度较快。侧取式装载机械有蟹爪式装载机等。

三、按行走方式分类

装载机械按行走方式的不同分为轨轮式、履带式、轮胎式三种主要形式。

(1)轨轮式装载机械。轨轮式装载机械是目前矿山使用最多的一种装载设备,具有结构简单、制造维修成本低、操作方便、运行阻力小、使用寿命长等特点。缺点是轨道铺设等辅助工作量大，装载范围和使用场所受到一定的限制，由于轨道与轨轮之间的黏着系数小，在相同机重条件下机器产生的牵引力小。

(2)履带式装载机械。履带式装载机械属于无轨装载设备。由于履带和地面的黏着系数较大，在相同的机重条件下，能获更大的牵引力；但其结构复杂，制造维修成本高，运行阻力也较大，运行速度低于轮胎式装载机械，通过性好，爬坡能力强，而且装载宽度不受限制。

(3)轮胎式装载机械。轮胎式装载机械属于无轨装载设备。在相同机重条件下，其牵引力和运行阻力介于轨轮式和履带式之间。它具有行驶机动灵活、运行速度快、爬坡能力强、生产率高等优点，在地下建筑工程施工中得到了广泛应用；但这种装载机的缺点是轮胎磨损快，维修复杂。

四、按动力类型分类

装载机械按所使用的动力类型分为电动、气动、内燃三种形式。

(1)电动装载机械。电动装载机械是由电动机带动减速机再驱动各种机构来完成装载作业所需要的各种动作，具有结构简单、操作方便、制造成本低、效率高等优点，使用较多。缺点是安全性较差，作业时拖带电缆线行走不便，工作范围有限。

(2)气动装载机械。气动装载机械是由压缩空气作为动力源来驱动各种机构完成装载作业所需要的各种动作，具有工作安全可靠的优点，适用于各种场所作业。缺点是以压气为动力，效率低，生产成本高，作业时带输气管道行走不便，工作范围有限。

(3)内燃装载机械。内燃装载机械是由内燃机作为动力驱动各机构完成装载作业所需要的各种动作，具有独立能源、经济性好、行走灵活等优点，广泛应用于土木工程各个方向，特别适用于公路、铁路隧道装载作业。但在地下建筑工程开挖作业中，空气净化问题是采用内燃装载机械需要解决的问题。

第二节 轮胎式前端装载机

轮胎式前端装载机是用来进行散装物料的铲、装、运、卸等作业，在土木工程施工中广泛应用的一种装载设备，主要用于露天施工装载作业和中大型断面隧道开挖的装载作业。

一、轮胎式前端装载机的基本构成

轮胎式前端装载机由动力传动装置、传动系统、行走系统、工作装置和机架等构成。

1. 动力传动装置

1)组成

动力传动系统是轮胎式前端装载机的核心部分，它由下列几部分组成(图7-11)。

(1)动力传动装置：多采用柴油机提供动力，特殊情况下也可采用汽油机、电动机。

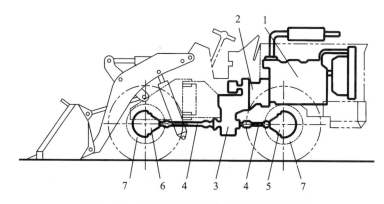

图 7-11 轮胎式前端装载机的动力传动系统
1.柴油发动机;2.液力变矩器;3.变速箱;4.传动轴;5.后驱动桥;6.前驱动桥;7.轮边减速器

(2)液力变矩器:用来连接发动机和变速箱,将发动机的动力传递给变速箱。可自动根据负载的变化改变输出转速与扭矩,实现无级变速。液力变矩器常与变速箱制成一体,称为分动箱,通过分动箱把动力传送到各机构中去。

(3)变速箱:是人为改变由发动机经液力变矩器传过来的转速和扭矩,以适应前端式装载机的工作需要,实现有级变速。柴油机的输出转速高(一般为 1 800～2 200r/min)、扭矩小,变速箱就是根据前端装载机作业和行驶要求,通过齿轮传动提供不同的行走速度,并使前端装载机获得一定的牵引力的动力传动机构。

(4)行星式轮边减速机构:装在车轮的轮辐中心。变速箱的动力通过传动轴和万向节驱动前后桥,最后传给轮边减速机构,进一步降低转速、增大扭矩驱动车轮回转。

(5)转向系统、工作装置和操纵系统的动力源来自总的传动系统。一般是通过分动箱带动液压泵工作,将机械动力转换成液压动力,经液压系统传给各机构动作的油缸,再由各种控制阀按照作业要求向各工作油缸供油,以完成装载作业的各种动作。

2)液力机械式传动系统

前端式装载机的动力系统有机械式、液力机械式、全液压式和电动轮式四种,目前使用最多的是液力机械式动力传动系统。液力机械式传动系统(图 7-12)是为了适应前端式装载机负载变化大的工作要求,用液力变矩器代替了机械式传动系统中发动机与变速箱之间的主离合器。因此,液力变矩器是液力机械式传动系统的核心部件。

液力变矩器可以随着负载的变化自动调整输出速度和扭矩。当阻力减少时,液力变矩器的输出扭矩变小,就会自动增加转速,装载机可快速行驶;当阻力增加时,液力变矩器的输出扭矩增加,转速就会自动减小,装载机慢速进行铲装作业。这就是液力变矩器自动适应外助力变化的无级变速功能。

所以,采用了液力变矩器的液力机械式动力传动系统能够自动适应装载机负荷急剧变化的要求,可以减少变速箱的档位和换挡次数,减少了传动系统的冲击载荷,还能防止发动机熄火及飞车,有效地保护了发动机。液力变矩器较主离合器效率低,从而使生产率降低,燃料消耗量也比较大。

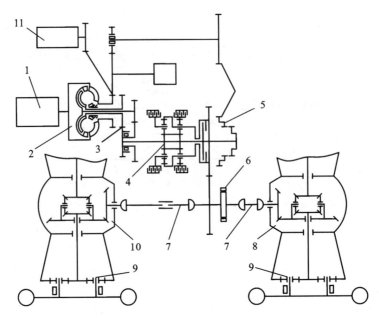

图 7-12 液力机械式传动系统

1.发动机;2.液力变矩器;3.分动与传动机构;4.星变速箱;5."三合一"机构;
6.手制动器;7.万向传动装置;8.前桥;9.轮边减速器;10.后桥;11.转向泵

ZL50 型前端式装载机的变矩器属于双蜗轮液力变矩器(图 7-13),是工程机械使用较多的一种变矩器,其结构特征是采用两个蜗轮相邻布置的方式,因此仍属于单级液力变矩器。它是通过两个蜗轮共同工作或单独工作的方式,加宽了高效区的范围,提高了装载机低速重载工作时的效率,增大了低速工作时的变矩比。如图 7-13(a)所示,当变矩器传动比较

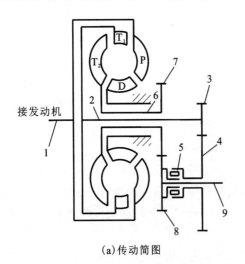

(a)传动简图

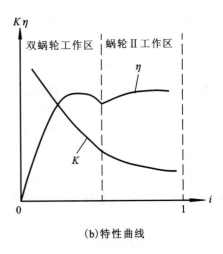

(b)特性曲线

图 7-13 ZL50 型前端式装载机用液力变矩器动力传动及特性曲线

P.泵轮;T_1.蜗轮Ⅰ;T_2.蜗轮Ⅱ;D.导轮;K.变矩系数;η.效率;i.速比;
1.输入轴;2.中心轴;3、4、7、8.齿轮;5.单向离合器;6.空心轴;9.输出轴

低时,单向离合器 5 处于楔紧状态,这时两个蜗轮就像一个整体的蜗轮一样将动力输出,其特性曲线就是图 7-13(b)中的双蜗轮工作区。当外阻力减小时,蜗轮Ⅱ转速升高,单向离合器 5 分离,这时变矩器只能通过蜗轮Ⅱ将动力传递给变速箱,其特性曲线就是图 7-13(b)中的蜗轮Ⅱ工作区。

如图 7-12 所示的前后桥均为驱动桥,称为双桥驱动。为了适应负载变化大的要求,轮胎前端装载机的底盘行走均采用双桥驱动。其动力传动路线可用图 7-14 表示。

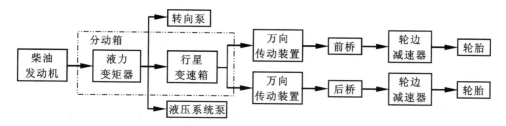

图 7-14 轮胎式前端转载机的动力传动路线

2. 转向系统

轮胎式装载机转向系统是用来操纵其行驶方向的。根据行驶和作业的需要,转向系统应能稳定地直线行驶,并能灵活地改变行驶方向。

轮胎式装载机按转向方式可以分为两类:①偏转车轮转向(整体式车架),包括偏转前轮[图 7-15(a)]、偏转后轮[图 7-15(b)]和前后轮同时偏转[图 7-15(c)];②铰接式转向[铰接式车架,图 7-15(d)]。

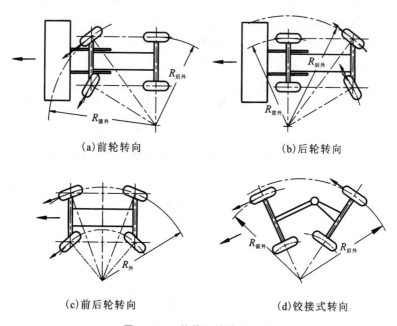

(a)前轮转向　　　　　　　　　(b)后轮转向

(c)前后轮转向　　　　　　　　(d)铰接式转向

图 7-15 装载机的转向方式

铰接式转向的转向半径小,机动性能好,所以装载机可在非常狭窄的场地作业,只要铲斗能通过的地方,车身即能通过,并且能在堆积物料场地的狭小通道中穿行。由于前后轮半径相同,避让障碍容易,且前后轮轨迹相同,前轮为后轮压实地面,减小在松软地面上的滚动阻力。工作装置与前车架铰接在一起,它可以随前车架一起左右摆动,作业中易于对准作业方向,作业灵活机动。因轴距较长,行车时纵向颠簸小,可以减少驾驶员的疲劳,但缺点是转向时的稳定性较差。基于以上原因,装载机绝大部分都采用铰接式转向方式。

3. 制动系统

制动系统是用来使行驶车辆减速或停车的装置,是装载机的重要组成部分,关系到行车及人员生命的安全,良好的制动系统可以提高平均行驶速度和运输生产率。对于制动系统各个国家都规定有必须达到的性能标准和安全标准。

制动系统主要由制动器和制动驱动机构两大部分组成。一个完善的制动系统,通常包括主制动器(车轮制动器)、停车制动器和紧急制动器。

制动器按照原理可分为机械摩擦制动器、液力式制动器。按照制动系驱动机构(即传力、助力机构)的操纵动力源可分为机械式(一般手制动)、动力式(靠气压、液压、气-液复合式来驱动传力、助力机构)。动力式广泛应用于工程机械,尤其气-液复合式应用更为广泛。

4. 轮胎式行驶系统

轮胎式行驶系统是用来支持整机的重量和载荷,并保证机械的行驶和进行各种作业。

轮胎式行驶系统如图7-16所示,通常由车架1、车桥2、悬架3和车轮4组成。车架通过悬架连接车桥,而车桥则安装在车架的两端。

对于行驶速度较低的轮胎式装载机械,为了保证其作业时的稳定性,一般不装弹性悬架,而将车桥直接与车架连接,仅依靠低压的橡胶轮胎缓冲减震,其缓冲性能比装有弹性悬架者的差。对于行驶速度高于40~50km/h的其他工程机械,则必须装有弹性悬挂装置。

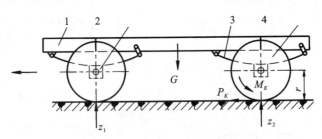

图7-16 轮胎式行驶系统的组成示意图
1.车架;2.车桥;3.悬架;4.车轮

5. 工作装置

装载机铲掘和装卸物料作业是通过工作装置的运动来实现,因而工作装置是装载机的核心部分,其工作装置的特性直接影响装载机的性能。有关详细内容将在下一部分详细介绍。

二、轮胎式前端装载机的工作装置

1. 工作装置的结构形式与特点

前端式装载机的工作装置分为有铲斗托架式和无铲斗托架式两类,如图7-17所示。

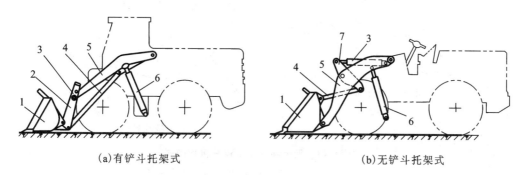

(a)有铲斗托架式　　　　　　　　(b)无铲斗托架式

图 7-17　前端式装载机的工作装置
1.铲斗;2.托架;3.转斗油缸;4.连杆;5.动臂;6.动臂油缸;7.摇臂

1) 有铲斗托架式

有铲斗托架式[图7-17(a)]的铲斗1装在托架2上,由托架2上的转斗油缸3来控制铲斗的转动。由动臂5、托架2、连杆4和车架组成四连杆机构,在动臂油缸6的作用下控制铲斗的升降。在转斗油缸处于闭锁状态时,动臂提升,就可实现铲斗在提升过程中保持平动,确保铲斗内物料不会撒落。

有铲斗托架式的工作装置结构简单,易于更换铲斗及安装附件,若将铲斗卸下,在托架上装上重臂或叉刀就可以作为起重或叉车作业。此外,由于转斗油缸及铲斗都是直接铰接在托架上,所以铲斗的转动角较大,易于倾斜物料;再者,由于在动臂前装有较重的托架,减少了铲斗的载重量。

2) 无铲斗托架式

无铲斗托架式[图7-17(b)]的铲斗1直接装在动臂5上,由转斗油缸3、摇杆7、连杆4、铲斗1、动臂5和机架组成连杆机构。转斗油缸3的伸缩可控制铲斗的转动。在转斗油缸闭锁时,动臂油缸6伸出,动臂5向上摆动,可实现铲斗的近似平动;倾斜物料后,在动臂油缸6缩回,动臂5下降时,可使铲斗自动放平在地面上。

对于无铲斗托架式工作装置,根据摇臂和连杆数目及铰接位置的不同,可组成不同形式的连杆机构(图7-18)。这些连杆机构铲斗的铲起力 F_z 随铲斗转角 α 的变化关系、倾斜时的角速度大小以及工作装置的运动特性也不相同(图7-19)。

对于正转连杆机构的工作装置,当机构运动时,铲斗与摇臂的转动方向相同[图7-18(a、b、c、d)],其运动特点是发出最大铲起力 F_z 时的铲斗转角 α 是负值[图7-19(a)中的曲线①],有利于地面的挖掘[图7-19(b)],铲斗倾卸时的角速度大,易于抖落砂土,但冲击较大。

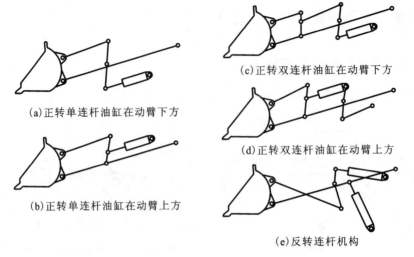

(a) 正转单连杆油缸在动臂下方
(b) 正转单连杆油缸在动臂上方
(c) 正转双连杆油缸在动臂下方
(d) 正转双连杆油缸在动臂上方
(e) 反转连杆机构

图 7-18 无铲斗托架式连杆机构形式

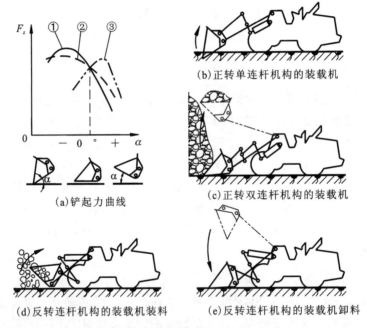

(a) 铲起力曲线
(b) 正转单连杆机构的装载机
(c) 正转双连杆机构的装载机
(d) 反转连杆机构的装载机装料
(e) 反转连杆机构的装载机卸料

图 7-19 不同形式连杆机构的工作特性
①正转单连杆；②正转双连杆；③反转连杆机构

正转连杆机构又可分为正转单连杆机构[图 7-18(a)、(b)]和正转双连杆机构[图 7-18(c)、(d)]两种形式。

单连杆机构的连杆数目少,结构简单,易于布置,一般能较好地满足作业要求。缺点是铲起力变化曲线陡峭[图 7-19(a)中的曲线①],摇臂和连杆的传动比较小,为提高传动比,需加长摇臂和连杆的长度,给结构布置带来困难,并影响驾驶员的视野。

双连杆机构的结构较复杂,转斗油缸也难以布置在动臂下方。但摇臂和连杆的传动比较大,因此摇臂和连杆尺寸可以减小,驾驶员的视野较好,铲起力变化曲线平缓[图7-19(a)中的曲线②],适合于利用铲斗及动臂复合铲掘的作业[图7-19(c)]。缺点是提升时动臂铲斗后倾。

正转连杆机构因总体结构布置及动臂形状的不同,将转斗油缸布置在不同的位置上。如将转斗油缸布置在动臂上方[图7-18(b)、(d)],则在动臂提升时,转斗油缸轴线与动臂轴线不会交叉,因而这种布置便于实现动臂、摇臂和连杆与转斗油缸的中心线布置在同一平面内,工作装置受力较好。缺点是当铲斗铲装物料时油缸的小腔工作,使铲斗油缸的缸径与重量增大。

对于反转连杆机构的工作装置来说,当机构运动时,铲斗与摇臂的转动方向相反[图7-18(e)]。其运动特点是发出最大铲起力F_z时的铲斗转角α是正值,且铲起力变化曲线陡峭[图7-19(a)曲线③]。因此,在提升铲斗时的铲起力较大,适于装载岩石[图7-19(d)],不利于地面的挖掘。铲斗倾卸时的角速度小,卸料平缓,难以抖落砂土。升降动臂时能基本保持铲斗平移,因此物料洒落少,易于实现铲斗自动放平[图7-19(e)],摇臂和连杆的传动比较小。

反转连杆机构多采用单连杆机构,双连杆机构布置较困难。在铲斗位于运输位置时,反转连杆机构连杆与动臂轴线相交,因此难以布置在同一平面内。但由于这种型式结构简单,铲起力较大,目前市场上的装载机大多采用反转连杆机构,如国产ZL50型装载机的工作装置就是这种反转连杆机构[图7-17(b)]。

需要说明的是正、反转连杆机构都是非平行四边形机构。因此,在动臂提升过程中,铲斗或多或少总要向后翻转一些。

2. 铲斗的结构

铲斗是工作装置用于铲装物料的工具,它包括切削刃、斗齿、侧刃、斗体等(图7-20)。

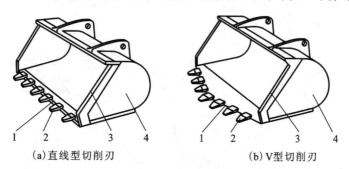

(a)直线型切削刃　　　　(b)V型切削刃

图7-20　铲斗结构简图
1.切削刃；2.斗齿；3.侧刃；4.斗体

(1)切削刃的形状。铲斗切削刃的形状根据铲掘物料的种类不同而不同,一般分为直线型和非直线型两种(图7-20)。直线型切削刃简单,适合于铲装轻质物料、松散物料和地面刮平作业。非直线型切削刃有V型和弧型等,装载机用得较多的是V型切削刃。这种切削刃由于中间突出,插入力可以集中作用在斗刃中间部分,易于插入料堆,有利于减少铲斗的偏载,可用于铲装较密实的物料;但铲斗的装满系数要小于直线型斗刃的铲斗。

(2)铲斗的斗齿。装有斗齿的铲斗,在装载机作业时,插入力由斗齿分担,形成较大的比压,有利于插入密实的料堆和疏松物料及装载爆破后的大粒度碎石和撬起的大块岩石,而且斗齿磨损后容易更换。所以,用于铲装岩石或密实物料的装载机其铲斗均装有斗齿;而用于插入阻力较小的松散物料或黏性物料,其铲斗可以不装斗齿。斗齿的形状对切削阻力有影响,对称齿形的切削阻力比不对称齿形的大,长而狭窄的齿比宽而短的齿的切削阻力要小。

(3)铲斗的侧刃。弧线型侧刃的插入阻力比直线型侧刃小,但弧线型侧刃容易从两侧泄漏物料,不利于铲斗的装满,适于铲装岩石。

(4)斗体的形状。对主要用于土方工程的装载机,在选择铲斗时要考虑斗体内的流动性,减少物料在斗内的移动或滚动阻力,同时要有利于在铲装黏性物料时有良好的倒空性。

铲斗底板的弧度(圆弧半径 r,图 7-21)越大,铲掘时泥土的流动性越好,但对于流动性差的岩石等,则应将底边加长而弧度减小,使铲斗容积加大,更容易铲取。

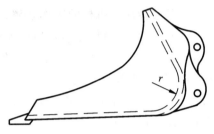

图 7-21 装载岩石用铲斗

3. ZL50 型轮胎式前端装载机工作装置的结构特点

ZL50 型前装机的工作装置属于无铲斗托架式、反转连杆机构式。如图 7-22 所示,它由铲斗 1、连杆 2、动臂 3、摇臂 4、转斗油缸 5 和动臂油缸 6 及液压系统等零部件组成。图中 A、B、C、D、E、F、G、H、I 表示各构件之间的铰接点。动臂与车架铰接于 G 点,铲斗摇臂分别与动臂铰接于 A、D 点,连杆的两端分别与铲斗、摇臂铰接于 B、C 点,转斗油缸的两端分别与摇臂、车架铰接于 E、F 点。动臂油缸的两端分别与车架、动臂铰接于 I、H 点。

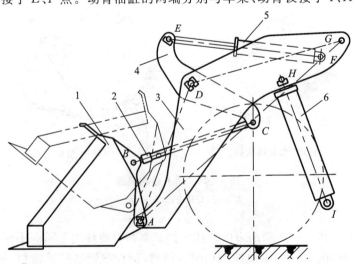

图 7-22 ZL50 型轮胎式前端装载机的工作装置、液压转向液压系统

1.铲斗;2.连杆;3.动臂;4.摇臂;5.转斗油缸;6.动臂油缸

A、B、C、D 四个铰接点（组成交叉四连杆机构）和 D、E、F（油缸摆杆机构）三个铰接点各构成一个四连杆机构，这两个四连杆机构便构成整个工作装置的连杆机构。在动臂油缸与转斗油缸的作用下，就可完成装卸作用的各种动作。

4. ZL50 型轮胎式前端装载机液压系统分析

ZL50 型轮胎式前端装载机的液压系统由工作装置、液压转向和动力换挡三部分油路组成，如图 7-23 所示为 ZL50 装载机工作装置、液压转向液压系统图。该液压系统属于多泵系统，由主泵向主油路（工作装置回路）供油，转向泵向转向回路供油，由辅助泵向这两个回路补油。

工作装置的液压系统服务于动臂油缸和铲斗油缸两个执行元件。如图 7-23 所示，液压系统主油路的两个铲斗油缸 9 和两个动臂油缸 12 均采用并联连接。而铲斗控制阀 3 与动臂控制阀 11 则为串联连接的顺序动作回路（又称互锁回路）。铲斗油缸 9 与动臂油缸 12 不要求同时动作，但需保证铲斗油缸优先动作，其解决方法是将铲斗控制阀 3 布置在动臂控制阀 11 之前。如图 7-23 所示，若铲斗控制阀 3 不在中位，即切断了去动臂控制阀 11 的油路；反之，动臂油缸 12 若要动作，必须使铲斗控制阀 3 处于中位。

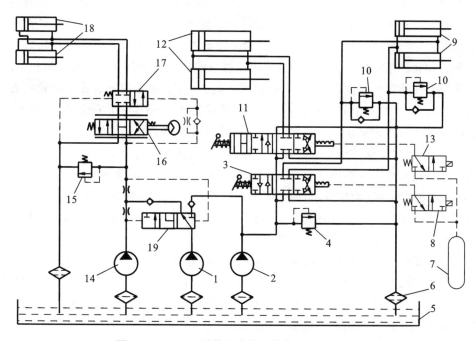

图 7-23　ZL50 型轮胎式前端装载机的液压系统

1. 辅助泵；2. 主泵；3. 铲斗控制阀；4、15. 安全阀；5. 油箱；6. 滤油器；7. 蓄能器；8. 铲斗限位阀；9. 铲斗油缸；10. 双作用安全阀；11. 动臂控制阀；12. 动臂油缸；13. 动臂限位阀；14. 转向泵；16. 转阀；17. 锁紧阀；18. 转向油缸；19. 补油换向阀

装载机的动臂要求具有较快的升降速度和良好的慢速微调性能。如图 7-23 所示，动臂油缸 12 的控制阀 11 为四位六通换向阀，负责控制动臂油缸完成动臂的提升、锁紧、下降、

浮动动作。工作原理如下：①当动臂控制阀 11 处于中位（图中从右向左依次是右位、中位、左 1 位、左 2 位）时，动臂油缸锁紧而油泵卸荷。②当动臂控制阀 11 处于右位时，油液进入动臂油缸的无杆腔，油缸伸出，动臂上升（提升工位）。③若动臂控制阀 11 处于左 1 位时，油液进入油缸的有杆腔，油缸缩回，动臂下降（下降工位）。④当动臂举升到最高位置时，气压系统的动臂限位阀 13 接通气路，使压缩空气进入动臂控制阀 11 松开弹跳定位钢球，阀芯便在弹簧作用下回至中位，动臂停止上升（自动限位），于是动臂处于锁紧状态（锁紧工位）；同样动臂下降到最低位置时，也能自动限位。⑤动臂控制阀 11 处于左 2 位（浮动工位时），动臂油缸 12 处于卸荷状态；若动臂处于高位，工作装置依靠自重向地面下落，甚至在发动机熄灭的情况下也能降下铲斗。在地面进行堆积作业时，浮动工位可使工作装置随地面的情况自由浮动，而在进行装载岩石作业时，可使斗刃避开大块岩石进行作业。

如图 7-23 所示，铲斗控制阀 3 为三位六通换向阀，负责控制铲斗油缸 9 完成铲斗上转、锁紧、下转的动作。工作原理如下：①铲斗控制阀 3 处于中位时，铲斗油缸 9 锁紧（锁紧工位），动臂控制阀 11 可控制动臂油缸 12 开展工作。②铲斗控制阀 3 处于右位时，铲斗油缸 9 伸出，铲斗上转进行铲装作业（铲装工位）。③铲斗控制阀 3 处于左位时，铲斗油缸 9 缩回，铲斗下转进行卸料作业（卸料工位）。④在铲斗油路上也设置了铲斗限位 8，当铲斗在高处倾翻卸料完毕后，铲斗控制阀 3 处于右位，铲斗油缸伸出，铲斗上转到一定位置时，触动转斗限位阀 8 打开气体通道，阀芯便在弹簧作用下回至中位；同样铲斗下降到最低位置时，也能自动限位，这个位置刚好能使铲斗随动臂下降到停机面时自动处于水平位置，而无须再进行调平。⑤在铲斗油缸 9 的有杆腔油路中还设有双作用安全阀 10（由过载阀和单向阀组成），其作用是在动臂升降过程中，铲斗控制阀 3 处于中位，铲斗油缸 9 处于闭锁状态，压力高的油路打开安全阀 10 中的过载阀卸荷，压力低的油路打开另一个安全阀 10 的单向阀补油；此外，安装了双作用安全阀可使转斗油缸的伸出长度随动臂的运动而变化，以免连杆机构干涉造成油路损坏，保护转斗油缸及油管等辅助元件正常工作。

铰接式转向系统由左右两个转向油缸来完成转向工作。在转向时应具备一个油缸伸出、一个油缸缩回的同时动作要求，两个转向油缸的连接方式是两油缸的有杆腔和另一油缸的无杆腔相互连接在一起的并联连接，通过转向阀（由一个三位四通转向阀 16 和一个二位四通锁紧阀 17 组成）来操纵转向油缸的动作。

辅助油泵是用作发动机怠速转动时，为保证转向速度而加入的补油措施；而在发动机高速运转时，又可将液压油全部供给工作装置，从而保证工作装置的工作速度。辅助油泵的这些作用主要通过补油换向阀 19 来保证。补油换向阀 19 是一个三位三通阀，靠液流通过节流环阻尼孔在阀杆两端产生压力降来自动控制。

三、作业方式、作业生产率及主要技术性能

1. 作业方式

装载机作为装载设备时，其技术经济指标在很大程度上取决于作业方式，包括铲取物料作业方式和装载物料作业方式两个方面的内容。

1）装载机铲取物料的作业方式

装载机铲取物料的阻力在很大程度上取决于铲取物料的方法。装载机铲取物料一般有以下几种方法。

一次铲掘法[图7-24(a)]：铲斗切削刃沿料堆底部插入时，装载机用一挡或二挡低速向前推进，其插入深度约为斗底长度时，装载机停止前进，然后利用转斗油缸使铲斗向上翻转至水平位置。这种方法是一种最简单的铲掘方法，此法的缺点是装载机需要有较大的牵引力，以保证铲斗能插入料堆足够的深度，同时要求转斗油缸具有较大的推力，以克服转斗阻力，仅适用于铲装密度小的松散物料，如沙、煤、松土、焦炭等。

分段铲掘法[图7-24(b)]：这种铲掘方法是分段插入和提升，它主要用于铲掘难以插入的物料，因为这时要使铲斗一次性插入料堆内很大的深度需要很大的铲入力。这种方法的缺点是反复变速、换挡，因而不仅使操纵复杂，也加速了有关零件的磨损，此法适用于铲装较硬的土壤。

挖掘法[图7-24(c)]：铲斗插入料堆1/3斗底长度时，装载机停止前进，提升动臂。这种方法主要用于挖掘土堆，适用于挖掘土丘或块状物料。

配合铲掘法[图7-24(d)]：装载机前进，将铲斗插入料堆不太大的深度（约为1/5～1/2斗底长度）之后，在装载机继续前进的同时，向上翻转铲斗及提臂，或仅进行转斗[图7-24(e)]或仅进行提臂[图7-24(f)]。这种铲掘方法插入、铲起和转斗阻力都比较小，其插入阻力约为一次铲掘法的1/3～1/2，由于铲斗上的附加垂直载荷，前轮的附着力增加，利于插入，对于砾石、黏土、冻土和不均匀块状物料是一种较为有效的作业方法。

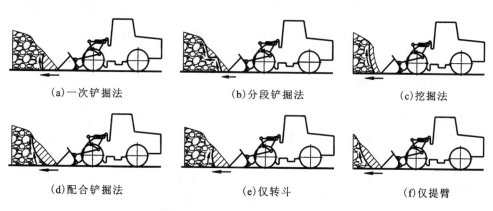

(a)一次铲掘法　(b)分段铲掘法　(c)挖掘法
(d)配合铲掘法　(e)仅转斗　(f)仅提臂

图7-24　装载机铲掘物料的方式

2）装载物料作业方式

装载机与自卸卡车配合作业时，最广泛使用的作业方式有以下几种（图7-25）。

"I"形作业法[图7-25(a)]：自卸卡车平行于工作面并往复地前进和后退，装载机则穿梭般地垂直于工作面前进和后退，所以也称之为穿梭作业法。装载机装满铲斗后，直线后退一段距离，在装载机后退并把铲斗举升到卸载位置的过程中，自卸卡车后退到与装载机相垂直的位置，在铲斗卸载后，自卸卡车前进一段距离，装载机前进驶向料堆铲装物料，进行下一个作业循环,直到自卸卡车装满为止。这种作业方式省去了装载机的调车时间,对于履带式和整体车架式装载机比较合适,装载机的作业循环时间取决于装载机和与其配合作业的自卸卡车司机的熟练程度。

"V"形作业法[图 7-25(b)]:自卸卡车与工作面成 60°,装载机装满铲斗后,在倒车驶离工作面的过程中,调头 60°使装载机垂直于自卸卡车,然后向前驶向自卸卡车卸载。卸载后装载机驶离自卸卡车并调头驶向料堆,进行下一个作业循环。这种作业方式对各种结构型式的装载机都比较合适,它可以得到较短的作业循环时间,因此在各种工程中都得到广泛应用。

"L"形作业法[图 7-25(c)]:自卸卡车垂直于工作面,装载机铲装物料后,倒退并调转 90°,进而向前驶向自卸卡车卸载,空载的装载机后退调转 90°,然后向前驶向料堆进行下次铲装。这种作业方式在运距较小,一个司机可以在两辆自卸卡车上工作,即当后面的自卸卡车装载时,前面的卡车把物料运到卸载场地,空载卡车回到作业面后,司机再转到已装满的卡车上去进行卸载。这种作业方式适用于宽广的作业场合。

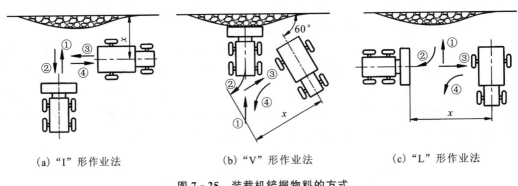

(a) "I"形作业法　　(b) "V"形作业法　　(c) "L"形作业法

图 7-25　装载机铲掘物料的方式

2. 作业生产率的计算

装载机的生产率是指装载机在每小时内装卸或装运物料的重量。

装载机的作业大致可分为向载重卡车装载和搬运两个方面。精确计算装载机的生产率是比较困难的,因为生产率受作业场地、作业方式、物料的种类和性质及技术条件等种种因素的影响。另外也不能单纯地只说一个小时能装多少物料,或将短时间的测量记录扩大到长时间的工作也是不太合理的。因此,需要在具体的现场收集数据,进行统计。

装载机装载生产率 Q 按下式确定:

$$Q = \frac{3\,600 V_H \gamma K_1 K_m}{T} \tag{7-1}$$

式中:Q 为装载机装载生产率(kN/h);V_H 为额定斗容量(m³);γ 为物料重度(kN/m³);K_1 为装载机时间利用系数,取 $K_1=0.75\sim0.85$;K_m 为铲斗充满系数,它取决于被装物料的种类、状态和块度,铲斗的形状,装载机的结构和司机的熟练程度。对于容易装载的物料,如松散、成堆、不需铲掘力、很容易堆积在铲斗中的普通土和砂,取 $K_m=1.0\sim1.25$;中等程度装载的物料,如松散的或堆积的砂、砂壤土、条件好的黏土或由山地直接铲掘松软的砂土,取 $K_m=$

0.75～1.0;装载较困难的物料,如难以装满铲斗的土砂,成堆的碎石、硬质黏土、黏土、凝固的砾质土,取 $K_m=0.65\sim0.75$;装载困难的物料,难以铲进铲斗,易于形成蓬松而不规则空隙的东西,如爆破或松土机采掘的石块、卵石、砾石,取 $K_m=0.45\sim0.65$。

T 为一个装载作业循环时间(s),取决于作业方式和装载物料的种类及其状态,它包含装载、卸载和改变方向的时间。T 的数值按下式计算:

$$T=10+d+1.6x \text{（"I"形作业法）}$$
$$T=11+d+1.6x \text{（"V"形作业法）}$$
$$T=12+d+1.6x \text{（"L"形作业法）}$$

式中:d 为考虑物料装载难易程度的量,普通成堆的砂 $d=0$;碎石(20mm 以下)、砂、小砂砾 $d=2$;碎石(50mm 以下)、天然状态的小砂砾、黏土 $d=4$。x 为距离(m)(图 7-25)。初步计算时可取 $T=20s$。

3. 主要技术性能

前端装载机的主要技术性能包括发动机的功率、斗容、载重量、牵引力、铲起力、车速、最大爬坡度、最小转向半径、卸载高度与卸载距离、铲斗的倾卸角、动管上升和下降及铲斗前倾时间。

1) 发动机功率

国产装载机只给出柴油机的额定功率,额定功率是在 760mm 水银柱高的大气压力,周围温度 20℃和相对温度 60%的条件下,配备燃油泵和润滑油泵等附件,柴油机在额定转速时所测定的功率,也称车辆总功率。发动机飞轮马力是指在上述条件下除配备的上述附件外,另配备有水泵、发动机风扇、发电机、空气压缩机及空气滤清器时所测得发动机额定转速时飞轮上的实有功率。

2) 铲斗的容量

装载机的铲斗有基本型铲斗、切削刃凸出型铲斗、背板凸出型铲斗、切削刃凸出和背板凸出型铲斗四种类型,无论哪种类型,其额定容量 V_R 都是平装容量 V_S 与堆尖容量 V_T 之和,计算公式如下:

$$V_R=V_S+V_T \tag{7-2}$$

但以上四种类型铲斗的平装容量 V_S 与堆尖容量 V_T 都是不同的,这里仅介绍基本型铲斗平装容量 V_S 与堆尖容量 V_T 的计算方法,其他类型铲斗的计算方法见土方机械—装载机和正铲挖掘机铲斗—容量标定(GB/T 21942—2008)。

基本型铲斗是指铲斗背面不高出两侧板后角交点所连成的线,切削刃两侧板不高出两侧板前角交点所连成的线。如图 7-26 所示,标定面是由切削刃刀背板上缘之间的连线沿斗宽方向所形成的水平面。其平装容量 V_S 就是标定面以下的容量式(7-3);堆尖容量 V_T 就是标定面以上的以 1:2 的坡度堆积物料的体积式(7-4)。

$$V_S=AW \tag{7-3}$$

$$V_T=\frac{d^2W}{8}-\frac{d^3}{24} \tag{7-4}$$

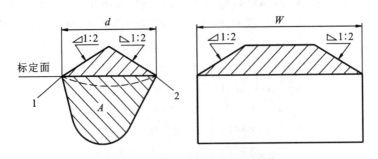

图 7-26 基本型铲斗的额定容量
1. 背板前缘(侧板后交点);2. 切削刃口(侧板前交点)
A. 标定面下铲斗内部横截面面积

式中:A 为标定面以下的铲斗内部横截面面积(m^2);W 为铲斗内侧宽度(m);d 为铲斗中部截面内切削刃口与背板上缘之间的距离(m)。

3)额定载重量

装载机的额定载重量是指保证装载机必要的稳定性时,它所具有的最大载重能力。应满足以下三个条件:一是装备一定规格铲斗;二是最大行驶速度不超过 6.5km/h;三是在硬的、光滑的、水平地面上工作。轮胎式装载机的额定载重量的最大值不应超过其倾翻载荷的 50%,对于履带式装载机不应超过 35%。装载机在不行驶铲掘时,可以高于额定载重量。

额定载重量与额定容量有如下关系:

$$Q_R = \gamma V_R \tag{7-5}$$

式中:Q_R 为额定载重量(kN);γ 为物料的重度(kN/m^3);V_R 为额定容量(m^3)。

倾翻载荷是指装载机停在硬的水平地面上,带着标准使用重量(即油箱注满,驾驶员 80kg 和带着其他标准附件时装载机自重),铲斗翻起到装满位置;在动臂举升过程中,使铲斗动臂间铰销中心与车体最前部水平距离最大的位置,装载机后轮离开地面而绕着前轮与地面的接触点向前翻倒时,在铲斗中的最小重量。

对于铰接式装载机,技术性能里除了标明在直线位置时的倾翻载荷外,还必须标明它的前车架相对后车架在最大回转角时的倾翻载荷值,它比装载机在直线位置时的倾翻载荷要小。

4)牵引力与插入力

牵引力是指装载机除了用于克服轮胎产生的滚动阻力外,用于牵引或铲土的力,即牵引力=(驱动力矩/滚动半径)-滚动阻力。最大牵引力是指装载机在平整、干燥、水平的路面上牵引力的最大值,是装载机动力性能的参数。牵引力的发挥受到附着力的限制,附着力则是装载机工作时,行驶路面所能提供的最大力,其大小等于装载机的附着重量与路面的附着系数的乘积。其中,附着重量是指驱动车轮上所承受的那部分装载机重量,附着系数则与路面条件、轮胎花纹等有关,一般为 0.65~0.8。对于四轮驱动装载机的全部重量都为附着重量,所以采用四轮驱动的装载机具有较大的牵引力。除此之外,装载机尚须有足够的自重。

装载机铲斗插入料堆的插入力是装载机的重要技术性能，它与牵引力是密切联系在一起的，所以一般在技术规格中只标注出牵引力。插入力是指装载机铲掘物料时，在铲斗斗刃上产生插入料堆的作用力。对于靠底盘行走来进行铲掘的装载机，在平坦地面匀速行驶时，其插入力等于牵引力。对于装载机停止运动，用液压油缸进行插入的结构，如插入力小于装载机与地面的静摩擦力时，其插入力取决于完成插入作用的油缸推力。

单位斗刃的插入力是指装载机铲斗 1cm 斗刃长度上所产生插入料堆的作用力，也称为比切力。牵引力越大，铲斗宽度越小，比切力就越大。比切力可以作为装载机铲斗插入料堆能力的指标，比切力大，说明插入料堆能力强。

5) 铲起力

铲起力是指在一定的条件下，当铲斗绕着某个规定的铰点回转时，作用在铲斗刃一定距离处的垂直向上的力。它决定了铲斗绕这个规定的铰点回转时的动臂举升（当铲斗绕着动臂与支架的铰接点回转时）或铲斗翻起（当铲斗绕着铲斗与动臂的铰点回转时）的能力。

前端式装载机的铲起力是指在下述条件下，当铲斗绕着某一规定的铰接点回转时，作用在铲斗斗刃后面 100mm 处的最大垂直向上力。

测量铲起力的条件：①装载机停在硬的、水平面上；②装载机装备标准使用重量；③铲斗斗刃的底部平放在地面上，它在地面上下的端差不超过±25mm。对于斗刃形状不是直线形的铲斗（如"V"形铲斗）的铲起力是指从斗刃的最前面一点的位置度量，其后 100mm 处的垂直向上的力。如果在铲斗举升或转斗过程中，引起装载机后轮离开地面，则垂直作用在铲斗上述位置，使装载机后轮离开地面所需要的力就是它的铲起力。

铲起力分为转斗铲起力和动臂铲起力，一般转斗铲起力大于动臂铲起力。

6) 车速

车速应满足前端式装载机铲掘工作时的速度和运输时的速度，一般要给出前进各挡和倒退各挡速度。

7) 最大爬坡度

最大爬坡度一般能达到 25°～30°，但装载机实际很少在 25°以上的坡度上行驶和工作，因为在那样的坡度上驾驶员会产生恐惧的感觉。最大爬坡度是标志装载机的爬坡能力，它常常是用计算方法得到的，装载机生产出来以后，再通过实验进行验证。

8) 最小转向半径

最小转向半径是指后轮外侧至铲斗外侧所构成的弧线至回转中心的距离。

9) 铲斗的卸载高度、卸载距离与倾卸角

如图 7-27 所示，铲斗卸载高度是在铲斗倾卸角为 45°时，铲斗斗尖离地高度 H；铲斗卸载距离是在铲斗倾卸角为 45°时，铲斗斗尖与装载机前面外廓部分（对于轮胎式前端装载机一般是指前轮胎，对于履带式前端装载机是指散热器罩）之间的距离。

在装载机技术规格里一般给出最大卸载高度 H_{max} 及在最大卸载高度时的卸载距离 S，并给最大卸载距离 S_{max} 及在最大卸载距离时的卸载高度 H。最大卸载高度 H_{max} 是指动臂在

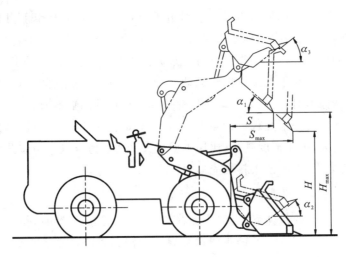

图 7-27 铲斗卸载高度与卸载距离

最大举升高度和铲斗底面与水平成 45°角时的卸载高度。最大卸载距离 S_{max} 是指铲斗底面与水平成 45°角时,斗尖与装载机最前端外廓部分间的距离。

如图 7-27 所示,铲斗在卸载时斗底与水平面的夹角 $α_1$,此角在不同的卸载高度是不同的,但应使装入铲斗中的物料全部卸出,允许铲斗在卸料时进行几次抖振以抖掉黏在铲斗上的物料,通常 $α_1$ 为 50°左右,且在任何提升高度时不应小于 45°。

另外在前端式装载机规格中,还标有铲斗的后倾角,即铲斗在地平面位置装满后将铲斗翻起,并提升到运输位置,其斗底与水平面间夹角 $α_2$,而且标出在最大举升高度时的后倾角 $α_3$。

4. 系列分级与型号标记

国产前端装载机是用铲斗的承载能力的吨数作为系列分级的标志。前端装载机的型号标记是 Z 代表装载机,后面的数字表示额定承载能力的 10 倍。如履带式前端装载机在 Z 后面直接写 10 倍的吨位数;全液压传动则加注 Y,写成"ZY"(表示履带行走,液压传动)。对于轮胎行走(一般为半液压传动)的前端式装载机标记为"ZL"。如 ZL50 就表示轮胎式前端装载机,额定承载能力为 5t。

第三节 单斗液压挖掘机

挖掘机广泛应用于建筑、交通、水利电力、矿山采掘以及军事工程等各类土木工程施工中,是基坑与沟槽开挖、表面剥离与平整场地等进行土方开挖和破碎后石方装载作业的主要机械设备。挖掘机按作业特点可分为循环作业式和连续作业式两种。前者为单斗挖掘机,后者为斗轮式挖掘机。

单斗液压挖掘机就是一种采用液压传动并以一个铲斗进行挖掘作业的机械,其作业过程属于挖掘、回转、卸料和返回等依次重复循环作业方式。

一、单斗液压挖掘机的组成与工作原理

单斗液压挖掘机由工作装置、回转支撑装置、动力装置、传动操纵机构、行走底盘和辅助设备等部分组成(图7-28)。除行走底盘外,其动力装置、工作装置、驾驶室、大部分的传动机构及辅助设备都装在回转支撑的上部。挖掘机的基本性能也就决定于各组成部分的构造和性能。

如图7-28所示,柴油机驱动两个油泵,把高压油分别输送到两个换向阀组,由换向阀组控制各液压执行元件(油缸或油马达)驱动相应的机构进行工作。

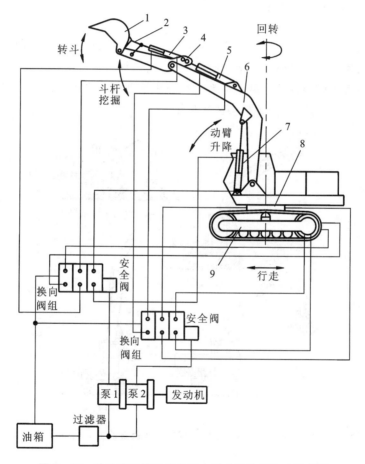

图7-28 单斗液压挖掘机的基本组成及液压传动示意图
1.铲斗;2.连杆;3.铲斗油缸;4.斗杆;5.斗杆油缸;6.动臂;7.动臂油缸;8.回转支撑装置;9.行走底盘

液压挖掘机的工作装置采用油缸摆杆机构,通过油缸的伸缩来实现各部分的运动。反铲装置是单斗液压挖掘机最常用的工作装置(图7-28)。它由铲斗油缸3经连杆2控制铲斗1转斗,由斗杆油缸5控制斗杆4挖掘,由动臂油缸7控制动臂6升降。

进行挖掘作业时,接通回转油马达,转动上部转台,使工作装置转到挖掘地点;同时控制

动臂油缸缩回,直至动臂下降至铲斗接触到挖掘面为止;然后操纵斗杆油缸和铲斗油缸伸出,使铲斗进行挖掘和装载工作。斗装满后,关闭斗杆油缸和铲斗油缸的进出油道,操纵动臂油缸伸出,使动臂升离挖掘面,随之控制回转装置回转,使铲斗转到卸载地点,再操纵斗杆油缸和铲斗油缸回缩,使铲斗反转进行卸土。卸完后,将工作装置转至挖掘地点进行第二次循环挖掘工作。

因此,液压挖掘机的工作装置采用三组油缸使铲斗实现了有限的平面运动,与液压马达驱动回转支撑装置回转,使铲斗运动扩大到有限的空间运动,再由行走油马达驱动行走(移位),使挖掘空间可沿水平面方向上得到扩大,从而可以满足挖掘作业的要求。

二、单斗液压挖掘机的基本类型

单斗液压挖掘机按主要用途及工作装置的不同分为通用型和专用型两种。中小型挖掘机大部分是通用型,它装有反铲、正铲、抓斗、装载、起重等多种可换工作装置(图7-29)。其中配有正铲或装载工作装置的大型或中型正铲液压挖掘机主要用于矿山及水电站土方工程挖掘和爆破后碎石的装载,称为采矿型或矿用型。

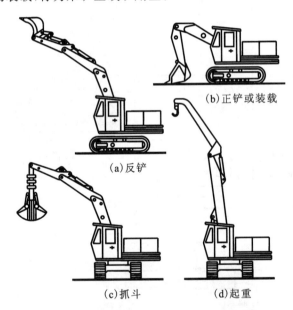

图7-29 单斗液压挖掘机工作装置的主要类型

按工作装置的结构不同液压挖掘机分为铰接式和伸缩臂式,常用者为铰接式,伸缩臂式可用于平整清理场地和坡道等作业。

按行走装置的不同,液压挖掘机分为履带式、轮胎式、汽车式、悬挂式、拖式、步履式等种类。其中,履带式接地比压小,具有良好的通过性能和工作性能,是挖掘机主要的行走方式,广泛应用于大中型挖掘机,在松软地面或沼泽地带还可采用加宽、加长以及浮式履带来降低接地比压。轮胎式具有行走速度快、机动性好、可在城市道路通行的优点,在中小型液压挖掘机中应用较多。

按转台回转角度的不同,液压挖掘机有全回转和半回转两类。大部分液压挖掘机属于全回转式,小型液压挖掘机如悬挂式等工作装置仅能回转180°左右,称为半回转式。

液压挖掘机按主要机构是否全部采用液压传动又分为全液压式与半液压式两种。两者区别在于全液压式的挖掘机的底盘采用液压马达驱动,而半液压式的挖掘机的行走底盘采用机械传动,仅工作装置采用液压传动。

三、工作装置的结构及工作特点

液压挖掘机的工作装置有正铲、反铲、挖掘装载装置、抓斗、平整、夹钳、液压冲击器等多种作业机具,常用的有反铲、正铲、挖掘装载装置。

1. 反铲装置

反铲装置是中小型液压挖掘机的主要工作装置。如图7-30所示,液压挖掘机反铲装置由动臂1、斗杆2、铲斗3以及动臂油缸4、斗杆油缸5、铲斗油缸6和连杆机构7等组成,其构造特点是各部件之间的联系全部采用铰接,通过油缸的伸缩来实现挖掘过程中的各种动作。

动臂1的下铰点与回转平台铰接,并以动臂油缸4来支承和改变动臂的倾角,通过动臂油缸4的伸缩可使动臂绕下铰点转动而升降。斗杆2铰接于动臂1的上端,斗杆2与动臂1的相对位置由斗杆油缸5来控制,当斗杆油缸5伸缩时,斗杆2便可绕动臂上铰点转动。铲斗3与

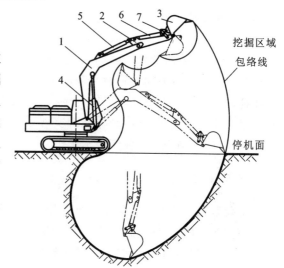

图7-30 液压挖掘机反铲装置的工作范围
1.动臂;2.斗杆;3.铲斗;4.动臂油缸;
5.斗杆油缸;6.铲斗油缸;7.连杆机构

斗杆2前端铰接,并通过铲斗油缸6伸缩使铲斗绕该点转动。为增大铲斗的转角,通常以连杆机构7与铲斗3连接。

反铲装置主要用于挖掘停机面以下土壤(基坑、沟壕等),其挖掘轨迹决定于各油缸的运动及其相互配合的情况。

当采用动臂油缸工作来进行挖掘时(斗杆油缸和铲斗油缸不工作)可以得到最大的挖掘半径和最小的挖掘行程。此时铲斗的挖掘轨迹系以动臂下铰点为中心,斗齿尖至该铰点的距离为半径而作的圆弧线,其极限挖掘高度和挖掘深度(不是最大挖掘深度)即圆弧线之起点、终点,分别决定于动臂的最大上倾角和最大下倾角(动臂对水平线的夹角),也决定于动臂油缸的行程。由于这种挖掘方式时间长并且稳定条件限制挖掘的发挥,实际工作基本上不采用。

当仅以斗杆油缸工作进行挖掘时,铲斗的挖掘轨迹系以动臂与斗杆的铰点为中心,斗齿尖至该铰点的距离为半径所作的圆弧线,同样,弧线的长度与包角决定于斗杆油缸的行程。

当动臂位于最大下倾角并以斗杆油缸进行挖掘工作时，可以得到最大的挖掘深度尺寸，并且也有较大的挖掘行程，在较坚硬的土质条件下工作时，能够保证装满铲斗，故挖掘机在实际工作中常以斗杆油缸工作进行挖掘。

挖掘机如果仅以铲斗油缸工作进行挖掘时，挖掘轨迹则是以铲斗与斗杆的铰点为中心，该铰点至斗齿尖的距离为半径所作的圆弧线，同理，圆弧线的包角（即铲斗的转角）及弧长决定于铲斗油缸的行程。显然，以铲斗油缸工作进行挖掘时的挖掘行程较短，如使铲斗在挖掘行程结束时能装满土壤，需要有较大的挖掘力以保证能挖掘较大厚度的土壤，所以一般挖掘机的斗齿最大挖掘力都在采用铲斗油缸工作时实现。采用铲斗油缸进行挖掘常用于清除障碍，挖掘较松软的土壤以提高生产率，因此，在一般土方工程挖掘中（土壤多为Ⅲ级土以下）转斗挖掘较常采用。

在实际挖掘工作中，往往需要采用各种油缸联合工作。如当挖掘基坑时由于挖掘深度较大，并要求有较陡而平整的基坑壁时，则需采用动臂油缸与斗杆油缸同时工作；当挖掘坑底，挖掘行程将结束，为加速将铲斗装满土以及挖掘过程需要改变铲斗切削角等情况下，则采用斗杆油缸与铲斗油缸同时工作。显然此时挖掘机的挖掘轨迹是由相应油缸分别工作时的轨迹组合而成。当然，这种动作能否实现还取决于液压系统的设计。液压反铲都采用转斗卸土，卸载较准确、平稳，便于装车工作。

2. 正铲装置

正铲装置根据挖掘对象的不同可以分为以挖掘土方为主的正铲挖掘机［图7-31(a)］和以装载石方为主的正铲挖掘机［图7-31(b)］。前者往往是通用式挖掘机的一种换用工作装置，所挖土壤一般不超过Ⅳ级；后者是正铲装置的基本型，以爆破后的岩石、矿石等为主要工作对象，都采用履带式行走方式，通常斗容量大于 $1m^3$。工作条件十分恶劣，有时由于爆破得不好而常存在大块石和出现要"啃根底"的情况，因而要求斗齿上的作用力大，斗齿磨损也很剧烈。这种挖掘机挖掘的高度通常在 3~5m 以内，因此要求在地面以上 3~5m 范围内必须保证较大的斗齿挖掘力。这种挖掘机主要用于装车工况，因而要求有一定的卸载高度，还要求卸载平稳、对车辆的冲击小等。前一种挖掘机的构造与反铲相类似，其动臂、斗杆、铲斗往往与反铲通用或稍作改动，这种正铲装置称为通用铲斗式。后一种常采用专用正铲铲斗装置。

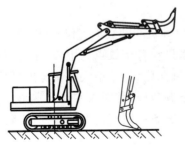 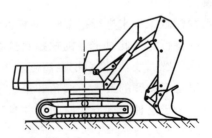

(a) 以挖掘土方为主的正铲挖掘机　　(b) 以挖掘爆破后岩石为主的正铲挖掘机

图 7-31　正铲装置

普通正铲液压挖掘机的工作装置及工作范围包络图如图7-32所示。其动臂、斗杆、铲斗及转斗的六连杆机构与反铲液压挖掘机的工作装置都有相应的部件。但在挖掘方向上完全不同：反铲向下、向回挖掘（属于上取式），最大挖掘力点在停机面以下区域，适合于挖掘沟槽、基坑等；正铲向前、向上挖掘（属于底取式），最大挖掘力点在停机面以上区域，适合于装载爆破后的岩石、挖掘停机面以上的硬土等。采用六连杆机构转斗，虽然保证了铲斗卸料的大转角[图7-33(a)]，但却减少了挖掘力（减小了挖掘力臂），因此一般铲斗液压缸直接铰接在铲斗上，即采用四连杆机构进行转斗，保证了正铲挖掘所需要的挖掘力，铲斗则采用底卸式卸载方式[图7-33(b)]。

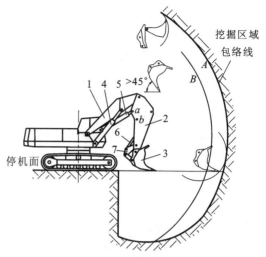

图7-32 普通正铲液压挖掘机的
工作装置及工作范围包络图

1.动臂；2.斗杆；3.铲斗；4.动臂油缸；5.斗杆油缸；
6.铲斗油缸；7.连杆机构 A 和 B 分别为斗杆油缸连
接到 a 点或 b 点的挖掘区域包络线

由于正铲装置（尤其是专用正铲）挖掘的土质较硬，受到挖掘方向和整机稳定性等因素限制，一般均采用斗杆油缸工作进行挖掘，动臂油缸有时也进行配合挖掘。铲斗油缸主要用于调节切削角、切削厚度、清除障碍以及挖掘结束时为装满铲斗而进行的装载动作。

对于正铲挖掘机的铲斗，根据结构形式与卸料方式的不同有前卸式和底卸式两种类型（图7-33）。前卸式是由铲斗油缸缩回带动铲斗向前下方翻转卸料的[图7-33(a)]，其优点是为整体结构，强度和刚度较好，简单、重量轻、斗容较大；缺点是卸料转角大（斗前壁卸载角度>45°），转斗油缸行程长，还要设置连杆机构才能满足卸料要求，影响了卸载高度。底卸式有两种：一是打开斗底的底卸式[图7-33(b)]，使用较少，二是斗体向上翘起的底卸式[图7-33(c)和(d)]。它的优点是打开斗底即可卸料，铲斗油缸直接与铲斗相连，不影响卸载高度[卸载时，开斗油缸缩回，斗体向上转动，图7-33(c)]，可控制斗底开口减小对运输车辆的冲击；缺点是需要专门的开斗油缸，增加了铲斗重量，斗容量较前卸式小。目前，大型正铲挖掘机普遍采用斗体向上翘起的底卸式铲斗。

由于正铲装置的作业对象是挖掘硬土和装载爆破后的岩石，必须采用切削厚度小、挖掘行程长的作业方式。在挖掘过程中，一般以斗杆油缸为主，动臂油缸、铲斗油缸主要用于调节铲斗位置与切削后角的工作。在斗杆挖掘结束时，铲斗油缸伸出转斗刮削，进一步充满铲斗；继而动臂油缸伸出，工作装置举升装满物料的铲斗。所以，由斗杆油缸所产生的挖掘力、转斗油缸所产生的刮削力和动臂油缸所产生的举升力是保证正铲挖掘机正常工作的必要条件，而各油缸的闭锁能力、整机稳定性及附着性能则是保证工作装置各油缸作用力充分发挥的必要条件。

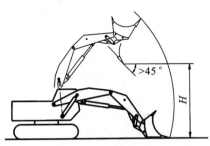
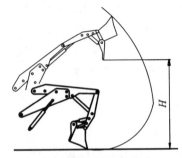
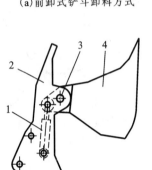
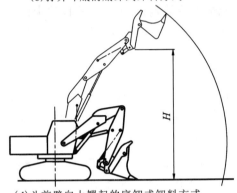

(a)前卸式铲斗卸料方式　　(b)打开斗底的底卸式卸料方式
(c)斗体向上翘起的底卸式铲斗结构　　(d)斗前壁向上翘起的底卸式卸料方式

图 7-33　正铲液压挖掘机的卸载方式
1.开斗油缸；2.铲斗后壁；3.铰轴；4.斗体；H.最大卸土高度

3. 挖掘装载装置

挖掘装载装置是为液压正铲挖掘机专门设计的一种带有平动机构的工作装置(图 7-34)，铲斗可在停机面上一定范围内作水平(近似直线)运动，是在前述正铲装置的基础上发展起来的一种变形形式，也是一种目前正铲液压挖掘机常用的工作装置，其作业对象仍然是挖掘和装载地面以上的土壤、岩石或散状物料。它满足在停机面上进行铲装作业时的下列要求：①铲斗能具有水平(近似直线)运动轨迹；②能发挥较大的挖掘力；③作业完毕后形成平整的工作面。

这种装置中有些是在正铲的基础上直接换上装载斗，以加大斗容量提高作业效率，可看作正铲的换用工作装置。另一些挖掘装载装置要求铲斗能具有水平直线运动轨迹，使之发挥较大的挖掘力并且挖掘后工作面比较平整，或者由于它有水平直线轨迹，能在地面与物料的交界面插入，对于某些工况来说能降低挖掘阻力。挖掘装载装置是以水平进线挖掘为主的工作装置。

装有挖掘装载装置的挖掘机与前端式装载机相比有如下不同：①作业方式不同。前者在工作时机体不动，靠工作装置的动臂、斗杆和铲斗的配合动作来铲入物料，并靠回转机构将物料运到卸载地点；后者靠底盘行走插入物料，靠整机前进后退等运到卸载地点卸料。②结构形式不同。挖掘装载装置的基本部件与正铲工作装置没有较大的区别，只是具有平

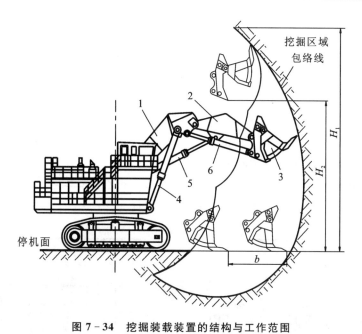

图 7-34 挖掘装载装置的结构与工作范围
1.动臂；2.斗杆；3.铲斗；4.动臂油缸；5.斗杆油缸；6.铲斗油缸；b.水平推压距离；
H_1.最大挖掘高度；H_2.最大卸载高度

动机构；而与装载机构从结构形式上有着本质的不同。③与相同重量等级的前端装载机相比，挖掘装载装置的铲斗窄、比切力大，适合于进行硬土的挖掘与装载爆破后的岩石。④挖掘装载机的斗容量和作业范围受机器稳定性与地面附着性能的约束，其作业范围远胜于前端装载机，因此在矿山采掘和土木工程中广泛地受到欢迎。

1）普通型挖掘装载装置

如图 7-35 所示，普通型挖掘装载装置的铲斗油缸 6 铰接在动臂 1 上 D 点，其动臂、斗杆、铲斗、铲斗油缸组成五连杆机构，铲斗的姿态同时受到动臂油缸 4 和斗杆油缸 5 的控制。在进行水平铲入作业时，铲斗换向阀（M 型或 O 型三位四通换向阀）处于中位时，铲斗油缸处于闭锁状态，此时的五连杆机构就变为四连杆机构。若动臂不动（动

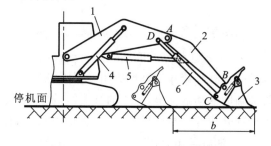

图 7-35 普通型挖掘装载装置
1.动臂；2.斗杆；3.铲斗；4.动臂油缸；5.斗杆油缸；
6.铲斗油缸；b.水平推压距离

臂油缸闭锁），斗杆油缸伸出，在斗杆与铲斗一起绕 A 点逆时针转动的同时，铲斗也绕着 B 点顺时针转动，若 A、B、C、D 四个铰接点选择适当，就可使铲斗在停机面上进行水平铲土时的倾角保持在一定范围内，可满足水平推压的作业要求。

在实际应用时，铲斗油缸直接与铲斗铰接，铲斗的转角受到限制，通常采用底卸式铲斗来满足要求（图 7-35）。在提升动臂时，操纵动臂油缸的同时仍需控制铲斗油缸来维持铲斗的平动要求。

2)带辅助平动缸的挖掘装载装置

带辅助平动缸的挖掘装载装置是在普通型挖掘装载装置的基础上加装了一个辅助平动油缸,并与铲斗油缸并联的形式来满足铲斗的平动要求(图7-36)。

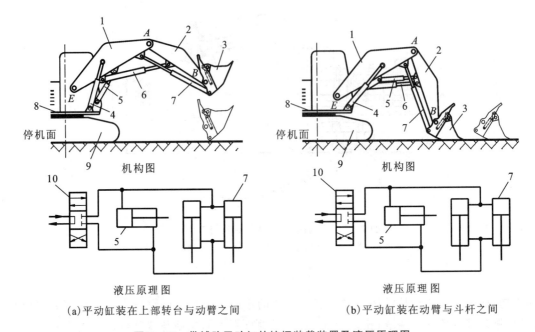

图7-36 带辅助平动缸的挖掘装载装置及液压原理图

1.动臂;2.斗杆;3.铲斗;4.动臂油缸;5.平动缸;6.斗杆油缸;
7.铲斗油缸;8.上部转台;9.行走底盘;10.转斗换向阀

如图7-36(a)所示的带辅助平动缸的挖掘装载装置,其辅助平动缸铰接在动臂和上部转台上,与铲斗油缸并联连接。当动臂油缸推着动臂向上摆动时,转斗换向阀10处于中位,辅助平动缸与铲斗油缸形成闭式回路,铲斗则随着动臂、斗杆一起绕E点逆时针转动;同时,带动辅助平动缸伸出,铲斗油缸缩回,铲斗则绕着B点顺时针转动,就实现了垂直方向上的平移提升作业。在停机面上,若动臂不动,当转斗换向阀处于中位时,由于四连杆机构的作用,斗杆油缸伸出,可与普通的挖掘装载装置一样实现一定距离的水平铲土作业;若斗杆油缸伸出,动臂油缸也同时缩回,可以增加铲斗水平铲土的作业范围。

如图7-36(b)所示的带辅助平动缸的挖掘装载装置,其辅助平动缸铰接在动臂和斗杆上,与斗杆油缸平行安装,与铲斗油缸并联连接。在停机面上铲斗需要进行水平铲土作业时,将转斗换向阀10处于中位,辅助平动缸与铲斗油缸形成闭式回路,铲斗则随着斗杆一起绕A点逆时针转动;同时,带动辅助平动缸伸出,铲斗油缸缩回,铲斗则绕着B点顺时针转动,就可完成停机面上的水平铲土作业。因此,这种挖掘装载装置在进行水平铲土作业时,只需操作斗杆液压缸就可进行水平铲土作业。但这种结构形式的挖掘装载装置在进行平移提升作业时,与普通挖掘装载装置相同,必须同时操作动臂油缸、铲斗油缸才能完成平移提升作业。

3) 带三功能机构的挖掘装载装置

带三功能(TRI-POWER)机构(也称三角块机构)的挖掘装载装置是在动臂上安装了一个绕着 O_1 轴回转的具有三个铰接点(D、F、G)的三角块(图7-37)。其中,D 点与铲斗油缸6铰接,F 点与动臂油缸4铰接,G 点与连杆2铰接。这种挖掘装载装置可以完成水平铲土、平移提升作业,增加挖掘力和提升力矩,提高作业效率。

在水平铲土工况时[图7-37(a)],斗杆油缸伸出,此时动臂油缸处于浮动状态,斗杆绕着 A 点逆时针转动,铲斗在工作装置自重的作用下向前推行;此时铲斗油缸闭锁(长度不变),拉着铲斗绕 B 点顺时针转动,铲斗与地面的倾角保持在一定范围内进行水平铲土作业。

在平移提升工况时[图7-37(b)],动臂油缸伸出,经三角块推着动臂、斗杆和铲斗一起绕着 E 点逆时针转动;同时,三角块绕着 O_1 轴逆时针转动,铲斗油缸闭锁,拉着铲斗绕 B 点顺时针转动,可保持铲斗平移提升。若铲斗油缸伸出,斗杆带着铲斗绕 A 点逆时针转动,铲斗油缸则拉着铲斗绕 B 点顺时针转动,也可保持铲斗的平移提升。

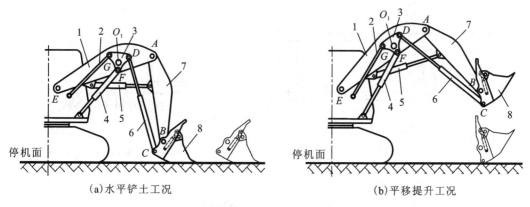

(a) 水平铲土工况　　　　　　　(b) 平移提升工况

图7-37　带三功能(TRI-POWER)机构的挖掘装载装置
1.动臂；2.连杆；3.三角块；4.动臂油缸；5.斗杆油缸；6.铲斗油缸；7.铲斗；8.斗杆

四、单斗液压挖掘机的作业方法与生产率

1. 挖掘机的作业方法

1) 使用条件

对于Ⅲ级以下的土壤,液压挖掘机的反铲、正铲、抓斗三种工作装置(图7-27)都可使用;对于Ⅲ级以上的土壤,不宜用抓斗作业;对于硬土、冻土和爆破后的岩石,以正铲挖掘效果较好;对于较小的碎石等松散物料采用抓斗较为有效。

反铲液压挖掘机适合于以停机面以下的作业为主,由于动臂较短,应配合运输车辆较好。正铲液压挖掘机适合于以停机面以上的作业为主,由于其动臂也较短,应配合运输车辆效率较高。对于装有抓斗的挖掘机,由于抓斗是长吊杆的悬挂设备,没有斗杆,可以挖到停机面以下的较深位置;以停机面以下的作业为主,而且只能垂直向下挖掘;适合于土质深基坑和深井的挖掘。

液压挖掘机与运输车辆配合时,运输车辆的车厢容积以挖掘机斗容量的3~5倍为宜。

2)作业方法

(1)反铲液压挖掘机作业方法。反铲液压挖掘机的作业方法有沟端开挖法和沟侧开挖法等(图7-38)。

沟端开挖法[图7-38(a)]是由挖掘机从沟端开始倒退挖土、装载、运输的一种方法。若开挖宽度小于有效开挖半径的两倍时,运输车辆可停靠在沟侧,其装车时的回转角度较小(约为45°);若开挖宽度大于有效开挖半径的两倍时,运输车辆需停在挖掘机的两侧,其装车时的回转角度约为90°。这种作业方法便于车辆行驶,可连续工作,工作效率较高。

沟侧开挖法[图7-38(b)]是挖掘机沿沟槽的侧面行驶、开挖、装载、运输的方法。此时,运输车辆停在侧前方或侧面,其回转角度一般小于90°。这种作业方法可将土弃置于挖掘机附近处,循环作业时间较短,但沟槽宽度不宜太宽。

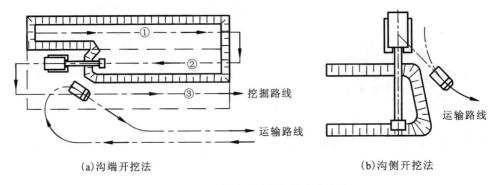

图7-38 反铲液压挖掘机的作业方法

(2)正铲液压挖掘机作业方法。正铲液压挖掘机的作业方法有正向开挖法、侧面开挖法和中心开挖法等。

正向开挖法(图7-39)是由挖掘机沿前进方向挖掘,向停在后方(或侧后方)的运输车辆卸土的方法。这种作业方法的特点是挖掘机的回转角度大、作业循环时间长,适合于开挖施工区域的入口,场地狭小的路堑、沟槽等。

侧面开挖法(图7-40)是由挖掘机沿前进方向挖掘,向停在侧面的运输车辆卸土的方法。此时,运输车辆的行驶方向与开挖方向平行,挖掘机装土的回转角度一般小于90°。因此,这种作业方法的运输车辆行驶方便,作业效率较高。

中心开挖法(图7-41)是先从挖土区的中心开始挖掘[图7-41(a)],当向前挖至挖掘机的转角接近90°时,转向两侧开挖[图7-41(b)]。此时,运输车辆按"八字形"停车待装。这种作业方法挖掘机移位方便,平均转角可保持在90°以内,并且两侧可同时装车,作业效率较高。

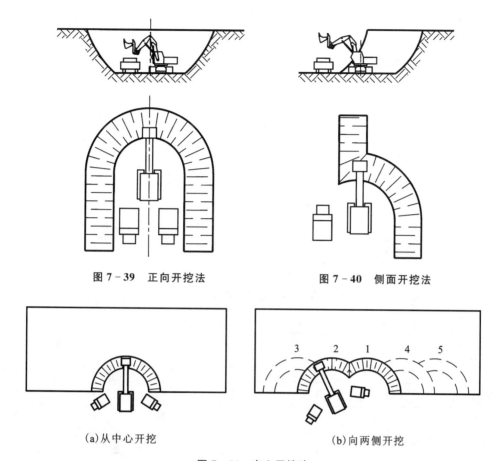

图 7-39 正向开挖法　　图 7-40 侧面开挖法

(a)从中心开挖　　(b)向两侧开挖

图 7-41 中心开挖法

3）配套汽车容量与数量

合理地配套运输车辆的容量和台数，可有效地提高挖掘机的生产率。一般汽车的容量不应少于挖掘机铲斗容量的 3~4 倍，否则由于装车时间太短汽车难以配合；同时，汽车承载量过小也容易受到损坏。汽车台数应保证挖掘机能连续地进行挖装，即：

$$N=\frac{T_q}{T_z} \tag{7-6}$$

式中：N 为汽车台数；T_q 为汽车装运一次循环时间(min)；T_z 为挖掘机装一车所用时间(min)。

由于汽车的行驶速度不均匀，实际配套台数应在算出台数的基础上多加 1~2 台。

2. 挖掘机生产率的计算与提高挖掘机生产率的措施

挖掘机生产率是在单位时间内挖掘机从挖土区挖取并卸到运输车辆或料堆上的土的实际方量(m^3)，取决于铲斗容量、挖掘速度以及土的特性。可按下式计算：

$$Q=Vn\frac{K_c}{K_s}K_B \tag{7-7}$$

式中:Q 为挖掘机生产率(m^3/h);V 为铲斗容量(m^3);K_c 为铲斗充满系数,见表 7-2;K_s 为土的松散系数,见表 7-3;K_B 为时间利用系数,一般取 0.7~0.85;n 为每小时的挖土次数,可参考表 7-4 中的数值或按下式确定:$n=3\,600/\sum t$,其中 t 为挖掘机每一工作循环所需的总时间(s),包括挖土、回转、卸土、空斗转至工作面时间及其他辅助动作时间等。

表 7-2 铲斗装满系数 K_c 的最大值

铲斗类型	轻质松软土	轻质黏性土	普通土	重质土	爆破后岩石
正铲	1~1.2	1.15~1.4	0.75~0.95	0.55~0.7	0.3~0.5
拉铲	1~1.15	1.2~1.4	0.8~0.9	0.5~0.65	0.3~0.5
抓铲	0.8~1	0.9~1.1	0.5~0.7	0.4~0.45	0.2~0.3

注:装满系数为铲斗所装土的体积和铲斗几何容积的比率。

表 7-3 土的松散系数 K_s

斗容量 (m^3)	土的级别					
	Ⅰ	Ⅱ	Ⅲ	Ⅳ	Ⅴ 和 Ⅵ	
					爆破好	爆破不好
0.25~0.75	1.12	1.22	1.27	1.35	1.46	1.50
1.0~2.0	1.10	1.20	1.25	1.32	1.44	1.48
3.0~15	1.08	1.17	1.22	1.28	1.41	1.45
20~40	1.05	1.17	1.20	1.25	1.38	1.42

表 7-4 挖掘机每小时的挖土次数 n　　　　　　　(单位:次/h)

工作装置	斗容量(m^3)			
	0.25	0.5	1	2
正铲	215	200	180	160
反铲	175	155	145	—
拉铲	175	155	145	125
抓铲	160	150	135	—

3. 提高挖掘机生产率的措施

提高挖掘机生产率,可采取以下措施。

(1)增大铲斗容量:挖掘机的铲斗容量是根据挖掘坚硬土质(Ⅳ级土)设计的。如果土质比较松软而机械技术状况又良好时,可以适当加宽、加大或更换较大容量的铲斗。

(2)力求装满铲斗：①保持挖土工作面的适当高度，保证在最大切削深度下一次装满铲斗；②提高操作人员技术水平，能根据挖掘面高度和切削土层厚度的比例关系操作，力求一次装满铲斗，并减少漏损；③当挖掘面较低，铲斗装不满时，应挖装两次，务必装满后再回转卸土；④应经常清除黏结在铲斗内的余土。

(3)缩短挖掘循环时间：①当挖掘比较松软的土层时，可适当加大切土厚度，以充分发挥机械能力。②根据挖土区具体情况，选择最佳的开挖方法和运土路线。采用自卸汽车装土时，运输路线应位于挖掘机侧面，尽量缩小挖掘机卸土回转角。一般挖掘机卸土回转时间占整个循环时间的50%～60%。缩小回转角度是提高生产率的有效方法。挖掘机回转角和生产率的关系见表7-5。③缩短卸土时间。挖掘机和自卸汽车配合作业时，自卸汽车应及时停放在卸土位置；铲斗回转高度应适当，一般高于自卸汽车0.5m即可；铲斗准确地停在车厢上方卸土后立即返回。④提高各工序的速度。要掌握各种运行速度的惯性距离，熟练操作，使各工序紧密衔接，获得最短的间隔时间，做到快而准。同时，还可将一些互不干扰的动作同时进行(如铲斗回空时关斗底，放低铲斗等)，以缩短循环时间，但挖掘、回转、卸土等动作应分清，不得同时进行。

表7-5 挖掘机回转角和生产率的关系

回转角(°)	60	90	120	130	145	180
生产率(%)	120	100	88	85	81	75

(4)做好配合工作：根据施工现场情况，用推土机或人工及时将余土推运出挖掘机作业范围，经常整修场地及道路，为挖装和运输作业创造有利条件。

思考与练习

1. 装载机械按照作业方式有哪些类型？地下矿用装载机有哪些类型？
2. 试分析铲斗式装载机、蟹爪式装载机、立爪式装载机作业方式的区别？为何铲斗式装载机在地下隧道工程及露天土木工程中使用较多？
3. 为何大多数的铲斗式装载机的工作装置采用反转连杆机构？
4. 先熟悉ZL50液压系统图，回答下列问题：转斗换向阀为何并联设置在动臂控制阀前面？指出"提升、锁紧、下降、浮动"工位是怎样实现的？起什么作用？
5. 单斗液压挖掘机有哪些类型？与前端式装载机相比有哪些不同？它的优势在哪里？适合完成哪些工作？
6. 反铲式挖掘机和正铲式挖掘机各适合执行哪些工作？
7. 分析普通正铲挖掘机工作装置的结构形式，并阐述与普通型的挖掘装载装置有何不同？
8. 带辅助平动缸的挖掘装载装置有哪些类型？各有何特点？
9. 分析带三功能(TRI-POWER)机构的挖掘装载装置的结构特点和铲斗的平动原理。

第八章　岩石钻孔机械

钻爆法施工是目前岩石破碎与开挖常用的方法,属于循环作业式。每个工作循环包括测量、钻孔、装药、爆破、通风、出渣、锚喷支护等工序。其中,在岩石工作面上钻凿一些设计规定的具有一定孔径和深度的炮孔是钻爆法施工的核心,而在岩石上钻孔的设备就是岩石钻孔机械。它包括用来钻孔的凿岩机和实现凿岩机移动及定位的凿岩台车。

第一节　钻孔破碎岩石的基础知识

一、钻孔破碎岩石的方法及分类

破碎岩石方法有机械破碎岩石、高压水射流切割岩石、膨胀剂撑裂岩石、利用高温高速的火焰逐层剥落岩石(热力破碎岩石),此外还有激光、高能电子束、等离子火焰等方法。就目前来说,岩石钻孔主要采用机械式钻孔方法。

机械式钻孔方法按其凿岩工具在孔底破碎岩石的机理不同,可分为冲凿、碾压、切削、磨削四大类(图 8-1)。凿岩机就是采用冲击来破碎岩石、回转来转动凿岩位置的凿岩方法,称为冲击-回转式凿岩,常用于钻

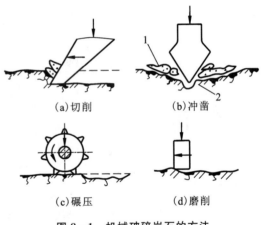

图 8-1　机械破碎岩石的方法
1.崩碎体;2.密实核

凿较坚硬的岩石。回转类钻机的主要特征是采用推压和回转动力来破碎岩石。视所用钻头不同,其破岩机理各不相同:①牙轮钻机是用牙轮钻头以碾压为主来破碎岩石的凿岩方法,适用于钻凿中等到坚硬的岩石;②以翼状钻头来切削破碎岩石,称之为回转式凿岩,仅用于钻凿软弱岩石;③用金刚石钻头以磨削来破碎岩石,其岩孔规整便于取岩芯,常用于地质岩芯钻,也将它归之为回转类凿岩。

二、冲击-回转式钻孔破碎岩石原理

岩石的破碎与岩石的性质和所受外力作用的性质有关。由于大多数岩石属于脆性体,而脆性岩石一般具抗拉性能较弱、抗压性能较强、抗冲击能力最弱、对局部过载能力十分敏

感的特性(这一点对形成炮孔十分有利);当外力以高速载荷作用于塑性大的岩石时,也会出现与脆性体一样的脆性破坏。生产实践证明在坚硬岩石上钻孔,冲击破碎岩石是一种有效的方法。

1. 冲击-回转式钻孔成孔过程

如图 8-2 所示将钻具顶住岩石,当具有一定质量的冲击活塞以速度 v 冲击钎具时,钎尾产生的冲击压应力以纵波的形式传播到楔形钎头,钎头再将压应力波作用在孔底岩石上面,使岩石破碎并形成一条沟槽 a—a;在冲击活塞第二次冲击之前,将钎具转动一个角度 β,则第二次冲击使岩石破碎的沟槽落在另一位置 b—b 上面。如此连续不断的冲击和转动,并不断排出岩屑,便形成了圆形炮孔。

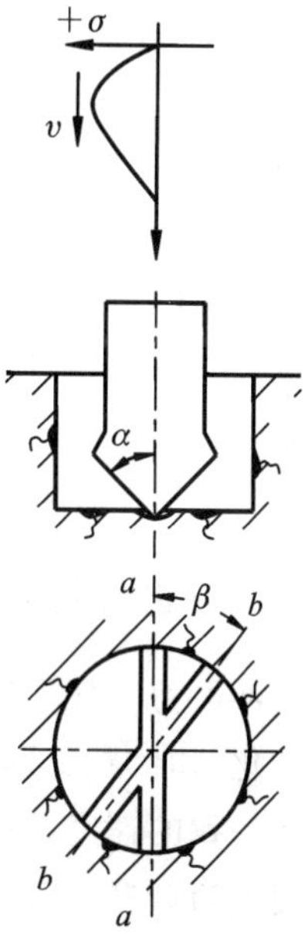

2. 冲击-回转式凿岩机具基本功能与组成

根据上述冲击-回转式的成孔过程,冲击-回转式凿岩机具应由冲击、推进、回转、冲洗四项功能组合而成(图 8-3)。

图 8-2 炮孔形成图

冲击的主要功能是破碎岩石。如图 8-3 所示,向凿岩机提供能量,推动缸体内冲击活塞 1 作快速往复运动;当冲击活塞向右运动,并加速到一定速度时,冲击钎具将能量以压应力波的形式通过钎具传递给岩石,使岩石破碎。凿岩机完成冲击功能的部分就称为冲击机构(通称冲击器)。冲击功和冲击频率是其主要指标。

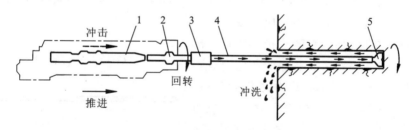

图 8-3 冲击-回转式凿岩作业原理
1.冲击活塞;2.钎尾;3.连接套;4.钎杆;5.钎头

推进有两个作用:一是推动凿岩机和钎具压向岩石工作面,并使钎头在钻凿炮孔时始终与岩石接触;二是从炮孔中退出钎具,准备钻凿下一个炮孔。给凿岩机施加推进力的有手(向下推压)、气腿、推进器。推进力也是凿岩作业的主要工作指标之一,推进力不能过大,保证在凿岩时不脱离岩石即可。

如图 8-3 所示,回转的主要功能是使钎头每冲击一次回转到一个新的位置,进行新的岩石破碎。同时在回转过程中也可将已发生裂纹的岩石表面部分剥落下来。这一功能由凿岩机的回转机构来完成,转钎转矩和转钎速度为其主要指标。

冲洗的作用是从钻孔内清除被破碎下来的岩屑。如果冲洗不足,钻孔中岩屑将发生重复凿磨,不但使钻孔速度减慢,且使钎头加速磨损,甚至在个别情况下卡钻。冲洗介质多用压力水或压缩空气。用压力水冲洗称为湿式凿岩,用压缩空气冲洗则称为干式凿岩。采用压缩空气冲洗时,为防止产生粉尘,必须有岩粉收集器等除尘装置,或气水合用。用压力水作冲洗介质时,因通过凿岩机的部位不同,可分为中心给水和旁侧给水两种形式。

由上可知,整个凿岩系统是由凿岩机和钎具组成的,统称为凿岩机具。实际上,所指的凿岩机由冲击和回转两大机构组成,并配有供水系统、防尘系统、润滑系统;其推进机构并没有装在凿岩机上,可由手、气腿、推进器来完成推进工作,分别称为手动式、气腿式、导轨式;钎具则由钎尾、接杆套、钎杆和钎头组成。

3. 冲击-回转式凿岩原理

冲击力与静力对物体的作用不同,其明显的特征:在很短的时间内其作用力会发生急剧的变化,物体在急剧变化着的载荷作用下,它的应变就不是整体均匀的,质点的运动也不是整体一致的速度。应变和速度都有一个传播过程,因此就需要用波动理论来研究其能量的传递。当钎杆(钎尾)端部受到活塞的冲击时,该处的应力突然升高,与周围介质间产生压力差,导致周围介质质点微动,促使微动质点微团的前进,又进一步把动量传递给后面的质点微团,并使后者变形,由近及远,不断扩展,这种扰动的传播现象就是应力波。固体中的应力波通常分为纵波和横波两大类。钎杆内应力波属于纵波,它包括压缩波(压应力波)和拉伸波(拉应力波)。

钎杆端部受到冲击后,以压应力波(称入射波)的形式向钎头方向传播。当压应力波到达钎头与炮孔底部的接触面时,将随着接触面状况出现不同的结果:①如果钎头和孔底间在应力波到达时没有接触[图 8-4(a)],压应力波将全部从钎头端面反射回来(称为自由端反射),并以拉应力波形式迅速向钎尾方向返回。当它返抵钎尾端面时,又反射成为第二次入射的压应力波。如果界面情况不变,这种压缩—拉伸的交替将继续下去,将能量完全消耗在钎杆的波阻上,钎杆承受这种反复载荷而疲劳断裂,活塞的能量也不能传给岩石。②如果钎头与孔底之间在应力波到达时已接触良好[图 8-4(b)],那么首次压应力波在到达钎头端面时,仅有一部分作为拉应力波反射回去,另一部分则以压应力波形式进入岩石,使凿入区的应力状态迅速提高,完成钎头进入岩石的过程。

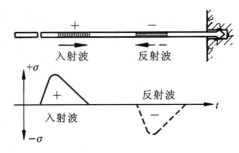

(a)钎头与孔底无接触点

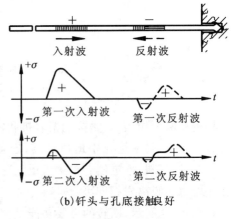

(b)钎头与孔底接触良好

图 8-4 冲击能量在钎具上的传递

4. 提高凿岩速度的途径

影响凿岩速度有三个方面的因素：一是被凿岩石的性质，二是凿岩机具本身的因素，三是凿岩参数的选择。

1) 提高冲击功

凿岩速度会随冲击功的提高而上升，但同时提高冲击功会缩短凿岩机具的寿命。根据理论分析和试验研究，保持应力峰值不变，通过延长应力波的持续时间来提高冲击功（图8-5）是一个有效的方法。因此采用细长活塞的液压凿岩机比采用短粗活塞的气动凿岩机凿入效率要高，同时也是液压凿岩机优于气动凿岩机的理论依据。

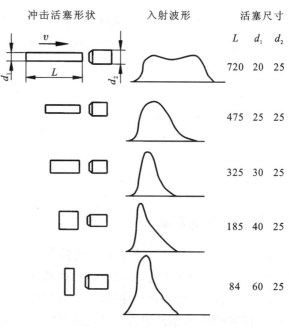

图8-5 活塞形状与入射波形的关系

2) 选取最佳轴推力

由凿岩原理可知，为了取得较高的凿入效率，钎头必须与孔底岩石有良好的接触。因此，必须对凿岩机施加轴向推力。钻孔时，如推力过大，势必压迫钎杆使它转动困难，这既增加了回转阻力，又增加了钎头的磨损；推力过小，则钎头跳离孔底，凿碎效率就低。图8-6是用高速摄影机揭示的活塞、机体和钎具三者运动的轨迹。由图8-6可知，随着活塞的运动，机体和钎具都在运动，为使活塞冲程时钎头始终与岩石接触，其轴推力 F 为：

$$F = K_R f \sqrt{2Em} \tag{8-1}$$

式中：f 为凿岩机冲击频率（Hz）；E 为凿岩机冲击功（J）；m 为冲击活塞质量（kg）；K_R 为计算最优轴向推力修正系数。

对于气动凿岩机 $K_R = 1.5 \sim 2.3$；对于后腔回油式液压凿岩机 $K_R = 2.85 \sim 3.7$；对于前后腔交替回油的液压凿岩机 K_R 则更大，有的可达4.66。

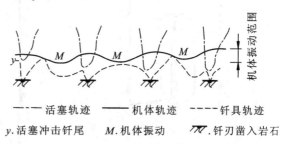

—— 活塞轨迹 —— 机体轨迹 --- 钎具轨迹
y. 活塞冲击钎尾 M. 机体振动 ⊤⊤⊤. 钎刃凿入岩石

图8-6 凿岩时活塞、机体、钎具的运动轨迹

3) 采用独立回转机构

为了使凿岩机在钻凿各种不同的岩石时都能获得最高的凿岩速度和凿岩效率，钎杆的回转采用可调节的独立回转机构。在使用时可根据岩石的性质、凿岩机冲击功的大小来调节回转速度。

4）提高冲击频率

提高冲击频率，凿岩速度会随冲击频率的提高而成线性上升。它的前提条件是冲洗系统能够迅速地清除岩粉，要有冲洗机构和一定压力的冲洗介质（水或压缩空气）予以保证。

5）其他途径

其他途径包括：选择合适的孔径、孔深；钎具应有较好的机械性能、足够的使用寿命；钎头有理想的几何形状和布齿方式。实践证明，装有硬质合金球齿的钎头要比装有一字型硬质合金的钎头凿岩速度快、凿岩效率高。

三、回转式钻孔破碎岩石原理

1. 切削破碎岩石原理

如图 8-7 所示，回转式钻孔过程是钻头在一定轴向压力 F 的作用下，连续旋转切割岩石，使其钻刃以螺旋线推进，并将破碎的岩粉排出孔外，形成圆形炮孔。因此回转式钻孔破碎岩石方式是切削，它必须具有轴向压力 F 和回转扭矩 M_n 的复合动作才能完成凿岩工作，同时应有排粉机构来清除岩粉。实践证明在磨蚀性小以及中硬以下的岩石中钻孔时，采用回转式多刃切割岩石钻孔是很有效的方法。

2. 碾压式破碎岩石原理

牙轮钻机属于碾压式钻孔机械，其钻孔过程见图 8-8。钻机通过钻杆将牙轮钻头送至孔底，并通过对钻杆加压使钻头和岩石接触，同时，在旋转钻杆的作用下，使钻头上带齿（球齿或凿齿）的牙轮滚动；通过滚齿传递冲击和压入力，使岩石破碎。因锥体牙轮的滚动轨迹为一圆面，故在钻杆不断旋转的同时，再将破碎的岩屑不断排出孔外，便可形成炮孔。

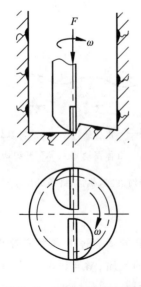

图 8-7 回转式钻孔原理图

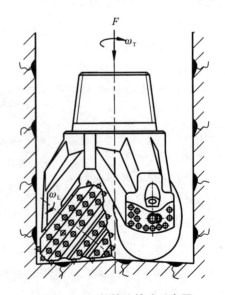

图 8-8 牙轮钻头钻孔示意图

第二节　凿岩机

凿岩机就是用来完成凿岩钻孔作业的机械化工具。由于在中硬岩、硬岩及坚硬岩上钻孔,冲击-回转式凿岩方式最为有效。因为凿岩机就是以冲击动作来破碎岩石、以推进动作保持钎头与岩石接触、以回转动作来转动钎杆和钎头,这三个动作共同完成钻孔作业的。实际上,在凿岩机上只有两个动作,即冲击和回转,其推进动作则由人工、气腿或凿岩台车上的推进器来完成,因而就分为手持式、气腿式、导轨式凿岩机。还根据所采用动力的不同,凿岩机可分为风动凿岩机、液压凿岩机、内燃凿岩机和电动凿岩机四种类型。在我国应用最广泛的是风动凿岩机,导轨式气动凿岩机大部分已由导轨式液压凿岩机取代。

一、风动凿岩机

风动凿岩机是以压缩空气为动力的凿岩机,广泛应用于矿山、铁路、水利水电、国防工程中的凿岩钻孔作业。

1. 风动凿岩机的类型及适用范围

1) 风动凿岩机的类型

我国对凿岩机的分类以推进方式的不同分为手持式(Y)、气腿式(YT)、向上式(YS)、导轨式(YG)四种类型,符号后面的数字是凿岩机的重量,如 YT27 是气腿式凿岩机,机重 27kg。

(1) 手持式凿岩机。这种凿岩机的推进动作是用手压持来完成的,其重量较轻(在 20kg 左右),有效钻孔深度可达 3m,可打各种方向较浅的小直径炮孔和完成二次爆破作业,如 Y18、Y19、Y20、Y24 等型号的凿岩机。一些凿岩机自带小型压缩空气动力站(如 Y18)适用于小型矿山、采石厂及交通不便、电力未达到的地方。

(2) 气腿式凿岩机。带有起支承及推进作用的气腿。在隧道开挖工程中广泛使用,但在中、大断面隧道工程中受到一定的限制,如 YT23、YT24、YT26、YT27、YT28 及 YTP26 等型号均属这类凿岩机。它的重量为 18~30kg,一般用于打深度为 2~5m,直径为 34~42mm 的水平或带有一定倾角的炮孔。

(3) 向上式凿岩机。向上式凿岩机属于气腿式,所不同的是气腿与主机安装在同一纵向轴线上并固定成一体,专用于打 60°~90°向上的炮孔,适用于竖井掘进、安装楔形锚杆等凿岩工作,常用的有 YSP45 型向上式凿岩机。

(4) 导轨式凿岩机。这种凿岩机是装在凿岩台车上或在钻架上的推进器上工作,使凿岩机的定位机械化程度提高,从而减轻了劳动强度,提高了凿岩效率。这类凿岩机比较重(一般在 30~100kg 之间),一般装在凿岩台车或柱架的导轨上工作。导轨式凿岩机可打水平和各种方向较深(5~19m 以上)的炮孔。这类凿岩机有 YG40、YG50、YG80 及 YGZ90 等型号。

此外,风动凿岩机还有其他分类方法,如按冲击频率可分为低频凿岩机(冲击频率＜33Hz)、中频凿岩机(冲击频率为33Hz～41.7Hz)、高频凿岩机(冲击频率＞41.7Hz),多年来国外广泛采用高频凿岩机,凿岩速度有了显著的提高,国产YTP26、YSP45及YGP28均属于这种类型的凿岩机。按转钎机构型式可分为内回转凿岩机和外回转凿岩机,在中型、重型导轨式凿岩机上采用冲击机构和回转机构相互独立的方式,其目的是更好地适应不同类型的岩石,提高凿岩速度。

2) 风动凿岩机的适用范围

在选择凿岩机时,一般应考虑以下几点因素:①作业场所(隧道掘进、露天开挖等);②所凿炮孔的方向、孔径和深度;③岩石的坚硬程度、可钻性等。各类型风动凿岩机的应用范围见表8-1。

表8-1 各类风动凿岩机的应用范围

项目类型	手持式	气腿式	向上式	导轨式
最大钻孔直径(mm)	40	45	50	75
最大凿孔深度(m)	3	5	6	20
炮孔方向	水平、倾斜及垂直向下	水平、向上倾斜及向下倾斜	垂直向上及60°～90°向上倾斜	水平、向上倾斜及向下倾斜
岩石硬度	软岩、中硬及坚硬	中硬、坚硬、极硬	中硬、坚硬、极硬	坚硬、极硬

2. 气腿式风动凿岩机的构造

风动凿岩机虽然类型很多,无论哪一种类型要完成钻凿炮孔的工作都必须具备下述机构:冲击及其配气机构、转钎机构、排粉机构、推进机构、操纵机构、润滑机构。各种类型的气腿式风动凿岩机都具有上述六种机构,其不同之处在于:各种凿岩机的技术参数不同、重量不等、尺寸不一致,最主要的差别是配气原理、转钎方式的不同。

1) 气腿式风动凿岩机的组成

现代气腿式风动凿岩机都是由主机、自动伸缩的气腿和自动注油器组成(图8-9)。这种凿岩机除具有的风水联动、气腿快速缩回、控制系统集中、操作方便的特点外,还具有重量较轻、结构简单、凿岩效率高等优点。此外,还装有可改变排气方向的消音罩,可有效降低工作现场的噪声。

2) 气腿式风动凿岩机的内部构造

目前,国内外生产的风动凿岩机品种很多,其内部结构及工作原理都有所不同,主要表现在冲击配气机构和转钎机构的不同,同时也体现了各主要生产厂家产品的特点。如图8-10所示为我国生产的YT23型气动凿岩机的内部构造,采用凸缘环状阀配气机构和内棘轮式螺旋副转钎,具有自动冲洗炮孔装置及强吹气路的特点。凿岩时,由气腿支承和施加轴推力来完成钻凿炮孔的工作。

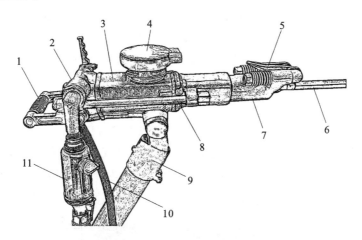

图 8-9 气腿式凿岩机的组成
1.手柄;2.柄体;3.气缸;4.消音罩;5.钎卡;6.钎子;7.机头;
8.连接螺栓;9.气腿;10.水管;11.自动注油器

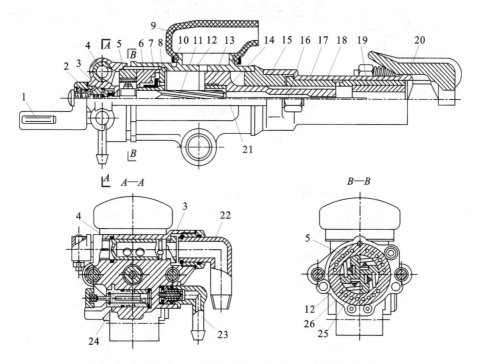

图 8-10 YT23型气动凿岩机的内部结构
1.手柄与气腿控制;2.注水阀组件;3.柄体;4.操纵阀组件;5.棘轮;6.阀柜;7.配气阀;8.阀套;9.消音罩;10.喉箍;11.活塞缸;12.螺旋棒;13.螺旋母;14.冲击活塞;15.导向套;16.水针;17.机头;18.转动套;19.钎尾套;20.钎卡组件;21.长螺栓组件;22.气管弯头组件;23.水管接头组件;24.气腿控制阀组件;25.棘爪;26.塔形弹簧

3. 冲击配气机构的类型及工作原理

所有风动凿岩机的冲击都是由活塞在气缸中作往复运动来完成的,而活塞在气缸中产生往复运动则是依靠配气机构和冲击机构相互配合的结果,二者缺一不可,称为冲击配气机构。冲击配气机构就是将压缩空气转换成机械往复运动的机构,对风动凿岩机的性能、零件加工工艺性和使用维修影响很大,是气动凿岩机的核心,在钻孔工作中起着破碎岩石的主导作用。

1)冲击配气机构的类型

现代风动凿岩机的冲击配气机构主要有有阀配气和无阀配气两种形式(图 8-11)。配气机构有单独的换向阀称为有阀配气[图 8-11(a)],有阀配气机构分为被动阀和控制阀两种类型。配气机构中的换向阀与冲击活塞做成一体称为无阀配气[图 8-11(b)]。

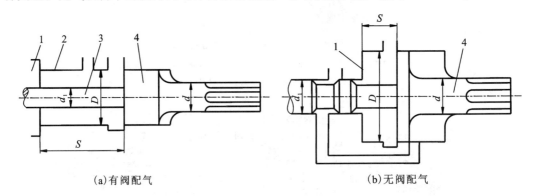

(a)有阀配气 (b)无阀配气

图 8-11 风动凿岩机冲击机构
1.配气机构;2.气缸;3.螺旋棒;4.冲击活塞

2)被动阀配气机构

被动阀配气机构是依靠活塞往返运动时,压缩前后气缸的气体,形成高压气垫的压力来推动气阀变换位置的。根据结构形状的不同,被动阀配气机构有球状阀(已少用)、环状阀和蝶状阀三种。YT23、YT27 型气腿凿岩机和 YSP45 型向上式凿岩机均采用环状阀(图 8-12)。YT25 型气腿凿岩机则是采用蝶状阀配气机构的例子。

环状阀配气机构由活塞、气缸、导向套及配气装置(包括配气阀、阀套、阀柜)组成(图 8-12)。

(1)活塞的冲击行程。如图 8-12(a)所示,此时的冲击活塞 7 位于气缸左止点,配气阀 11 处于左位;从操纵阀孔 1 来的压缩空气,经气路 2、3、4、5 进入气缸的左腔 6;气缸的右腔 9 经排气孔 8 与大气相通,冲击活塞 7 的合力 F 方向向右,开始加速向右运动。在冲击活塞 7 向右运动的过程中,活塞的 a 边先封闭排气孔 8,而后活塞的 b 边越过排气孔 8;这时气缸右腔 9 的体积逐渐缩小,气体受到压缩,压力逐渐升高,经气路 10、12 作用在配气阀 11 的左边;此时活塞的 b 边已越过排气孔 8 排气,作用在配气阀 11 右边的压力变小,配气阀便快速移至右位,封闭气路 5,使气路 4 和 12 联通,活塞打击钎子,冲击行程结束,返回行程开始。

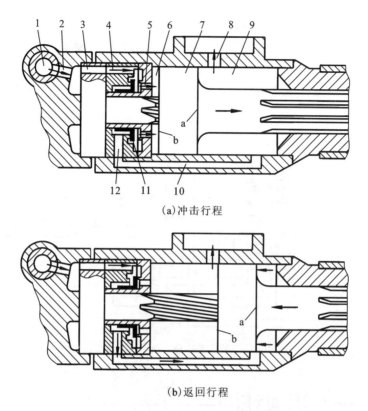

图 8-12 环状阀式冲击配气机构工作原理
1.操纵阀孔；2、3、4、5、10、12.气路；6.左腔；7.冲击活塞；8.排气孔；9.右腔；11.配气阀

(2) 活塞的返回行程。如图 8-12(b) 所示，活塞位于气缸右止点，配气阀 11 处于右位。压缩空气经操纵阀孔 1、气路 2、3、4、12、10 进入气缸的右腔 9，作用在活塞的 a 面；因气缸的左腔 6 经排气孔 8 与大气相通，冲击活塞 7 的合力 F 方向向左，开始加速向左运动。在运动过程中，活塞的 b 边先关闭排气孔 8，而后活塞 b 边越过排气孔。这时密闭的气缸左腔 6 内的气体受到压缩，左腔空间逐渐缩小，气压逐渐升高，合力方向向右，活塞 7 减速运行。此时气缸右腔 9 经排气孔 8 排气，配气阀 11 左腔压力下降，配气阀便快速移至左位，压气再次进入气缸的左腔 6，活塞 7 继续减速直至停止，开始进行下一行程。

从以上分析可以看出，活塞运动的速度和供气量与活塞受压气作用的面积有关。活塞冲击频率的高低，除与活塞运动速度有关外，还取决于活塞运动行程的长短、配气阀的结构型式及运动灵活程度等因素。

3) 控制阀配气机构

控制阀配气机构是依靠活塞往复运动时，在打开排气孔前，使压气经专门的控制气路推动配气阀来变换位置的。因此，阀的换向时间由活塞运动时打开推阀孔的时间决定。控制阀配气机构仅见碗状阀配气机构一种类型，YT24、YT28 型气腿凿岩机（图 8-13）和 YG40、YG80 型导轨式风动凿岩机均采用碗状阀式配气机构。

控制阀配气机构如图 8-13 所示。冲击行程开始时[图 8-13(a)]，活塞 6 及配气阀 4 均处于左位，压气由箭头所示的气路进入气缸的左腔，推动活塞向右加速运动。当活塞 6 的 b 边越过气孔 7 时，一部分压气经气孔 7 进入气室 2 作用于配气阀 4 的左端面，推动配气阀 4 从左止点向右快速移至右止点。气室 10 的废气经孔道 12 排入大气。当活塞 6 的 b 边打开排气口 5 后，气缸左腔与大气相通，活塞 6 靠惯性力冲击钎尾，完成冲击动作，冲击行程结束。

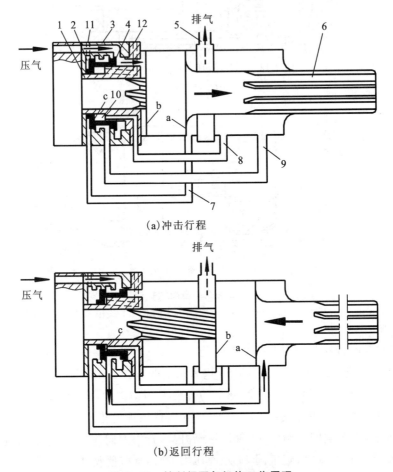

图 8-13 控制阀配气机构工作原理

1.阀套；2、10.气室；3.阀柜；4.配气阀；5.排气口；
6.活塞；7、8、9.气孔；11、12.通大气的小孔

冲击完成后，活塞返回行程开始[图 8-23(b)]，活塞 6 及配气阀 4 均处于右止点，压气由箭头所示气路进入气缸右腔，推动活塞 6 向左运动。当活塞 6 的 a 边越过气孔 8 时，一部分压气经气孔 8 进入气室 10 作用于配气阀 4 的 c 面，推动配气阀 4 从右止点向左快速移至左止点，压气进入活塞 6 的左腔，活塞 6 减速运行。气室 2 的气体则经孔道 11 排气。当活塞 6 的 a 边越过排气口 5 后，使活塞的右腔与大气相通排气。直至活塞运行速度为零，返回行程结束，开始下一循环。

控制阀配气机构的特点：气缸的前腔、后腔的最高压力均不超过进气压力，不会发生气流倒流现象。由于阀的移动靠推阀孔的位置决定，因此可根据需要设计活塞的行程，行程长则冲击功大，而且还可以利用一小部分压气膨胀做功，所以耗气量较少。控制阀配气机构上的换向阀是利用稳定的管路压气换向，工作性能稳定可靠；当管路压力降到 0.3MPa 时仍能继续工作，因而阀的灵敏度高、低压启动性好。由于气室压力小于进气压力，所以凿岩机工作后座力较小。但是由于这种控制阀配气机构结构复杂，加工精度高，对生产厂家的整体素质要求较高。

4) 无阀配气机构

无阀配气机构的配气阀与冲击活塞做成一体，没有独立的配气机构，是依靠活塞在运动过程中的位置变换来实现配气的。无阀配气机构有活塞尾杆配气和活塞大头配气两种类型，我国生产的 YTP26 型高频气腿式凿岩机、YGZ90 型外回转导轨式凿岩机及芬兰 K-90 型气腿凿岩机均采用活塞尾杆配气的无阀配气机构（图 8-14）。

活塞的冲击行程可分为进气、膨胀做功和惯性滑行三个阶段。如图 8-14(a) 所示，活塞 4 处于右止点，由操纵阀进入柄体 1 的压气，沿实线箭头方向进入气缸 3 的右腔；气缸左腔通过排气口 5 排气，活塞 4 加速向左运动。当配气杆上的 c 边将进气孔道关闭后，气缸右腔内的压气开始膨胀做功，继续推动活塞向左运行。随着气缸右腔空间的不断增大，气压则不断减小，当活塞的 a 边关闭排气口 5 后，气缸左腔内的气体被压缩，压力逐渐升高，活塞前进阻力逐渐增大，因此在膨胀做功阶段，活塞则以较小的加速度继续前进。当活塞的 b 边打开排气口 5 后，气缸右腔的压力则迅速下降，活塞 4 在自身的惯性力作用下，继续向前滑行并以高速打击钎尾；与此同时，配气杆的 d 边打开气缸左腔的进气孔道，活塞开始返回 [图 8-14(b)]。

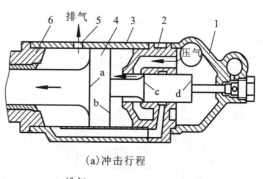

(a) 冲击行程

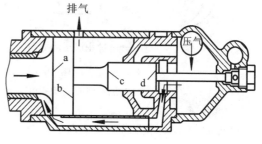

(b) 返回行程

图 8-14 无阀配气机构工作原理
1. 柄体；2. 配气体；3. 气缸；4. 活塞；
5. 排气口；6. 导向套

和冲击行程一样，活塞的返回行程也要经过进气、膨胀做功和惯性滑行三个阶段。如图 8-14(b) 所示，气缸 3 右腔排气，进入气缸 3 左腔的压气推动活塞 4 向右加速运行。当配气杆上的 d 边将左腔进气孔道关闭后，气缸左腔内的压气开始膨胀做功，继续推动活塞 4 向右运行。当活塞 4 的 b 边关闭排气口 5 后，气缸右腔内的气体被压缩，压力逐渐升高，活塞前进阻力逐渐增大，活塞则以较小的加速度继续前进。当活塞的 a 边打开排气口 5 后，气缸左腔的压力则迅速下降；与此同时，配气杆的c边打开气缸右腔的进气孔道,活塞依靠惯性向右作减速运动,直至停止,开始进入下一循环。

4. 转钎机构的类型及工作原理

根据钎杆回转力矩传递方式的不同,气动凿岩机的转钎机构可分为内回转和外回转两大类。所谓内回转就是由凿岩机的回转机构将冲击活塞返程的线性运动转换成钎杆的回转运动的机构。内回转气动凿岩机的回转机构是一种间歇传动机构,回转不连续,转速不可调,适用于各种类型的手持式、气腿式和轻型导轨式气动凿岩机。而外回转凿岩机的转钎机构则由独立的回转马达经减速机构后带动钎杆回转,回转是连续的,并可根据岩石硬度的不同,调节钎杆的转速,适用于导轨式凿岩机,液压凿岩机均采用外回转转钎机构。

内回转转钎机构有独立螺旋棒的内棘轮转钎机构、无独立螺旋棒的外棘轮转钎机构、带独立螺旋棒的双向外棘轮转钎机构三种主要类型。

1) 内棘轮转钎机构

内棘轮转钎机构就是棘轮轮齿向里、棘爪布置在棘轮内的棘轮机构,是目前使用最普遍、具有单独螺旋棒的转钎机构(图8-15)。采用这种转钎机构的有YT23、YT24、YT27、YT28、YSP45和YG40等型气动凿岩机。这种转钎机构的优点是工作可靠、故障少。

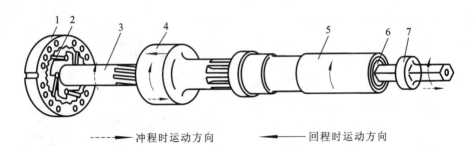

---→冲程时运动方向　　　——→回程时运动方向

图8-15　内棘轮转钎机构

1.棘轮;2.棘爪;3.螺旋棒;4.活塞;5.转动套;6.钎尾套;7.钎子

这种内棘轮转钎机构贯穿于凿岩机的气缸及机头。如图8-15所示,螺旋棒3前部的螺旋齿插入活塞4大头端内的螺旋母中;其后部装有四个棘爪2,由塔形弹簧(图中未画出)顶在棘轮1的内齿槽上;棘轮1则用定位销固定在气缸和柄体之间,使之不能转动。转动套5的后部内有花键孔,与活塞4前部的花键相配合;其前端内固定着带有内六方孔的钎尾套6,六方形的钎子7插入其中。

由于这种棘轮机构具有单向间歇旋转的特性,活塞在冲程阶段向前运动时,活塞4大头内的螺旋母带动螺旋棒3沿虚线箭头所示的方向转动一定的角度,这时棘爪2处于顺齿位置,它可压缩弹簧而随螺旋棒3转动。活塞在回程阶段向后运动时,由于棘爪2处于逆齿位置,在塔形弹簧的作用下顶住棘轮1的内齿槽,阻止螺旋棒3转动;由于螺旋母的作用,迫使活塞4沿螺旋棒3上的螺旋槽沿实线所示的方向转动,带动转动套5、钎尾套6、钎子7转动一定角度(图8-15);如此循环往复,活塞每冲击一次,钎子就转动一次。钎子每次转动的角度与螺旋棒螺纹导程及活塞运动的行程有关。

这种转钎机构的特点是合理地利用了活塞返回行程的能量来转动钎子,具有零件少、凿岩机结构紧凑的优点。不足之处是转钎扭矩受到一定限制,螺旋母、棘爪等零件易于磨损。

2) 外棘轮转钎机构

外棘轮转钎机构就是棘轮轮齿向外、棘爪布置在棘轮外边的棘轮机构,有无独立螺旋棒的外棘轮转钎机构、带独立螺旋棒的双向外棘轮转钎机构两种类型。采用无独立螺旋棒的外棘轮转钎机构的有YTP26型和芬兰K-90型高频无阀凿岩机,采用带独立螺旋棒的双向外棘轮转钎机构的有YG80型导轨式气动凿岩机。

无独立螺旋棒的外棘轮转钎机构布置在凿岩机的头部。如图8-16所示,装有键套7和钎尾套9的转动套8装在机头6前部,装有螺旋母4的外棘轮5装在机头6后部;活塞2头部的螺旋槽和直槽分别插在螺旋母4和键套7内;塔形弹簧12将装在机头6后部的棘爪11顶在外棘轮5的外齿槽内;转动套8的前端内固定着带有内六方孔的钎尾套9,六方形的钎子10插入其中。

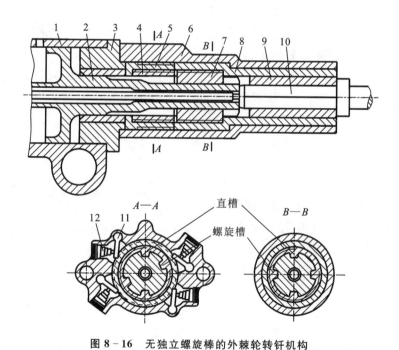

图8-16 无独立螺旋棒的外棘轮转钎机构
1.气缸;2.活塞;3.导向套;4.螺旋母;5.外棘轮;6.机头;7.键套;8.转动套;
9.钎尾套;10.钎子;11.棘爪;12.塔形弹簧

当活塞在冲程阶段向前运动时,棘爪11处于顺齿位置,塔形弹簧12被压缩,活塞2上的螺旋槽带动螺旋母4和外棘轮5转动一定的角度。当活塞在回程阶段向后运动时,棘爪11处于逆齿位置,在塔形弹簧12的作用下顶住外棘轮5的外齿槽,由于螺旋母4的作用,迫使活塞2沿螺旋母4上的螺旋齿转动,带动键套7、转动套8、钎尾套9、钎子10转动一定角度;如此反复,间歇转动。

这种转钎机构的优点是没有单独的螺旋棒,零件少。它的缺点是螺旋槽和直槽均铣在活塞杆上,制造复杂,降低强度,甚至有可能使活塞杆断裂。

3) 外回转转钎机构

具有外回转转钎机构的凿岩机与内回转凿岩机相比,其主要优点是冲击机构和回转机构相互独立,可以随岩石软硬程度的变化来调整钎杆的钻速和扭矩,有效地提高了凿岩速度和凿岩效率,减少了卡钎事故的发生。但外回转转钎机构复杂,因此一般应用在导轨式凿岩机上。由于目前导轨式凿岩机,特别是重型导轨式凿岩机基本上由导轨式液压凿岩机取代,这一部分将在液压凿岩机部分讨论。

5. 凿岩机的支撑与推进机构

为了克服凿岩机工作时产生的后坐力,并使活塞冲击钎尾时顶住孔底,确保将冲击能传递给岩石,以提高凿岩效率。因此,气腿在水平钻孔工作中有两个作用:一是起支撑凿岩机,二是给凿岩机施加适当的轴推力。

如图 8-17 所示,采用气腿式风动凿岩机打水平炮孔时,气腿 4 通过连接轴 3 与凿岩机 2 铰接起来;气腿的顶尖支撑在底板上,其轴心线与地平面成 α 角。若气腿对凿岩机产生的作用力为 R,则对凿岩机施加的轴推力为:$R_T = R\cos\alpha$,托起凿岩机的垂直分力为:$R_Z = R\sin\alpha$。

凿岩机在工作时,轴推力 R_T 的作用在于平衡凿岩机工作时产生的后坐力 R_H,并对凿岩机施以适当的轴推力,使凿岩机获得最大凿岩速度。因此,凿岩机工作时不脱离孔底的条件是 $R_T \geqslant R_H$,但过大的推力会增加回转阻力,甚至不能正常工作。因此,给凿岩机施

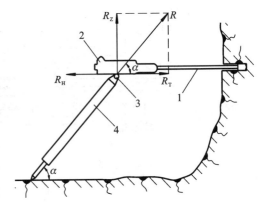

图 8-17 气腿式风动凿岩机的推进及支撑原理
1. 钎子;2. 凿岩机;3. 连接轴;4. 气腿

加适当的轴推力是冲击-回转式凿岩对推进基本要求。托起力 R_Z 的作用则是平衡凿岩机及凿岩钎具的重量,过大的托起力会使凿岩机上翘,轻则影响凿岩速度,重则不能正常凿岩。

在凿岩时,随着炮孔的加深和凿岩机的向前推进,气腿的支承角 α 逐渐减小,气腿对凿岩机的支承力逐渐减小,而对凿岩机的轴推力则逐渐增大(图 8-17 中力的分解图)。因此在凿岩过程中,要不断地调节气腿的支撑点、支撑角 α 及进气量,使凿岩机在最优轴推力下工作,以提高凿岩效率。

如图 8-18 所示为 YT23 型气腿式风动凿岩机所采用 FT160 型气腿的结构图。外管 10 的上部与架体 2、下部与下管座 11 分别用螺纹连接在一起,风管 7 则固定在架体 2 上;由螺母 3 将压垫 4、碗状密封 5、垫套 6 固定在伸缩管 8 的上部,将外管 10 的内腔分成上腔和下腔两个空间;伸缩管 8 的下部安装着顶叉 14 和顶尖 15,可稳定地顶在岩石上。由凿岩机来的压气从 A 口、沿实线箭头方向进入上腔,顶着外管连接件和凿岩机向斜上方运动;下腔内

废气从 C 口、沿虚线箭头方向、经风管 7,从 B 口进入凿岩机上的气腿换向阀排入大气。当改变换向阀的位置时,气腿缩回,其进气、排气路线与上述气腿作伸出运动时相反。

6. 炮孔的排粉机构与强吹风通道

凿岩机设置排粉装置的目的是及时地将凿岩产生的岩粉排出孔外,防止产生多次破碎,提高凿岩速度。YT23、YT24、YT27、YT28 等风动凿岩机采用注水加吹风和停止冲击时强力吹扫两种吹洗方式排出岩粉。

1) 风水联动冲洗机构

风水联动冲洗机构由进水阀[图 8-19(a)]和气水联动注水阀[图 8-19(b)]组成。这种冲洗机构的特点:接上水管后,只要启动凿岩机,即可自动注水冲洗;若凿岩机停止工作,又可自动关闭水路,停止供水。风水联动冲洗机构安装在柄体的后部,由操纵阀上的手柄控制。

打开操纵阀,凿岩机开始工作时,压气由气孔 a[图 8-19(b)]进入注水阀 5 的右腔,推着注水阀克服弹簧 2 的推力向左移动,右侧的顶尖脱离胶垫 8,打开进水通道;压力水从水管接头 13[图 8-13(a)]→进水阀芯 14→柄体水孔→注水阀体 6 的 b 孔[图 8-19(b)]→胶垫 8→水针 10→钎杆中心孔→进入孔底冲出岩粉。当打开操纵阀,凿岩机停止工作时,气孔 a 无压气进入,注水阀 5 在弹簧 2 的作用下,向右运动回到原来位置,阀尖堵住了进水通道,停止供水。

进水阀的作用是当进水阀随同水管从凿岩机上卸下时,在水压力的作用下,进水阀芯 14 左移可自动封闭住水孔,防止岩粉进入机体内部,保护凿岩机。

2) 气顶水防倒流原理

如图 8-20 所示,在冲程时,活塞向右加速运行,A 区空间减小,B 区空间增大,少量的压气沿螺旋棒与螺旋母之间的间隙向 B 区补充(图 8-20 长虚线箭头),和 A 区的压气一起在钎杆与水管之间的间隙处顶住倒流的冲洗水,并和冲洗水一起经钎杆中心孔进入孔底冲洗岩粉。在回程时,活塞向左加速运行,A 区空间增大,B 区空间减小,少量的压气沿导向套与活塞小端的间隙向 A 区补充(图 8-20 短虚线箭头方向),和 B 区的压气一起在钎杆与水管之间的间隙处顶住倒流的冲洗水,并和冲洗水一起经钎杆中心孔进入孔底冲洗岩粉。

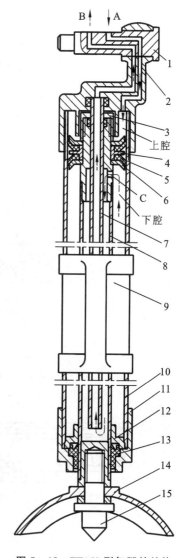

图 8-18 FT160 型气腿的结构

1.连接轴;2.架体;3.螺母;4.压垫;5.碗状密封;6.垫套;7.风管;8.伸缩管;9.提把;10.外管;11.下管座;12.导向套;13.防尘套;14.顶叉;15.顶尖

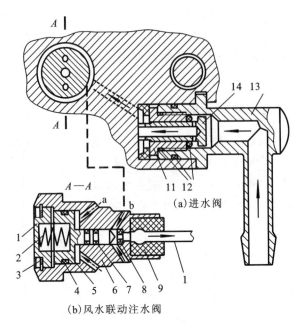

(a) 进水阀

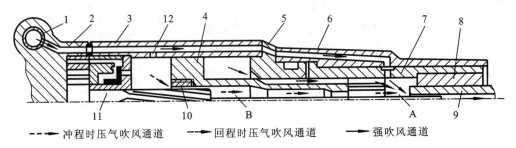

(b) 风水联动注水阀

图 8-19 风水联动冲洗机构

1.簧盖；2.弹簧；3.卡环；4、7、12.密封圈；5.注水阀；6.注水阀体；8.胶垫；
9.水针垫；10.水针；11.进水阀套；13.水管接头；14.进水阀芯

图 8-20 凿岩时注水加吹风通道和强吹风通道

1.操纵阀；2.柄体；3.气缸；4.冲击活塞；5.导向套；6.机头；7.转动套；8.钎尾套；
9.钎杆；10.螺旋母；11.螺旋棒；12.强吹风时平衡活塞的气孔

3) 强吹风通道

设置强吹风通道有两个目的：①在孔底聚集岩粉较多时及时清除岩粉；②钻孔结束后，将孔底吹洗干净，提高爆破效果。

需要进行强吹风时，将操纵阀扳到强吹风位置，这时凿岩机停止冲击，注水水路被切断，大量的压气从操纵阀孔→沿实线箭头方向进入 A 区→从钎杆与水管之间的间隙→钎子中心孔进入孔底，将岩粉吹干净。

为了防止强吹时活塞后退导致从排气孔漏气，在气缸左腔有一与强吹风通道相通的气孔 12，可使压气进入气缸的左腔，用于顶住活塞，确保活塞处于封闭排气孔的位置，防止漏气而影响强吹效果。

7. 风动凿岩机的主要技术指标

1) 压缩空气的工作压力 p

我国气动凿岩机常用压缩空气的工作压力为 0.4~0.6MPa,标定凿岩机技术参数过去以 0.5MPa 为标准工作压力;目前采用国际通用的 0.63MPa 为标准工作压力。气动凿岩机的使用工作气压与标准工作压力接近,才能较好地发挥其应有的效率。

2) 活塞冲击功 E

冲击破碎岩石的研究表明,只有当冲击能量超过某一门槛值时,才能得到高的破碎效率;但限于活塞、钎具材料所能承受的应力,活塞冲击末速度不能超过 10m/s。目前,气腿式凿岩机的冲击功为 60~80J,导轨式凿岩机为 80~250J;活塞冲击末速度 6~9m/s。

活塞冲击功 E 的大小可用下式估算:

$$E = K_E p A_1 s \tag{8-2}$$

式中:E 为凿岩机活塞单次冲击能(J);K_E 为冲击功修正系数,一般取 0.4~0.55;A_1 为冲程时活塞有效受压面积(m^2);s 为活塞行程(m)。

3) 转钎扭矩 T

扭矩要足以克服由轴向推力作用在孔底产生的旋转阻力和孔壁对钎具的摩擦阻力;对手持式和气腿式凿岩机来说,扭矩过大会使凿岩机震动加剧,操作者不易适应。目前气腿式凿岩机的扭矩一般为 11~18N·m。向上式凿岩机可达到 30N·m。导轨式凿岩机扭矩为 40~350N·m。转钎扭矩 T 按下式计算:

$$T = K_T p A_2 \tan(\alpha - \rho) \frac{d_2}{2} \tag{8-3}$$

式中:T 为内回转凿岩机回程转钎力矩(N·m);K_T 为扭矩修正系数,一般取 0.35~0.42;A_2 为回程时活塞有效受压面积(m^2);α 为螺旋副螺旋线升角(°),$\alpha = \cos(L/\pi d_2)$,其中 L 为螺旋棒的导程(m),d_2 为螺旋棒的中径(m);ρ 为螺旋副的摩擦角(°),$\rho = \cos f$,其中 f 为螺旋副摩擦系数,钢与钢之间 $f = 0.15$。

4) 活塞冲击频率 N 与钎具转速 n

活塞冲击频率受其结构、材质、加工条件和使用要求的限制,一般为 26~58Hz;冲击功不变时,频率高输出功率也高。钎具的转速与冲击频率成正比。活塞每冲击一次,钎具转角的大小有一个最优值,此值随岩石的性质和钎头的结构、尺寸不同而异,一般在 16°~38°范围,独立回转凿岩机,可视情况随意调节,内回转凿岩机是在设计时定了的,只有更换不同导程的螺旋棒及螺母,才能改变钎具转角。

活塞的冲击频率 N 按下式计算:

$$N = K_N \sqrt{\frac{pA_1}{2sm}} \tag{8-4}$$

式中:N 为活塞冲击频率(Hz);K_N 为冲击频率修正系数,一般取 0.37~0.40;m 为活塞质量(kg)。

钎具的转速 n 按下式计算：

$$n = \frac{N\beta}{360} \tag{8-5}$$

式中：n 为内回转凿岩机钎具转速(r/s)；β 为钎具每次冲击后的转角(°)，$\beta = 360(\lambda_s/L)$，其中 λ_s 为活塞实际行程(m)，L 为螺旋棒的导程(m)。

5）凿岩机功率 W

冲击功 E 与冲击频率 N 的乘积即为凿岩机功率 W：

$$W = \frac{EN}{1\,000} \tag{8-6}$$

式中：W 为凿岩机功率(kW)。

6）耗气量 Q

耗气量是气动凿岩机的一个重要技术经济指标，是指凿岩机工作时，单位时间所耗压缩空气折算成大气压力时空气的体积，单位为 L/s。凿岩速度相同的凿岩机，空气消耗量小的，动力费用低，经济性好。当工作气压为 0.63MPa 时，手持式、气腿式凿岩机耗气量为 52～85L/s，向上式为 94～115L/s，导轨式为 94～315L/s。耗气量可用下式计算：

$$Q = K_Q A s N \frac{p + 10^5}{p_p} \times 10^3 \tag{8-7}$$

式中：Q 为耗气量(L/s)；K_Q 为耗气量修正系数，有阀凿岩机为 0.6～0.85，无阀凿岩机为 0.3～0.4；p_p 为凿岩机排气环境绝对压力(Pa)，在 $(1.2～1.5) \times 10^5$ Pa 之间；A 为活塞冲程与回程受压面积之和(m²)，即 $A = A_1 + A_2$；s 为活塞行程(m)。

7）耗水量 Q_s

目前普遍采用湿式凿岩，凿岩机在凿岩时的耗水量用下式确定：

$$Q_s = \frac{K_s F V}{1\,000} \tag{8-8}$$

式中：Q_s 为耗水量(L/s)；K_s 为水与粉尘体积比，一般 K_s 值为 12～18；F 为孔底面积(cm²)；V 为凿岩速度(cm/min)。

通常手持式和气腿式凿岩机的耗水量为 3～5L/min；向上式和导轨式气动凿岩机的耗水量为 5～15L/min。内回转气动凿岩机多采用中心供水，并实行风水联动，其水压应低于风压，一般在 0.3MPa 左右。

8）凿岩机重量

气动凿岩机的重量与其用途、结构、型式及功率有关。手持式和气腿式凿岩机靠人力扶持与搬移，要求重量轻，一般为 22～30kg，其单位功率重量约为 9.5～13.5kg/kW；导轨式凿岩机的重量无特殊要求，轻的 30～40kg，重的可达 170～180kg。

二、液压凿岩机

研究表明，当岩石硬度增大到某一范围时，凿岩速度下降很快。钻凿硬岩和超硬岩，气动凿岩机的凿岩速度已无法满足要求，其原因就是气压过低、冲击功太小，不能很好地破碎岩石。液压凿岩机因其工作压力高（是气动凿岩机的40倍）、冲击功大，成功地解决了这一问题。

液压凿岩机是20世纪70年代开始生产并得到广泛应用的一种新型凿岩机械。它的出现使凿岩机在机械动力和效率方面有了质的飞跃，液压凿岩机的研制成功乃至应用被认为是凿岩技术上的一项重大突破。

液压凿岩机以循环的高压油为动力，克服了风动凿岩机的一系列问题和缺陷，具有能量利用率高、输出功率大、冲击频率高、凿岩速度快、工作噪声低、润滑条件好、工作平稳、凿岩速度快、活塞及钎具的使用寿命长等优点。与气动凿岩机相比其弱点是加工、安装精度高，需要与液压凿岩台车配套使用，一次性投资较大。随着隧道工程的不断增多和工程量的增大，越来越多的液压凿岩机与液压凿岩台车应用在岩石隧道开挖工程施工中。

1. 液压凿岩机的分类及工作原理

液压凿岩机按其配油方式可分为有阀型和无阀型两种，前者按阀的结构又分为套阀式和芯阀式（有空芯阀和实芯阀两种）。按回油方式分又有单面回油和双面回油两种，单面回油又分为前腔回油和后腔回油两种。

1) 后腔回油前腔常高压式冲击换向机构工作原理

该类液压凿岩机的活塞前腔常通高压油，通过改变后腔进油和回油来实现活塞往复运动。图8-21是后腔回油套阀式液压凿岩机的冲击机构工作原理图，其结构与受力特征是冲击活塞前腔工作面积小于后腔工作面积，前腔常高压、后腔交替进回油；换向阀开有两排排油孔（前排排油口e、后排排油口f），其前腔工作面积大于后腔工作面积，前腔交替进回油、后腔常高压；换向阀套在冲击活塞上，二者同轴。

如图8-21(a)所示，冲击活塞2处于冲击行程的终点位置，高压油由进油口进入凿岩机后，经高压蓄能器5进入前腔7，并与配油腔6相通，液压油推着套阀3停在后止点，后腔4的进油通道关闭，液压油经后排排油孔f排油，活塞合力方向向右，活塞向右运动。

如图8-25(b)所示，冲击活塞2继续向右运动，当冲击活塞2的a边关闭前腔7与配油腔6的通道后，冲击活塞2的b边打开配油腔6与套阀3上的前排排油孔e排油，配油腔6内的压力降低；套阀3的后端环形面为常压面，故推动套阀3向左运动至前止点，冲击活塞2上的c边关闭套阀3上的后排排油孔f之后，后腔4的高压通道被打开，活塞开始减速运行，直至停止。

如图8-25(c)所示，由于后腔的工作面积大于前腔工作面积，合力向左，冲击活塞2加速向左开始冲程运动；此时高压蓄能器5释放能量，向冲击活塞2的后腔4补充油量，以满足冲击活塞2向左作加速运动所需油量；当冲击活塞2的b边关闭配油腔6与套阀3上的前排排油孔e后，冲击活塞2的a边打开前腔7与配油腔6的通道，配油腔6内的压力变为高压，推动套阀3向右运动至后止点；后腔4的高压通道被关闭，冲击活塞2上的c边打开套阀3上的后排排油孔f排油；同时，冲击活塞2打击钎尾，冲击行程结束。

2) 双面回油式冲击换向机构工作原理

该类液压凿岩机的活塞前后腔交替通高压油，用换向阀改变前后腔进回油的方式来实

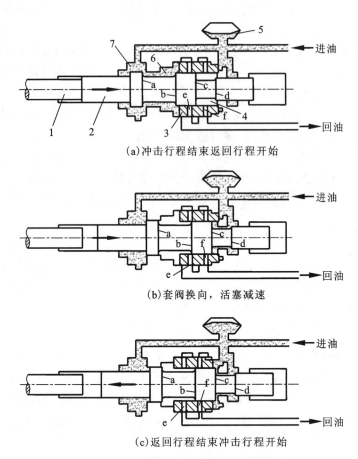

图 8-21 后腔回油套阀式液压凿岩机冲击机构工作原理
1.钎尾;2.冲击活塞;3.套阀;4.后腔;5.高压蓄能器;6.配油腔;7.前腔

现活塞往复运动。图 8-22 是双面交替回油式液压凿岩机冲击机构的工作原理图,其结构与受力特征是冲击活塞前后腔工作面积相等,通过前后腔的压力差冲击动作;换向阀结构属于对称的芯阀结构,二者不同轴。

图 8-22(a)是冲击活塞的冲击行程。在冲击行程开始阶段,由高压油路 1 来的高压油经左止动油道 9 进入左止动油室 10,将换向阀 B 顶在右止点;此时,冲击活塞 A 位于右端,高压油经高压油路 1 到后腔油路 3 进入冲击活塞 A 的后腔,推动冲击活塞 A 向左(前)作加速运动。当冲击活塞 A 的 m 边打开后推阀油路 5 时,高压油经后推阀油路 5 进入右推阀油室 11,作用在换向阀 B 的右端面,换向阀合力向右(换向阀端面积大于止动油室环形端面积),推动换向阀 B 换向[图 8-22(b)],同时换向阀 B 左端腔室中的油经前推阀油路 4、行程调节通道 7 及回油油路 6 返回油箱,为回程运动做好准备。换向阀 B 换向完毕后,右止动油室 12 也变为高压,右推阀油室 11 变为低压,换向阀 B 仍被顶在左止点;与此同时,冲击活塞 A 打击钎尾 C[图 8-22(c)]。

图 8-22(c)是冲击活塞的返回行程。冲击活塞 A 打击钎尾 C 后,接着进入返回行程阶

段;高压油从高压油路1经前腔油路2进入冲击活塞A的前腔,推动冲击活塞A向右(后)运动。当冲击活塞A向右运动至n边接通行程调节通道7,高压油经前推阀油路4作用在换向阀B左端面上,推动换向阀B换向[图8-26(d)],换向阀B右端腔室中的油经后推阀油路5和回油油路6返回油箱,换向阀B移到右端;换向阀B换向完毕后,左止动油室10也变为高压,左推阀油室8变为低压,换向阀B仍被顶在右止点;同时,高压油路1经后腔油路3进入冲击活塞A的后腔,活塞A减速运行,直至为零,为下一循环做好准备。

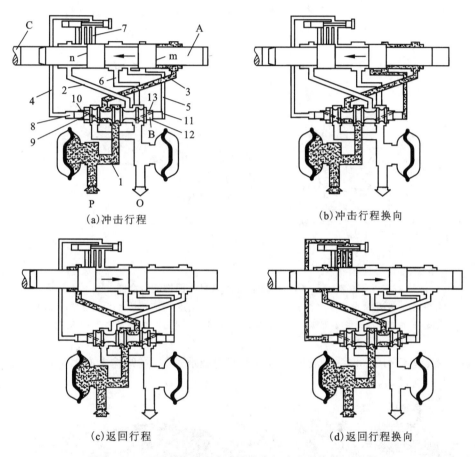

图 8-22 双面交替回油式液压凿岩机冲击机构的工作原理

1.高压油路;2.前腔油路;3.后腔油路;4.前推阀油路;5.后推阀油路;6.回油油路;7.行程调节通道;8.左推阀油室;9.左止动油道;10.左止动油室;11.右推阀油室;12.右止动油室;13.右止动油道;A.冲击活塞;B.换向阀;C.钎尾;P.进油;O.回油

2. 液压凿岩机的结构

对于一个成熟的液压凿岩机要完成正常的凿岩工作,必须具备如下机构:冲击机构、回转机构、液压缓冲机构、排粉机构、回转润滑机构、推进机构、操纵机构以及凿岩机液压系统。其中推进机构、操纵机构是装在液压台车上,由操纵机构通过液压系统控制液压凿岩机及推进机构来完成冲击、推进、回转的复合动作。

这里以得到广泛应用的COP1238导轨式液压凿岩机为例,介绍液压凿岩机的结构。该系列液压凿岩机适用于平巷掘进、深孔凿岩、台阶式开挖、覆盖层剥离等工程的钻孔作业。

COP1238系列液压凿岩机由双面回油、行程可调节式液压凿岩机冲击机构,一级直齿轮外回转转钎机构,隔膜式蓄能器液压缓冲机构,旁侧供水排粉机构和回转压气润滑防尘机构组成。

图8-23是COP1238液压凿岩机外部构造示意图。它由钎尾1、机头2、齿轮箱3、液压缓冲缸4、活塞缸5、柄体6、回转马达7和蓄能器8组成;还包括7个软管接头,分别是润滑油雾a、内泄回油b、向右回转c、向左回转d、冲击回油e、冲击进油f。

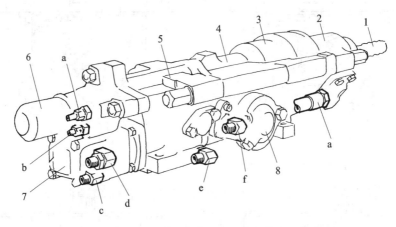

图8-23 COP1238液压凿岩机外部构造示意图

1.钎尾;2.机头;3.齿轮箱;4.液压缓冲缸;5.活塞缸;6.柄体;7.回转马达;8.蓄能器;a.润滑油雾;b.内泄回油;c.向右回转;d.向左回转;e.冲击回油;f.冲击进油;g.冲洗介质(水/气)

图8-24是COP1238系列液压凿岩机内部构造示意图,在结构上有如下特点。

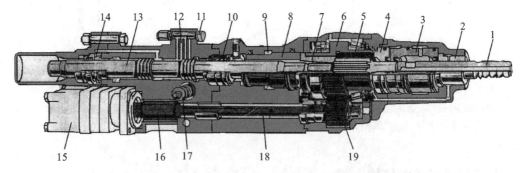

图8-24 COP1238液压凿岩机内部构造示意图

1.钎尾;2.耐磨轴承;3.冲洗衬套;4.防尘套;5.三边式传动套;6.大齿轮;7.缓冲套筒;8.缓冲活塞;9.缓冲油腔;10.活塞前导向套;11.行程调节塞;12.推阀通道;13.冲击活塞;14.活塞后导向套;15.回转马达;16.连轴套;17.换向阀;18.传动轴;19.小齿轮

1)冲击机构

(1)采用细而长的冲击活塞:在相同的输入能量及活塞质量下,其形状对传递能量的破岩效果有较大的影响。从波动力学可知,活塞越接近钎尾的直径越好,而且在总长度上直径变化越小越好。由于液压系统工作压力高,为这种方案的实施提供了良好的条件。因此COP1238系列液压凿岩机采用了最理想的活塞形状,即活塞端面变化最小的细长的结构(图8-25)。此外还设计了一种专门用于台阶式开挖的加长活塞的冲击机构。

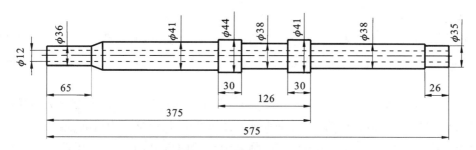

图 8-25 COP1238 液压凿岩机细长杆冲击活塞

(2)冲击活塞行程可调:为了钻凿不同硬度的岩石,COP1238系列液压凿岩机采用了行程调节机构来调节冲击频率和冲击功。由图8-24可见更换不同长度的行程调节塞11即可改变推阀通道12,利用不同的推阀通道12就可以改变换向阀17的换向时间,从而实现了改变冲击活塞13行程的目的。

(3)采用止动式换向阀:其目的是解决由于换向阀处于中间位置而使凿岩机冲击机构不工作的问题。如图8-22所示,在换向阀B上有通向左止动油室10的左止动油道9和右止动油室12的右止动油道13,当换向阀B处于左端或右端位置时,换向阀B上与高压油相通的止动油道将高压油引入止动油室中,其作用是当左推阀油室8或右推阀油室11卸压时,仍能保持换向阀B处于左端或右端位置,提高了换向阀B的稳定性。此时止动油室的受压面积应小于推阀油室的受压面积,当一边的油室有压力时能克服另一边的止动油室的阻力,推动换向阀B换向。因此止动式换向阀的主要特点是只要系统内有高压油存在,换向阀就会处于左端或右端位置,使冲击活塞A作往复运动,而绝不会处于所谓"中间"位置。

(4)采用隔膜式液压蓄能器:液压蓄能器是液压凿岩机所特有的部件,用来使活塞压力腔吸收和排出油液,解决活塞停止运动时造成油液压力升高和快速运动时造成油液压力降低的问题。COP1238系列液压凿岩机在其高压油路和低压油路中各安装了一个液压蓄能器。液压蓄能器的结构如图8-26所示。对于液压系统来讲,冲击机构设置液压蓄能器的作用有两个:一是储蓄能量,二是稳定液压系统压力。

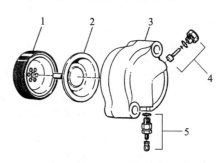

图 8-26 隔膜式液压蓄能器结构示意图
1.壳体;2.隔膜;3.盖;4.螺堵组件;5.充气阀组件

活塞的冲击行程是一个加速运动过程,而返回行程是先加速、后减速的运动过程,二者所需油量是不一致的;特别是冲击钎尾时和回程终点时的所需流量为零,而供油量却基本保持一致,就会产生供油量过盛或不足的问题,液压系统的压力会突然增加或降低,产生强烈的震动和冲击;这时液压蓄能器就依靠隔膜后面的氮气的可压缩能力,通过缩小或膨胀来吸收或缓和液压冲击,削减压力峰值,起到了储能和稳定液压系统的作用,从而避免损坏液压管和液压凿岩机零部件,增加了液压凿岩机的使用寿命。

2) 液压缓冲机构

当液压凿岩机在冲击凿岩过程中,冲击活塞以纵波的形式通过钎尾传递到钎具打击岩石的同时,岩石也以纵波的形式对钎具、钎尾施加反作用力。这种反作用力会使凿岩机产生震动,同时破坏其元器件。为了防止反弹力对机构的破坏,液压凿岩机都设有液压缓冲机构。

液压缓冲机构的工作原理见图 8-27。当反作用力通过钎尾 1、缓冲套筒 2 传递给缓冲活塞 3 时,缓冲活塞 3 向右运动,使缓冲油腔 4 容积缩小、液压油压力升高,液压蓄能器 5 中的氮气室 6 立即缩小,吸收多余的液压油,降低液压油的压力,也就避免了液压凿岩机的震动,保护零件不被打坏。所以,液压蓄能器的第三个作用就是吸收由钎具传过来的反作用力。现代的重型液压凿岩机就设置了三个液压蓄能器(如 COP1638 液压凿岩机),分别是高压蓄能器、低压蓄能器和单独吸收由钎尾施加反作用力的液压蓄能器。

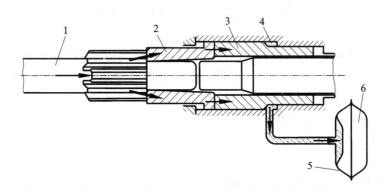

图 8-27 液压缓冲机构原理图

1.钎尾;2.缓冲套筒;3.缓冲活塞;4.缓冲油腔;5.液压蓄能器;6.氮气室

3) 回转机构及其润滑

由于液压凿岩机冲击频率高、回转扭矩大,所以都采用独立外回转机构。COP1238 液压凿岩机采用放在尾部的摆线式液压马达通过长轴 1 带动一对直齿轮转动,再经过三边形花键套 5 带动钎尾 4 及钎具旋转(图 8-28)。

图 8-29 是三边形花键套连接结构示意图。它是在大齿轮 1 与钎尾 2 之间采用一种独特的花键套连接起来。这种连接结构的优点是避免了应力集中造成的疲劳破坏、传递扭矩大、转钎机构结构紧凑、寿命长。但由于采用了曲率半径不等的特殊曲线,给加工带来了一定的困难,故采用专用的外三角仿形磨床来完成精加工。

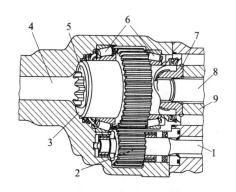
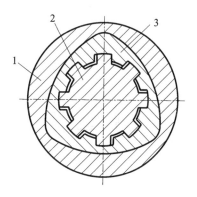

图 8-28 回转机构结构图

1.长轴;2.小齿轮;3.大齿轮;4.钎尾;5.三边形花键套;
6.轴承;7.缓冲套筒;8.冲击活塞;9.缓冲活塞

图 8-29 三边形花键套连接结构图

1.大齿轮;2.钎尾;3.三边形花键套

回转机构的润滑采用向齿轮箱内定期加注润滑脂润滑(图 8-30)和油雾润滑(图 8-31)两种方式。定期加注润滑脂润滑是指定期从齿轮箱上的注油嘴向齿轮箱内加注润滑脂。油雾润滑是由液压台车上的小气泵将具有一定压力(约 0.2MPa,耗油量为 75mL/h)的油雾供给回转机构。

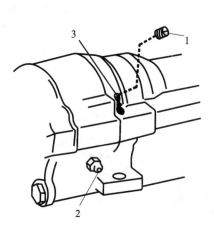
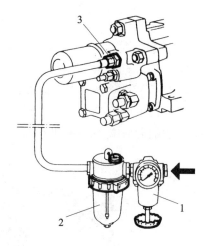

图 8-30 润滑脂润滑

1.通气塞;2.注油嘴;3.通气孔

图 8-31 油雾润滑

1.调节器;2.注油器;3.油雾润滑接头

4)排粉机构

平巷掘进所使用的液压凿岩机采用湿式凿岩方式(用压力水作冲洗介质);露天向下打孔的液压凿岩机则采用干式凿岩方式(用压缩空气作为冲洗介质),并带有扑尘装置。旁侧供水(气)是液压凿岩机广泛使用的排粉机构。COP1238 液压凿岩机无论是湿式凿岩,还是干式凿岩均采用旁侧供水(气)的方式。

旁侧供水(气)的结构如图 8-32 所示。水(气)从机头 6 外侧进入冲洗衬套 3 的进水(气)口 5,再通过钎尾 1 进入中心孔冲洗孔底岩粉。

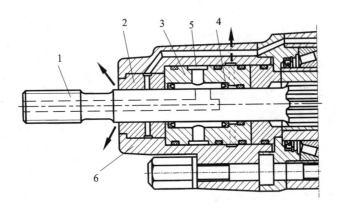

图 8-32 液压凿岩机旁侧供水装置结构图

1.钎尾；2.耐磨轴承；3.冲洗衬套；4.Y型密封圈；5.进水(气)口；6.机头

旁侧供水(气)在液压凿岩机内的路程短,因此易于密封,特别是冲洗介质为水时,水压可达到1MPa以上,使冲洗效果更好,即使发生泄漏也不会影响凿岩机内部的正常润滑。但在钎尾上由于旁侧有进水孔的存在,严重削弱了钎尾的疲劳强度,使钎尾的寿命大大降低。

5) 润滑及防尘系统

凿岩机的冲击机构的运动部件——活塞和换向阀均浸泡在液压油中自润滑,而回转机构和机头的轴承部分则需润滑,此外还要防止灰尘和岩粉从机头的钎尾处进入,磨损钎尾及轴承。因此,COP1238液压凿岩机设有润滑与防尘系统。

图 8-33 是 COP1238 液压凿岩机的润滑与防尘系统示意图。润滑系统的压缩空气由台车上的一个小气泵产生约 0.2MPa 的压力经注油器后,将具有一定压力的油雾供给回转机构和机头的耐磨轴承等润滑部位,然后从机头部分向外喷出,以防止粉尘和污物进入机体。

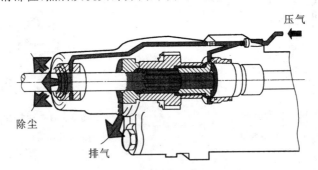

图 8-33 COP1238 液压凿岩机的
润滑与防尘系统示意图

3. COP1238 液压凿岩机的液压凿岩系统

一种成熟的凿岩机液压凿岩系统必须满足液压凿岩机机构工作要求和凿岩工作要求。机构工作要求是指凿岩机的冲击、回转、推进机构的正常动作要求,凿岩工作要求指的是凿岩机冲击、回转、推进机构的复合动作要求和钻孔本身的工艺(如开孔、正常凿岩、防卡钎、快速返回等功能)要求。这些都反映在凿岩机的液压凿岩系统中(图 8-34)。

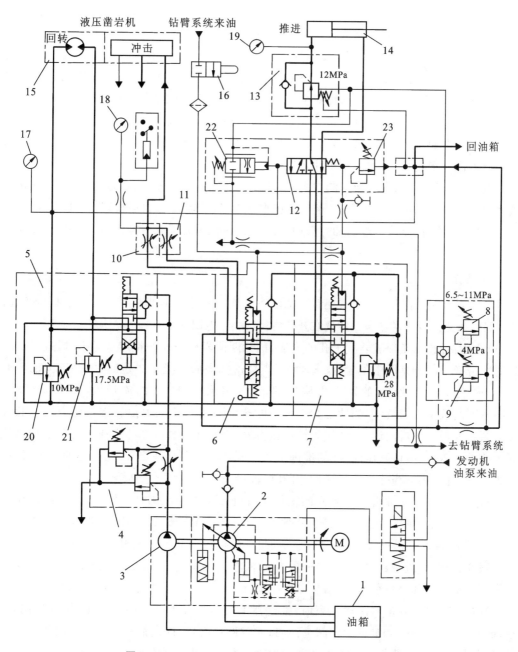

图 8-34 COP1238 液压凿岩机平巷掘进液压凿岩系统

1.油箱；2.油泵Ⅰ；3.油泵Ⅱ；4.节流调速阀；5.回转换向阀；6.冲击换向阀；7.推进换向阀；8.推进压力阀；9.开孔压力阀；10.凿岩阀；11.开孔阀；12.防卡钎阀；13.推进减压阀；14.推进油缸；15.液压凿岩机；16.限位阀；17.回转压力表；18.冲击压力表；19.推进压力表；20.回转安全阀；21.卸钎安全阀；22.节流换向阀；23.防卡钎压力阀

1)系统构成

如图8-34所示,COP1238液压凿岩机的液压凿岩系统由回转系统、冲击系统和推进系统组成。

回转系统由油泵Ⅱ、节流调速阀4、回转换向阀5、液压凿岩机15上的回转马达和回转压力表17组成。由油泵Ⅱ泵出经节流调速阀4、回转换向阀5向液压凿岩机15上的回转马达提供一定流量、压力的液压油;由回转换向阀5上的回转安全阀20控制液压马达的凿岩回转压力;由回转换向阀5上的卸钎安全阀21控制液压马达的卸钎回转压力。

冲击系统由油泵Ⅰ、冲击换向阀6、凿岩阀10、开孔阀11、液压凿岩机15上的冲击部分组成。液压油由油泵Ⅰ泵出,经冲击换向阀6、凿岩阀10或开孔阀11向液压凿岩机15上的冲击部分提供一定流量、压力的液压油。

推进系统由油泵Ⅰ、推进换向阀7、防卡钎阀12、推进减压阀13、推进压力阀8、开孔压力阀9组成。液压油由油泵Ⅰ泵出,经推进换向阀7、防卡钎阀12、推进减压阀13向推进油缸14提供一定流量、压力的液压油。其中,推进减压阀13的压力由推进压力阀8或开孔压力阀9来确定。

2)液压原理

液压凿岩机在工作开始时首先是推进油缸将钎具顶住岩石并回转,然后是冲击机构工作。冲击、回转、推进的复合动作主要体现在开孔、正常凿岩、返回三个步骤和防卡钎功能上。

(1)开孔:开孔就是促进岩壁上孔的形成,这时期凿岩机工作的特点是轻推、慢进、快冲。开始时冲击换向阀6是图中位置,没有冲击;当冲击换向阀6处于中位时,一路压力油经开孔阀11向液压凿岩机15的冲击机构供油,由于开孔阀11油的流量大,压力低(13～15MPa),因此液压凿岩机15的冲击频率高、冲击功小;另一路压力油经推进压力阀8和开孔压力阀9处通到推进减压阀13控制推进压力,由于开孔压力阀9的溢流压力低于推进压力阀8的溢流压力,所以减压阀13的推进压力由开孔压力阀9确定,因此推进油缸14的推进压力低、推进力小。当孔基本形成后,开孔阶段结束。

(2)正常凿岩:这时冲击换向阀6的工作位置处于下方。压力油经凿岩阀10向液压凿岩机15的冲击机构供油,由于凿岩阀10的流量小、压力高(18～24MPa),此时液压凿岩机15处于正常凿岩状态;另一路的油路被切断,此时由于单向阀的作用开孔压力阀9停止,推进压力阀8工作,推进减压阀13的推进压力由推进压力阀8决定,因此推进油缸14的推进压力恢复正常。当孔完成后,正常凿岩阶段结束。

(3)凿岩机返回:当凿岩阶段结束时,推进器上凿岩机托架顶住限位阀16使其换向,压力油推动冲击换向阀6和推进换向阀7换向;此时停止凿岩,推进油缸14缩回,液压凿岩机15就带动钎具从孔中退出。当推进油缸14缩回,液压凿岩机退到推进器的后极限位置,凿岩工作结束。

(4)防卡钎功能:在凿岩阶段,如果岩石有裂缝或者冲洗不良而导致钎头在孔底被卡住的现象称为卡钎。卡钎会造成钎具的损坏,影响工作,造成不必要的损失。所以一个成熟的液压凿岩机的液压凿岩系统必须具备防卡钎功能。

若钎头被卡住时,钎具就不能回转,使得液压凿岩机15上回转马达的回转压力升高;一根通向防卡钎阀12左侧的液压油促使节流换向阀22换向接通回油,使推进油缸14的推进压力降低到几乎为零的状态;如果回转压力继续升高就迫使防卡钎阀12克服其右侧防卡钎压力阀23的调定压力换向,使推进油缸14缩回,液压凿岩机后退。当后退到回转压力恢复正常时,防卡钎阀12复位,推进油缸14伸出,液压凿岩机继续凿岩。

4. 液压凿岩机的主要性能参数与工作参数

1)主要性能参数

液压凿岩机的主要性能参数包括冲击功、冲击频率、转钎扭矩、转钎速度。

(1)冲击功:冲击功由活塞质量和打击钎尾时的速度决定,见式(8-9)。冲击功与冲击频率的乘积则是冲击功率。

$$E = \frac{1}{2}mv^2 \tag{8-9}$$

式中:m 为冲击活塞的质量(kg);v 为冲击活塞打击钎尾时的末速度(m/s),与结构参数及工作参数有关。

手持式液压凿岩机的冲击功一般为 40~60J,支腿式液压凿岩机的冲击功一般为 55~85J,导轨式液压凿岩机的冲击功一般为 150~500J,甚至更大。增大冲击功可提高凿岩速度,但冲击功受到活塞及钎具材料强度与价格的限制,要与其寿命相匹配。

(2)冲击频率:对凿岩机来讲,冲击功和冲击频率是制约凿岩速度的两个主要因素。既然冲击功不能过高,提高冲击频率就是提高钻孔速度的有效途径。目前,国外最先进的液压凿岩机的冲击频率已达 100Hz。如 COP3038 型液压凿岩机冲击功为 294J,冲击频率则高达 102Hz,钎头直径为 43~64mm,钻孔速度可达 4~5m/min。

(3)转钎扭矩与转钎速度:液压凿岩机转钎机构都采用外回转式,可根据岩石的软硬程度调整转钎扭矩和转钎速度。当岩石较硬,破碎岩石的冲击功及推进力大,要求回转扭矩大、转钎速度慢;当岩石较软,破碎岩石的冲击功及推进力就小,为了避免二次破碎,就要求回转扭矩小,转钎速度快,以期达到最快的凿岩速度。

2)结构参数及工作参数

冲击活塞的末速度与结构参数及工作参数有关。结构参数包括活塞的行程、活塞前腔受压面积及后腔受压面积,工作参数包括冲击压力与冲击流量等。

(1)结构参数:结构参数取决于冲击机构的类型,目前常见的冲击机构主要有前腔常高压后腔回油和双面回油两种类型。前腔常高压后腔回油型的优点是结构简单、工艺性好、制造成本低、回油制动阶段无吸空现象;缺点是活塞形状变化较大、排油时间较短、回油管峰值流量大、回油阻力和压力波动较大。双面回油型的优点是活塞形状变化小,应力波形最为理想,有利于延长活塞及钎具的寿命,提高破岩效果;前后腔工作面积小、工作压力高、供油量小,排油管峰值小。缺点是缸体、换向阀结构复杂、加工精度高。

(2) 工作参数:工作参数主要是指冲击机构的输入工作压力和流量及二者之间的关系。对于前腔常高压后腔回油型冲击机构,其工作压力与流量之间的关系为:

$$p=\frac{2m\left[1+(A_r/A_f)^{1/2}\right]^2}{S(A_r-A_f)^3}\frac{\eta_v^2}{\eta_p}Q^2 \tag{8-10}$$

对于双面回油型冲击机构,其工作压力与流量之间的关系为:

$$p=\frac{2m\{1+[(A_r+A_f)/A_f]^{1/2}\}^2}{SA_r^3}\frac{\eta_v^2}{\eta_p}Q^2 \tag{8-11}$$

式中:p 为液压凿岩机的实际输入压力(Pa);Q 为液压凿岩机的实际输入流量(m^3/s);A_r 为活塞前腔受压面积(m^2);A_f 为活塞后腔受压面积(m^2);S 为活塞行程(m);m 为活塞质量(kg);η_v 为流量修正系数,一般取 0.6~0.75;η_p 为压力修正系数,一般取 0.8~0.9。

以上两个公式都说明:输入压力基本与输入流量的平方成正比,其输入压力是由输入流量决定的,与外载荷条件无关,足够的流量是液压凿岩机凿岩工作的基础。

第三节 凿岩台车

凿岩台车是一种高效率的凿岩设备,也是凿岩机械化水平的重要标志。凿岩台车的一出现就已显示出它的优越性,随着液压技术在凿岩台车上的应用,台车技术更加完善和现代化,更进一步地促进了隧道工程技术的进步,同时也为液压凿岩机高效能的应用提供了不可缺少的配套设备。

一、凿岩台车的分类及要求

1. 凿岩台车的分类与应用

凿岩台车的种类繁多,而且随分类方法不同,可以有不同的类型。按使用条件分露天台车、采矿台车(浅孔采矿台车和深孔采矿台车)、平巷掘进台车(包括钻装机)、锚杆台车。按行走机构分轨轮式台车、履带式台车、轮胎式台车。按动力源及驱动方式分电动台车(包括防爆与非防爆两种)、柴油机驱动台车。按所装钻臂的数目分单臂台车、双臂台车和多臂台车。

双臂台车和单臂台车的体积小,控制简单,机动灵活,适应性大。多臂台车的体积和重量都大,只适于在隧道工程和地下仓库等大断面硐室中使用。

凿岩台车广泛应用于矿山、水电、铁道、军事工程等地下硐室及露天开挖的工程施工中。例如:在平巷掘进施工中,使用掘进台车钻凿掘进炮孔,并与装载、运设备配套使用,组成机械化作业线;在露天阶梯爆破、表层剥离施工工程中,用露天潜孔台车完成钻孔工作。

2. 凿岩作业对平巷掘进台车的要求

凿岩台车的目的就是完成钻孔作业,因此它必须满足凿岩作业的工艺要求,也就是在规定的巷道断面内,保证凿岩机按照炮孔设计要求钻凿炮孔,确保炮孔布置规范(炮孔的间距和炮孔的方向)。为此,要求凿岩台车应有灵活的移位和摆角机构(统称为变幅机构)。除此之外,在平巷掘进台车上,为了满足炮孔互相平行的要求,钻臂应具备平动机构,其目的是在钻臂移位时,推进器能保持平动。

为了钻凿尺寸一致的巷道,凿岩机不仅在巷道边帮、顶部、底部进行凿岩,而且在打周边眼时,应尽量靠近岩壁,并向外成一小的倾角,这样才能打出周边平整的巷道。因此,钻臂应具备翻转机构、俯仰机构和"靠帮"机构。为了保证凿岩机的推进和后退,而且推进速度、推进力可根据岩石的性质进行调节,后退速度快,钻臂上面应具备推进机构(即推进器)。为了在整个工作面内任何位置都保证推进器顶住岩石,以保证凿岩机凿岩工作顺利完成,钻臂应具备补偿机构。为了保证台车移动时能方便地前进和后退,并且在凿岩机进行钻凿炮孔时,底盘稳定不动,凿岩台车应具备底盘行走机构和底盘支撑机构。为了减少卡钎事故,提高纯凿岩时间,台车应具有卡钎报警及自动处理卡钎的装置。此外,台车的控制系统应集中,机械化程度要高,操作要简单等。

二、掘进台车

1. 掘进台车的基本结构及原理

图 8-35 是全液压两臂台车外形示意图。全液压两臂台车由推进器、钎具、液压凿岩机、液压钻臂、操纵台、防护棚、液压系统、气水系统、电气系统组成。

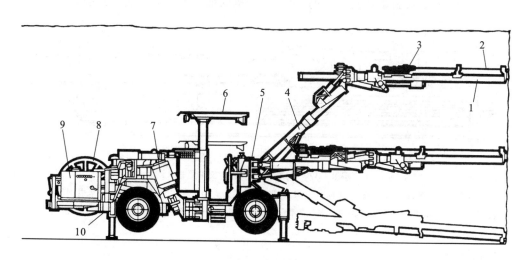

图 8-35 全液压两臂台车外形示意图
1.推进器;2.钎具;3.液压凿岩机;4.液压钻臂;5.操纵台;6.防护棚;7.液压泵站;8.电缆卷筒;9.电器柜;10.行走底盘

1) 推进器

推进器是凿岩机前进与后退的导轨,其作用是支撑凿岩机、给凿岩机适当的轴推力、凿孔完毕后使凿岩机自动退回到开始凿岩的位置。图 8-36 是 BMH 液压缸-钢丝绳式推进器结构示意图。

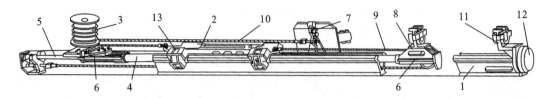

图 8-36 BMH 液压缸-钢丝绳式推进器结构

1.导轨;2.凿岩机托盘;3.软管滚筒;4.推进缸;5.活塞杆;6.液压缸导轨;7.软管接头架;8.中间托钎器;
9.牵引钢丝绳;10.返回钢丝绳;11.前托钎器;12.硬橡胶顶尖;13.托盘滚子

该推进器的导轨是采用 V 型断面的铝合金轧制成的型材,结构紧凑、重量轻。为了减少凿岩机托盘对铝质滑轨的磨损,采用了滚动式钩卡机构,从而减小了摩擦阻力,运动灵活,提高了滑轨的寿命。

BMH 型推进器的工作原理如图 8-37 所示。采用一个复合液压缸,即在一个液压缸筒中前后各有一个活塞,两个活塞之间用单向阀隔开。前端的短油缸实际上是牵引钢丝绳的张紧液压缸。当压力油经过推进活塞 3 的固定端和杆内油管 A 进入推进腔的活塞端,而后再经单向节流阀 4 进入张紧腔的活塞端,推动张紧活塞向外伸而张紧牵引钢丝绳 8。随之,压力油推动缸筒 2 向前移动使凿岩机推进,推进腔的活塞杆端的油经回油管 B 返回油箱。返回行程时,压力油的进油路和回油路换向,活塞杆缩回,凿岩机带动钎具从孔中退出。其中,凿岩机的行程是推进液压缸行程的 2 倍,凿岩机的推进力是推进液压缸推力的 0.5 倍。

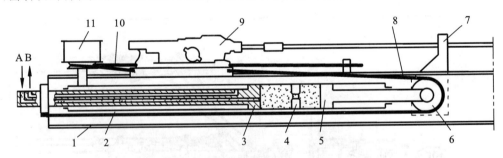

图 8-37 BMH 推进器的工作原理

1.导轨;2.缸筒;3.推进活塞;4.单向节流阀;5.张紧活塞;6.支撑滑轮;7.中间托钎器;8.牵引钢丝绳;
9.液压凿岩机;10.返回钢丝绳;11.软管滚筒;A.前腔(无杆腔)油路;B.后腔(有杆腔)油路

2) 推进器的补偿

推进器的补偿有两个作用:一个是满足推进器换位要求;另一个是凿岩时,推进器顶紧岩石,保证凿岩机稳定推进。如图 8-38 所示,补偿缸 12 的缸杆与推进器托架 11 固定,缸筒与推进器 13 固定，推进器 13 可在推进器托架 11 上滑动；由补偿缸 12 的伸缩，带动推进器的移动，从而实现了推进器的补偿。

为保证在凿岩机工作时推进器始终顶住岩壁，补偿缸 12 的推进力应大于凿岩机的推进力。对于如图 8-36 所示的 BMH 液压缸-钢丝绳式推进器推进力应大于 0.5 倍液压缸的推进力。

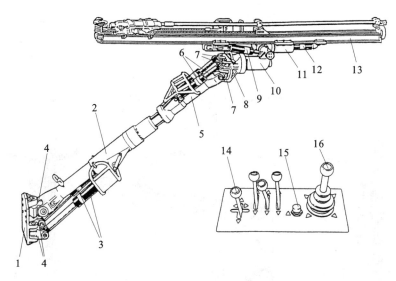

图 8-38 直接定位式液压钻臂结构图

1.臂座；2.大臂；3.支臂缸；4、7.双向球铰；5.伸缩臂；6.平动缸；8.平动臂座；9.俯仰缸；10.翻转缸；11.推进器托架；12.补偿缸；13.推进器；14.翻转俯仰操纵杆；15.平动开关；16.平动操纵杆

3）推进器的翻转及俯仰

翻转机构的作用是在打周边孔时能使钻孔位置最大限度地靠近岩壁，减少超挖量，保证巷道尺寸。俯仰机构的作用是在打周边眼时满足其靠帮角的要求。BMH 推进器的翻转是由一个回转式油缸来完成的，称为翻转缸（图 8-38），推进器的俯仰由油缸摆杆机构来完成。如图 8-39 所示，左右翻转角之和为 360°，俯仰角度最大为 ±90°。

另外，在对顶棚进行锚杆支护的情况下，通过推进器的俯仰机构可在顶棚打扇形孔，借助于钻臂的左右摆动和钻臂的伸缩可以覆盖约 5m 的范围。当推进器的仰角达到 90°时，此时推进器垂直向上打顶孔，可实现顶棚锚杆孔的凿岩[图 8-40(a)]；若推进器的翻转缸翻转 90°，可打横向水平孔[图 8-40(b)]；若推进器的翻转缸翻转 180°，可打垂直向下的底板孔。

4）液压钻臂的平动与横向摆动

掘进台车为适应水平掘进工作的要求必须具备优良的变幅机构和平动机构。变幅机构的作用是实现推进器的定位；而平动机构的作用是在改变钻孔位置时保证孔与孔之间的相互平行。图 8-38 属于直接定位式液压钻臂，这种钻臂既可以按水平和垂直方向分步定位，还能够直接实现斜上或斜下的快速定位（图 8-41）。

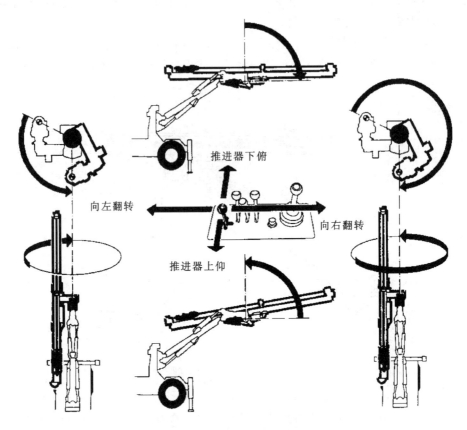

图 8-39 推进器的翻转及俯仰

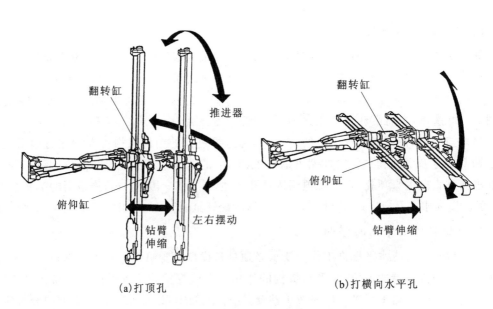

(a) 打顶孔　　　　　　　　　(b) 打横向水平孔

图 8-40 推进器打顶孔及打横向水平孔

(1) 平动机构的组成。图8-42和图8-43分别是直接定位式液压钻臂结构投影图和钻臂水平平动原理图。臂座1和大臂2、左支臂缸3、右支臂缸4及双向球铰7组成后变幅机构；平动臂座10、伸缩臂8、左平动缸5、右平动缸6及双向球铰9组成前平动机构。后变幅机构与前平动机构共同组成双三角式液压钻臂的平动机构。它的几何特征是后变幅机构和前平动机构相似（图8-43），并左右对称。为了满足液压平动机构的空间运动要求，双向铰座7和9具有水平和垂直方向上两个旋转自由度（图8-44），这是直接定位式液压钻臂的液压平动机构实现平动动作的关键部件。

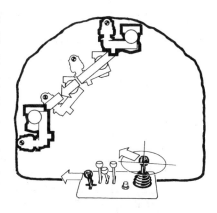

图8-41 钻臂的快速定位

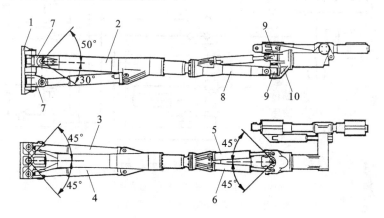

图8-42 直接定位式液压钻臂结构投影图

1.臂座；2.大臂；3.左支臂缸；4.右支臂缸；5.左平动缸；6.右平动缸；7,9.双向球铰；8.伸缩臂；10.平动臂座

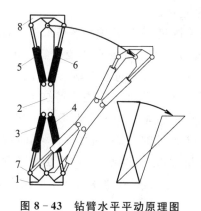

图8-43 钻臂水平平动原理图

1.臂座；2.钻臂；3.左支臂缸；4.右支臂缸；5.左平动缸；6.右平动缸；7.双向球铰；8.伸缩臂座

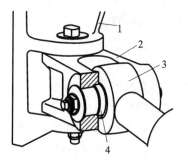

图8-44 双向铰接结构图

1.臂座；2.双向铰座；3.油缸；4.膨胀轴

(2)平动机构液压原理。这种钻臂的液压平动机构是一种无辅助油缸、无误差的液压平动机构。液压平动系统(图8-45)由左平动换向阀1、液压锁2、左支臂缸3、右平动缸6组成左平动系统;由右平动换向阀7、液压锁2、右支臂缸4、左平动缸5组成右平动系统;并由先导油路控制平动开关阀8来确定液压平动系统是否执行平动动作。

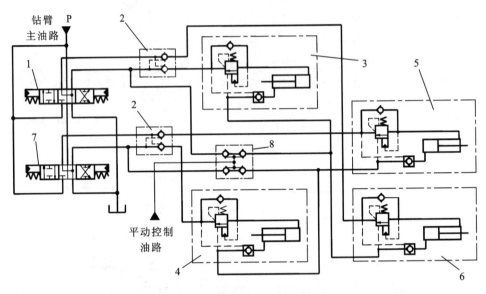

图8-45 平动机构液压原理图
1.左平动换向阀;2.液压锁;3.左支臂缸;4.右支臂缸;5.左平动缸;
6.右平动缸;7.右平动换向阀;8.平动开关阀

要保证平动机构实现平动,左右对称是液压平动系统的特征之一,即左平动系统和右平动系统完全相同。平动机构液压系统的特征之二是油缸采用串联连接方式,即左支臂缸3和右平动缸6、右支臂缸4和左平动缸5分别串联连接。

推进器平动(图8-45):此时,未按下平动开关按钮,平动开关阀8不工作。若左平动换向阀1和右平动换向阀7同时右位工作,左支臂缸3和右平动缸6、右支臂缸4和左平动缸5无杆腔进油,油缸深长,钻臂垂直上仰,推进器在垂直方向上向上平动;反之,若左平动换向阀1和右平动换向阀7同时左位工作,左支臂缸3和右平动缸6、右支臂缸4和左平动缸5有杆腔进油,油缸缩回,钻臂垂直下俯,推进器在垂直方向上向下平动[图8-46(a)]。若左平动换向阀1右位工作,左支臂缸3和右平动缸6无杆腔进油,油缸深长;同时右平动换向阀7左位工作,右支臂缸4和左平动缸5有杆腔进油,油缸缩回;则钻臂在水平方向上向右摆动,推进器在右水平方向上平动[图8-46(b)];反之,钻臂在水平方向上向左摆动,推进器在左水平方向上平动。

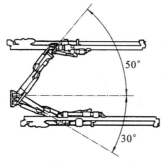
(a)推进器在垂直方向上的平动

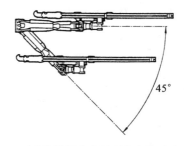
(b)推进器在水平方向上的平动

图 8-46 推进器平动示意图

推进器的横向摆动(图 8-45):当按下平动开关按钮时,平动开关阀 8 工作,推进器平动功能解除。此时,左平动换向阀 1 控制右平动缸 6、右平动换向阀 7 控制左平动缸 5。若左平动换向阀 1 左位工作,右平动缸 6 有杆腔进油,油缸缩回;同时若右平动换向阀 7 右位工作,左平动缸 5 无杆腔进油,油缸伸出,则推进器向右摆动。反之,则推进器向左摆动(图 8-47)。

5)液压钻臂的有效工作范围

液压钻臂的有效工作范围是指凿岩机在打水平孔、推进器处于水平位置时,钻臂的最大极限钻孔位置所组成的包络线内的区域。BUT 系列液压钻臂的有效工作范围见表 8-2。

图 8-47 推进器的横向摆动示意图

表 8-2 BUT 系列液压钻臂的有效工作范围　　　　(单位:mm)

示意图	型号	A	B	C	D
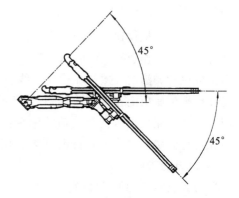	BUT20	4 980			4 855
	BUT25	6 340			6 300
	BUT30	6 320	3 310	3 790	7 100
	BUT32	6 860	3 680	4 210	7 890
	BUT35	10 180	5 725	6 275	12 000

2. 掘进台车的行走机构

掘进台车的行走机构有三种类型,即轨轮式、履带式和轮胎式。

1)轨轮式行走机构

轨轮式行走机构是台车最早采用的一种行走机构。特别是井下使用的掘进台车,因其结构简单,过去多采用轨轮式行走机构,其主要原因是轨轮式行走机构结构简单,高度小,特别适应在小断面中使用,而掘进工作面又多采用轨道式车辆的运输方式。轨轮式机构可以采用机车牵引而其本身不设动力设备,从而简化了台车的结构,也减轻了台车的重量。轨轮式行走机构的最大缺点是台车的活动范围受轨道的限制,在中小断面巷道中容易与装岩设备发生干扰;在掘进工作中需增加拆轨、装轨作业工序。由于轨轮式行走机构的特点,目前在中小断面巷道中很少采用了。

2)履带式行走机构

履带式行走机构比轨轮式灵活。履带式行走机构由于不受轨道的限制,可以在全断面中任意改变其工作位置,并能直接达到工作面前端。因此这种台车可与履带式装岩机等相配合组成机动灵活的高效机械化作业线。履带式行走机构的接地面积大,接地比压较小,从而可在松软的底板上正常作业,并且由于接地面积大,增加了整个机器的工作稳定性,一般情况下只在前端设液压支腿等辅助稳定机构。履带式行走机构与胶轮式行走机构相比,可减少保养维修费用。履带式行走机构的缺点是重量大,对于地下酸性较大的涌水会腐蚀履带机构,降低履带的寿命。

履带式行走机构的钻车在井下和露天工程中广泛采用。露天履带式钻车,有的采用坦克的履带底盘,提高了钻车的行走速度和爬坡能力,而更适合于在山区公路建设用。

3)轮胎式行走机构

轮胎式行走机构是现代汽车技术在地下建筑工程中的应用。在工业发达国家的采矿工业中广泛采用轮胎式行走机构的台车,并与轮胎式装运设备配套组成无轨式机械化掘进作业线,可提高掘进效率,加快掘进速度。

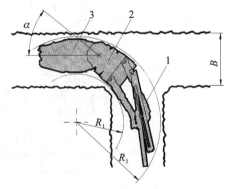

轮胎式行走机构机动灵活,不怕矿井水的腐蚀,结构简单、重量轻、操纵方便。因此,地下掘进台车、采矿台车和锚杆台车都广泛采用这种结构。轮胎式行走机构的缺点是轮胎寿命低,需要经常更换,维修费用也高。

轮胎式行走机构可分为刚性底盘和铰接底盘两种。铰接式底盘的凿岩台车(图 8-48)减小了台车的转弯半径,从而使台车调整炮孔位置更方便,调动也更加灵活。它是大型轮胎台车最理想的底盘结构。

图 8-48 凿岩台车通过性能
1.钻臂;2.前车架;3.后车架;B.隧道宽度;
a.转向角;R_1.转弯内半径;R_2.转弯外半径

有的台车直接采用各种规格的汽车底盘,这

样不但可以降低台车的成本而且性能可靠。许多露天轮胎式台车和矿山井下的大型台车都是采用汽车制造公司的标准或非标准型汽车底盘和柴油机。但对那些有防爆要求的地下工程来说不能采用的是柴油发动机。

3. 液压钻臂

钻臂是钻车的关键部件。它的主要作用是支承推进器和凿岩机具,并且可以自由调整,使之能在全工作面内进行凿岩。钻臂的传动控制方式已从机械传动经过压缩空气传动最后发展到液压传动。采用液压传动的钻臂称为液压钻臂。液压钻臂与其他传动方式的钻臂相比,具有重量轻、体积小、操纵方便省力和动作可靠等优点。

掘进钻车上采用的液压钻臂,按照钻臂推进器的定位方式,有三种类型(图8-49):直角坐标式、极坐标式、直接定位式(也称双三角式)。直角坐标式钻臂是按照直角坐标方式确定炮孔位置;极坐标式钻臂按照极坐标方式确定炮孔位置;直接定位式钻臂则不仅可以按照直角坐标方式确定炮孔位置,还可以实现对斜上斜下炮孔位置的直接定位。

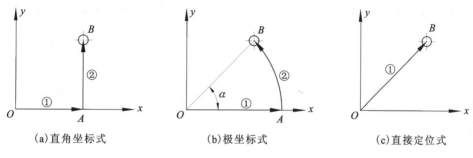

(a) 直角坐标式　　　　(b) 极坐标式　　　　(c) 直接定位式

图8-49　钻臂炮孔定位方式

1) 直角坐标式液压钻臂

直角坐标式钻臂是利用支臂缸和摆臂缸的动作使钻臂在垂直方向和水平方向移动,从而确定钻孔位置。直角坐标式钻臂应有两套平动机构,即在垂直方向的平动机构和水平方向上的平动机构;除此之外,为了使凿岩机在钻凿周边眼时尽量贴近岩面,减少超挖量,保证巷道规格,特别是大型台车还设置了推进器翻转机构。

直角坐标式钻臂具有五个运动(图8-50):①钻臂的俯仰运动;②钻臂的水平摆动;③推进器在垂直平面内的俯仰运动;④推进器的水平摆动;⑤推进器的补偿运动。图8-50中钻臂的回转可实现推进器的翻转。这种按直角坐标运动的钻臂,在确定炮孔位置时,操作程序多,定位时间长。它的优点是结构简单、通用性及操作直观性好,适合各种炮孔排列方式。

2) 极坐标式液压钻臂

极坐标式液压钻臂是利用钻臂根部的回转机构,使整个钻臂绕根部回转支座的回转轴线回转360°;炮孔的位置由回转半径和回转角度来确定(图8-51)。这种钻臂在炮孔定位时,操作程序少,定位时间短,便于打周边炮孔,并省去了使推进器翻转的专门机构,但操作直观性较差。极坐标式液压钻臂的旋转机构有以下三种。

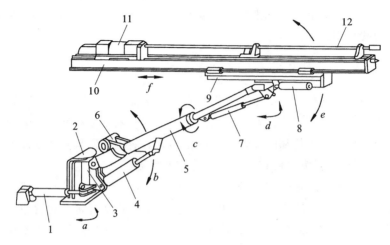

图 8-50 直角坐标式液压钻臂

1.摆臂缸;2.臂座;3.转轴;4.支臂缸;5.大臂;6.大臂旋转;7.俯仰缸;8.摆动缸;9.托盘;10.推进器;11.凿岩机;12.钎具;a.钻臂摆动;b.钻臂俯仰;c.钻臂旋转;d.推进器摆动;e.推进器俯仰;f.推进器补偿

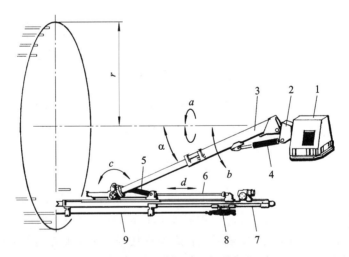

图 8-51 极坐标式液压钻臂

1.回转机构;2.臂座;3.大臂;4.支臂缸;5.俯仰缸;6.补偿缸;7.推进器;8.凿岩机;9.钎具;a.钻臂水平旋转;b.钻臂俯仰;c.推进器俯仰;d.推进器补偿

(1)齿轮齿条式旋转机构:这种旋转机构在其液压缸活塞杆的末端是一齿条,通过齿条驱动齿轮旋转,齿轮与钻臂旋转轴相固定,从而驱动钻臂旋转一周。一般多采用双齿条液压缸机构,使齿轮轴受力均匀并减小齿轮齿条模数(减小结构尺寸),保证动作平稳。齿轮齿条机构的工作原理见图 8-52。

(2)液压马达-蜗轮副旋转机构:液压马达-蜗轮副旋转机构应用比较广泛。蜗轮副旋转机构的特点是体积小、结构紧凑,旋转范围大(正、反转可达 360°以上)。这种旋转机构由液压马达驱动蜗轮-蜗杆传动副使蜗轮旋转,蜗轮带动钻臂旋转。它的特点是正向传递动力、反向锁止,故钻臂稳定可靠。驱动液压马达有的采用单马达,有的采用双液压马达(图 8-53)。

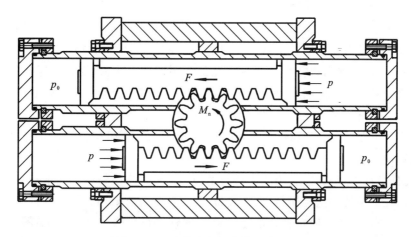

图 8-52 齿轮齿条机构的工作原理

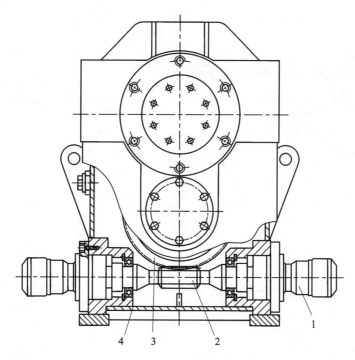

图 8-53 双液压马达-蜗轮副旋转机构
1.液压马达;2.蜗杆;3.蜗轮;4.齿轮箱

3)双三角式液压钻臂

双三角式液压钻臂是一种立体的双三角式结构,采用先进的定位方式,既可以按水平和垂直方向分步定位,还能够直接实现斜上或斜下定位。有关双三角式液压钻臂的详细内容在本节第一部分已作介绍。

4)液压钻臂的自动平行机构

平巷开挖采用钻爆法施工工艺,要求掘进台车必须能钻凿出保证质量的平行孔。因此,掘进台车都采用了带有自动平行机构的钻臂。凿岩前把岩孔的方向确定,调整钻臂使其处在预定的方向上,而后除周边孔之外所有岩孔都无须调整方向,只要调定岩孔的位置,即可保证各炮孔之间平行。钻臂的自动平行机构就其结构原理来说有下面四种形式。

(1)剪式平行机构:这是一种简单的自动平行机构。它是利用剪刀原理使钻臂上的推进器在钻臂调定孔位时,互相平行(图8-54)。剪刀原理的平行机构只适用于轻型钻臂,且钻臂本身长度不能变化。

(2)四连杆自动平行机构:利用四连杆的平面运动特性来使钻臂上的推进器在不同孔位自动平行。四连杆机构的结构简单、加工容易,被多数钻臂所采用。国内外现有的四连杆自动平行机构基本有三种:①固定杆长的垂直面四连杆平行机构,动作原理如图8-55所示;②平行杆可调的垂直面四连杆平行机构,动作原理如图8-56所示;③垂直面和水平面均可自动平行的机构,这种机构的特点是在垂直和水平两个平面内可同时调整,始终保持推进器的轴线在各个位置时互相平行,钻臂采用三棱柱变形原理(图8-57)。

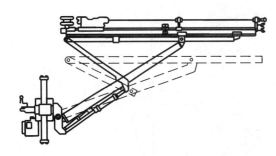

图8-54 剪式平行机构

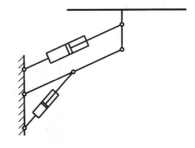

图8-55 固定杆长的四连杆平行机构

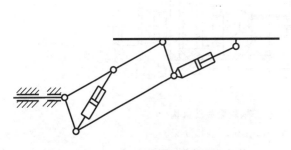

图8-56 平行杆可调的四连杆平行机构

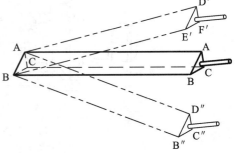

图8-57 三棱柱钻臂变形原理图

(3)液压自动平行机构:图8-58是液压自动平行机构示意图。这种机构是通过两个液压缸,借助压力油来传递运动,以实现推进器的自动平行。这种机构的特点是尺寸小、重量轻、结构紧凑、操作灵活和维修方便,能适应定长钻臂、伸缩钻臂和臂头旋转式钻臂的工作要求。

(a)带辅助油缸的液压自动平行机构　　(b)无误差的液压自动平行机构

图 8-58　液压自动平行机构示意图

(4)电-液自动平行机构:这种机构是通过角定位伺服控制系统控制支臂液压缸和俯仰液压缸的伸缩量来实现推进器的自动平行位移,原理见图 8-59。

4. 推进器

推进器是支撑凿岩机并在凿岩过程中向凿岩机施以一定的推进力的推进机构。在凿岩过程中,钎头应当接触孔底的岩石表面,并且保持一定的压力。钎头在整个钻孔过程中必须保持一定的推进力,推进力过大或过小都会使钎头过早磨损。对于冲击-回转式凿岩机来说,为了避免凿岩机空打也必须保持一定的推进力。

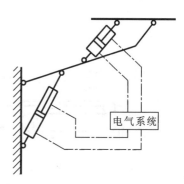

图 8-59　电-液自动平行机构原理图

推进器的种类较多,但按其推进机构的工作原理可分为螺旋式推进器、链式推进器、液压缸-钢丝绳(链条)式推进器等数种。推进器的原动力有气动式和液压式,目前基本采用液压式的推进器,有液压马达和液压缸两种类型。

(1)链式推进器。链式推进器(图 8-60)是依靠马达通过蜗轮-蜗杆机构驱动装在推进器滑轨中间的链条来完成推进工作的。凿岩机的托盘与传动链固定在一起,当链条正反方向运动时便带动托盘前后移动。链式推进器采用气动马达或液压马达驱动。链式推进器的特点是传动可靠,但推进的平稳性较差、易磨损,推进力过大时容易出现断链故障。

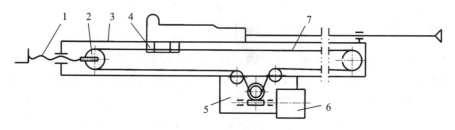

图 8-60　链条式推进器
1.链条张紧装置;2.导向链轮;3.导轨;4.托盘;5.减速器;6.马达;7.链条

(2) 液压缸式推进器。液压缸式推进器(图8-36、图8-37)是利用推进液压缸的活塞往复运动来推动凿岩机。由于活塞的行程有限,常采用钢丝绳滑轮组(或链条)增倍机构。若推进器行程较长,液压缸推进器应装有中间托钎器,以解决钻深孔时,由于细长钎杆刚性不足而产生失稳、弯曲问题,这样既可提高钎杆的寿命又可保证炮孔质量。

(3) 可伸缩式推进器。可伸缩式推进器有两种形式:一种是液压缸-钢丝绳式(或链条式)(图8-61),另一种是马达-链条式。最突出的特点是推进导轨可以伸缩。它在缩短之后可用于较低的巷道向顶板钻凿锚杆孔,伸长之后又可以钻凿炮孔。伸缩式推进器的这一特点为一台钻车既能钻凿锚杆孔又能钻凿炮孔提供了必要的技术条件。但是,这种推进器的结构比较复杂、活动环节多、重量大,而且推进器的高度比不可伸缩推进器要大得多。因此,它只适用于对钻车效率要求不高的场合。

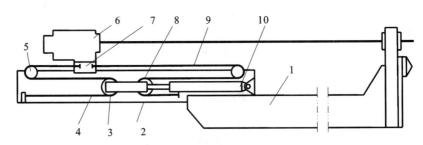

图8-61 液压缸-链条式可伸缩式推进器

1.下导轨;2.上导轨;3.回程主动链轮;4.回程链条;5.回程导向链轮;6.钻机;7.钻机托盘;8.推进主动链轮;9.推进链条;10.推进液压缸

三、潜孔钻机

潜孔钻机(车)是矿山、水利水电、铁道、公路、港湾等露天岩石开挖工程广泛使用的钻孔机械。潜孔钻机是利用潜入孔底的冲击器与钻头对岩石进行冲击破碎,也属于冲击-回转式钻孔方式。与凿岩机不同的是负责执行冲击破碎任务的冲击器安装在钻杆的前面、钻头的后面,所以冲击功不会随着钻孔深度的增加而减小,越来越多地应用在露天阶梯爆破及井下深孔采矿工程中。

1. 潜孔冲击器潜孔作业原理及钻机特点

(1) 潜孔冲击器潜孔作业原理。采用潜孔冲击器式的潜孔钻机进行潜孔作业的凿岩原理与外回转式凿岩机的凿岩原理相同,都具有独立的回转机构和冲击机构;不同的是潜孔冲击器随着钻头深入孔底,冲击能量不会随着孔深而衰减。如图8-62所示,推进调压机构使钻具连续推进,并给钻具一定的轴向压力,使其始终与孔底保持接触;回转供风机构使钻具连续回转;潜孔冲击器内的冲击活塞在压气作用下,不断地冲击钻头,由钻头上的硬质合金齿来凿碎岩石;由冲击器排出来的废气则通过钻头将孔底的岩粉从钻杆与孔壁的环形空间吹到孔外。直至凿孔完毕后,将钻具退出孔外,完成一个炮孔的钻孔作业。

(2) 用潜孔冲击器进行潜孔的钻机特点。潜孔钻机常用于钻凿孔径为 80~250mm、深度一般不大于 30m、最深为 150m 的炮孔。用潜孔冲击器进行凿孔的钻机有如下特点：①冲击力直接作用于钎头，冲击能量不因在钎杆中传递而损失，故凿岩速度受孔深的影响小；②以高压气体吹出孔底的岩渣，很少有重复破碎现象；③孔壁光滑，孔径上下相等，一般不会出现弯孔现象；④工作面的噪声低。

目前，国内外已经广泛应用了高风压潜孔冲击器（高达 2.5MPa）和高工作气压的空气压缩机，提高了钻孔速度数倍。有了大孔径的冲击器（最大直径可达 33″，即 838.2mm）和捆绑式冲击器，可钻凿更大孔径的炮孔，其应用范围更广。

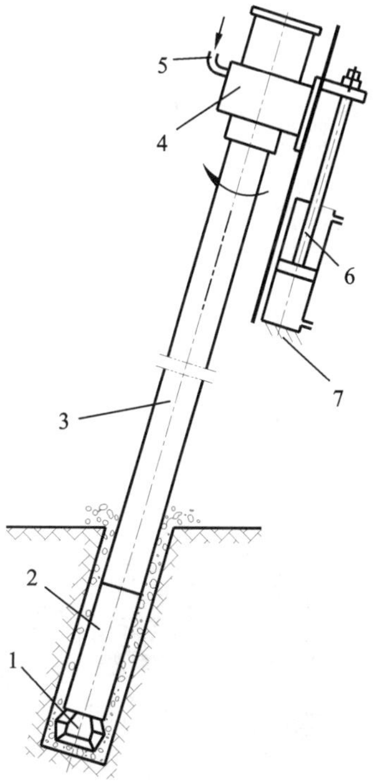

2. 潜孔冲击器

潜孔冲击器是潜孔钻机（车）的核心部件，其作用是将从钻杆中心来的压缩空气的压缩能转变成活塞往复运动的冲击能，并将其传递给钻头来打击岩石。

图 8-62 潜孔冲击器潜孔作业原理图
1. 钻头；2. 潜孔冲击器；3. 钻杆；4. 回转机构；
5. 进气管；6. 推进调压机构；7. 钻架

1) 潜孔冲击器的种类

按配气方式，冲击器分有阀配气和无阀配气两类，有阀类又可分为自由阀和控制阀两种。自由阀一般采用板阀和蝶阀，其优点是结构简单，启动灵活；缺点是在阀换向时高压气有瞬时短路现象，耗气量较大。这对于低工作气压时问题不大，因为冲击器工作时排出的废气不能满足排渣需要，一般还要增加 20%~40% 的压气直吹孔底以提高穿孔速度。控制阀是由压气通过气缸壁中专门的孔道来推动阀片促使换向，高压气没有（或少有）短路现象，耗气量较小，但结构复杂，加工精度高，故很少采用。无阀冲击器结构更加简单，工作更加可靠，耗气量仅为自由阀的 1/2~2/3，但由于进气时间受限制，气缸内平均压力较低，冲击能较小，最适宜工作气压在 0.7MPa 以上使用。

潜孔冲击器按废气排出的途径又可分为中心排气和侧排气两种。中心排气是废气经由活塞和钻头中心孔从钻头前端部排出；侧排气是废气从冲击器侧边排出，侧排气冲击器工作时孔底岩渣不易吹扫干净（特别是下向孔），重复破岩，降低了钻孔速度，故应用较少。

我国现用冲击器主要有如下型号：①J 型、CZ 型、B 型，自由板阀配气，中心排气，见图 8-63，单次冲击功大，冲击频率较低，使用寿命长，具有较高的穿孔速度，适用工作气压在 0.4~0.7MPa 之间；②W 型，无阀配气，中心排气，见图 8-64，单次冲击功较大，具有结构简单、工作可靠等优点。

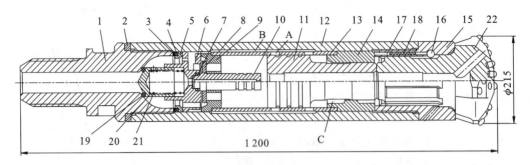

图 8-63 板阀配气-中心排气式潜孔冲击器结构图

1.接头；2.钢垫圈；3.调整圈；4.胶垫；5.胶垫座；6.阀盖；7.密封垫；8.板状阀片；9.阀座；10.配气杆；11.活塞；12.外缸；
13.内缸；14.衬套；15.卡钎套；16.圆键；17.柱销；18.弹簧；19.密封圈；20.逆止塞；21.弹簧；22.钻头

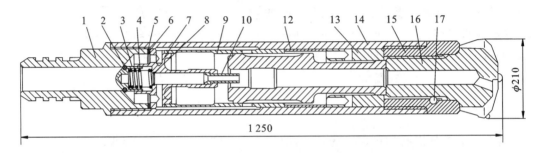

图 8-64 无阀配气-中心排气式潜孔冲击器结构图

1.接头；2.密封圈；3.逆止阀；4.弹簧；5.调整垫；6.胶垫；7.进气座；8.弹簧挡圈；9.内缸；10.喷嘴；
11.活塞；12.隔套；13.导向套；14.外缸；15.卡钎套；16.钻头；17.圆键

2)中心排气潜孔冲击器的工作原理及结构

如图 8-63 所示，冲击器工作时，压气由接头 1 及逆止塞 20 进入缸体。进入缸体的压气分成两路：一路是直吹排粉气路，压气经配气杆 10、活塞 11 的中空孔道以及钻头 22 的中心孔进入孔底，直接用来吹扫孔底岩粉；另一路是气缸工作配气气路，压气进入具有板状阀片 8 的配气机构，并借配气杆 10 配气，实现活塞往复运动。此外，在冲击器进口处的逆止塞 20，在停风停机时，能防止岩孔中的含尘水流进入钻杆，因而不致影响开动冲击器及降低凿岩效率，甚至损坏机内零件。

冲击器正常工作时，钻头抵在孔底上，来自活塞的冲击能量，通过钻头直接传给孔底。其中缸体不承受冲击载荷。在提起钻具时，亦不允许缸体承受冲击负荷，这在结构上是用防空打孔 A 来实现的。这时，钻头 22 及活塞 11 均借自重向下滑行一段距离，防空打孔 A 露出，于是来自配气机构的压气被引入缸体，并经钻头和活塞的中心孔道排至大气，使冲击器自行停止工作。配气机构由阀盖 6、板状阀片 8、阀座 9 以及配气杆 10 组成。配气过程分为返回行程和冲击行程。

返回行程工作原理：返回行程开始时，板状阀片 8 及活塞 11 均处于如图 8-63 所示位置。压气经板状阀片 8 后端面、阀盖 6 上的轴向与径向孔进入内外缸体间的环形腔 B，并至气缸前腔,推动活塞向后运动。此时,气缸后腔经活塞 11 和钻头 22 的中心孔与孔底相通,活塞 11 在压气作用下加速向后运动。当活塞 11 端面与配气杆 10 开始配合时,后腔排气孔道被关闭,并处于密闭压缩状态,于是活塞开始做减速运动。当活塞杆端面越过衬套上的沟槽 C 时,进入前腔的压气便经钻头中心孔排至孔底。活塞失去了动力,且在后腔背压作用下停止运动。与此同时,阀片右侧压力逐渐升高,左侧经前腔进气孔道钻头中心孔与大气相通,在压差作用下,阀片迅速移向左侧,关闭了前腔进气气路,开始了冲击行程的配气工作。

冲击行程工作原理:冲击行程开始时,活塞和阀片均处于极左位置,压气经阀片和阀座的径向孔进入气缸后腔,推活塞向前运动。首先,衬套的花键槽被关闭,前腔压力开始上升;然后,活塞后端中心孔离开配气杆,于是后腔通大气,压力降低,接着活塞以很高的速度冲击钎尾,工作行程结束。在冲击钎尾之后,阀片由于其前后的压力差作用进行换向。随后,活塞又重复返回行程的动作。

3) 无阀潜孔冲击器的特点及原理

无阀潜孔冲击器有以下一些特点:①取消了复杂的配气机构,代之以简单的配气气路,压气直吹,气道路程短,气体压力损失小;②多数无阀冲击器取消了内缸,扩大了缸体有效工作直径,冲击功较大;③利用压缩气体膨胀做功,使冲击器耗气量大大减少;④冲击器主要零件有大致相近的使用寿命,使冲击器维护、运转条件得以改善。但是,无阀冲击器由于加工精度要求高、主要零件(如缸体和活塞)加工工艺复杂,结构与尺寸设计难度较大以及无阀冲击器的活塞长、行程短等,限制了它的功率的提高。

图 8-64 是国产 W-210 型无阀潜孔冲击器,它利用冲击活塞的运动自行配气。这种冲击器采用了低冲击速度、大活塞重量的设计方案。工作原理如下:由中空钻杆来的压缩气体经上接头 1,逆止阀 3 进入进气座 7 的后腔,然后压气分两路前进:一路经进气座和喷嘴 10 进入活塞和钻头的中空孔道,在孔底冷却钻头和喷吹岩粉;另一路进入内缸 9 和外缸 14 之间的环形腔(此腔作为活塞运行的进气室)。位于进气室的压气,经缸的径向孔以及活塞上的环形槽进入前腔,推动活塞开始返回行程。当活塞左移关闭进气气路时,活塞靠压气膨胀做功,待前腔与排气孔路相通时,活塞靠惯性运行。故对无阀冲击器而言,其返回行程包括进气、膨胀和滑行三个阶段。同理,活塞在冲程过程中,首先将压气引入气缸后腔,然后也经历进气、膨胀和滑行三个阶段,完成整个工作循环。

4) 高风压潜孔冲击器

提高潜孔钻机的工作效率的主要途径是提高工作气压,这还有利于降低能耗、提高冲击器和钻头寿命。目前高风压冲击器的工作气压已达到 1.7~2.5MPa。

3. 潜孔钻机

潜孔钻机按使用地点分为地下和地上两种类型。对于地下矿山,主要用于钻凿 100~165mm 直径的深孔;对于露天阶梯爆破,主要钻凿 65~250mm 直径的炮孔。特别是在各种道路、水电及港湾的表面剥离与平整工程中,潜孔钻机是一种不可缺少的钻孔设备。随着高风压潜孔钻机的应用,为大直径深孔爆破技术应用提供了强有力的支撑。

露天潜孔钻机主要完成向下的钻孔作业,必须采用干式凿岩方法才能将孔底的岩粉吹干净。因此,露天潜孔钻机除必须具备用来完成钻孔工作的冲击、回转、推进、冲洗动作的装置外,还应带有将岩粉收集起来的扑尘装置(图8-65)。

1)中小型露天潜孔钻车

中小型露天潜孔钻车自身不带动力,需另外配置空气压缩设备,主要用于道路、水电及港口码头等露天阶梯爆破施工。

如图8-65所示是一种小型露天钻车。钻孔工作是由推进动力装置8带动链条将回转动力转变成线性运动,经托盘2、回转动力装置4、供风装置3、钻杆5、冲击器6,将钻头顶住岩石;由回转动力装置4带动钻杆5、冲击器6、钻头回转;由供风装置3经钻杆5给冲击器6提供压气,冲击器6将压气转换成冲击能传递给钻头来破碎岩石。排出岩粉工作则由废气及一部分压气经冲击器6的中心,通过钻头吹向孔底,吹出的岩粉经孔口的扑尘罩7沿管道

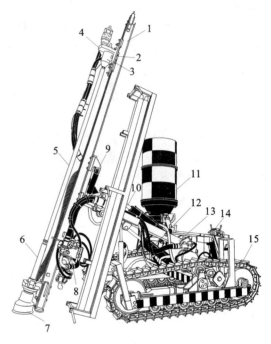

图8-65 轻型潜孔钻机

1.推进器;2.托盘;3.供风装置;4.回转动力装置;5.钻杆;6.冲击器;7.扑尘罩;8.推进动力装置;9.补偿缸;10.推进器俯仰缸;11.扑尘器;12.支臂缸;13.大臂;14.操纵阀;15.底盘行走装置

输送到扑尘器11,将岩粉收集并倒出,从而完成钻孔工作。钻孔定位工作则由底盘行走装置15、大臂13及支臂缸12、推进器1及推进器俯仰缸10和补偿缸9共同来完成。

2)大型露天潜孔钻机

如图8-66所示为矿山普遍使用的KQ-200重型露天潜孔钻机。它是一种自带空气压缩机的履带式重型潜孔钻机,适于中型露天矿应用,可凿直径为200～220mm的炮孔,钻孔深度为19.3m。

KQ-200重型潜孔钻机具有下列特点:①除冲击器以压缩空气为动力外,钻机的其他机构全部以电为动力;②钻机自带高压变压器,在移车时不必再迁移变压器,且高压电缆截面小,重量轻,移动十分方便;③钻架采用四柱式封闭桁架结构,其特点是具有较小的截面、较大的刚度;④回转机构采用三速电机,可按矿岩可钻性选择不同回转参数;⑤行走机构采用双电机分别驱动,操作方便,转弯灵活迅速;⑥采用轴承式定心环,减少钻杆磨损,且定心环可沿钻架滑动430mm,使钻具提升高度增加,这种非刚性连接还可以缓冲过卷时造成的冲击载荷;⑦钻机有干式与湿式两套除尘系统,所采用的脉冲布袋除尘装置有较好的除尘效果。

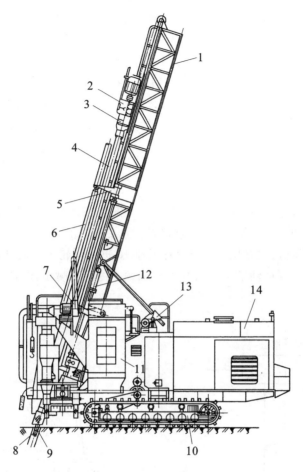

图 8-66 KQ-200 重型露天潜孔钻机
1.钻架；2.回转动力装置；3.供风装置；4.钻杆；5.送杆器；6.副钻杆；7.通风机；8.钻头；
9.冲击器；10.履带底盘；11.除尘器；12.调压装置；13.起落机构；14.动力间

四、牙轮钻机

牙轮钻机是以牙轮钻头为钻具、连续破碎岩石、压气排渣的自行式钻孔设备。牙轮钻机的钻孔直径一般在 250～455mm 范围内，常用的孔径为 250～380mm，是露天阶梯开挖的主要钻孔设备。

1. 牙轮钻机的类型与工作原理

牙轮钻机属于回转式钻孔机械，由回转和加压两个动作来完成凿岩工作，由通向孔底的压气来吹洗炮孔。如图 8-67 所示，装在钻架上的回转加压机构给钻杆 2 推压力和回转扭矩；推压力由钻杆 2、牙轮钻头 3 传递给牙轮 4 上的球齿提供足够大的压应力来压碎岩石，回转扭矩由钻杆 2 传递给牙轮钻头 3 带动顶着岩石的牙轮 4 自转以冲击及剪切形式破碎岩石;由钻杆 2 中心孔来的高速压气将破碎后的岩屑吹出孔外,可保证连续作业。

牙轮钻机根据回转和加压方式的不同分为底部回转加压式、底部回转连续加压式、顶部回转连续加压式三种基本类型。目前,大型露天矿山的钻机多采用顶部回转连续加压式。

按钻孔的孔径又可分为轻型牙轮钻机,一般钻孔孔径小于 150mm;中型牙轮钻机,一般钻孔孔径为 170~250mm;重型牙轮钻机,一般钻孔孔径大于 310mm。

牙轮钻头按牙轮的数目分,有单牙轮、双牙轮、三牙轮及多牙轮钻头。单牙轮及双牙轮钻头多用于炮孔直径在 150mm 以下的软岩石钻进。多牙轮钻头用于炮孔直径在 300mm 以上的中硬岩钻进。使用最多的是三牙轮钻头。

2. 牙轮钻头的结构

如图 8-68 所示,牙轮钻头由三个牙爪及三个安装在牙爪轴颈上的牙轮组成。三个牙爪焊成一体,在端部加工成锥螺纹,与钻杆联结。从钻杆来的压气有两个作用:一是压气通过喷管 12 喷入孔底排渣;二是压气通过冷却风道 10 进入牙轮 3 的底部,顺次冷却止推轴承 8、滑动轴承 7、滚珠 5、圆柱轴承 4,从牙轮 3 与轴颈 2 的间隙喷出,对轴承进行吹洗和冷却并阻止岩粉侵入。

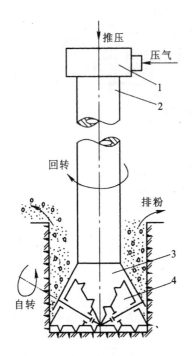

图 8-67 牙轮钻机钻孔工作原理
1.回转加压机构;2.钻杆;3.牙轮钻头;
4.钻头上的牙轮

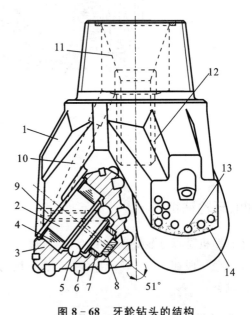

图 8-68 牙轮钻头的结构
1.牙掌;2.轴颈;3.牙轮;4.圆柱轴承;5.滚珠;
6、13.球齿;7.滑动轴承;8.止推轴承;9.塞销;
10.冷却风道;11.挡渣网;12.喷管;14.耐磨焊层

对不同性质的岩石使用不同类型的钻头,是提高破岩效率的重要条件。大部分坚硬的岩石均具有脆性,应采用镶硬质合金柱的钻头,用纯滚动而无滑动的牙轮钻头钻进,牙齿借助于轴压力和冲击力的作用切入岩石,使之破碎。对于中硬具有塑性的岩石,为了提高破碎效果,牙轮除滚动外,同时应具有一定的滑动剪切岩石。在软岩中使用的铣齿牙轮钻头,具有较大的滑动力切削岩石。

3. KY-310 型牙轮钻机

KY-310 型牙轮钻机是国内露天矿山应用较多的一种重型牙轮钻机,其整体外观见图 8-69。KY-310 型牙轮钻机是一种带回转加压小车的滑架式钻机。它由回转小车、加压提升机构、均衡装置、行走机构、除尘装置以及压气系统、钻杆架、液压系统、增压净化装置等组成。各部件安装在平台上,平台与行走机构的横轴相连,行走时带着整机移动。立架装在机体的前端,长距离行走或检修时,立架可以借助两个起落立架油缸起落。立架内装有回转小

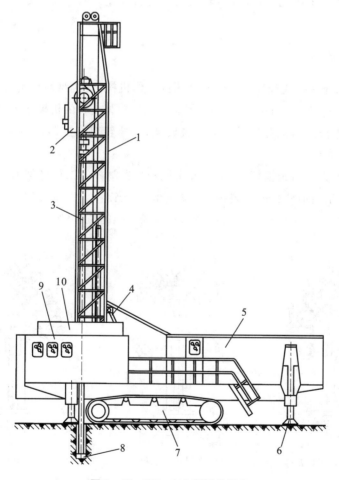

图 8-69 KY-310 型牙轮钻机
1.钻架;2.回转小车;3.钻杆;4.起落架油缸;5.动力间;6.千斤顶;
7.行走底盘;8.牙轮钻头;9.驾驶室;10.空气净化装置

车、均衡装置、钻杆架、液压卡头等机构。回转小车下端与钻具用锥形螺纹连接，通过加压提升机构、封闭链系统可使回转小车沿立架上的齿条加压或提升。四个千斤顶作为穿孔时调平稳车用。机棚内装有主空压机和辅助空压机，主空压机用作排渣，辅助空压机的压气供操纵动力缸用。为了防止粉尘进入驾驶室和动力间内，分别装有净化装置保持机内空气清洁。

五、锚杆台车

锚杆机械是在隧道工程中用来完成锚杆孔的钻凿、安装锚杆的部分或全部安装工序的锚杆支护设备。塔架式和推进器是早期生产的锚杆台车，仅能完成钻凿锚杆孔的工作，安装锚杆则需人工完成。现代生产则是转架式锚杆支护台车，它是以转架代替了推进器，可完成锚杆全部安装工序。

转架既能钻凿锚杆孔又能安装锚杆，实现了钻凿锚杆孔、安装树脂药包、安装锚杆三个工序可在一台设备上依次完成。所以，转架式锚杆台车是一种高效、安全、先进的机械化锚杆支护设备。

1. 锚杆支护转架

锚杆支护转架是转架式锚杆支护台车专用的工作机构，其主要特点是可以在一个工作机构上完成钻锚杆孔和安装锚杆的全部工序，从而提高了锚杆支护的机械化水平和锚固质量。

锚杆支护转架按工作位置数量分为二位转架、三位转架。按锚杆体移送方式分为无锚杆仓式、带锚杆仓式。

二位转架需要人工装送锚杆，三位转架由机器装送锚杆。二位转架有两个工作位置：一是钻凿锚杆孔，二是向锚杆孔内安装树脂锚杆或涨圈式锚杆。三位转架有三个工作位置，即比二位转架多一个由压缩空气将树脂锚固剂吹入锚杆孔的位置（图 8-70），适用于工作位置较高的工作面。

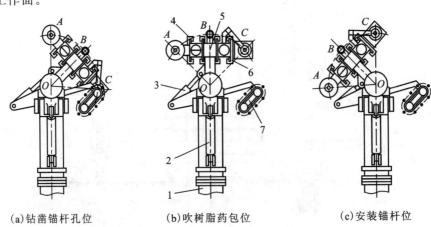

(a) 钻凿锚杆孔位　　(b) 吹树脂药包位　　(c) 安装锚杆位

图 8-70　三位钻架工作位置

1.钻臂；2.俯仰缸；3.转位缸；4.钻孔推进器；5.锚杆钻架；6.装锚杆推进器；7.锚杆仓；
A.钻锚杆孔位；B.吹树脂药包位；C.安装锚杆位

图8-70是由两个标准推进器组成的三位转架(由 Atlas Copco 生产),由钻凿锚杆孔、向锚杆孔注入树脂药包、安装锚杆体三个工作位置来完成锚杆支护作业,其转架变位转角为 $2×50°=100°$。转架的两个推进器,一个安装着一台钻凿锚杆孔用的液压凿岩机,另一个安装一台装锚杆旋转装置。这种锚杆支护转架可同时由补偿液压缸进行补偿动作。此外,每个推进器可单独补偿,这对于在巷道拱角处进行锚杆支护时转变工作位置是非常有益,可避免推进器顶部卡碰顶板。

如图8-71所示的锚杆支护转架也属于三位转架(由 Secoma 公司生产),即由钻凿锚杆孔位、吹树脂药包位、安装锚杆位顺序完成安装锚杆的工作。该锚杆支护转架由推进装置、导轨、液压凿岩机、装锚杆装置、转角机构等组成,其中A、B、C为上述三个工作位置。

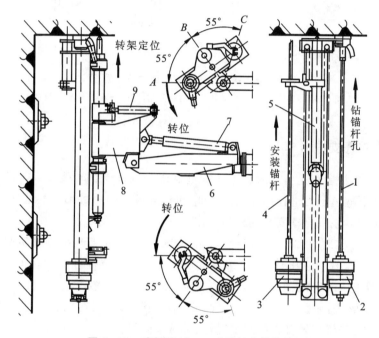

图8-71 赛可马(Secoma)锚杆支护转架
1.钎杆;2.凿岩机;3.装锚杆机构;4.锚杆;5.推进缸;6.钻臂;7.俯仰缸;8.转架体;9.转位缸

图8-72是锚杆支护转架工作过程示意图。其工作过程为:①立轴顶紧岩石表面[图8-72(a)]。②导轨上移(补偿动作),集尘罩顶在岩石上,然后钻锚杆孔。在钻孔过程中,锚杆杆体放在导轨另一侧的装锚杆机构上[图8-72(b)]。③钻孔完毕,凿岩机退回至起始位置后,导轨下移,并转动55°角。④放置树脂药包于锚杆孔内,若为三位转架此位为自动注入树脂药包位,若为二位转架则为人工放置树脂药包位,而对于涨圈式锚杆则无此工序。⑤转架导轨再转动55°角[图8-72(c)],由装锚杆机构将锚杆送入锚杆孔内,同时装锚杆机构按规定旋向旋转捣碎树脂药包,树脂凝固后,反向旋转,拧紧锚杆张紧螺母[图8-72(d)],完成安装锚杆的工作。

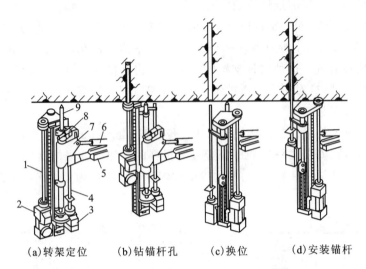

图 8-72 锚杆支护转架工作过程示意图

1.钎具;2.凿岩机;3.装锚杆机构;4.锚杆;5.大臂;6.俯仰缸;7.转架体;8.换位缸;9.立轴

2. 转架式锚杆支护台车

转架式锚杆支护台车是将凿岩台车的推进器改为锚杆支护转架而成,可在矿山巷道及道路、水电等地下隧道工程进行锚杆支护作业,可以安装任何一种形式的锚杆,能完成钻孔、注浆(树脂或水泥砂浆)、自动安装锚杆的工作。

如图 8-73 所示为 H321 型锚杆台车(由 Atlas Copco 生产),由柴油机驱动、轮胎式铰接行走底盘、BUT35B 型液压钻臂、电缆卷筒、RBC 系列三位锚杆支护转架、COP1028HD/COP1032HD 型液压凿岩机、电动机驱动的液压系统、电气系统、可放 9+1 根锚杆的锚杆仓组成。适用锚杆形式:水泥卷锚杆、水泥注浆锚杆(水泥注浆钢筋锚杆)、散装水泥锚杆、SWELLEX(水涨式)锚杆及其他摩擦式锚杆、机械锚固锚杆。

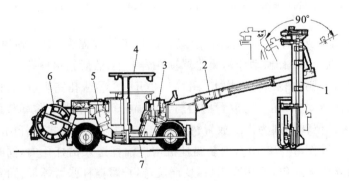

图 8-73 H321 型锚杆支护台车

1.钻架;2.液压钻臂;3.操作台;4.顶棚;5.液压动力装置;6.电缆卷筒;7.底盘

思考与练习

1. 机械式钻孔方法有哪几种类型？分别用于钻凿什么类型的岩石？
2. 提高凿岩速度有哪些途径？
3. 为什么冲击-回转破碎岩石效率最高？需要哪些基本动作来完成钻孔工作？
4. 牙轮钻机属于哪种类型的钻孔方式？需要哪些动作？适合于钻凿哪种类型的岩石？
5. 风动凿岩机有哪些类型？简述其应用范围。
6. 风动凿岩机要完成钻凿炮孔的工作都必须具备哪些机构？
7. 何为内回转？何为外回转？YT23型气动凿岩机采用哪种回转方式？COP1238液压凿岩机采用哪种回转方式？
8. 液压凿岩机要完成钻凿炮孔的工作都必须具备哪些机构？
9. 液压凿岩系统是如何满足凿岩钻孔工艺进行工作的？
10. 掘进台车有哪些机构组成？与其他类型台车相比其不同点表现在哪里？
11. 掘进台车为何要设置平动机构？掘进台车有哪几种平动机构？其定位方式怎样？
12. 潜孔冲击器在潜孔钻机上起什么作用？潜孔钻机属于哪种凿岩方式？
13. 成熟的锚杆台车采用哪种钻架？应包括哪些功能？

第九章　盾构机与全断面岩石掘进机

盾构机(Shield Machine)与全断面岩石掘进机(Full Face Rock Tunnel Boring Machine,TBM)是机械式开挖方法所采用的设备,是一种集开挖、支护、衬砌等多种作业于一体的大型隧道施工机械。现代盾构机与岩石掘进机集机、光、电、液、传感、信息技术于一体,是依靠刀盘旋转和顶进动作进行全断面、一次开挖成型的高技术密集型机器。

第一节　开挖刀具与破岩机理

盾构机与全断面岩石掘进机的开挖刀具是用于开挖和切削岩土体的关键部件与易损件。它的工作性能与工作状况直接影响盾构机和岩石掘进机的开挖效率(切削效果、出料状况、掘进速度)及隧道开挖成本,也是影响基本参数推进力与回转扭矩选取的关键因素之一。

一、开挖刀具

盾构机与岩石掘进机上使用的刀具有多种类型(图9-1),对钻掘效果有着决定性的影响。按切削原理主要有滚压破岩和切削破岩两种类型;按运动方式分为固定式和旋转式;按安装方式分为螺栓式、插入式、焊接式等。

1. 滚压破岩刀具

滚压破岩刀具是指随刀盘转动的同时还做自转运动的破岩工具,简称滚刀。滚刀有齿形滚刀和盘形滚刀两种类型,其中齿形滚刀有用于中硬岩或硬岩的球齿滚刀和用于软岩的楔齿滚刀;盘形滚刀则是在全断面岩石掘进机上应用最广泛的刀具形式。按刀圈的数量盘形滚刀分为单刃、双刃、多刃等形式。在开挖风化的砂岩、泥岩等较软的地层时一般采用双刃滚刀,而在开挖中硬岩石时单刃滚刀破岩效果最好。

盘形滚刀主要由刀圈、刀体、刀轴、轴承、浮动油封等组成(图9-2)。盘形滚刀需装在刀盘上工作,在刀盘推力和回转扭矩的作用下,滚刀的刀圈接触岩体的部分切入岩体来完成破岩过程。

滚刀的制作材料尤为重要,尤其是刀圈要有足够的强度、刚度、韧性、耐磨性和耐高温性。刀圈的材料有整体式耐磨钢材料、镶有硬质合金球齿刀具或表面敷焊等类型[图9-3(c)、(d)、(e)]。整体耐磨钢材料刀圈主要以合金工具钢为主,也有合金结构钢,硬度为HRC52~59,如9Cr2Mo、9Cr4Mo2W2V、4Cr5MoSiV1等,可适用于软岩、中硬岩石。球齿刀圈是在钢基体上镶嵌球状或楔状硬质合金刀头,刀头硬度可达HRA85~88;当开挖抗压硬度超过175MPa的坚硬岩石时应采用球齿刀圈,很好地解决了刀圈硬度高(硬质合金头硬度高)、韧性好(刀圈基体硬度不高,韧性好)的矛盾问题,且寿命是全钢刀圈的3～5倍。

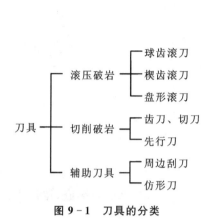

图 9-1　刀具的分类

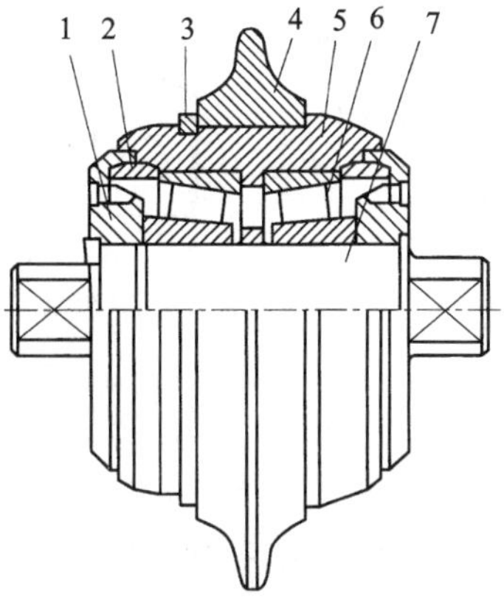

图 9-2　盘形滚刀内部结构图
1.端盖;2.浮动油封;3.挡圈;4.刀圈;
5.刀体;6.轴承;7.刀轴

刀圈的断面形状有楔形刀圈和近似矩形断面刀圈两种形式[图9-3(a)、(b)]。在开挖硬岩时采用大刃角的刀圈,开挖软岩石则选择小刃角的刀圈;对于特别软的岩石刃角太小则容易嵌入岩石中,破岩效果较差,增大刀刃角或做成弧刃即可改善效果。如图9-3(a)所示的楔形断面刀圈,随着磨损的增加与岩石的接触宽度逐渐增大,接触面积也随之增大,与岩石的压应力逐渐减小,效率降低,若要保持相同的切入深度则需要逐渐增加推力。如图9-3(b)所示的近似矩形断面刀圈,磨损前后与岩石的接触面积变化很小或基本保持恒定,其切入深度与推力变化也不大,现在一般都采用近似矩形断面滚刀或球齿刀圈来破碎岩石。

(a)楔形断面　　(b)近似常断面　　(c)敷焊刀圈　　(d)球齿刀圈　　(e)敷焊球齿刀圈

图 9-3　盘形刀圈断面形式

2. 切削破岩刀具

切削破岩刀具是指只随刀盘转动、无自转的破岩刀具,是盾构机开挖非岩质地层的基本刀具。一般用于单轴抗压强度小于30MPa的软土地层或软岩地层的开挖,有时也作为辅助刀具装在滚刀的后面使用,常用的有切刀、刮刀、齿刀、先行刀、鱼尾刀、贝型刀等。部分切削刀具的结构见图9-4。

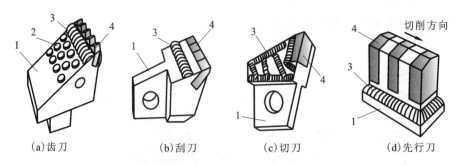

图 9-4 部分切削破岩刀具的结构

1.刀体;2.背部球齿;3.耐磨堆焊;4.硬质合金刀片

切削刀具主要由刀体、刀片两部分组成(图 9-5)。刀体对刀片起固定和支承作用,还具有固定到刀盘上的连接作用。刀片采用硬质合金材料,通常用钎焊、镶嵌、镶嵌焊的方法将刀片固定在刀体上。

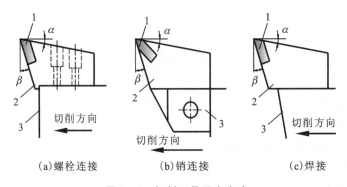

图 9-5 切削刀具固定方式

1.刀片;2.刀体;3.刀盘;β.前角;α.后角

切削刀具的形状如图 9-5 所示。在进行软土切削时,切刀的前后角的斜面结构起导渣作用,也用于硬岩掘进中的刮渣作业。一般情况下,前角 β 与后角 α 的值随所切削地层特性的不同而变化,黏土地层稍大、砂卵石地层稍小,取值范围在 $15°\sim20°$ 之间。

二、刀具的破岩机理

1. 滚压破岩机理

滚压破碎岩石就是用滚刀在岩石地层中破碎岩石,是一种破碎量大、速度快的机械式破岩方法。如图 9-6 所示,安装在刀盘上的滚刀,在推进油缸推力的作用下顶住岩面,将刀刃压入岩石,同时在回转动力装置传递过来的回转扭矩作用下,滚刀随着刀盘公转的同时绕着自身的回转轴自转,在岩面上实现连续滚压。由滚刀对岩石的挤压与剪切作用使岩石发生破碎,并在岩面上滚压出一系列同心圆的沟槽,连续不断的滚压破碎就可以实现连续开挖。

滚压破岩过程经过挤压阶段、起裂阶段、破碎阶段来实现破岩。

在挤压阶段[图9-6(a)],滚刀在刀盘大推力的作用下贯入岩石表面,在岩面上产生局部变形及很高的接触应力。当推力 F 超过岩石的强度时,与刀刃接触部分的岩石被挤压破碎形成粉碎区(即应力核心区)。推力 F 越大,贯入深度 h 就越深,对提高破岩效率就越明显。

在起裂阶段[图9-6(a)],粉碎区周边的应力大于岩石的抗拉强度或抗剪强度,岩石产生张拉裂缝,该裂缝就是能否破岩的先决条件。在应力核心区的下方是应力衰减区(即应力过渡区),对岩石裂缝的产生不起控制性作用。在刀刃正下方的裂缝为主裂缝,其方向与破岩方向一致,也不能显著提高破岩效率,但在下一个循环的挤压阶段加速粉碎区的形成。

在破碎阶段[图9-6(b)],两相邻滚刀间的张拉裂缝扩展直至贯通,表面的岩石脱离岩体形成碎片而崩落,就完成了一次破岩过程。随着刀盘的继续滚动和推压进入下一轮的破岩过程。由于岩石属于脆性材料,岩石碎片的崩落会发生载荷突然降低的现象(称为跃进现象),是滚刀破岩的一大特点。

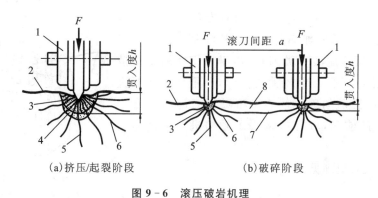

图 9-6 滚压破岩机理

1.滚刀;2.岩面;3.应力核心区(粉碎区);4.应力衰减区;5.主裂缝;
6.张拉裂缝;7.贯穿裂缝;8.破碎片;F.推压力

2. 切削破岩机理

在软土地层或软岩地层开挖时,切削破碎是一种有效的破岩方法,主要由切刀直接对土层进行剪切来进行切削。将切刀固定在刀盘上(图9-7),刀盘在推力的作用下将切刀压入岩土层中,同时刀盘带动切刀回转来切削岩土。在刀盘上按一定规律安装多个切刀[图9-8(a)],按照一环环同心圆切削岩土。切削下来的岩土由切刀的正面送入渣槽,所以切刀具有切削和装载两个功能。

为了给切削刀切削土体创造良好的切削条件,在切削刀之间超前安装有比切削刀断面小的先行刀[也称超前刀,图9-8(b)],与切削刀一起组合协同工作。在切削土体时,先行刀在前切削土体,切削刀在后切削土体,由先行刀将土体切割成环形条块,为切削刀的大量切削创造条件。采用先行刀可显著增加切削土体的流动性,大大降低了切削刀的扭矩,提高了切削效率,减少了切削刀的磨耗。在松散地层,特别是在砂卵石地层的使用效果更为明显。

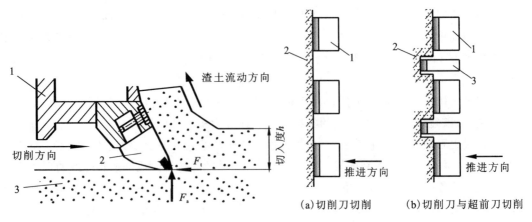

图 9-7 切削破岩机理
1.刀盘；2.切刀；3.土体

图 9-8 刀盘上多刀切削土体原理
1.切削刀；2.土体；3.先行刀

贝型刀（图 9-9）是先行刀的一种，专门用于切削砂卵石。盾构机在穿越砂卵石地层，特别是大粒径的砂卵石地层时，若采用滚压破岩类刀具，由于岩土体属于松散体，在滚刀的推压下会产生较大的变形，严重降低了掘进效率，甚至会丧失切削破碎能力。将贝型刀超前布置于刀盘其他刀具的前面，较好地解决了盾构机切削砂卵石的难题。

各类刀具破岩机理见表 9-1。

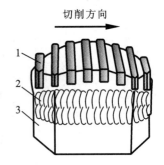

图 9-9 先行贝型刀
1.刀片；2.耐磨堆焊；3.刀体

表 9-1 各类刀具的破岩机理

	刀具类型	刮刀	楔齿滚刀	球齿滚刀	盘形滚刀
破岩机理	刮削	●			
	剪切		●		●
	龟裂				●
	挤压		●	●	
	研磨			●	
运动形式		滑动	滚动+微滑	滚动+滑动	滚动+滑动
刀齿形状		刨刀状	楔状	球面状	楔状

第二节　盾构机

盾构机是在软土、软岩或破碎含水的地层中开挖隧道时,用来完成开挖与衬砌工作的专用工程机械。盾构机的主体部分是一个可移动的筒形钢壳(称为盾壳)结构物,位于开挖刀具之后、永久衬砌之前,在开挖隧道时,盾壳作为临时支护用于支承隧道周边地层。盾壳内的开挖、运渣、拼装等设备,在盾壳的保护下安全地进行隧道开挖、渣土排运、管片拼装、导向纠偏等作业。目前,盾构机已广泛应用于地铁、铁路、公路、水电、市政等隧道工程。

盾壳的断面一般为圆形,也有矩形、马蹄形、半圆形等其他形状。其中,圆形是最好的承载形状,且制造成本较低、管片规格较少、互换性好、可实现标准化生产、可方便螺栓连接,因此圆形断面的盾壳占绝大多数。

一、盾构施工法及盾构机的种类

1. 盾构施工法

盾构施工法(图 9-10)是在软土层隧道中采用暗挖法施工的主要方法,由稳定掌子面、盾构挖掘和衬砌三大要素组成。施工时,设备及人员在盾壳的保护下,盾构机在开挖掘进的同时铺设管片。盾构施工的主要目的是尽可能在不扰动围岩、最大限度地减少对地面建筑物及地基的影响的前提下完成施工。施工程序:在盾构前部盾壳下挖土(机械挖土或人工挖土),一面挖土,一面用千斤顶向前顶进盾体,顶至一个管片的宽度时,在盾尾拼装预制好的管片,并以此作为下次顶进的基础,继续挖土顶进。在挖土的同时,将土屑运出盾构,如此不断循环直至修完隧道。

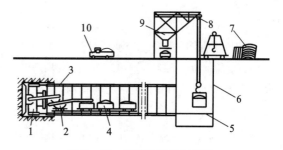

图 9-10　盾构施工法示意图
1.盾构机；2.管片台车；3.管片；4.斗车；5.轨道；6.竖井；
7.材料场；8.起重机；9.卸土仓；10.车辆

盾构法施工适合于各类土层或软岩地层,覆盖土层深度一般要大于 1～1.5 倍的盾构直径的深度,机械式盾构施工其断面直径多在 4m 以上,消耗电能较大,安装困难,其施工经济深度应大于 1 000～2 000m。

2. 盾构的种类及适用范围

为了适应不同土层的开挖需要,盾构的类型较多,各种类型的盾构都有各自的特点和使用范围。

按盾构的断面形状不同分为单圆盾构、复圆盾构(也称多圆盾构,有双圆盾构、三圆盾构、多圆盾构,图 9-11)、非圆盾构(椭圆形盾构、矩形盾构、马蹄形盾构、半圆形盾构)。其中复圆盾构和非圆盾构统称为异形盾构。

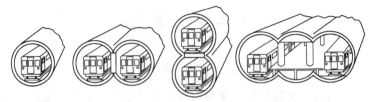

(a) 单圆隧道　(b) 双圆水平隧道　(c) 双圆分层隧道　(d) 三圆地铁车站

图 9-11　单圆盾构与多圆盾构的应用

按支护地层的形式分自然支护式、机械支护式、压缩空气支护式、泥浆支护式、土压平衡支护式五种类型。

按掌子面与作业室之间隔板构造分全敞开式、半敞开式、闭胸式三种(图 9-12)。

按盾构的断面大小分为超小型盾构(直径 $D \leqslant 1m$)、小型盾构(直径 $1m < D \leqslant 3.5m$)、中型盾构(直径 $3.5m < D \leqslant 6m$)、大型盾构(直径 $6m < D \leqslant 14m$)、特大型盾构(直径 $14m < D \leqslant 17m$)、超特大型盾构(直径 $D > 17m$)。

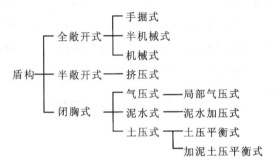

图 9-12　盾构的分类

1) 敞开式盾构

敞开式盾构分为全敞开式(Open Face Shield,简称 OF 盾构)和部分敞开式(Closed Face Shield,简称 CF 盾构)。

全敞开式盾构在隧道工作面上没有封闭的压力补偿系统,不能抵抗土压和地下水压,一般适用于掌子面在水位以上且自稳性强的围岩。根据开挖方法的不同,全敞开式盾构(图 9-12)分为手掘式盾构、半机械式(分断面开挖)盾构、机械式(全断面)开挖。

部分敞开式盾构也称普通闭胸式盾构(或普通挤压式盾构),有两种类型:①正面全部胸板封闭,挤压推进;还可以留有可调节的进土口,局部挤压推进;②正面网格上覆全部或部分封板或装调节掌子面积的闸门,挤压或局部挤压推进。

(1) 手掘式盾构。手掘式盾构是盾构的基本形式,是在盾壳保护下人工开挖隧道的盾构(图 9-13)。手掘式盾构的正面采用敞开式,其前上部安装有防止坍塌的活动前檐和使其伸缩的千斤顶;采用铁锹、风镐等工具人工进行开挖;其支护方式一般采用自然堆土压力支护及机械挡板支护方式。根据地质条件的不同可采用全部敞开式人工开挖,也可采用全部或局部正面支承,可根据开挖土体的自立性适当分层开挖,随开挖、随支承。这种盾构由上而下依次开挖,开挖时按顺序调换正面支承

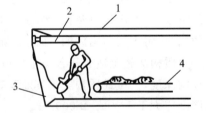

图 9-13　人力挖掘敞开式盾构
1. 盾壳;2. 正面支撑千斤顶;
3. 自然堆土;4. 皮带运输机

千斤顶。开挖出来的土从下半部用皮带运输机装入运土车运出。由于盾构的前方是敞开的,采用这种盾构的基本条件是掌子面在开挖时无坍塌现象。

手掘式盾构从砂性土到黏性土地层、圆形及异形隧道均适用。由于该盾构正面是敞开的,在进行复杂地层开挖时便于观察地层、较易排除障碍、易于纠偏,且价格低廉,故障率较低,是最为经济的盾构。但掘进效率较低,劳动强度大,如遇正面塌方危及人员及设备安全,因此现代已基本淘汰,只在短程掘进、掌子面有障碍、有砾石等场合下使用。

(2)半机械式盾构。半机械式盾构是介于手掘式和机械式之间的一种盾构,属于敞开式盾构。它是在手掘式盾构的基础上安装了液压反铲和铣削头等机械挖土设备,配备了皮带运输机或螺旋输送机等出渣机械,代替了人工劳动。机械挖土设备前后、左右、上下均能活动,有反铲式、铣削头式(图9-14)、反铲与铣削头可互换式、反铲与铣削头二者兼有等形式,具有省力高效等优点。

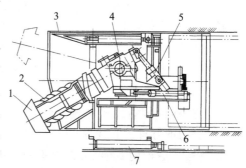

图9-14 铣削头式盾构

1.铣削头;2.螺旋收集器;3.盾壳;4.支架;5.上下俯仰油缸;6.左右俯仰油缸;7.推进液压缸

半机械式盾构适用于圆形断面隧道,也适用于非圆形断面隧道;适用于掌子面能够自立的地层,也适用于掌子面需要支承的地层。由于半机械式盾构属于敞开式盾构,因而它不适合在含水地层中使用。

(3)机械式盾构。机械式盾构(图9-15)是一种采用与掌子面相同的旋转刀盘进行全断面开挖的盾构,全称为全断面敞开式盾构。适用地层等同于手掘式和半机械式盾构,对于掌子面土壁能直立、土层颗粒均匀的地层(如黏性土类)尤其适用;对于易于坍塌的砂、砾土层、敏感性高的黏土、非常软接近液化的黏土都不适于使用机械式盾构开挖,如有涌水的流动性土壤、细砂层等。

机械式盾构有单轴式、双轴转动式、多轴式等,其中单轴式、大刀盘应用最多。与手掘式和半机械式盾构相比能进行全断面开挖,可以显著地提高开挖速度、缩短工期;缺点是造价高,对于隧道的长度有经济性深度要求。

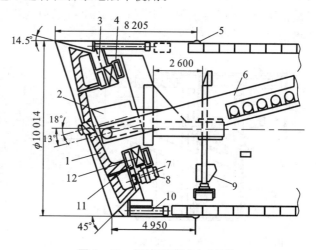

图9-15 机械(切削轮)式盾构

1.切削轮;2.卸土斗;3.隔墙;4.轴承座;5.盾尾密封;
6.皮带输送机;7.减速器;8.液压马达;9.拼装器;
10.推进油缸;11.大齿圈;12.主轴承

(4)挤压式盾构。所谓挤压式盾构就是在盾构的前端用隔板封闭,用于挡住土体,确保土体不会发生坍塌,使水土按照设计要求的方式和速度排出。挤压式盾构的优点是结构简单、造价低;缺点是适用的地层范围狭窄,仅适用于自稳性差、流动性大的软黏土层和粉砂层,不适用于含砂率高的围岩和硬质岩层。若液性指数过高、流动性很大,也不能获得稳定的掌子面。在挤压推进时,对地层土体的扰动较大(地面易产生较大的隆起与沉降变化),故在地面有建筑物的地方不易采用挤压式盾构。

当挤压式盾构向前推进时隔板挤压土层,土体呈塑性化流动,并从隔板上的开口处挤入盾构内。此时,掌子面的稳定是靠调节隔板开口的大小和排土阻力,使隔板的推力与掌子面的土压力达到平衡来实现的。这种盾构是挤压式盾构的基本型,也称为半挤压式盾构或局部挤压式盾构(图 9-16)。在特殊条件下,可将隔板全部封闭构成全挤压式盾构。

若在挤压式盾构的隔板上安装螺旋输送机进行排土,该盾构就称为螺旋排土式挤压盾构(图 9-17)。掌子面的稳定是靠调节螺旋输送机的转速和隔板开口的大小,使隔板的推力与掌子面的土压力达到平衡来实现的。

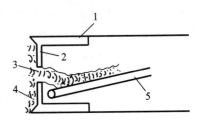

图 9-16 挤压式盾构
1.盾壳;2.隔板;3.隔板开口;
4.软黏土;5.皮带运输机

在挤压式盾构的基础上,在盾构的前端装有钢板做成的网格,与隔板一起组成带有网格的隔板,这种装有网格式隔板的盾构就称为网格式盾构(图 9-18)。在盾构推进时,带有网格的隔板可以将土体切成许多条状土块,由后面的提土转盘 3 将土提升到刮板运输机 4 上并运出盾构机,最后装车外运。在停止推进时,借助于土的凝聚力,网格式隔板可以起到支承与稳定掌子面的作用。网格式盾构多应用于特别不稳定的软弱地层或地下水位高、带水砂层及亚黏土层流动性大的土质地层,尤其是冲积层和洪积层使用网格泥水加压式固定掌子面的效果最好。

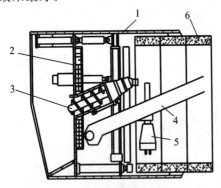 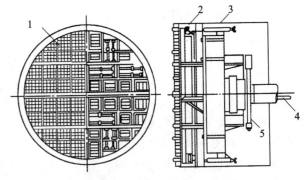

图 9-17 螺旋排土式挤压盾构
1.盾壳;2.隔板;3.螺旋输送机;4.皮带
运输机;5.管片拼装机;6.管片

图 9-18 网格式盾构
1.网格;2.盾壳;3.提土转盘;4.刮板运输机;
5.管片拼装机

2)闭胸式盾构

闭胸式盾构(Blind Type Shield)分为气压平衡式(Air Pressure Balance Shield,简称 APB 盾构)、泥水加压式(Slurry Pressure Balance Shield,简称 SPB 盾构)、土压平衡式(Earth Pressure Balance Shield,简称 EPB 盾构)。

(1) 气压平衡式盾构。所谓气压平衡式盾构是为了防止掌子面的坍塌,将工作面密封在具有一定气压下(气压一般小于 0.2MPa,个别可达 0.4MPa),阻止地下水外流,以利于挖土,保持隧道稳定的开挖方法,适用于黏土、黏砂土及多水的松软地层。

气压式盾构有整体气压式盾构和局部气压式盾构之分。整体气压式盾构是在距掌子面一定距离内设立双层气闸,在气闸内充满压缩空气,其操作人员出入和材料、土的运输都要经过气闸。由于施工人员在气压下操作工效低又易于产生职业病,现在很少使用这种方法。

局部气压式盾构是将掌子面与盾构内的局部范围用隔板密封起来,注入压缩空气,施工人员只在密封室外的常压下工作的方法。这种方法随地质情况变化而变化,可采用正常开挖(不加气压)或局部气压开挖,因此只需在盾构上预装气压设备和气闸室,随地层情况而启用。

应用于气压平衡式盾构的压缩空气应高于或等于掌子面底部的水压(图 9-19,$p_g \geqslant p_{w2}$),而隧道内水压自上而下有明显的梯度,其顶部过剩的压力($p_g - p_{w1}$)将空气压入地层,使土壤松弛。对于覆土层较浅的隧道就会泄漏,引起"气喷"现象,现在气压平衡式盾构已被泥水加压式盾构所取代。

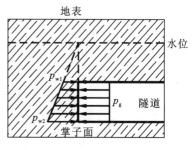

图 9-19 压缩空气式支护机理

p_g.压缩空气压力;
p_{w1}、p_{w2}.掌子面上部、下部水压

(2) 泥水加压式盾构。泥水加压式盾构是在机械式盾构刀盘后部的一定距离处设置隔板,与前盾(切口环)、前盾掌子面共同形成一个密封区(称为泥水仓,图 9-20),施加略高于掌子面水土压力的泥浆来维持掌子面稳定的盾构施工技术。泥水加压式盾构适用于洪积形成的砂砾层、砂层、粉砂层、黏土层以及含水率高的易于发生涌水破坏的不稳定地层,如河底、江底、海底等高水压条件下的隧道施工。

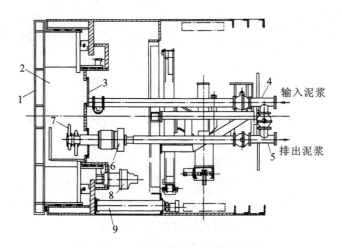

图 9-20 直接控制泥水加压式盾构

1.刀盘;2.泥水仓;3.检查孔盖;4.进浆管;5.排泥管;6.搅拌器驱动马达;
7.搅拌器;8.刀盘驱动马达;9.刀盘推进油缸

泥水加压式盾构是通过调节进、排泥浆的速度来控制泥水仓内泥浆(膨润土悬浮液)的压力来抵抗掌子面上的土压力与水压力(即 $p_m = p_w + p_e$,图9-21),以维持掌子面的稳定,同时控制掌子面的变形和地基的沉降。同时在掌子面的表层形成不透水的泥膜,以保持泥水压力有效地作用于掌子面。所开挖的砂土以泥浆的形式由排泥泵通过管道输送到地面,经泥浆处理设备进行分离,分离后的泥浆由进浆泵输送到掌子面继续工作。

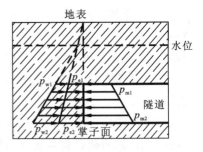

图 9-21 泥浆式支护机理

p_{m1}、p_{m2}.泥浆压力;
p_{w1}、p_{w2}.水压力;p_{e1}、p_{e2}.土压力

根据控制掌子面泥浆压力方式的不同分为直接控制式和间接控制式(或气压复合控制式)两种类型。直接控制式的泥水仓为单仓结构,间接控制式的泥水仓为双仓结构。间接控制式的前仓为开挖仓,后仓为气垫调节仓,开挖仓内完全充满受压泥浆用于平衡外部水压力,开挖仓内通过沉浸墙的下面与气垫仓相连(图9-22)。

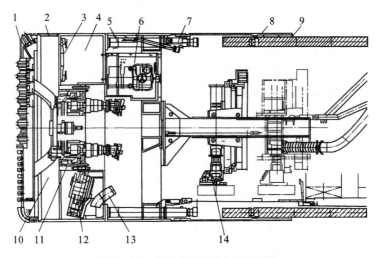

图 9-22 间接控制泥水加压式盾构

1.刀盘;2.前盾;3.沉浸墙;4.气垫仓;5.推进油缸;6.人员仓;7.铰接油缸;8.盾尾;9.盾尾密封;
10.泥水仓;11.刀盘驱动装置;12.破碎机;13.排泥管;14.管片拼装机

在隧道开挖过程中,直接控制式泥水盾构上泥水仓内的泥水压力波动较大。间接控制式泥水盾构上气垫仓内可通过压缩空气系统进行精确控制与调节,开挖仓内的压力波动较小,泥浆管路中的浮动变化可被迅速平衡,对土层支护更为稳定,对地表控制更为有利。

(3)土压平衡式盾构。与泥水加压式盾构相同,土压平衡式盾构是在机械式盾构刀盘的后部一段距离处设置承压隔板,与前盾(切口环)做成一体,和刀盘共同形成一个密封区,称之为泥土仓(图9-23),所不同的是泥土仓的底部或中部有螺旋输送机的进土口。所谓土压平衡就是用刀盘切削下来的土充满整个泥土仓,并保持一定压力,用以平衡掌子面的土压力。因此,土压平衡式盾构的支护材料是刀头切下来的岩土本身。

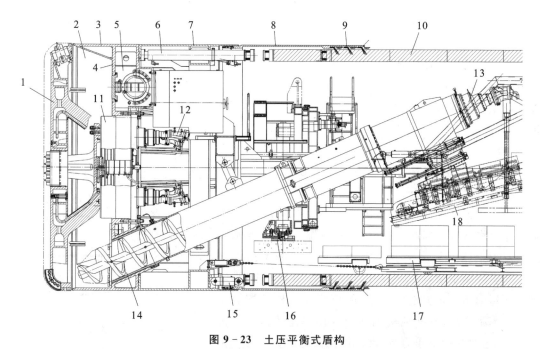

图 9-23 土压平衡式盾构

1.刀盘；2.泥土仓；3.前盾(切口环)；4.隔板；5.人员仓；6.推进油缸；7.中盾；8.盾尾；9.盾尾密封；10.管片；11.回转支撑；12.回转驱动机构；13.螺旋输送机动力装置；14.螺旋输送机；15.铰接油缸；16.管片拼装机；17.管片输送车；18.皮带运输机

土压平衡式盾构是在气压平衡式和泥水加压式的基础上发展起来的，主要适合在富含黏土、亚黏土或淤泥土等低渗透性的黏稠土壤中应用。

二、土压平衡式盾构机的构造与工作原理

1. 土压平衡式盾构机的组成与工作原理

土压平衡式盾构机(图 9-23)主要由刀盘 1、推进机构及系统(推进油缸 6 等)、回转支承装置及系统(回转支撑 11、回转驱动机构 12 等)、盾壳(包括前盾 3、中盾 7、盾尾 8、盾尾密封 9)、螺旋输送机 14、管片拼装机 16 等组成。

土压平衡式盾构开挖与运输的工作原理：刀盘 1 在回转动力和推进动力的共同作用下将掌子面的泥土切削下来，破碎的泥土通过刀盘 1 的开口进入泥土仓 2 后落到底部，由底部的螺旋输送机 14 提升并输送到皮带运输机 18 上，再输送到渣土车里运出。盾构机在推进油缸 6 的推力作用下向前推进。盾壳对开挖后未衬砌的隧道起着临时支护的作用，承受周围的土压力及水压力，并将其阻挡在盾壳外面。其掘进、排土、衬砌等作业装置在盾壳的掩护下进行作业。

2. 土压平衡式盾构掌子面的支护机理

如图 9-23 所示，泥土仓 2 是由刀盘 1、前盾 3、隔板 4、螺旋输送机 14 共同围成的区域。

当盾构机进行开挖作业时,由刀盘切削下来的泥土经刀盘开口处充满泥土仓及螺旋输送机的全部空间。

掌子面的稳定是依靠泥土仓内泥土压力(称为支护土压力)顶住掌子面的水压力和土压力,即 $p_s = p_w + p_e$(图 9-24)。方法就是通过调节螺旋输送机的排土量或刀盘的开挖量来控制泥土仓内的支护土压力,以保持掌子面泥土的稳定,这就是土压平衡式盾构的支护机理。

如图 9-24 所示,当开挖量大于排土量时,则泥土仓内的支护土压力大于地层土压力和水压力(即 $p_s > p_w + p_e$),地表将隆起。当开挖量小于排土量时,则泥土仓内的支护土压力小于地层土压力和水压力(即 $p_s < p_w + p_e$),地表将下沉。因此,当开挖量等于排土量时,泥水仓内的支护土压力与地层土压力和水压力平衡是最佳选择。在实际施工中,泥水仓内的支护土压力 p_s 一般小于理论土压力 p。支护土压力 p_s 的值应在盾构开挖的试推进过程中,通过不断地检测地面变形与地质情况分析的基础上,对支护土压力 p_s 反复修正而确定。

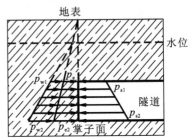

图 9-24 土压平衡式支护机理

p_{s1}、p_{s2}. 泥土仓压力;
p_{w1}、p_{w2}. 水压力;p_{e1}、p_{e2}. 土压力

3. 土压平衡式盾构机核心部件构造与原理

如前所述的盾构机,尽管其作用原理有所不同,都由切削机构(刀盘、动力装置)、盾壳、动力装置、管片拼装机、推进装置、出料装置和控制设备等主要部分组成(图 9-23)。

1)刀盘

盾构机的刀盘具有三大功能:①开挖泥土并将泥土通过刀盘开口送入泥土仓的开挖功能;②对泥土仓内的泥土进行搅拌的功能;③稳定与支承掌子面的功能。

如图 9-25 所示,刀盘面板上安装的各种刀具在回转装置与推进机构的共同作用下完成开挖作业,开挖下来的泥土从面板上的开口进入泥土仓,面板后部的搅拌棒将进入泥土仓内的泥土进行搅拌。其中,面板具有支承掌子面的作用,泥土仓的压力起到稳定掌子面的作用。此外,在刀盘上设置有向掌子面注入泡沫或膨润土的通道,用以改善渣土的流动性及抗渗性。

(1)刀盘的结构形式与开口率。刀盘的结构形式与开挖隧道的地质情况有着密切的关系,根据地层条件的不同,对刀盘的结构、刀具的组合与布置、刀具的性能要求也不相同。按照安装刀具的类型可分为刮刀类刀盘、滚刀类刀盘和混合类刀盘三种类型,按照面板结构形式的不同可分为面板式(图 9-25)、腹板式、辐条式三种类型(图 9-26)。

开口率是指刀盘开口面积总和占整个刀盘面积的百分比,关系到刀盘与地层的适应性。对于软硬相间的复合地层、硬岩地层,则需要布置较多的各类刀具,应配置小开口率的刀盘,一般为 10%~35%;对于均质性较好的砂土层、黏土层,则配置开口率大的刀盘,一般为 40%~75%;若盾构在掘进过程中,需要带压换刀,就应该减小开口率。

面板式刀盘(图 9-25)的面板有挡土功能,有利于掌子面的稳定。由于开口率较小,渣土流动不顺畅,掌子面与泥土仓存在压差,特别是在开挖黏土层时,黏土容易黏附在面板的表面,形成泥饼,丧失流动性。治理措施是向掌子面注入泡沫或膨润土,改善渣土的流动性及抗渗性。

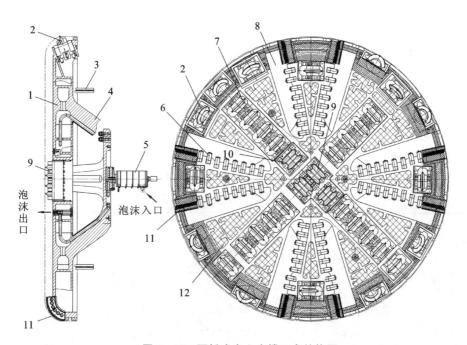

图 9-25　面板式中心支撑刀盘结构图
1.面板;2.边滚刀;3.搅拌棒;4.中间支撑与法兰;5.回转接头;6.切刀;7.正滚刀;
8.开口;9.中心双刃滚刀;10.双刃滚刀;11.刮刀;12.耐磨板

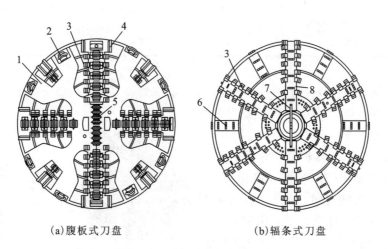

图 9-26　腹板式与辐条式刀盘
1.腹板;2.边滚刀;3.切刀;4.边刮刀;5.中心双刃滚刀;6.超前刀;7.鱼尾中心刀;8.辐条

辐条式刀盘[图 9-26(b)]的开口率较大,砂土流动顺畅、不易堵塞,泥土仓压力可有效地作用于掌子面,土压平衡容易控制,刀盘对砂土等单一软土地层的适应性较强。对于水压大、易坍塌的地层,会出现喷水、喷泥的现象。

腹板式刀盘[图 9-26(a)]的开口率适中,其他性能介于二者之间。

面板式刀盘适用于软硬相间的复合地层、硬岩地层施工,辐条式刀盘适用于软土、砂层、砂卵石地层施工。刀盘的选择应根据施工条件与地质条件来决定,对于土压平衡式盾构,根据地质条件可选用面板式、辐条式、腹板式刀盘;对于泥水加压式盾构,则仅能采用面板式、腹板式刀盘。

(2)刀具的配置与布置。刀盘上刀具的配置应根据不同的工程地质情况,采用不同的配置方案,以获得良好的切削效果和掘进速度。根据开挖地质条件与特点,可分为软弱土地层、砂土与砂卵石地层、风化岩石及软硬不均地层、纯硬岩地层四种类型。刀盘上刀具的配置情况见表 9-2。

表 9-2　不同类型刀盘上刀具的配置

项目		地层			
		软弱土地层	砂土与砂卵石地层	风化岩石及软硬不均地层(复合地层)	纯硬岩地层
岩土情况		淤泥、黏土、粉质黏土	砂石、砂卵石	软岩、中硬岩	硬岩
刀盘类型		辐条式、腹板式	辐条式、腹板式	腹板式、面板式	面板式
刀具配置	类型	切削类	切削类、滚压类	滚压类、切削类	滚压类
	刀具	切刀、刮刀、鱼尾中心刀、先行刀、超挖刀	宽幅切刀、刮刀、鱼尾中心刀、先行刀(重型撕裂刀)、仿形刀	单刃滚刀、双刃滚刀、切刀、刮刀、先行刀	单刃滚刀、刮刀
刀具与刀盘面板的距离		鱼尾中心刀>先行刀>切刀	鱼尾中心刀>先行刀>切刀	滚刀>先行刀>切刀	滚刀>刮刀

按照以下原则进行刀具的布置:刀具的间距应使相邻刀具间的岩土都能完全刮削或破碎(刀间距合理原则),刀具在满足破岩条件的前提下,尽可能使各刀具的磨损量相等(均衡磨损原则);各刀具水平切削分力的合力(不平衡力)尽可能小(刀具受力平衡原则)。

刀具的布置方法有同心圆布置法和阿基米德螺旋线布置法,目前主要采用阿基米德螺旋线布置法(图 9-27)。若采用切刀刀盘,切刀则对称布置在与螺旋线相交的辐条两侧,其目的是满足刀盘正反转的要求,从而达到布局、结构、负载的最优设计。

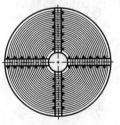
(a)同心圆布置

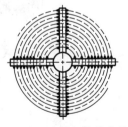
(b)阿基米德螺旋线布置

图 9-27　刀盘上刀具布置方式

2)刀盘支撑与回转驱动机构

刀盘支撑与回转驱动机构是盾构机用来完成挤压和切削作业的机构,位于前盾的中后部(图9-23中的11、12),前部与刀盘的法兰相连,后部与隔板法兰连接。

(1)刀盘的支撑方式。刀盘的支撑方式有中心支撑式、中间支撑式、周边支撑式三种类型(图9-28)。

中心支撑式[图9-28(a)]有一中心轴,泥土仓内的土体的流动空间、搅拌范围大,土体混合与搅拌效果良好、不易堵塞,掌子面压力稳定,掘进效果较好,一般用于中小型直径的盾构,但中心空间被刀盘占据,不能布置其他设备。

中间支撑式[图9-28(b)]结构上较为平衡,可承受较大的不平衡载荷,是一种应用较广的支撑形式,主要用于中大型直径盾构。由于中间支撑的存在,将泥土仓分为中心区和周边区两个区域。其中周边区域土体流动性好、易于搅拌,中心区域土体流动较差,容易形成泥饼,直至丧失流动性,造成出土不畅,掌子面压力不稳,影响开挖效果,对控制地面沉降不利。

周边支撑式[图9-28(c)]也可以承受较大的不平衡载荷,泥土仓中心空间较大砾石处理较为容易,用于小直径盾构。在泥土仓的周边容易黏结泥土,在黏土层中使用时应注意黏土黏着问题。

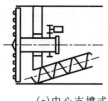 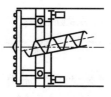 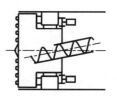

(a)中心支撑式　　(b)中间支撑式　　(c)周边支撑式

图9-28　刀盘的支撑方式

(2)回转驱动机构。回转驱动机构就是给刀盘提供回转动力,同时由推力油缸传递过来的推力也在此传递给刀盘,其驱动方式有变频电机驱动、液压驱动、定速电机驱动三种类型。其中,电机驱动体积较大、效率高,对负荷变化适应能力差,适用于中大型、特大型盾构;液压驱动体积较小,传动平稳、调速方便(可实现无级变速),但效率较低,适用于中小型盾构;定速电机驱动的刀盘不能调节,一般不采用。

如图9-29所示,液压回转机构由液压马达1将液压动力转换成回转动力,经减速器2、齿轮11、主轴承4上的内齿圈10、刀盘连接件7传递给刀盘做回转运动。由推力油缸传来的推力经承压隔板5、法兰支座3、主轴承4、内齿圈10、刀盘连接件7传递给刀盘做推压动作。

3)盾壳

盾壳是一个用厚钢板焊接成的圆筒,是盾构机的主体结构。在隧道开挖时,具有支承土体的功能,起临时支护的作用。安装着施加水平推力的油缸,给刀盘以足够推进力,是盾构机各机构支承和安装的基础。盾壳主要包括前盾(切口环)、中盾(支承环)、盾尾三大部分

(图9-30),采用前盾、中盾和盾尾呈前大后小的结构,其目的是便于盾壳通过隧道,防止卡死在隧道内。

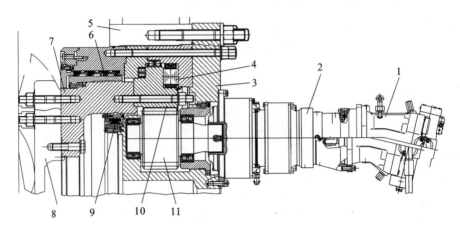

图9-29 刀盘驱动机构

1.液压马达;2.减速器;3.法兰支座;4.主轴承;5.承压隔板;6.外密封;7.刀盘连接件;
8.刀盘法兰;9.内密封;10.内齿圈;11.齿轮

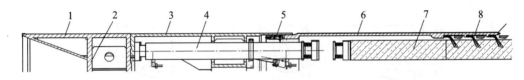

图9-30 盾壳构造

1.前盾;2.承压隔板;3.中盾;4.推进油缸;5.铰接密封;6.盾尾;7.管片;8.盾尾密封

(1)前盾(切口环)。前盾位于盾构机的前端,呈圆筒状结构,其前端设有刃口,以减少对地层的扰动。在前盾的中段焊有承压隔板,在隔板的中部通过法兰支座(图9-23、图9-29、图9-30)安装刀盘驱动机构。在隔板的下部有一倾斜的圆孔,用来安装螺旋输送机,在此处还安装着防涌门及液压闭合装置(图9-31),出渣时防涌门打开,停机时关闭,用于维持泥土仓的压力。除此之外,在隔板上部布置有人员仓,在隔板的前部还焊接有泥土搅拌棒等装置。

(2)中盾(支撑环)。中盾也称支撑环,是一个强度和刚度大的圆筒状结构,与前盾通过螺栓连接起来,是盾构的主要承力结构。来自地层作用力、刀盘的回转及推进阻力、各液压缸的反作用力、盾尾铰接拉力、管片拼装时的施工载荷等均由中盾承担。内侧周边有推进油缸、铰接油缸,中间安装有管片安装机等。

推进油缸安装在中盾内侧周边(图9-23、图9-30),油缸的杠杆头部装有的塑胶支撑靴,并顶在已安装好的管片上,有两个作用:一是以管片为基点,顶着前盾和中盾向前移动,同时给刀盘提供推进力;二是推进油缸分为 A、B、C、D 四组,每组油缸可独立控制,通过调节每组油缸的压力来调整推进力,用以对盾构机进行纠偏和姿态调整,这种调向方式称为主动调向。

中盾与盾尾通过铰接方式连接,铰接油缸用来拖拽盾尾。铰接油缸一般处于保持位置,盾尾在中盾的拖拽下被动前进;在转弯时,铰接油缸还处于保持位置,盾尾可根据调向的需要自动转向(图9-23、图9-32),配合推进油缸来实现盾构机的姿态调整。这种铰接结构易于盾构机调向,其调向方式就称为被动调向。

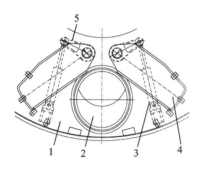
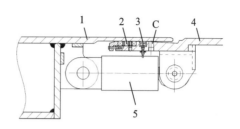

图9-31 防涌门液压闭合装置
1.隔板;2.输送机孔;3.油缸;
4.防涌门;5.连杆

图9-32 铰接机构与预紧式铰接密封
1.中盾;2.橡胶密封;3.气囊密封;
4.盾尾;5.铰接油缸

中盾与盾尾之间的密封属于预紧式铰接密封(图9-32),设计有两道密封:一道是橡胶密封,一道是气囊密封。在正常情况下,橡胶密封起作用;在涌水或橡胶密封损坏需要更换时,使用紧急气囊密封;在更加严重的情况下,从C孔注入聚氨酯起临时密封的作用。铰接密封主要用于隔离盾壳外的水和泥沙,防止其从中盾与盾尾之间渗入盾壳内。

在中盾上还焊有倾斜、成扇形布置的超前钻孔管(图9-33中7),可根据需要在此进行超前钻探、注浆等作业。在中盾的中部布置有"H"形机架(图9-33中4),向盾尾方向安装管片拼装机。

(3)盾尾及盾尾密封。盾尾是一圆筒状薄壳体,用于承受土压、纠偏及转弯时所产生的外力,掩护管片拼装工作(图9-30)。在盾尾的前部与中盾通过铰接油缸相连,由铰接油缸拖拽前行和调向,在此采用预紧式铰接密封进行密封。

盾尾密封是为了阻挡盾尾处的水、泥沙及砂浆在此进入盾壳内,在盾尾处设置的密封形式。由于施工时纠偏频率较高,盾尾密封一般采用钢丝刷密封装置(称为刷形密封)。所谓钢丝刷就是集弹簧钢板、钢丝刷、不锈钢金属网于一体的结构(称为钢片压板

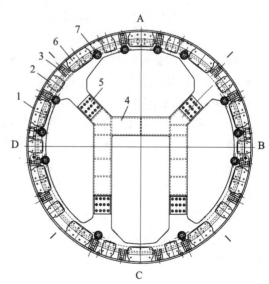

图9-33 中盾结构
1.盾壳;2.单推进缸支座;3.铰接油缸支座;
4."H"形机架;5.管片拼装机机座;6.双推进缸支座;7.超前钻孔管

结构)。如图 9-34 所示设置了三道钢丝刷,形成两个腔室,由油脂泵向每个腔室充满压力油脂,用于提高止水密封性能。

盾尾注浆(也称为同步注浆)就是在盾尾处设置注浆管(图 9-34),通过注浆管把砂浆压送至管片逐渐脱出盾尾所产生的间隙,使其得到及时充填。目的是有效地稳定地层,限制隧道变形,促进管片结构稳定,改善管片结构防水和抗渗性能,保证隧道施工质量。

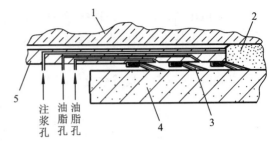

图 9-34 盾尾注浆与盾尾密封示意图
1.土体;2.砂浆;3.刷形密封;4.管片;5.盾尾

4)管片拼装机

管片拼装机是一种安装在中盾、工作在盾尾,将预制好的钢筋混凝土管片快速、准确地拼装成隧道形状的起重机械。作用是可迅速地形成完整的支护结构,防止地下水土的渗透和地表沉降,同时管片还是推进油缸的支撑点,给盾构机提供推进力。

管片拼装机有环式、空心轴式、齿条齿轮式三种类型。因环式管片拼装机各机构均布置在周边,螺旋输送机布置在中心,土砂运出作业不受管片拼装机工作的影响可正常进行,故使用较多。

在管片安装空间内完成一块管片的拼装,管片拼装机必须对管片的 6 个自由度进行精确定位(图 9-35),即沿隧道轴线的水平运动、沿隧道断面的径向直线运动、沿隧道轴线的周向回转运动的位置调整以及绕 3 个坐标轴回转(θ_x、θ_y、θ_z)的姿态调整运动,分别由回转机构、举升机构、平移机构以及俯仰机构、偏转机构、抓取机构来完成。

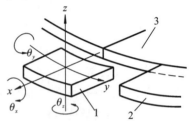

图 9-35 管片拼装六自由度示意图
1.待拼装的管片;2.已拼装好的管片;
3.已拼装好的环片

如图 9-36 所示,由管片夹持机构将管片输送车运送过来的管片夹持锁紧,由升降油缸提升管片,平移机构将管片沿隧道轴向移动到拼装的横断面预定位置,回转机构将管片回转到拼装预定位置,完成管片的初步定位。再由俯仰油缸、偏转油缸、举升油缸进行微调定位,使待装管片的螺孔与前一环、前一片管片的螺孔同时对齐。当一环管片就位完成后,用螺栓将环向及轴向相邻的管片按要求的扭矩连接起来,完成管片的拼装。

5)螺旋输送机

螺旋输送机是土压平衡式盾构的重要组成部分,功能是将掘进过程产生的渣土从泥土仓提升输送到后面的皮带运输机上,再由皮带运输机输送到盾构机后部的渣土车上运输出去。

螺旋输送机主要由筒体(下筒体、中筒体、上筒体)、伸缩筒、出渣筒、驱动装置(液压马达+减速器)、螺旋轴、出渣闸门组成(图 9-37)。驱动装置与螺旋轴采用球形铰接方式,以适应螺旋轴的自由摆动。

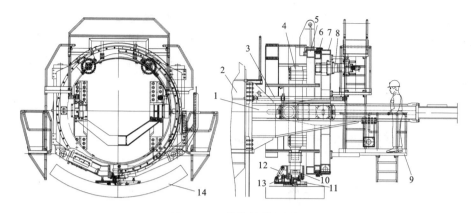

图 9-36 管片拼装机结构

1.平移梁;2."H"形机架;3.平移油缸;4.举升油缸;5.转动架;6.回转支承;7.移动架;8.回转马达;
9.操作台;10.抓取油缸;11.支撑板;12.俯仰油缸;13.偏转油缸;14.管片

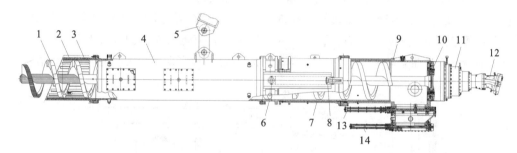

图 9-37 螺旋输送机结构

1.螺旋轴;2.连接法兰;3.下筒体;4.中筒体;5.悬挂组件;6.上筒体;7.伸缩筒;8.伸缩油缸;9.出渣筒;
10.铰接轴承;11.减速箱;12.液压马达;13.出料闸门Ⅰ;14.出料闸门Ⅱ

螺旋输送机的进渣口布置在泥土仓的底部紧靠隔板的位置上,出渣口布置在皮带运输机的上方,呈前低后高布置在盾壳内(图 9-23),通常螺旋输送机的安装角度在 21°~23°范围内。工作时驱动装置带动螺旋轴旋转,渣土沿螺旋轴平移、提升至出渣筒出渣。

螺旋输送机的主要功能如下:①将泥土仓内的渣土提升输送到后面的皮带运输机上;②泥土在螺旋输送机内被压缩形成土塞密封,以建立和维持泥土仓内的压力,抵御地下水的涌出;③通过改变螺旋输送机的转速来调节排土量(即调节泥土仓内的土压力),使其与开挖面的水土压力保持平衡;④通过安装在输送机壳体上的阀口注入渣土改良剂(泡沫或膨润土),改善渣土的流动性及止水性。

第三节 全断面岩石掘进机

在岩石地层中开挖隧道的方法有两种:钻爆法和掘进机法。所谓全断面岩石隧道掘进机(简称掘进机或 TBM)就是一种用于自立稳定的岩石隧道(主要指中硬岩及硬岩隧道),靠主支撑顶紧岩壁,旋转和推进滚压式刀盘来破碎岩石,铲斗、皮带运输机转载,是集破岩、装岩、转载、支护、激光导向于一体的全断面一次成型的大型综合掘进施工机械。在相同的条件下,TBM法开挖单轴抗压强度为50～350MPa的岩石隧道,其掘进速度约为钻爆法的4～10倍(最快日进尺可达40m),是在长度大于1 000m的岩石隧道开挖中代替钻爆法施工的有效方法,广泛应用于矿山巷道、铁路、公路、水利水电隧洞、城市地下工程等岩石隧道建设。

一、全断面岩石掘进机施工方法及种类

1. 全断面岩石掘进机施工方法

全断面岩石掘进机施工法(图9-38)是在岩层中采用机械式破碎岩石、进行全断面开挖隧道的方法。完成岩石隧道开挖应包括支撑岩壁、破碎岩石、岩渣运输三部分,主要由刀盘、刀盘支撑与回转机构、主梁、岩壁支撑与推进机构、转载运输机构共同完成全断面开挖作业。工作原理:主支撑顶紧岩壁,给推进机构提供可靠的支撑,在刀盘回转的同时由推进机构顶着刀盘前部的盘形滚刀来破碎岩石。破碎后的岩渣由随着刀盘旋转的料斗提升到上方,靠自重经导渣槽滑落至皮带运输机上向后面的运输车辆转载出渣,实现了岩石隧道的连续开挖。

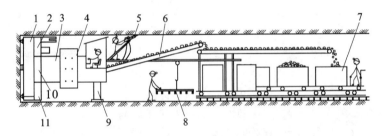

图9-38 全断面岩石掘进机施工示意图
1.刀盘;2.顶部支撑;3.主梁;4.水平主支撑;5.锚杆支护;6.皮带运输机;
7.矿车运输;8.轨道铺设;9.后支撑;10.侧支撑;11.底部支撑

2. 全断面岩石掘进机的种类

岩石掘进机根据工作机构开挖工作面的方式不同分为分断面岩石掘进机和全断面岩石掘进机两大类型(图9-39)。

分断面岩石掘进机又称为臂式掘进机,是一种集切削、行走、装载作业和喷雾降尘功能为一体的岩石隧道开挖机械,目前主要用于非圆形断面形状、以软岩为主的煤巷和半煤巷的掘进作业,其重型臂式掘进机是全岩石隧道开挖技术的发展方向之一。这里主要介绍在岩石隧道开挖中应用较多的全断面岩石掘进机。

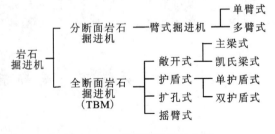

图9-39 岩石掘进机的分类

全断面岩石掘进机的类型较多,根据分类方法的不同其名称也有所不同。全断面岩石掘进机按刀具破碎岩石的方式(图9-40)可分为切削式(适用于抗压强度$\sigma<42MPa$的软岩或土质)、铣削式(适用于抗压强度$\sigma=42\sim100MPa$的软岩)、挤压剪切式(适用于抗压强度$\sigma=100\sim175MPa$的中硬岩)、滚压式(适用于抗压强度$\sigma>175MPa$的硬岩);按照刀盘形状(图9-41)分为锥面刀盘式、平面刀盘式和球面刀盘式,尤以平面刀盘使用最多;按开挖断面形状分为圆形断面式和非圆断面式;按全断面岩石掘进机与洞壁之间的关系分为敞开式、护盾式(图9-39)。此外,还有其他类型,如扩孔式、摇臂式等。

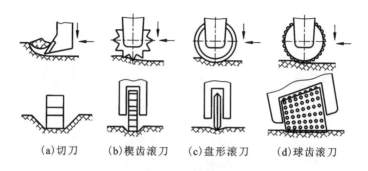

(a)切刀　(b)楔齿滚刀　(c)盘形滚刀　(d)球齿滚刀

图9-40 刀具的类型

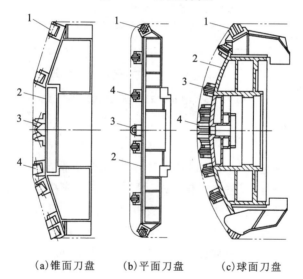

(a)锥面刀盘　(b)平面刀盘　(c)球面刀盘

图9-41 全断面岩石掘进机的刀盘类型
1.边滚刀;2.刀盘;3.中心滚刀;4.正滚刀

3.敞开式全断面岩石掘进机

敞开式(或支撑式,也称开胸式)全断面岩石掘进机是一种在中硬岩及硬岩隧道中实现全断面开挖的机械。由于在开挖岩石隧道时破碎岩石的能力取决于岩壁的支撑能力,而强度高、整体性好的岩壁提供刀盘推进力与回转扭矩的基础,所以敞开式全断面岩石掘进机仅适用于岩石整体性较好的岩石隧道的开挖。

敞开式岩石掘进机的主梁采用箱型钢结构,是掘进机的骨架,是用来承载和传力的部件。掘进机的主要部件通过主梁连接成一体,其破碎岩石的推压与回转的动力也都由主梁传递给刀盘。

敞开式全断面岩石掘进机的主支撑由单个支撑组合而成。由两个单支撑组成一套水平方向上的一字形主支撑、由三个单支撑组成一套"T"形主支撑、由四个单支撑组成一套"X"形主支撑(见图 9-42)。敞开式全断面岩石掘进机按主梁类型分为主梁式和凯氏梁式两种类型,以上三种形式的主支撑的应用情况见图 9-43。

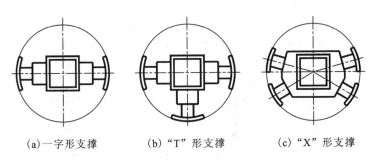

(a)一字形支撑　　　　(b)"T"形支撑　　　　(c)"X"形支撑

图 9-42　全断面岩石掘进机主支撑的类型

图 9-43　敞开式岩石掘进机的类型

1)主梁式全断面岩石掘进机

主梁式全断面岩石掘进机(图 9-44)的结构形式是全断面岩石掘进机的早期设计模式,在中等自稳的破碎岩层及坚硬、整体性较好的地层都得到了成功的应用。结构特点:①在主梁的后部安装着一组水平布置的一字形主支撑,用来支撑掘进机后部的重量,同时承受由刀盘反传过来的扭矩与推力;②回转动力系统在主梁的前端、紧靠刀盘布置;③采用浮动支撑(水平主支撑与主梁通过侧扭力油缸连接起来的非刚性连接)可以进行主梁后端相对于水平主支撑上下、左右的移动,在掘进过程中可实现连续调向。

2)凯氏梁式全断面岩石掘进机

所谓凯氏梁式全断面岩石掘进机的主梁是方形箱体结构件。如图 9-45 所示的凯氏梁式全断面岩石掘进机采用两套一字形主支撑的结构形式,其结构特点:①两套一字形水平主支撑都固定在一个外机架上,在顶住岩壁时可有效地增加整机的稳定性,同时与岩壁接触的面积增加,接触应力减小,可承受更大的推力和扭矩;②带有方形孔的外机架套在主梁上,推进油缸的伸缩可以实现刀盘的推压和主支撑的前移,同时承受由刀盘反传过来的扭矩;③回转动力装置安装在主梁的后部,回转动力用长轴从主梁的方形孔内传递给刀盘;④碎石由上面的皮带运输机向后输送;⑤在掘进过程中不能调向,受地质变化影响小。

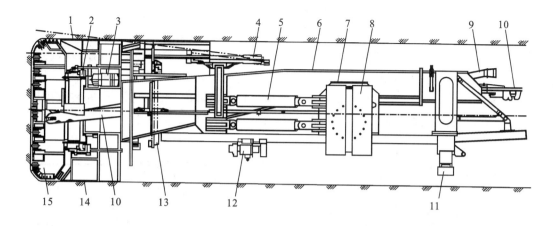

图 9-44 主梁式全断面岩石掘进机

1.顶部支撑;2.主轴承与密封;3.回转动力装置;4.探测钻架;5.推进油缸;6.主梁;7.主支撑架;8.主支撑;
9.通风管;10.皮带运输机;11.后支撑;12.起重葫芦;13.锚杆钻架;14.前支撑;15.刀盘

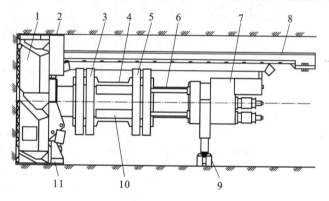

图 9-45 双水平主支撑式全断面岩石掘进机

1.刀盘;2.顶部护盾;3.前支撑;4.外机架;5.后支撑;6.主梁;7.回转动力装置;
8.皮带运输机;9.后支撑;10.推进油缸;11.底部前支撑

根据需要,可在外凯机架 2 上的一字形前支撑的底部加前支腿 5(图 9-46)就构成了"T"形支撑,与后面的一字形后支撑共同组成主支撑结构,可减少水平支撑的支撑力、增加主梁的稳定性。

凯氏梁式全断面岩石掘进机的另一种形式采用两套"X"形主支撑的结构形式(图 9-47),其结构特点:①主梁由前后两个主梁连接而成,前后机架上各自安装了两套"X"形主支撑,分别套在前后主梁上,优点是主梁更长,接触更稳定,与岩壁接触面积更大,接触应力更小,对岩石的适应范围更大;②前后外凯机架上都装有推进油缸,承受由刀盘反传过来的推力和扭矩;③回转动力装置安装在主梁的中部,

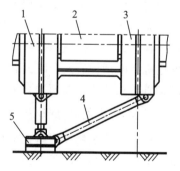

图 9-46 "T"形和一字形组合的主支撑

1.水平前支撑;2.外凯机架;3.水平后支撑;4.撑杆;5.前支腿

经减速后的回转动力用轴经回转支撑传递给刀盘;④碎石由布置在内凯主梁方形孔内的皮带运输机向后输送。

敞开式全断面岩石掘进机除了支撑岩壁、破碎岩石、岩渣运输的必要机构之外,还装有超前钻机、圈梁(环梁、钢拱架)安装机、锚杆钻机、钢丝网安装机和安装在后配套上的混凝土喷射机、灌浆机等设备,用于完成超前探测及灌浆、打锚杆、挂网、喷射混凝土、安装钢拱架等支护作业以及遇到局部破碎带、松软夹层岩石时进行超前稳定支护作业。

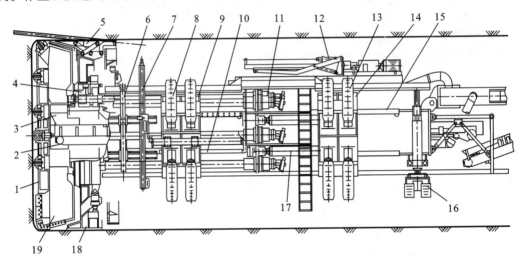

图 9-47 两套"X"形主支撑的凯氏梁式全断面岩石掘进机

1.刀盘;2.皮带输送机;3.岩渣漏斗;4.回转支撑;5.顶部护盾;6.圈梁安装器;7.锚杆钻机;8.前主支撑;9.前机架;10.前主梁;11.回转动力装置;12.探测钻机;13.后主支撑;14.后机架;15.后主梁;16.后支撑;17.推进油缸;18.刀盘护盾;19.铲斗

4. 护盾式全断面岩石掘进机

敞开式全断面岩石掘进机在遇到断层、破碎带、软岩或溶洞等复杂地层时,由于隧道岩壁的抗压强度低于主支撑靴上的最小接地比压,致使主支撑无法支撑,掘进机将不能正常工作。为了能够在复杂地层中开挖隧道,人们将敞开式全断面掘进机与盾构机的一些技术(如护盾技术、管片拼装技术、液压缸顶住管片推进技术)相结合,发展了护盾式全断面岩石隧道掘进机。所谓护盾式全断面岩石掘进机就是在整机的外围设置了与机器直径相对应的圆筒形护盾。护盾式全断面岩石掘进机按护盾的类型分为单护盾、双护盾、三护盾三种。

1)单护盾式全断面岩石掘进机

单护盾式全断面岩石掘进机的结构与敞开式全断面岩石掘进机相比多了一个护盾、液压缸推进系统和一个管片拼装机,取消了圈梁安装机、钢丝网安装机和混凝土喷射机等支护设备,主要用于敞开式全断面岩石掘进机的主支撑无法支撑或不能发挥正常作用的软弱、复杂地层。单护盾式全断面岩石掘进机在掘进工作时,其推进力是由推进液压缸支撑在管片上产生的,其掘进与管片衬砌工作不能同时进行。单护盾式全断面岩石掘进机结构虽然简单,但影响了掘进速度,应用较少。

2) 双护盾式全断面岩石掘进机

双护盾式全断面岩石掘进机既有敞开式全断面岩石掘进机的主支撑结构,也有护盾式全断面岩石掘进机的护盾,既能依靠岩壁对支撑装置的反力来提供向前的推力进行掘进,也可以依靠推进液压缸支承在管片上而产生的反力进行掘进,从破碎、多断层的中软岩到抗压强度达到 300MPa 的硬岩均可适用,可安全地穿过断层和破碎带,向前掘进和安装管片可同时进行,大大增强了机器的适用性,提高了隧道的开挖速度。

如图 9-48 所示,双护盾式全断面岩石掘进机主要由装有刀盘 1 及回转动力装置 5 的前护盾 13、内装有支撑装置 7 和管片拼装机 8 的后护盾 12、连接前后护盾的伸缩部分和盾尾密封等组成。

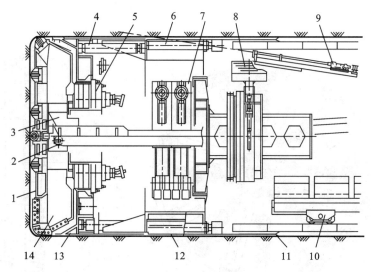

图 9-48 双护盾式全断面岩石掘进机

1.刀盘;2.皮带输送机;3.石渣漏斗;4.主推进油缸;5.回转动力装置;6.副推进油缸;7.支撑装置;8.管片拼装机;9.探测钻机;10.管片输送车;11.盾尾密封;12.后护盾;13.前护盾;14.铲斗

在良好的岩层作业时,支撑装置 7 伸出顶紧岩壁,主推进油缸 4 通过前护盾 13 给刀盘 1 提供推进力,在回转动力装置 5 的共同作用下回转掘进机像敞开式全断面岩石掘进机一样开挖隧道;同时,由管片拼装机 8 在副推进油缸 6 的后面安装一圈管片;当主推进油缸 4 顶进一个行程时,支撑装置 7 缩回,拉着后护盾 12 及内的所有设备前移。在不良岩层作业时,主推进油缸 4 和前后护盾的伸缩部分处于收缩位置,支撑装置 7 缩回,刀盘 1 的推进力由副推进油缸 6 顶在衬砌好的管片上实现,此时双护盾式全断面岩石掘进机就像盾构机一样进行隧道开挖作业。

综上所述,双护盾式全断面岩石掘进机在良好的岩层作业时,掘进与安装管片同时进行;在软弱岩层作业时,掘进与安装管片不能同时进行。

二、敞开式全断面岩石掘进机的构造与掘进工作原理

敞开式全断面岩石掘进机属于全断面岩石掘进机的基本形式,完成岩石隧道开挖作业

应有主机(掘进机)和完整的后配套系统及出渣运输系统三者密切配合才能完成。这里仅介绍掘进机的主要结构。

1. 刀盘与刀盘护盾

由于全断面岩石掘进机的作业对象是岩石,盾构机作业对象是泥土,因而二者的刀盘在结构上有很大的区别。如图9-49所示,刀盘的正面安装着后装式盘形滚刀,用于在刀盘回转装置与推进机构的共同作用下完成岩石破碎的工作;在刀盘的周边布置了铲斗(图9-50),可将破碎后的石渣铲入铲斗,随着刀盘的回转,提升到顶部后经石渣漏斗溜送到皮带运输机上;刀盘的正面、石渣漏斗及皮带运输机上布置着一些喷嘴,用水喷雾来冷却刀具和降低粉尘。因此,全断面岩石掘进机的刀盘具有破碎岩石、石渣提升与溜送、喷水降尘与冷却刀具的功能。

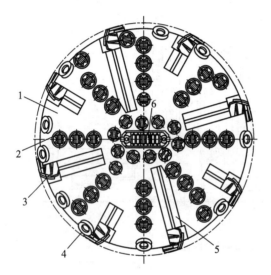

图9-49 盘形滚刀在刀盘上的布置
1.刀盘体;2.正滚刀;3.铲斗;4.边滚刀;
5.铲斗;6.中心刀

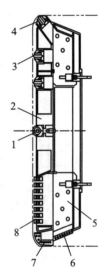

图9-50 铲斗在刀盘上的位置
1.中心刀;2.刀盘体;3.正滚刀;
4.边滚刀;5.铲斗;6.后刮刀;
7.前刮刀;8.切刀

刀盘的最大直径必须小于刀盘开挖直径,否则刀盘将被卡死而无法回转。通常刀盘的最大直径设计在铲斗的唇口处,距离岩壁有25mm左右的间隙。该间隙过大不利于岩渣清除;间隙过小,铲斗则直接刮削岩壁而损坏。所以,刀盘的最大直径比理论开挖直径小50mm左右。

刀盘护盾(也称前支撑)位于刀盘的后面。如图9-51所示,由顶护盾、两个侧护盾和底护盾共同组成一个封闭的圆环。作用是掩护前部刀盘正常工作,保护中部的回转支撑装置,给后部圈梁安装提供有利条件。刀盘护盾也是掘进、换步、调向时的前支撑;在掘进时,各护盾油缸收缩,各护盾浮动地跟在刀盘的后面;在换步及掘进终了时,各护盾油缸伸出,刀盘护盾支撑掘进机的前部。此外调整前下支撑,用于克服刀盘的沉降。

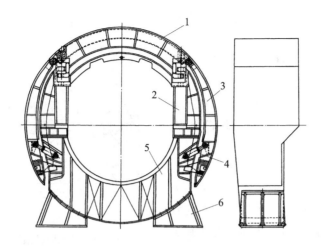

图 9-51 刀盘护盾

1.顶护盾;2.顶护盾油缸;3.侧护盾;4.侧护盾油缸;5.底护盾(下支撑);6.临时支撑

2. 回转动力传动系统与支撑装置

全断面岩石掘进机的回转动力传动系统是给刀盘提供回转动力的装置,其传动路线(图 9-52):回转电机 1→主离合器 2→行星减速器 5→传动轴 7→齿轮轴 8→齿圈 10→刀盘。其中主离合器可为电机提供无载启动,对传动系统提供过载保护。电机驱动的优点是效率高、可靠性高,适合硬度变化不大的岩层开挖;相比液压传动系统,缺点也很明显:不能实现无级变速、扭矩变化小、岩石适应范围小、体积大。对于变化大的软岩掘进,设置了液压辅助驱动(图 9-52 中 4),在刀盘被卡住时,逆时针转动可以进行刀盘脱困。

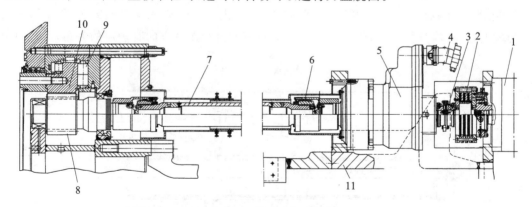

图 9-52 回转动力与支撑装置

1.回转电机;2.主离合器;3.联轴器;4.液压马达;5.行星减速器;6.齿形联轴器;
7.传动轴;8.齿轮轴;9.主轴承;10.齿圈;11.后主梁

回转动力传动系统有三种类型:①将能量转换装置和减速装置直接安装在掘进机的头部(图 9-44)的前置式;②将能量转换装置和减速装置安装在主梁后部的后置式(图 9-45),其回转动力由安装在内凯主梁内部的空心传动轴传递给刀盘;③将能量转换装置和减速装置安装在主梁的中部(后主梁的前部)的中置式(图9-47)。

刀盘回转支撑装置的核心是用来传递推进及回转动力的刀盘主轴承(图9-53),也是掘进机的关键部件。作用是将推力和扭矩在此由内齿圈传递给刀盘,用于破碎岩石;支承刀盘,承受倾覆力矩。

刀盘主轴承主要有"背靠背"布置的双排圆锥滚子式轴承或三排圆柱滚子式轴承两种类型。如图9-53所示的三排圆柱滚子式轴承,外圈固定,内齿圈向刀盘传递回转扭矩和推进力;其中轴向长滚柱向刀盘传递主推力,轴向短滚柱向刀盘护盾提供前移推力,径向短滚柱承受径向力,三者共同承受倾覆力矩。

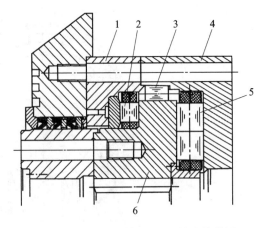

图9-53 三排圆柱滚子式回转支撑装置
1.外圈Ⅰ;2.轴向短滚柱;3.径向短滚柱;
4.外圈Ⅱ;5.轴向长滚柱;6.内齿圈

3. 主梁与推进支撑装置

主梁与前部的回转支撑装置用螺栓连接成一体,构成了岩石掘进机的骨架,并为其他部件提供安装位置;同时,向刀盘传递由推进支撑装置提供的推进力、由回转动力装置提供的回转扭矩(或承受反扭矩)。如前所述(图9-43),主梁有主梁式和凯氏梁式两种类型。

1) 主梁式结构与工作原理

如图9-54所示的主梁与推进支撑装置属于主梁式。结构特点是支撑装置安装在主梁1中部的滑道上;推进油缸2的一端安装在主支撑(包括支撑靴3、支撑油缸4、机架5)上的支撑靴上,另一端安装在主梁1上。优缺点是推进油缸与掘进方向有一定的夹角,推进力减

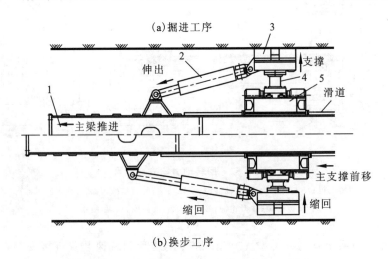

图9-54 主梁与推进支撑装置(主梁式)
1.主梁;2.推进油缸;3.支撑靴;4.支撑油缸;5.机架

小;由于掘进时产生的反推力不经过支撑油缸,直接从刀盘→主梁→推进油缸→支撑靴传递给岩壁,推进油缸将承受巨大的冲击及振动,支撑装置结构则相对简单。

掘进与换步作业的工作原理:①掘进作业[图 9-54(a)]。主主撑上的支撑油缸 4 伸出、支撑靴 3 顶住岩壁,推进油缸 2 的伸出顶推主梁 1,由主梁 1 将推进力传递给刀盘和回转动力一起进行掘进作业。②换步作业[图 9-54(b)]。主主撑上的支撑油缸 4 缩回,支撑靴 3 离开岩壁,推进油缸 4 缩回就带着主支撑沿着滑道向前移动,直至完成换步作业。

2)凯氏梁式结构与工作原理

凯氏梁式的主梁有单主梁(一个内凯主梁、一个外凯机架,图 9-45)和前后主梁(两个内凯主梁、两个外凯机架,图 9-55)两种类型。

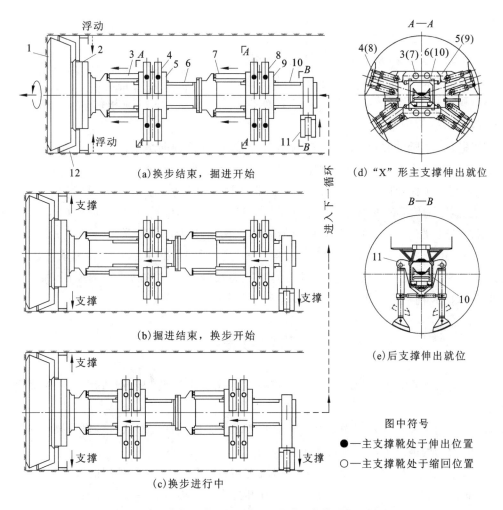

图 9-55 全断面岩石掘进机(双"X"形支撑)掘进原理

1.刀盘;2.回转支撑装置;3.前推进油缸;4.前主支撑;5.前外机架;6.前内凯主梁;7.后推进油缸;8.后主支撑;9.后外机架;10.后内凯主梁;11.后支撑;12.刀盘护盾

如图9-55所示的主梁就是前后主梁式,其结构特点:①主梁由前内凯主梁6和后内凯主梁10用螺栓连接而成,两套安装着"X"形主支撑的凯氏外机架(5、9)分别套在前后内凯主梁(6、10)上;②推进油缸(3、7)的一端分别安装在前后外凯机架(5、9)上,另一端则分别安装在前后主梁(6、10)上。在使用时,前后凯氏机架可以同时移动完成掘进和换步工作,也可以分别移动,以适应不同间距圈梁的安装。此外,凯氏外机架与支撑靴可在水平面内倾斜,以满足掘进机在曲线隧道作业时的要求。优缺点:推进油缸与掘进方向一致,推进力无损失;由于掘进时产生的反推力,直接从刀盘→内凯主梁→推进油缸→外凯机架→支撑油缸→支撑靴传递给岩壁(图9-55、图9-56),对支撑装置抗弯性能要求更高,结构相对复杂一些。

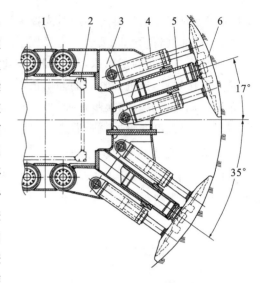

图9-56 "X"形主支撑结构图

1.推进油缸;2.内凯主梁;3.外凯机架;
4.支撑缸;5.支撑柱塞;6.支撑靴

如图9-56所示的"X"形主支撑的结构,推进油缸仅轴向承受推压应力,由刀盘传过来的回转扭矩和反推力所产生的剪切应力则由支撑柱塞承担。

掘进与换步作业的工作原理:①掘进作业[图9-55(a)]。前后主支撑(4、8)上的支撑缸伸出、支撑靴顶住岩壁,刀盘护盾12和后支撑11处于浮动位置,前后推进油缸(3、7)伸出顶推前后内凯主梁(6、10),将推进力传递给刀盘1和回转动力一起进行掘进作业。②换步作业[图9-55(b)、(c)]。刀盘推进与回转停止,刀盘护盾12和后支撑11伸出顶住岩壁,前后主支撑(4、8)上的支撑缸缩回、支撑靴与岩壁脱离接触,推进油缸(3、7)的缩回,带着前后外凯机架(5、9)及前后主支撑(4、8)前移,直至完成换步作业。

思考与练习

1.盾构机与全断面岩石掘进机的开挖刀具有哪些类型?分别适用于开挖哪种类型地层?

2.滚刀的作业环境对刀圈的材料有哪些要求?刀圈的截面形状对破岩效果有何影响?

3.何为切削破岩刀具?有哪些类型?

4.简述滚压式破岩机理和刮削式破岩机理,各适用于哪种类型地层的开挖?

5.盾构机和全断面岩石掘进机属于哪种开挖方式?需要哪些动作完成?

6.何为盾构施工法和全断面岩石掘进施工法?二者有何异同?

7.盾构机与全断面岩石掘进机在结构上有何异同?

8.刀具在刀盘上的布置原则和布置方式有哪些?

9.简述泥浆支护式盾构机理和土压平衡式盾构机理,泥水加压式盾构和土压平衡式盾构分别适用于什么地质条件的隧道开挖？

10. 盾构机的调向方式有哪些？何为铰接式密封盒盾尾密封？
11. 管片拼装机有哪些类型？常见的是哪种？管片拼装要由哪些机构来完成？
12. 盾构机的刀盘与全断面岩石掘进机的刀盘有何特点？
13. 主梁式和凯氏梁式全断面岩石掘进机有何特点？在转向与调整时二者有何不同？
14. 敞开式和双护盾式全断面掘进机在结构上和使用上有何不同？

第十章 起重机械

起重机械是用来完成垂直及短距水平运输必不可少的重要设备。在土木工程施工中,特别是高层建筑、桥梁建设工程中,是用来吊装各种构件、安装设备和建筑材料的机械。起重机械对减轻劳动强度、提高生产效率、降低工程造价、加快工程建设速度等方面起着极其重要的作用。

第一节 概 述

一、起重机械的工作特点及分类

起重机械是一种具有循环作业、间歇动作、短程搬运物料特点的机械。它的工作过程是由起升机构将物料从取物地点提起,再由行走、回转、变幅机构将物料运送到新的位置,将物料在指定位置下放;在卸料后,执行相反动作,使取料装置返回原位来执行下一次起吊工作。因而,起重机的一个工作循环包括上料、吊运、卸料、返回原位等过程。

起重机械种类很多,在土木工程建设中所使用的起重机械称为工程起重机。土木工程用起重机的种类(图10-1)主要有塔式起重机、轮胎式起重机、汽车式起重机、履带式起重机、桅杆式起重机、缆索式起重机和施工升降机。

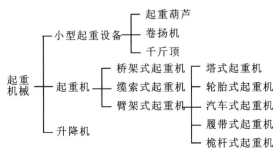

图10-1 土木工程用起重机的种类

二、起重机的主要性能参数、工作级别与工作性能曲线

1. 起重机的主要性能参数

起重机械的技术参数是表述起重机作业能力的数据,也是设计、制造、选择和安全使用的主要依据,其技术参数主要有以下几种(见《带传动普通V带和窄V带尺寸(基准宽度制)》GB/T 6974.1—2008)。

(1)起重量Q。起重量Q是指被起吊重物的质量(单位为t或kg)。

额定起重量Q_n是指起重机允许吊起的重物或物料,连同可分吊具(或属具)质量的总和

(对于流动式起重机,包括固定在起重机上的吊具);对于幅度可变的起重机,根据幅度规定起重机的额定起重量。起重机标牌上标定的起重量为最大额定起重量。

总起重量 Q_t 是指起重机能吊起的重物或物料,连同可分吊具上的吊具或属具(包括吊钩、滑轮组、起重钢丝绳以及在臂架或起重小车以下的其他吊物)的质量总和。对于幅度可变的起重机,根据幅度规定总起重量。

最大起重量 Q_{max} 是指起重机在正常工作条件下,允许吊起的最大额定起重量。

(2)工作幅度 R。工作幅度 R 是指起重机置于水平场地时,从回转平台的回转中心至取物装置(空载时)垂直中心线的水平距离(单位为 m),见图 10-2。

最大工作幅度 R_{max} 是指起重机工作时,臂架倾角最小或小车在臂架最外极限位置时的幅度。最小工作幅度 R_{min} 是指起重机工作时,臂架倾角最大或小车在臂架最内极限位置时的幅度。

(3)起重力矩 M。起重力矩 M 是指幅度 R 与相对应的起重量 Q 的乘积,即 $M=RQ$,单位为 $kN \cdot m$。对于轮胎式起重机,起重力矩是最大额定起重量与相对应的工作幅度的乘积。对于塔式起重机,起重力矩是以基本臂最大的工作幅度与相应起重量的乘积作为标定值。

(4)起升高度 H。起升高度 H 是指从停机面(地面或轨道顶面)至吊具(或取物装置)最高极限位置的垂直距离(单位为 m),见图 10-2。若吊具(或取物装置)可以降落到停机面以下,则停机面以下的深度称为下放深度,此时的起升高度等于地面以上高度与地面以下深度之和,二者应分别标明。对于臂架式起重机,其起升高度随臂长和工作幅度的变化而改变,通常用不同臂长时的最大起升高度表示(图 10-2 中的 H、H_1)。

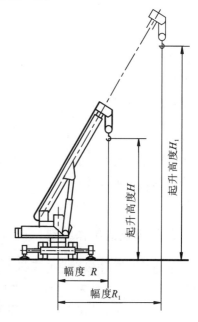

图 10-2 起重机的起升幅度 R 与起升高度 H

(5)运动速度 v。起重机的运动速度主要包括起升、变幅、回转和行走的速度。对于伸缩臂式起重机还应包括起重臂的伸缩速度,对于轮胎式起重机还有支腿的伸缩速度。

起升速度是指起升机构在稳定运动状态下,吊具(或取物装置)垂直上升(或下降)的速度(单位为 m/min)。起吊额定载荷时所允许的起升速度称为额定起升速度。

变幅速度是指变幅机构在稳定运动状态下,吊具(或取物装置)水平位移的平均速度。起吊额定载荷时所允许的变幅速度称为额定变幅速度。对于采用小车变幅的起重机,小车的移动速度即为变幅速度(单位为 m/min);对于采用臂架式变幅的起重机,用变幅时间间接表示变幅速度;对于采用伸缩臂式变幅的起重机,用起重臂与水平面的夹角从最小变化到最大所需的时间表示变幅速度。

回转速度是指回转机构在稳定运动状态下,回转台的转动速度(单位为 r/min)。起吊额定载荷时所允许的回转速度称为额定回转速度。

行走速度是指整个起重机的行走速度。对于塔式起重机等轨道式行走起重机,由于行走距离较短、速度较慢,所以行走速度用 m/min 表示;对于汽车、轮胎、履带式等自行式起重机按空载情况考虑,行走速度用 km/h 表示。

(6)轨距与轮距。对于除铁路起重机之外的臂架式起重机,轨距与轮距是指轨道、轮式踏面、履带中心线之间的水平距离。

(7)起重机的自重、配重、压重。自重是指起重机处于工作状态时,自身的全部质量(单位为 t)。配重是在工作时为了起重臂而配置的重量,压重则是在工作时为了稳定整个起重机而配置的重量。配重(或压重)一般采用生铁块或水泥块。

(8)生产率 P。生产率 P 是起重机在一定条件下,完成装卸和吊运物料的作业量。它是表示起重机能力的综合指标。

生产率分为理论生产率和实际生产率两种。按额定起重量、额定工作速度和作业周期算出的生产率称为理论生产率(或计算生产率),起重机实际作业时达到的生产率称为实际生产率(或技术生产率)。影响实际生产率的因素很多,一般只能按统计方法得到,而理论生产率可用下式计算:

$$P = Q_e n = \frac{3\,600 Q_e}{T_e} \tag{10-1}$$

式中:Q_e 为起重机每个作业循环吊运物料的质量,即起重量(t)或体积(m^3)或数量(件);n 为每小时的作业循环数,$n = 3\,600/T_e$;T_e 为作业循环周期(s);P 为理论生产率(t/h 或 m^3/h 或件/h)。

2. 起重机的工作级别

起重机的工作级别是起重机工作的繁忙程度和满载程度的参数,是起重机工作特性的重要指标,其目的是为了合理地选用、设计和制造起重机。

(1)利用等级。起重机的利用等级表征了起重机在设计寿命期间内使用的频繁程度。按设计寿命期内总的工作循环次数 N,将起重机利用等级分为 $U_0 \sim U_9$ 共 10 级(表 10-1)。

(2)载荷状态。载荷状态表明了起重机受载的轻重程度,与两个因素有关:①所起升的载荷与额定载荷之比(p_i/p_{max});②各个起升载荷的作用次数与总的工作循环次数之比(n_i/N)。表示二者关系的载荷谱系数 K_p 由式(10-2)计算:

$$K_p = \sum \left[\frac{n_i}{N} \left(\frac{p_i}{p_{max}} \right)^m \right] \tag{10-2}$$

式中:K_p 为载荷谱系数;n_i 为荷载 p_i 的作用次数;N 为总的工作循环次数,$N = \sum n_i$;p_i 为第 i 个起升载荷,$i = 1, 2, \cdots, n$;p_{max} 为最大起升载荷;m 为指数,取 $m = 3$。

起重机的载荷状态按名义载荷谱系数分为四级(表 10-2)。

若实际载荷状态已知,用式(10-2)计算出来的 K_p 值,按表 10-2 选择大于该 K_p 值且最接近的名义值作为该起重机的载荷谱系数。

(3)工作级别。起重机工作级别是按起重机的利用等级和载荷状态来划分的,其工作级别的划分原则是在荷载不同、作用频次不同的情况下,具有相同寿命的起重机分在同一级别。起重机的工作等级按机构的利用等级和载荷状态分为 $A_1 \sim A_8$ 级共 8 个等级,其工作级别的划分见表 10-3。

表 10-1 起重机的利用等级

利用等级	总工作循环次数 N	附注	利用等级	总工作循环次数 N	附注
U_0	1.6×10^4	不经常使用	U_5	5×10^5	经常中等使用
U_1	1.6×10^4		U_6	1×10^6	不常繁忙使用
U_2	1.6×10^4		U_7	2×10^6	
U_3	1.25×10^5		U_8	4×10^6	繁忙使用
U_4	2.5×10^5	经常清闲使用	U_9	$>4\times10^6$	

表 10-2 起重机的载荷状态及名义载荷谱系数 K_p

载荷状态	名义载荷谱系数 K_p	说明
Q_1——轻	0.125	很少起升载荷,一般起升轻微载荷
Q_2——中	0.25	有时起升额定载荷,一般起升中等载荷
Q_3——重	0.5	经常起升额定载荷,一般起升较重载荷
Q_4——特重	1.0	频繁起升额定载荷

表 10-3 起重机工作级别的划分

载荷状态	名义载荷谱系数 K_p	利用等级									
		U_0	U_1	U_2	U_3	U_4	U_5	U_6	U_7	U_8	U_9
Q_1——轻	0.125			A_1	A_2	A_3	A_4	A_5	A_6	A_7	A_8
Q_2——中	0.25		A_1	A_2	A_3	A_4	A_5	A_6	A_7	A_8	
Q_3——重	0.5	A_1	A_2	A_3	A_4	A_5	A_6	A_7	A_8		
Q_4——特重	1.0	A_2	A_3	A_4	A_5	A_6	A_7	A_8			

对于塔式起重机:一般安装用工作级别为 $A_2\sim A_4$,用吊罐装卸混凝土工作级别为 $A_4\sim A_6$。对于履带式起重机或汽车式起重机,安装、装卸用吊钩式工作级别为 $A_1\sim A_4$,装卸用抓斗时工作级别为 $A_4\sim A_6$。

3. 起重量特性曲线与起升高度曲线

起重量特性曲线和起升高度特性曲线是反映起重机起重性能的重要标志,也是选用起重机、进行起重作业和事故分析的重要依据。

1)起重量特性曲线

起重量特性曲线表达了起重机的额定起重量随幅度、臂长改变而改变的特性。起重量特性曲线图是由起重机结构的承载能力、臂架的起重能力、整机抗倾覆稳定性三条曲线的包络线综合平衡后绘制的。

如图 10-3 所示,在小幅度时,起重量受臂架强度的制约,超载可能发生臂架破坏(见臂架强度曲线 a);在大幅度时,起重量受起重机稳定性制约,主要危险是丧失稳定引起起重机倾覆(见起重机稳定曲线 b)。起重机的最大起升载荷又受钢丝绳强度制约,超载会导致钢丝绳断裂,由于钢丝绳强度线与幅度无关,所以是一条水平直线(见钢丝绳强度线 c)。起重特性曲线 d 是由这三条曲线的包络线,再考虑相应的安全系数所得到的。由此得到的起重特性曲线 d 所围成的区域就是起重机工作的安全区域。

2)起升高度曲线

对于采用动臂变幅的起重机,动臂俯仰角的变化除引起起重幅度的变化外,同时还引起起升高度的变化。因而,还需要用起升高度特性曲线来表达了起重机的最大起升高度随幅度、臂长改变而改变的特性。起升高度特性曲线就是用起升高度 H 为纵坐标、工作幅度 R 为横坐标所绘制的曲线(图 10-4)。

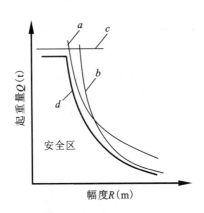

图 10-3 臂架式起重机特性曲线

a.臂架强度曲线;b.起重机稳定曲线;
c.钢丝绳强度线;d.起重特性曲线

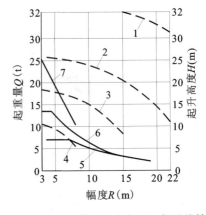

图 10-4 QY25C 液压汽车起重机起重特性曲线

1.主臂+副臂(25+8m)时 $H-R$ 曲线;2.主臂 25m 时 $H-R$ 曲线;3.主臂 17.6m 时 $H-R$ 曲线;4.主臂 10.2m 时 $H-R$ 曲线;5.主臂 25m 时 $Q-R$ 曲线;6.主臂 17.6m 时 $Q-R$ 曲线;7.主臂 10.2m 时 $Q-R$ 曲线

对于采用小车变幅的塔式起重机,其起升高度特性曲线不随幅度、臂长改变而改变,是一条在最大起升高度时的水平线。

通常起重特性曲线与臂架起重机的起升高度曲线画在一起。而且,在同一张图上还给出了同一起重机在不同臂长工况下的多条特性曲线(图 10-4)。

第二节　起重零部件及主要工作机构

一、起重零部件

起重机零部件是起重机械上专用的零件和部件，主要有钢丝绳、滑轮组及卷筒等。

1. 钢丝绳

钢丝绳是由一定数量、一定直径的高强度钢丝，经过打轴、捻股、合绳等工序制成的绳状制品，是起重机械上必备的挠性构件，具有重量轻、承载力大、挠性及韧性好、工作平稳、在高速运行时无噪声、能承受冲击载荷等优点，在断裂前有断丝预兆，很少出现突然断裂的现象，具有良好的安全性能，因而在起重机械及起重安装作业中被广泛应用。

1) 钢丝绳的结构及类型

钢丝绳按照捻绕次数分为单绕绳、双绕绳和三绕绳。起重机上使用的钢丝绳是双绕绳，它是先由钢丝按一定的螺旋方向绕成股，再由多股按一定的螺旋方向绕着绳芯捻成钢丝绳，具有强度高、挠性好、制造简单的特点。其中绳芯的作用是支撑各股减少在正常负荷和弯曲作用下股间的挤压与磨损，绳芯有天然纤维芯（剑麻、马尼拉麻、黄麻）、有机纤维芯（聚丙烯、尼龙）、钢丝绳芯、钢丝股芯。

钢丝绳按照钢丝绕成股、股绕成绳的方法有交绕绳、顺绕绳和混合绕绳三种。交绕绳[图 10-5(a)、(b)]是钢丝绕成股与股绕成绳的方向相反，其特点是股与股之间的接触不良，其挠性和寿命不如顺绕绳，但不容易扭转和松散，广泛用于土木工程各类起重机械和其他设备上。顺绕绳[图 10-5(c)、(d)]是钢丝绕成股与股绕成绳的方向相同，其特点是挠性好、寿命长，但容易扭转和松散，适合于有刚性导轨和经常张紧的场合。混合绕绳是绳中股一半为同向绕、另一半为交互绕，而且相邻两股丝绕成股的方向相反，这种钢丝绳的强度高，兼有顺绕绳和交绕绳的优点，但制造工艺复杂，常用于重要的缆绳。

　　(a) 右交互捻SZ　　　　(b) 左交互捻ZS　　　　(c) 右同向捻ZZ　　　　(d) 左同向捻SS

图 10-5　钢丝绳的绕向

钢丝绳按照钢丝之间的接触形式分为点接触、线接触和面接触三种。点接触钢丝绳的股内钢丝直径相同,内外层钢丝的节距不同,钢丝之间为点接触,因而局部接触应力大、易磨损、寿命短,但制造成本低。线接触钢丝绳的股内钢丝直径不同,内外层钢丝的节距相同,外层钢丝位于里层钢丝的沟槽里,其接触形式为螺旋线,因而钢丝间的接触应力小、寿命长、钢丝绳断面充填系数高、承载力大,广泛应用于各种起重机中。面接触钢丝绳的钢丝为异形断面,特点与线接触钢丝绳相同,且更显著,但制造复杂、价格高,因而应用较少。

2) 钢丝绳的标记

钢丝绳的标记按照国家标准《带传动普通 V 带和窄 V 带尺寸(基准宽度制)》(GB/T 8706—2017)的规定,对于圆钢钢丝绳和编制钢丝绳的标记方法见图 10-6。

图 10-6 中的钢丝绳的公称直径为毫米,其绳芯结构、钢丝绳级别、表面状态、捻制类型及方向的具体符号说明见《带传动普通 V 带和窄 V 带尺寸(基准宽度制)》(GB/T 8706—2017)中的规定。

图 10-6 圆钢钢丝绳和编制钢丝绳的标记方法

例如:32　18×19S—WSC　1960　U　SZ 表示该型号为公称直径 32mm、股数为 18 股、每股钢丝数为 19 丝、股结构为西鲁式平行捻(线接触)、绳芯机构为钢丝股芯、破断拉力级别为 1 960、钢丝表面状态为光面、捻制类型及方向为右交互捻的钢丝绳。

3) 钢丝绳的选择

钢丝绳的选择主要是钢丝绳结构形式的选择和钢丝绳直径的确定。对于起重机械来说,钢丝绳主要是绕经滑轮和卷筒工作,应优先选用线接触钢丝绳,其性能和强度应满足起重机械安全工作的要求。在腐蚀性环境中工作应采用抗腐蚀的不锈钢钢丝绳或镀锌钢丝绳。

钢丝绳选择的步骤:①依据钢丝绳的构造特点,结合起重机械的使用条件及要求选择钢丝绳的型号;②采用以下两种方法确定钢丝绳的最小直径;③查阅钢丝绳主要技术性能表来选择钢丝绳。

第一种方法:依据钢丝绳的选择系数 C,按式(10-3)来确定钢丝绳的最小直径 $d_{\min}$,所选择钢丝绳的直径 d 应在 $(1\sim1.25)d_{\min}$ 范围内。

$$d_{\min} = C\sqrt{F_{\max}} \tag{10-3}$$

式中:$d_{\min}$ 为钢丝绳的最小直径(mm);C 为钢丝绳的选择系数(mm/$\sqrt{N}$),见表 10-4;$F_{\max}$ 为钢丝绳的最大拉力(N)。

第二种方法:依据钢丝绳的安全系数 Z_p,按式(10-4)来确定钢丝绳的最小破断拉力 $F_{\min}$。所选择钢丝绳的破断拉力 F 应不小于 $F_{\min}$。

$$F_{\min} = F_{\max} Z_p \tag{10-4}$$

式中：F_{min} 为钢丝绳的最小拉力（N）；Z_p 为钢丝绳的最小安全系数，见表 10-4。

表 10-4 钢丝绳的选择系数 C 及安全系数 Z_p

机构工作级别	钢丝绳公称抗拉强度 R_0（N/mm²）			安全系数 Z_p
	1 550	1 700	1 850	
	选择系数 C			
$M_1 \sim M_3$	0.093	0.089	0.085	4
M_4	0.099	0.095	0.091	4.5
M_5	0.104	0.100	0.096	5
M_6	0.114	0.109	0.106	6
M_7	0.123	0.118	0.113	7
M_8	0.140	0.134	0.128	9

注：①工作级别见《起重机械—分级—第 1 部分—总则》(GB/T 20863.1—2007)；②对于搬运危险物品的起重钢丝绳，一般应按比设计高一级的工作级别选择表中系数 C 或 n 值；③对于一般工作情况 $n \geqslant 5.5$，使用频繁 $n \geqslant 6$，手动起重设备 $n \geqslant 4.5$，载人升降机 $n=14$；④对于表中不同公称抗拉强度 R_0 的钢丝绳，按照《带传动普通 V 带和窄 V 带尺寸（基准宽度制）》(GB/T 24811.1—2009) 中的式 (1) 进行计算。

2. 滑轮与滑轮组

1）滑轮

滑轮是用来改变钢丝绳的走向和平衡钢丝绳拉力的部件。滑轮按其用途分为定滑轮和动滑轮。回转轴线固定不动的滑轮称为定滑轮，用来改变钢丝绳的走向；动滑轮则是装在移动的心轴上，并与定滑轮及钢丝绳一起组成滑轮组，用来达到省力、增速的目的。

滑轮一般由轮缘、轮辐、轮毂三部分组成，其构造见图 10-7。滑轮的材料应采用较硬的、耐磨性好的金属制造，如球磨铸铁（QT400—15）、铸钢（ZG230—450、ZG270—500）、焊接方法（Q235）、铝合金、聚合材料等。

土木工程用起重机通常采用铸钢或铸铁制造。采用铸铁材料制造的滑轮，其工艺性好、易于加工、价廉，对钢绳寿命有利，但强度较低，易脆断，适用于工作类型为轻级及中级的起重机中。采用铸钢材料制造的滑轮，其强度和冲击韧性都较高，适用于工作类型为重级及特重级的起重机中。

滑轮直径的大小影响钢丝绳的寿命。增大滑轮的直径可以降低钢丝的弯曲应力和挤压应力，可以有效地提高钢丝绳的寿命。根据起重机设计规范，滑轮的最小直径不能小于式 (10-5) 的数值。

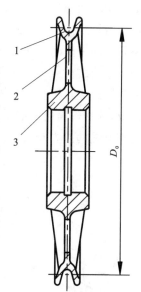

图 10-7 滑轮的构造
1.轮缘；2.轮辐；3.轮毂

$$D_{0\min}=hd \qquad (10-5)$$

式中：$D_{0\min}$ 为按钢丝绳中心计算的滑轮最小卷绕直径(mm)，见图 10-7；h 为与机构工作级别和钢丝绳有关的系数，按表 10-5 选取；d 为钢丝绳的直径(mm)。

表 10-5　系数 h

机构工作级别	$M_1 \sim M_3$	M_4	M_5	M_6	M_7	M_8
卷筒 h_1	14	16	18	20	22.4	25
滑轮 h_2	16	18	20	22.4	25	28

注：①采用不旋转钢丝绳时，h 值应按比机构工作级别高一级的值选取；②对于流动性起重机，建议 $h_1=16$，$h_2=18$，与工作级别无关。

2）滑轮组

滑轮组是由钢丝绳依次绕过若干个定滑轮和动滑轮所组成的装置。

(1)滑轮组的类型。滑轮组按工作原理的不同分为省力滑轮组(图 10-8)和增速滑轮组(图 10-9)。省力滑轮组可以用较小的拉力吊起很重的货物，是起重机械的起升机构常用的滑轮组。增速滑轮组使驱动部件以较短的行程得到货物较大的行程，同时还可以使货物获得高于驱动部件的速度，叉车的起升机构就是采用的这种增速滑轮组。

滑轮组按构造形式的不同分为单联滑轮组(图 10-8)和双联滑轮组(图 10-10)。单联滑轮组的钢丝绳一端绕入卷筒，另一端则固定在臂架端部或吊钩组上，这种滑轮组在钢丝绳绕入卷筒之前应经过导向滑轮 3(图 10-8)，以消除货物的水平移动或晃动。单联滑轮组适用于塔式起重机和汽车式起重机等臂架式起重机上。双联滑轮组是由两个单联滑轮组并联而成，其钢丝绳的两端绕在卷筒 1 上(图 10-10)，由一个平衡滑轮 2(或平衡杠杆)来调整两边钢丝绳的拉力及长度。双联滑轮组适用于桥式起重机。

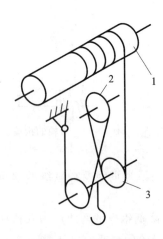

图 10-8　单联滑轮组
1.卷筒；2.定滑轮；3.动滑轮

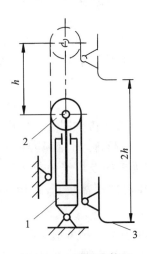

图 10-9　增速滑轮组
1.油缸；2.动滑轮；3.叉刀

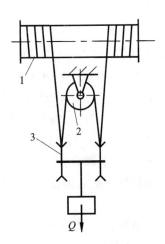

图 10-10　双联滑轮组
1.卷筒；2.平衡滑轮；3.动滑轮

(2) 滑轮组的倍率 m。滑轮组的倍率表明了滑轮组省力的倍数或增速的倍数,是指钢丝绳绕过动滑轮的分支数与绕入卷筒的钢丝绳分支数之比。

对于单联滑轮组,其倍率 m 等于钢丝绳绕过动滑轮的分支数 i,即 $m=i$;对于双联滑轮组,其倍率 m 等于钢丝绳绕过动滑轮的分支数 i 的一半,即 $m=0.5i$。一般情况下,对于大起重量的起重机采用较大倍率的滑轮组,可避免选用太粗的钢丝绳;在起升高度较高时,则采用较小倍率的滑轮组,可避免绕绳量过大;对于双联滑轮组则采用较小的倍率。

(3) 滑轮组的效率 η 与钢丝绳的拉力 F。在如图 10-11 所示的单联滑轮组中,若不考虑起升(或下降)的加速度,则滑轮组内各分支钢丝绳的拉力的总和等于起重量 Q,即:

$$F_1+F_2+\cdots+F_{m-1}+F_m=Q \quad (10-6)$$

实际上由于钢丝绳的僵性阻力和滑轮回转阻力,此时滑轮组内各分支钢丝绳的拉力不相等。若每个滑轮的效率 η 相同,则各分支钢丝绳的拉力存在如下关系:

$$F_i=\eta F_{i-1} \quad (i=2,3,\cdots,m) \quad (10-7)$$

将式(10-7)代入式(10-6)得:

$$F_1(1+\eta+\eta^2+\cdots+\eta^{m-1})=Q \quad (10-8)$$

再将括号中的等比级数求和,代入式(10-8)并整理后,得滑轮组引出绳的拉力 F_1 为:

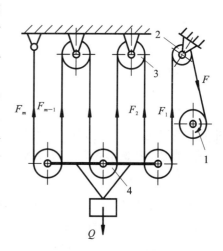

图 10-11 单联滑轮组展开图
1.卷筒;2.导向滑轮;3.定滑轮;4.动滑轮

$$F_1=\frac{1-\eta}{1-\eta^m}Q \tag{10-9}$$

滑轮组的效率 η_z 为滑轮组引出绳的理想拉力 F_0 与引出绳的实际拉力 F_1 的比值,即:

$$\eta_z=\frac{F_0}{F_1}=\frac{1-\eta^m}{m(1-\eta)} \tag{10-10}$$

式中:F_0 为不计钢丝绳的僵性阻力和滑轮回转阻力时滑轮组引出绳的理想拉力,此时滑轮组内各分支钢丝绳的拉力相等,即 $F_0=Q/m$;m 为滑轮的倍率,见表 10-6;η 为滑轮的效率,见表 10-6。

由式(10-10)可见,滑轮组的效率与倍率 m 及滑轮的效率有关。不同倍率时滑轮组的效率 η_z 见表 10-6。

表 10-6 滑轮组的效率 η_z

轴承形式	滑轮效率 η	阻力系数 k	倍率 m						
			2	3	4	5	6	8	10
			滑轮组的效率 η_z						
滑动轴承	0.96	0.04	0.98	0.95	0.93	0.90	0.88	0.84	0.80
滚动轴承	0.98	0.02	0.99	0.985	0.98	0.97	0.96	0.95	0.92

在土木工程起重机上都采用单联滑轮组。为了消除起吊物品的水平移动和晃动,在单联滑轮组的出口需安装有固定的导向滑轮2(图10-11)。若钢丝绳从滑轮组引出后,再经过 n 个导向滑轮才绕入卷筒1,那么绕入卷筒的钢丝绳的拉力 F 为:

$$F = \frac{F_1}{\eta^n} = \frac{Q}{m\eta_z\eta^n} \qquad (10-11)$$

3. 制动器

制动器是起重机完成起吊作业、保证安全工作的重要部件,是实现停止、保持和减缓运动速度的机械装置。在起重机的起升机构中必须安装制动器,而在其他机构中视工作要求也要安装制动器。

制动器按工作状态分为常闭式和常开式两种。常闭式制动器通常处于上闸制动状态,在机构工作时,由外力使制动器松闸。常开式制动器通常处于松闸状态,在需要制动时,借外力才能使制动器上闸制动。一般在起升机构中,采用常闭式制动器以保证工作安全可靠。

制动器按构造形式分为带式制动器、块式制动器和盘式制动器。

1)带式制动器

带式制动器是利用制动带压紧制动轮所产生的摩擦力矩来实现制动的。如图10-12所示,上闸弹簧5的拉力带动摇杆3顺时针转动,将制动带1拉紧,使其紧紧地包覆在制动轮2的表面上实现制动;在控制高压油进入松闸油缸4的左腔,推动活塞杆并克服弹簧5的上闸力向右移动,同时带动摇杆3逆时针转动将制动带1松开,实现松闸。因而,这是一种常闭式制动器。

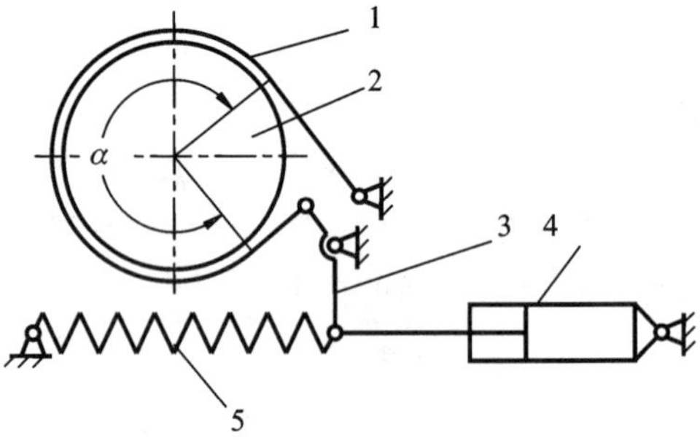

图10-12 带式制动器
1.制动带;2.制动轮;3.摇杆;
4.松闸油缸;5.上闸弹簧

带式制动器结构简单、结构紧凑、包角大、制动力矩较大,通常安装在低速轴上;其缺点是制动轴受较大弯矩,制动带的比压和磨损不均匀,散热性较差,不适用于双向转动的制动力矩要求相等的场合。对于总是在下降方向上需要较大制动力矩的起重机起升机构,特别适合采用带式制动器。

2)块式制动器

块式制动器是利用制动块压紧制动轮所产生的摩擦力矩来实现制动的,属于常闭式制动器。如图10-13所示,框架5与左制动臂1固定在一起,推杆6与右制动臂10相连。此时,主弹簧7向左推推杆6使衔铁3张开,同时向右推框架5带动左制动臂1绕 A 点顺时针转动,左制动块2向右抱紧制动轮;同时,主弹簧7向左推推杆6的带动右制动臂10绕 B 点逆时针转动,由右制动块9向左抱紧制动轮11,实现制动。当机构需要工作时,机构电动机和电磁铁线圈同时通电,使电磁铁4产生磁力吸引衔铁3绕 C 点逆时针转动,推动推杆6向右移动,导致左制动臂1和右制动臂10的距离增大,使左右制动臂分别向两侧张开,带动左右制动块脱离制动轮11,实现松闸。若突然断电,电磁铁的磁力消失,在主弹簧7的作用下,制动器会迅速地自动制动,起到了安全保护作用。

块式制动器结构简单,工作可靠,两对称的瓦块磨损均匀,制动力矩的大小与转动方向无关,制动轴不受弯矩的作用,易安装在高速轴上;缺点是制动力矩较小,尺寸较大。盘式制动器上闸力为轴向压力,制动平稳,制动轴不受弯矩作用,用较小的轴向压力可产生较大的制动力矩。

4. 吊钩组

吊钩组由吊钩及动滑轮组成。它有短型吊钩组[图10-14(a)]和长型吊钩组[图10-14(b)]两种形式。为了方便吊钩工作,要求吊钩能沿垂直轴线和水平轴线分别转动,其方法是吊钩横梁上安装推力轴承,在滑轮轴上安装向心轴承。

短型吊钩组采用长型吊钩,动滑轮直接装在吊钩横梁上。由于吊钩横梁与滑轮轴做成一体,省去了一根单独的滑轮轴,整体高度较小,增加了有效起升高度。短型吊钩组的滑轮安装在吊钩两边,其滑轮数目是偶数。短型吊钩组仅适用于起重量较小的起重机。

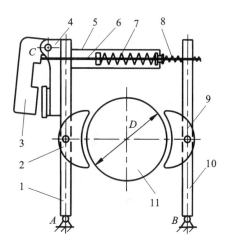

图 10-13 短行程交流电磁铁块式制动器

1.左制动臂;2.左制动块;3.衔铁;4.电磁铁;
5.框架;6.推杆;7.主弹簧;8.副弹簧;
9.右制动块;10.右制动臂;11.制动轮

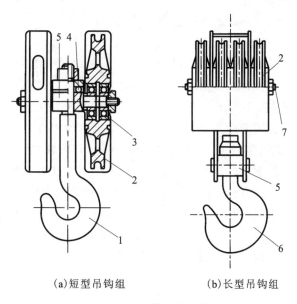

(a)短型吊钩组 (b)长型吊钩组

图 10-14 带式制动器

1.长型吊钩;2.动滑轮;3.向心轴承;4.推力轴承;5.横梁;6.短型吊钩;7.滑轮轴

长型吊钩组采用短型吊钩,吊钩支承在吊钩横梁上,动滑轮安装在单独的滑轮轴上,增加了整体高度,减少了有效起升高度。由于长型吊钩组可布置的滑轮较多,适用于较大倍率的滑轮组,因此长型吊钩组适用于大起重量起重机。

二、主要工作机构

起重机的工作机构主要有起升机构、变幅机构、回转机构和行走机构。

1. 起升机构

起升机构是将原动机的回转运动转变成直线运动,用来完成物料的升降工作的机构。它是任何起重机或起重设备不可缺少的、最重要的基本机构。起升机构一般由动力传动装置、钢丝绳卷绕系统、取物装置和安全保护装置等组成。

如图 10-15 所示,由电动机 1、联轴器 2、减速箱 3、卷筒 4、离合器 6 组成动力传动装置将原动力转换成卷筒 4 合适的转速和扭矩,同时实现动力的传送和停止工作。再由卷筒 4、滑轮组 7、吊钩 8 等组成的钢丝绳卷绕系统将回转动力转变成吊钩 8 的直线运动,从而完成物料的起吊工作。由卷筒 4、离合器 6 组成的安全保护装置可实现卷筒 4 的制动,特别是在突然失去动力的情况下确保安全。

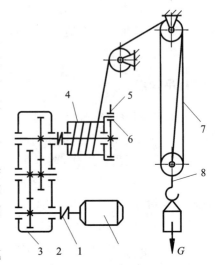

图 10-15 起升机构简图

1.电动机;2.联轴器;3.减速箱;4.卷筒;
5.制动器;6.离合器;7.滑轮组;8.吊钩

起升机构按照动力驱动方式的不同分为内燃机驱动、电机驱动、液压驱动三种。

内燃机驱动是由内燃机通过机械传动装置传递给包括起升机构在内的各工作机构,其特点是具有独立的能源、机动灵活,适用于进行流动作业的自行式起重机。由于传动系统复杂笨重,且操纵麻烦,仅在少数轮式起重机和履带式起重机上使用。

电机驱动是起升机构主要的驱动方式,有交流电机驱动和直流电机驱动两种方式。交流电机过载能力强、可带载启动、便于调速、操纵简单、工作可靠,因此在电机驱动的起升机构中广泛采用。直流电机驱动的机械性能适合于起重机构的工作性能,且调速性能好,但获得直流电源较为困难,仅在大型工程起重机上采用内燃机和直流发电机来实现直流传动。

液压马达驱动由原动机(内燃机或电动机)驱动液压泵,通过控制输入液压缸或液压马达内液体的流量来实现调速。液压驱动传动比大、可实现无级变速、运行平稳、操作方便,但液压元件制造精度高,是目前流动式起重机上广泛使用的形式。

2. 变幅机构

变幅机构是用来改变起重机吊钩到回转中心轴线的水平距离的机构,其作用是调整起吊物品的水平位置,扩大起重机的工作范围。按照结构形式变幅机构可分为小车变幅、动臂变幅和伸缩臂变幅三种形式(图 10-16)。

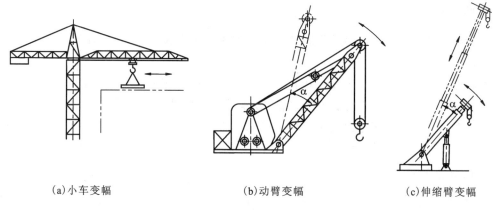

(a)小车变幅　　　　　(b)动臂变幅　　　　　(c)伸缩臂变幅

图 10 - 16　起重臂的变幅形式

1)小车变幅

小车变幅[图 10-16(a)]是通过小车在水平臂架的轨道上往复运动来实现变幅的。小车的运动有自行式和钢丝绳牵引式两种,为了减少起重臂由小车自重而产生的附加弯矩,多采用钢丝绳牵引式的小车变幅机构。

小车变幅的特点是易于安装、运行速度均匀、幅度利用率大、工作平稳可靠、变幅所需功率小。缺点是起重臂所承受的弯矩较大,在大起重量的起重机上受到限制。小车变幅通常在上回转式塔式起重机上应用。

2)动臂变幅

动臂变幅[图 10-16(b)]是在垂直方向上通过改变起重臂的俯仰角实现变幅的。这种起重臂通常采用挠性传动方式来改变俯仰角,具体是通过钢丝绳滑轮组等挠性构件来完成变幅动作的。

动臂变幅特点是起重臂受力情况好、工作稳定可靠、便于拆装,可采用标准卷扬机作为变幅驱动装置。缺点是效率低、幅度利用率较低、钢丝绳易磨损、变幅速度不均匀、在变幅时不容易实现水平移动。动臂变幅通常在履带式起重机和部分塔式起重机上使用。

3)伸缩臂变幅

伸缩臂变幅[图 10-16(c)]是采用多节套装可伸缩的臂架,通过改变起重臂的长度和俯仰角实现变幅的。这种起重臂属于刚性传动,通常采用多级液压缸来完成起重臂的伸缩和油缸摆杆机构改变起重臂的俯仰角来完成变幅工作。实际上,伸缩臂的主要目的是在起重机流动作业时,起重臂缩回时可以增加起重机行走的灵活性,而在伸出时又可以获得较大的起升高度。

伸缩臂变幅也属于动臂变幅的一种。因此具有动臂变幅特点的同时,还可方便地改变臂长,从而获得更大的起升高度和起重幅度。伸缩臂变幅通常在轮胎式起重机和汽车式起重机上使用。

3. 回转机构

回转机构的作用是将起吊的物料绕起重机的回转中心作回转运动,使其在平面范围内完成运送物料的任务。

回转机构由回转支撑装置和回转驱动机构两部分组成。回转支撑装置的作用是使起重机的回转部分相对于固定部分具有回转能力,承受各方面的作用力及力矩和具有抗倾覆能力。回转驱动装置的作用是给起重机的回转部分提供动力,使其绕着回转中心在水平面内回转。

1) 回转支撑装置

(1) 柱式回转支撑装置。柱式回转支撑装置[图10-17、图10-18]由带有上下支撑的柱状零件等组成。若柱状零件与固定部分连接在一起则称为定柱式回转支撑,若柱状零件与回转部分连接在一起则称为转柱式回转支撑。柱式回转支撑装置结构简单、制造方便。

定柱式回转支撑(图10-17)的上支撑1处一般由一个向心轴承和一个止推轴承来分别承载水平方向和垂直方向上的力,下支撑用水平轨轮4来承载水平方向上的力。定柱式回转支撑重量轻、转动惯量小、驱动功率小,有利于降低起重机重心。

转柱式回转支撑装置(图10-18)的下支撑3处由一个径向轴承和一个止推轴承来分别承载水平方向和垂直方向上的力,上支撑用水平轨轮1来承载水平方向上的力。水平轨轮1可以安装在转柱2上[图10-18(a)],也可以安装在固定部件4上[图10-18(b)],通常采用前一种形式,这是由于该方案的轨轮的受力方向始终与倾覆力矩方向保持一致。有的转柱式回转支撑的上支撑的水平轨轮1改为大型向心推力轴承,其下支撑3由于不受轴向力,故只需安装一个向心轴承就能够满足工作要求。转柱式回转支撑适用于起升高度和工作幅度较大、对起重机高度尺寸没有严格限制的塔式起重机上。

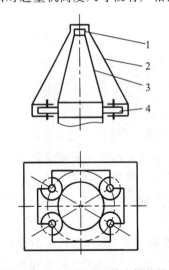

图 10-17 定柱式回转支撑装置

1.上支撑;2.回转部件;3.定柱;
4.下支撑处的水平轨轮

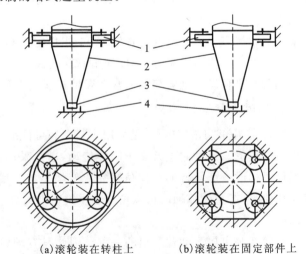

(a) 滚轮装在转柱上　　(b) 滚轮装在固定部件上

图 10-18 转柱式回转支撑装置

1.上支撑处的水平轨轮;2.转柱;
3.下支撑;4.固定部件

(2)滚动轴承式回转支撑装置。滚动轴承式回转支撑装置实际上就是一个扩大的特殊滚动轴承(图10-19),可以同时承受垂直力、水平力和倾覆力矩,具有回转阻力小、结构紧凑、润滑及密封性能好的特点,因而是应用最广的回转支撑装置。

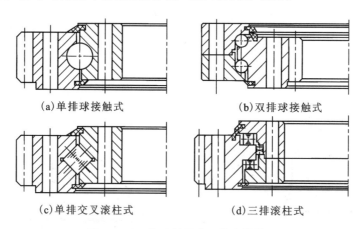

(a)单排球接触式 (b)双排球接触式
(c)单排交叉滚柱式 (d)三排滚柱式

图10-19 滚动轴承式回转支撑装置

滚动轴承式回转支撑装置按照滚动体的形状可分为滚球式和滚柱式两类;按照滚动体的排数可分为单排、双排和三排。

单排球接触式回转支撑[图10-19(a)]适用于中小型起重机。双排球接触式回转支撑[图10-19(b)]的滚道接触压力角较大(60°~90°),可以承受更大的轴向载荷和倾覆力矩,适用于中型塔式起重机和汽车起重机。单排交叉滚柱式回转支撑[图10-19(c)]的滚柱间相互交叉排列,接触角为45°,滚柱与滚道间为线接触,其承载高于双排球接触式,适用于中大型起重机。三排滚柱式回转支撑[图10-19(d)]由上下水平布置的两排滚柱、沿径向布置的一排滚柱和三个齿圈组成,其承载能力最大,适用于回转直径较大的大吨位起重机。

2)回转驱动装置

回转驱动装置由原动机、传动装置、制动装置和驱动原件组成。目前起重机多采用电动驱动和液压驱动,其常用的原动机为电动机和液压马达两种形式。

(1)电动回转驱动装置。如图10-20所示,由电动机1将电力转换成机械回转动力,经过液力耦合器2、制动器3,由行星减速器4减速后,带动小齿轮5回转,小齿轮5与回转支撑装置的固定部件上的大齿轮啮合,可完成起重臂架的回转动作。

电动回转驱动装置有如下三种类型:①卧式电机+蜗轮减速器驱动装置,其特点是传动比大、结构紧凑、效率低,用于结构要求紧凑的中小型起重机上;②立式电机+立式圆柱齿轮减速器驱动装置,其特点是平面结构布置紧凑、传动效率高,主要用在门座式起重机上;③立式电机+行星减速器驱动装置(图10-20),其特点是传动比大、结构紧凑、效率高,是目前起重机回转驱动机构

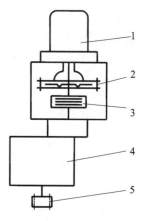

图10-20 立式电机回转驱动装置

1.电动机;2.液力耦合器;3.制动器;4.行星减速器;5.小齿轮

理想的传动形式。

此外,在塔式起重机上的电动回转驱动回转装置一般采用可操纵的常开式制动器,在遇有强风时,起重臂自动转到顺风位置,以减少倾覆的危险。

(2)液压回转驱动装置。液压回转驱动装置有如下两种类型:①高速液压马达+蜗杆减速器或行星减速器(图 10-21);②低速大扭矩液压马达的输出轴直接安装回转机构的小齿轮(图 10-22)。

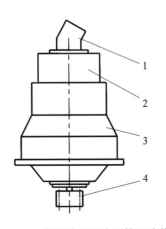
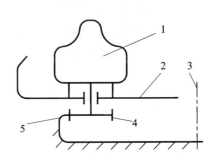

图 10-21 高速液压马达回转驱动装置
1.高速液压马达;2.制动器;
3.行星减速器;4.小齿轮

图 10-22 低速液压马达回转驱动装置
1.低速大扭矩液压马达;2.上部转台;
3.回转中心;4.小齿轮;5.大齿圈

如图 10-21 所示的高速液压马达输出的回转动力经蜗杆减速器或行星减速器减速后驱动小齿轮旋转,同时小齿轮与固定在下部转台的大齿圈相啮合,并绕着大齿圈公转,从而带动上部转台旋转。高速液压马达的驱动形式在轮式起重机和履带式起重机上应用较多。

如图 10-22 所示的低速大扭矩液压马达的输出轴直接安装驱动机构的小齿轮,其液压马达输出的回转动力经小齿轮传递给大齿圈,从而带动上部转台旋转。若输出扭矩不能满足要求,可加装一级减速装置。低速液压马达的转速在 1~100r/min 范围内,这种驱动形式一般应用在小吨位轮式起重机上。

4. 行走机构

行走机构的作用是水平运移物料、调整起重机的工作位置、将载荷传递给支撑基础,其目的是扩大起重机的工作范围。

行走机构分为无轨行走机构和有轨行走机构两种。前者是采用流动性大的轮胎式和履带式行走机构,可在普通路面上行驶,一般采用内燃机为动力,以满足经常转移工作场地的需要,如汽车式起重机、轮胎式起重机、履带式起重机。后者需要刚性车轮在专门铺设的轨道上运行,一般采用电动机为动力,如塔式起重机等。考虑到整机的安全性、提高工作效率、高层建筑和桥梁建设的需要,近年来塔式起重机多采用固定式的。

第三节 塔式起重机

塔式起重机是一种具有直立的塔身和在塔身的上部安装的臂架共同构成一个"Γ"形的工作空间,可进行起重运输作业的工程起重设备,具有起升高度大、工作幅度利用率高(塔身靠近建筑物)、可在水平方向上360°回转、起重效率高等特点,是工民建及桥梁建设工程中起吊作业的主要施工设备。塔式起重机的应用对提高施工工艺水平、保证工程质量、加快施工进度、缩短工期、降低工程造价起着重要的作用。

一、塔式起重机的类型、特点及型号表示方法

1. 塔式起重机的类型及特点

塔式起重机的种类很多,一般按行走、变幅、回转、爬升和起重量等方式分类。

1)按行走方式分

塔式起重机按行走方式分为固定式和自行式两种(图10-23)。

固定式塔式起重机[图10-23(a)]是通过连接件将塔身固定在专门浇筑的混凝土基础上来完成起重工作的。优点是起重机的下部结构简单、整体稳定性好,若按一定的距离,通过支撑装置将塔身固定在建筑物上并带有自升装置的塔式起重机,可以随着建筑物的升高而升高,是目前高层建筑及大型桥梁施工的主要起重装备。缺点是由于塔身的固定,对建筑物有附加作用力,起重范围也受到限制。解决办法是根据建筑物的区域,合理选择起重机的固定位置或布置多台起重机同时工作。

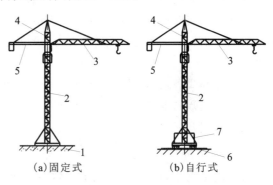

图10-23 按行走方式分
1.混凝土基础;2.塔身;3.起重臂;4.塔帽;
5.平衡臂;6.轨道及轨道基础;7.行走底盘

自行式塔式起重机[图10-23(b)]是将塔身固定在专用的行走装置上,可以行走的塔式起重机。按行走装置的不同有轨道式、轮胎式和履带式塔式起重机三种类型,其中使用最多的是轨道式塔式起重机。轨道式塔式起重机的优点是可以沿轨道两侧幅度控制的范围内进行带载行走等起吊作业。缺点是占用施工场地大、需铺设轨道、装拆工作量大、使用高度受到限制,仅适用于高度不大的建筑物起吊作业。

2)按变幅方式分

塔式起重机按变幅方式分为小车变幅、动臂变幅和折臂变幅等类型(图10-24)。

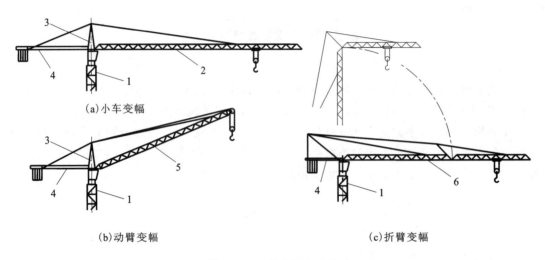

(a)小车变幅
(b)动臂变幅
(c)折臂变幅

图10-24 按变幅方式分

1.塔身;2.小车变幅起重臂;3.塔帽;4.平衡臂;5.动臂变幅起重臂;6.折叠变幅起重臂

小车变幅式塔式起重机[图10-24(a)]的起重臂呈水平状态,起重小车沿起重臂水平运行实现变幅。优点是有效幅度大、变幅所需时间少、操作简单,缺点是起重臂较重。

动臂变幅式塔式起重机[图10-24(b)]的起重臂与塔身铰接,是通过调整起重臂的俯仰角来实现变幅的。优点是起重臂自重较小、可增加起升高度,缺点是变幅较小、水平移动较困难、功耗较大。

折臂变幅式塔式起重机[图10-24(c)]的起重臂由前臂和后臂两节组成。其中前臂平卧成为小车变幅的水平臂架,后臂俯仰可起动臂变幅的作用,当后臂直立时起塔身的作用,从而加大了起升高度。

3)按回转部位分

塔式起重机按回转部位分为上回转塔式和下回转塔式两种类型(图10-25)。

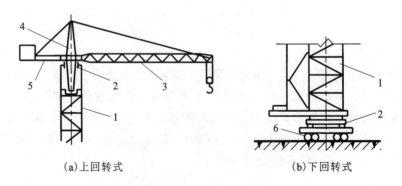

(a)上回转式
(b)下回转式

图10-25 按回转方式分

1.塔身;2.回转机构;3.起重臂;4.塔帽;5.平衡臂;6.行走机构

上回转式塔式起重机[图10-25(a)]的回转动力机构及回转支撑装置布置在塔身的上部。回转时塔身不动,由回转机构带动回转支撑上的转塔(由起重臂、平衡臂和塔帽等组成)回转。这种塔式起重机的优点是起重臂回转时塔身不动,塔身可附着在建筑物上、起升高度大、回转机构简单、能适应各种类型建筑物起吊作业的需要,因而大中型塔式起重机均采用上回转式结构;其缺点是重心较高、整机稳定性较差,在回转时塔身承受交变应力,塔身标准节间的螺栓连接需加一定的预紧力,才能保证起重机安全工作。

下回转式塔式起重机[图10-25(b)]的回转动力机构及回转支撑装置布置在塔身的下部,回转时塔身与起重臂同时回转。这种起重机的优点是回转机构在塔身的下部,重心较低、便于维修、塔身受力较好;其缺点是塔身无法附着或内爬,不能用于起升高度大的塔式起重机上。

4)按爬升方式分

根据建筑物高度的需要,依靠自升装置对自身进行升降的塔式起重机称为自升式塔式起重机。自升式塔式起重机按爬升(升高)方式分为附着式和内爬式两种类型(图10-26)。

附着式自升塔式起重机[图10-26(a)]由普通的上回转塔式起重机发展而来,是一种安装在建筑物的外侧,底座固定在混凝土基础上,具有加标准节自升装置,按一定的高度、通过水平支撑固定在建筑物上的塔式起重机。这种起重机的优点是塔身支撑在建筑物上,提高了稳定性,设置了自升装置,可以自升接高,起重能力得到充分利用,特别适用于高层建筑及大型桥梁的施工作业;缺点是建筑物附着装置,连接部位强度需适当加强。

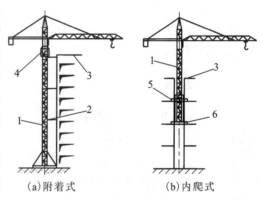

图10-26 按爬升方式分
1.塔身;2.水平连接装置;3.建筑物;4.自升装置;
5.套架及横梁;6.底座及塔身爬升装置

内爬式自升塔式起重机[图10-26(b)]是一种安装在建筑物的内部的电梯间及楼梯间,利用建筑物的骨架来支撑和固定塔身,依靠爬升装置的推升作用使塔身沿建筑物逐步爬升的塔式起重机。这种起重机的优点是体积小、重量轻、不占施工场地,因而特别适合于施工场地狭窄的高层建筑工程;缺点是起重机及起重负荷全部由建筑物承担,需用专门的套架和爬升装置,设备装拆较困难。

5)按起重量分

塔式起重机按起重量分为轻型(起重量0.5~3t)、中型(起重量3~15t)和重型(起重量15~40t)三种类型。

2.塔式起重机的型号及表示方法

塔式起重机的型号及表示方法按照建筑行业标准《带传动普通V带和窄V带尺寸(基准宽度制)》(JG/T 5093—1997)的规定来表示,具体见表10-7。

表 10－7　塔式起重机的型号及表示方法（摘自 JG/T 5093—1997）

类	组	型	特性	代号	代号含义	主参数	
						名称	单位表示法
建筑起重机	塔式起重机 QT	轨道式（固定式）	—	QT	上回转塔式起重机	额定起重力矩	kN·m×10⁻¹
			Z(自)	QTZ	上回转自升塔式起重机		
			A(下)	QTA	下回转塔式起重机		
			K(快)	QTK	快速安装式塔式起重机		
		轮胎式 L(轮)	—	QTL	轮胎式塔式起重机		
		汽车式 Q(气)	—	QTQ	汽车式塔式起重机		
		履带式 U(履)	—	QTU	履带式塔式起重机		
		组合式 H(合)	—	QTH	组合式塔式起重机		

二、塔式起重机的基本结构

塔式起重机的基本结构由金属结构、各工作机构的机械传动系统、电力拖动和控制系统以及液压顶升系统等组成。

1. 金属结构

金属结构包括塔身、起重臂、平衡臂、回转平台和支撑部分（门架或底座）等。对于自升式塔式起重机还包括顶升套架等。

（1）塔身。塔身是塔式起重机的主体结构之一，是起重臂、平衡臂、上回转式回转机构、驾驶室、各种滑轮及其他结构的安装基础。塔身由标准节、附着节、加强节、基础节和调整节等不同功能的标准节，由螺栓将其连接在一起组成。最常用的塔身标准节长度是 2.5m 和 3m，塔身一般为正方形断面，应用最广的方形断面尺寸为 1.2m×1.2m、1.4m×1.4m、1.6m×1.6m、2m×2m。

（2）起重臂。起重臂根据塔式起重机的工作需要可分为水平小车式、动臂式及折臂式三种（图 10－24）。水平小车式臂架的截面有正三角形和倒三角形两种。动臂式臂架的截面形式一般为正方形，整个臂架可分为几节，由销轴连接。折叠臂式臂架的截面一般为正三角形，它由大臂和小臂组成，大臂起伏，小臂折叠，并装有比较巧妙的折角滑轮组。

（3）平衡臂与平衡重。平衡臂安装在塔顶与起重臂相对的一侧，其上安装有平衡重（也称平衡块），用以保持塔式起重机空载时的平衡和工作时的稳定性。平衡重有移动和固定式两种。平衡重移动的目的是平衡起重臂和平衡臂的重心，使它接近于塔身中心，以减少不平衡力矩对塔身的影响。

（4）转台。塔式起重机按照回转的位置有上回转与下回转两种形式。上回转式塔式起重机的转台支撑着起重臂、平衡臂等塔顶结构和回转塔架，并通过回转支撑将上部载荷传递给下部塔身结构。对于下回转式塔式起重机，转台结构是塔身的支承，也是上部起升机构、变幅机构、回转机构的安装基础。

(5)门架及底座。门架及底座承受起重机的全部自重及载荷。对于钢轨自行式塔式起重机,其自重及载荷都由底座及门架通过行走轮、钢轨传递给地面;而对于附着式塔式起重机,其自重及载荷是由底座直接传递给专门的混凝土基础。所以门架及底座都必须具备足够的强度和刚度。

2. 工作机构

塔式起重机的工作机构一般包括起升机构、变幅机构、回转机构和行走机构。对于自升式塔式起重机还有液压顶升机构。

(1)起升机构。起升机构是起重机的主要工作机构,它是通过卷扬机及钢丝绳滑轮组来完成对重物的升降工作的,通常有电动机、联轴器、减速器、卷筒和制动器,还包括滑轮组、吊钩组件及吊钩限位装置等。

(2)变幅机构。塔式起重机的变幅机构有小车变幅和动臂变幅两种类型,与起升机构一样,通常是由卷扬机、导向滑轮、变幅滑轮组、钢丝绳滑轮等组成(图10-27)。小车变幅机构(又称为小车牵引机构)是由电动机带动卷筒内部的行星减速器来驱动卷筒回转,经钢丝绳牵引起重小车沿水平动臂上的轨道往复行走来实现变幅工作的。

(3)回转机构。回转机构是保证塔式起重机的回转部分在工作范围内具有水平回转的动作,它由回转支承装置和回转驱动装置两部分组成。回转支承装置有定柱式(图10-17)、转柱式(图10-18)和转盘式三类,常用的有定柱式和转盘式。回转驱动装置应具有调速能力和制动功能。图10-28是上回转式塔式起重机的回转驱动装置动力传功系统图。

(4)行走机构。塔式起重机的行走方式是采用专门在铺设的轨道上行驶的方式,其作用是驱动起重机沿轨道行驶,以扩大起重机的工作范围。行走机构由电动机、减速箱、制动器和行走轮等组成。

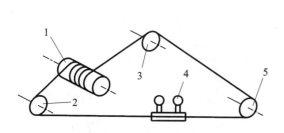

图10-27 小车变幅动力机构
1.卷筒;2.塔帽根部导向滑轮;3.起重小车;
4.起重臂头部导向滑轮;5.起重臂中部导向滑轮

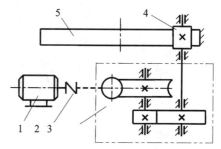

图10-28 回转驱动装置传动系统图
1.电动机;2.联轴器;3.减速器;
4.小齿轮;5.大齿圈

3. 电力控制与安全保护装置

(1)电力转换与控制装置。电力转换与控制装置是为塔式起重机提供动力与进行控制的装置。其中动力转换的关键设备是电动机,控制装置是各种操纵与控制元器件(如各种控制器、继电器、制动器等)连接起来的系统。

(2)安全控制与保护装置。安全控制与保护装置是塔式起重机不可缺少的关键设备之一,其作用是防止误操作和违章操作及防止发生事故。塔式起重机的安全控制与保护装置有限位开关(限位器)、超负荷保险器(超载断电装置)、缓冲止挡装置、钢丝绳防脱装置、风速仪、紧急安全开关和安全保护信号装置等。

4. 液压顶升系统

在自升式(附着式、内爬式)塔式起重机上都装有液压顶升系统,其作用是用来完成塔身的顶升与接高工作。当需要接高塔身时,由塔式起重机吊起一节塔身标准节放到摆渡小车上[图10-29(a)];开动油泵电动机,控制顶升油缸使活塞杆伸出,顶起顶升套架及上部结构[图10-29(b)];当顶升到超过一个塔身标准节高度时,将套架定位销就位、锁紧并提起液压顶升油缸的活塞杆,形成引入标准节的空间[图10-29(c)];在引入标准节后,安装连接螺栓将其紧固在塔身上[图10-29(d)、(e)、(f)],将顶升套架落下,紧固过渡节和刚接高的标准节相连的螺栓[图10-29(g)],从而完成顶升接高的工作。若按相反顺序即可完成自行拆卸塔身的工作。

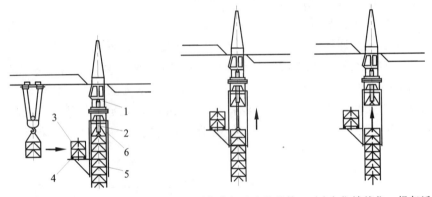

(a)吊运标准节到摆渡小车上　(b)顶起套架及上部结构　(c)定位销就位,提起活塞杆

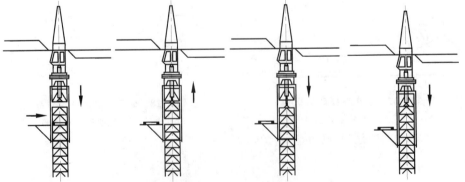

(d)引入标准节,落活　(e)提起标准节,　(f)落活塞杆,标准节就位,　(g)顶升,拔出销钉后下
塞杆,插扁担销子　　推出摆渡小车　　销钉定位后,用螺栓固定　　降,将过渡节与塔身连接

图10-29 塔式起重机的液压顶升接高过程
1.塔帽;2.液压缸;3.标准节;4.自升装置;5.定位销;6.过渡节

三、常用塔式起重机简介

1. QTZ160 型小车变幅式塔式起重机

QTZ160 型小车变幅式塔式起重机是一种水平臂架、小车变幅、上回转、自升式塔式起重机（图 10-30），其主要技术数据见表 10-8，主要由金属结构、机械传动、电气控制与安全保护以及外部支撑等部分组成，适用于高层建筑、桥梁工程、民用住宅建设等大型建筑工程中。

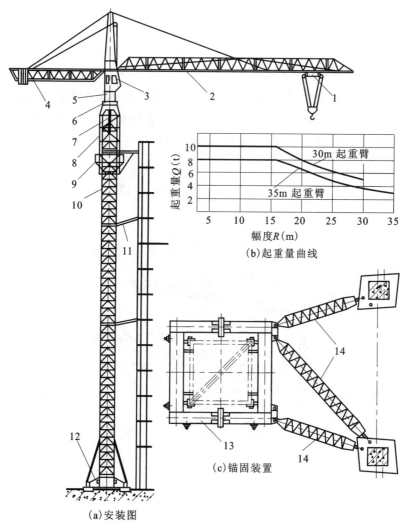

图 10-30　QTZ160 型小车变幅式塔式起重机
1.起重小车；2.起重臂；3.操纵室；4.平衡臂；5.转台；6.回转支撑装置；7.顶升液压缸；8.顶升套架；
9.套塔；10.塔身；11.锚固装置；12.底架及支腿；13.套箍；14.撑杆

表 10-8 QT160 型小车变幅式塔式起重机主要技术数据

公称起重力矩 (kN·m)	工作幅度 (m)	最大起重量(t)		最大高度(m)		运行速度(m/min)		
		最大额定起重量	最大幅度处起重量	独立式	附着式	回转速度	起升速度	变幅速度
1 600	3.4~65	10	1.6	46	200	0~0.6	100/50/25	60/30/9.5

该起重机主要特点如下：①塔身上部采用液压顶升方式来增加或减少塔身标准节，用于满足建筑物高度变化及自行拆卸塔身的要求；②工作平稳、调速性好、效率高；③有行走式和固定附着式两种工作方式来满足不同的使用要求。

2. QT60/80 型动臂变幅式塔式起重机

QT60/80 型塔式起重机属于动臂变幅、上回转、自行塔式起重机(图 10-31)，主要由金属结构、工作机构、电气控制与安全保护等部分组成，其特点是起重臂采用动臂变幅，起重机的所有装置都安装在轨道式行走的龙门架上。若不安装行走龙门架，再安装相应的部件，可改为固定式自升塔式起重机和内爬式自升塔式起重机。

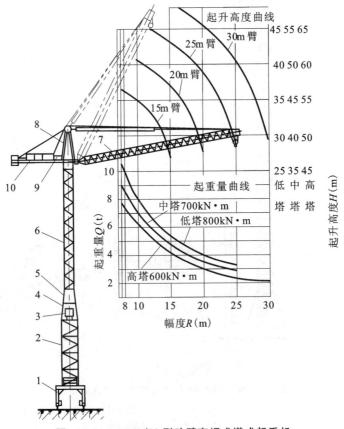

图 10-31 QT60/80 型动臂变幅式塔式起重机
1.龙门架；2.第一节架；3.起升机构；4.第二节架；5.操作室；6.延接架；7.起重臂；8.塔帽；9.变幅机构；10.平衡臂

QT60/80型塔式起重机有三种规格的塔级,分别是低塔、中塔和高塔。起重臂有15m、20m、25m和30m四种规格的臂长,供不同工况条件下选用。这种塔式起重机的不足是:①采用旋转法安装,安装占用场地大;②操作室高度较低,且不能自由回转,驾驶员视野受到限制,因而目前在大城市的高层建筑工程施工应用较少。

四、塔式起重机的选择

1. 选择塔式起重机应考虑的因素

选用塔式起重机考虑的因素应包括以下几个方面:①建筑物的体型和平面设计;②建筑层数、层高和建筑总高度;③建筑工程实物量;④建筑构件、制品、材料和设备搬运量;⑤建筑工期、施工节奏、施工流水段的划分以及施工进度的安排;⑥建筑基地及周围施工环境条件(如交通条件、周围有无障碍物等);⑦本单位的资源条件(如财力及人员素质情况等)。

2. 塔式起重机的选择

塔式起重机选择的首要原则是主参数必须符合要求,主参数包括起升高度、幅度、起重量与起重力矩、运行速度参数。

1)起升高度

起升高度是确定塔式起重机类型时的最主要的参数。在选择塔式起重机时,应根据建筑物施工要求的最大起升高度来选定。目前所生产起重机产品,对于小车变幅、附着式塔式起重机的最大吊高为160~200m,对于动臂变幅式塔式起重机的最大吊高为60m,对于内爬式塔式起重机的最大吊高为160m。

对于小车变幅式附着塔式起重机[图10-32(a)],其所需起重机的最大起升高度 H_C 由式(10-12)确定:

$$H_C = H_1 + H_2 + H_3 + H_4 + H_W \tag{10-12}$$

式中:H_1 为吊具高度(m),一般为1~1.5m;H_2 为起吊物品的高度(m),对于钢筋混凝土结构按3m计算,对于钢结构按3~12m计算;H_3 为安全操作距离(m),按2m计算;H_4 为脚手架、人员及其他设施高度(m);H_W 为建筑物总高度(m),见图纸。

对于动臂变幅式塔式起重机[图10-32(b)],其所需起重机的最大起升高度 H_D 由式(10-13)确定:

$$H_D = H_1 + H_2 + H_3 + H_4 + H_W \tag{10-13}$$

式中:H_1、H_2、H_3、H_4、H_W 的含义与式(10-12)相同;对于高层钢筋混凝土结构的建筑物可用简化公式 $H_D = H_W + 8$ 计算。

对于小车变幅内爬式塔式起重机[图10-32(c)],其所需起重机的最大起升高度 H_P 由式(10-14)确定:

$$H_P = H_1 + H_2 + H_3 + H_4 \tag{10-14}$$

式中:H_1、H_2、H_3、H_4 的含义与式(10-12)相同。

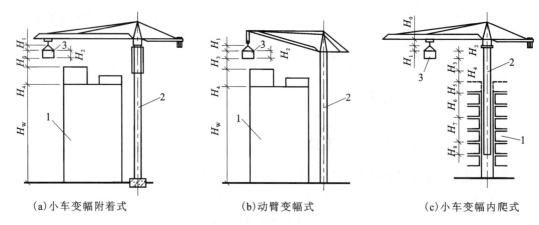

图 10-32 塔式起重机最大起升高度计算简图
1.建筑物；2.起重机；3.起吊物品

对于所选内爬式塔式起重机的机身总高度 H_T 由式(10-15)确定。

$$H_T = H_P + H_5 + H_6 + H_7 + H_8 + H_0 \tag{10-15}$$

式中：H_5 为正在施工楼层高度(m)；H_6 为正在养护中的楼层高度(m)；H_7 为相邻两锚固装置高度(m)，一般为 8~12m；H_8 为塔身基础节高度(m)；H_0 为吊钩中心至臂架下表面高度(m)。

2）幅度

起重臂工作幅度分为最大幅度、最大起重量时的幅度和最小幅度。符合施工要求的工作幅度应根据施工建筑物的外型尺寸和起重机的类型及布置位置，在考虑工作场地周边建筑物及其他影响起重机工作的因素基础上，通过作图（图 10-33）及计算确定。

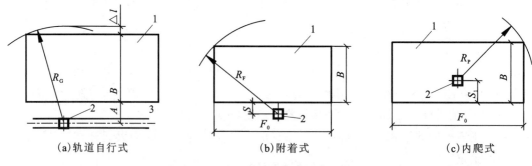

图 10-33 塔式起重机最大幅度计算简图
1.建筑物；2.起重机；3.行走轨道

对于轨道自行式塔式起重机[图 10-33(a)]，其所需起重臂的最大幅度 R_G 由式(10-16)确定：

$$R_G = A + B + \Delta l \tag{10-16}$$

式中：A 为轨道基础中心线至建筑物外墙表面之间的距离（包括外檐脚手架及安全操作距离）(m)，对于下回转塔式起重机应为转台尾部回转半径加 0.7~1m；B 为建筑物进深（包括挑檐)(m);Δl 为特殊施工需要预留的安全操作距离(m),一般为 1.5～2m。

对于附着式塔式起重机[图 10-33(b)],其所需起重臂的最大幅度 R_F 由式(10-17)确定：

$$R_F = \sqrt{(0.5F_0)^2 + (B+S)^2} \qquad (10-17)$$

式中:F_0 为塔机施工面计算长度(m),可按实际情况取 60～80m;B 为建筑物进深(包括挑檐)(m);S 为自塔式起重机中心至建筑物外墙表面之间的距离(m),一般为 4.5～6m,可据实际需要估定。

对于内爬式塔式起重机[图 10-33(c)],其所需起重臂的最大幅度 R_P 由式(10-18)确定：

$$R_P = \sqrt{(0.5F_0)^2 + (B+S_1)^2} \qquad (10-18)$$

式中:F_0、B 的含义与式(10-17)相同;S_1 为自塔式起重机中心至建筑物外墙表面之间的距离(m)。

3) 起重量与起重力矩

起重量有最大幅度时的额定起重量(Q_n)和最大起重量(Q_{max})。对于钢筋混凝土高层或超高层建筑来说,最大幅度处的额定起重量极为关键;对于钢结构高层或超高层建筑,塔式起重机的最大起重量极为关键,应以最重构件的重量为准。

起重力矩是起重量与相应工作幅度的乘积。一台塔式起重机常有多条起重力矩曲线,分别表示吊臂不同组合长度条件下起重力矩的变化情况。对于钢筋混凝土高层或超高层建筑,重要的是最大幅度时的起重力矩必须满足施工要求;对于钢结构高层及超高层建筑,重要的是最大起重量时的起重力矩必须符合要求。据此,在同类型塔式起重机中可选定最适合的型号,以满足吊装作业全过程的要求,并做到经济合理。

4) 速度参数

塔式起重机工作速度参数包括起升速度、回转速度、小车速度、大车速度和动臂俯仰变幅速度。速度参数不只是直接关系到塔式起重机的台班生产率,而且对安全生产极为重要。因此在选用塔式起重机时,应对塔式起重机的工作速度参数进行全面了解和比对。工作速度较快,并有着较好的调速性能乃是理想的选择。

第四节 自行式起重机

自行式起重机是指起重及其他部件都安装在具有良好的行走机构的底盘上的起重机。由于具有灵活的行走机构,因而具有可靠机动性和灵活性,可以整体运输,无需繁重的安装拆卸工作。在土木工程施工中,可用于大型构件的吊装、大型设备的安装及一般构件、材料的装卸。因自行式起重机的起升高度受到限制,故不能用于高层建筑施工。

自行式起重机根据其行走机构的不同,分为汽车式起重机、轮胎式起重机和履带式起重机三大类。

一、汽车式起重机

1. 汽车式起重机的特点、分类与型号表示方法

1)特点

汽车式起重机(图10-34)是将起重臂及其他设施安装在通用或专用载重汽车底盘上的起重机,其特征是具有两个驾驶室,即汽车底盘原有的行驶驾驶室和安装在回转平台上的起重操纵室。

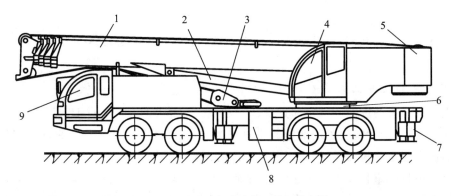

图 10-34　QY40 汽车式起重机总体结构
1.起重臂;2.变幅油缸;3.吊钩;4.起重操纵室;5.配重;
6.回转支承装置;7.液压支腿;8.汽车底盘;9.行走驾驶室

由于汽车式起重机有与汽车一样的行驶底盘,具有机动性好、转移迅速快(行驶速度达50～70km/h)的优点,因而特别适用于流动性大、不固定的作业场所来完成构件的吊装和塔式起重机等设备的拆装作业,是一种广泛用于公路、铁路、建筑、水电、港口和矿山等土木工程建设中高效的起重吊装设备。缺点是不能带载行驶,也不适合在松软或泥泞的场地上作业,车身较长、转弯半径大,为了保持上车回转部分有足够的稳定性,在进行起重作业时必须用支腿支起底盘,而且只能在起重机左右两侧和后方进行起吊作业。

2)分类及型号表示方法

汽车式起重机按起重量的大小分为轻型(<20t)、中型(20～50t)和重型(>50t)三种;按起重臂的形式分为桁架臂和箱式伸缩臂两种;按传动装置的形式分为机械传动、液压传动、电力传动三种。

由于液压传动方式动作灵活、运动平稳、操作省力简单,使用安全、省时、省力,是目前使用最多的动力传动方式,其动力是由发动机带动高压油泵,驱动液压马达、液压油缸完成物料的提升、变幅、回转以及起重臂的伸缩、支腿的收放等动作。

汽车式起重机的型号及表示方法具体见表10-9。如QY40B则表示最大额定起重量为40t的第二代液压式汽车起重机,QD100则表示最大额定起重量为100t的电动式汽车起重

机,QAY160 表示最大额定起重量 160t 的全路面液压汽车起重机(又称 AT 起重机)。

表 10-9　汽车式起重机的型号及表示方法

类	组	型	代号	代号含义	主参数 名称	单位	改进序号
起重机	汽车式起重机 Q	机械式	Q	机械式汽车起重机	最大额定起重量	t	用 A、B、C 等表示
		液压式 Y	QY	液压式汽车起重机			
		电动式 D	QD	电动式汽车起重机			
		全路面式 AY	QAY	全路面式汽车起重机			

2. 汽车式起重机的基本结构

汽车式起重机(图 10-34)由上车和下车及液压系统控制等部分组成,通常将起重臂及取物装置、起重机操纵室、配重、回转装置统称为上车,其余称为下车。

1) 下车部分

下车部分包括汽车底行走底盘和液压支腿。对于轻型汽车式起重机一般采用标准汽车底盘,对于中型和重型汽车式起重机则采用专用底盘或重型汽车底盘。

液压支腿是汽车式起重机和轮胎式起重机必备的机构,其作用是增大起重机的支撑面,提高起重作业时的稳定性,补偿作业场地地面的倾斜和不平度。因而对液压支腿的要求:①进行起吊工作时,支腿能外伸着地,起重机支起;②行驶时,将支腿收回,减小外形尺寸,提高起重机的通过性;③支腿能单独调节高度,保持底盘呈水平状态,消除场地地面不平度的影响。

液压支腿常见的形式有三种:蛙式支腿、H 型支腿和 X 型支腿。

蛙式支腿的收放动作由一个液压缸完成。如图 10-35 所示是滑槽式蛙式支腿,当收缩活塞杆时收起支腿,推出活塞杆时放下支腿。在支脚 1 着地后,活塞杆推着头部的滑块 3 继续外滑,使液压缸的作用力臂从 r_1 增加到 r_2,增大了支腿的承载能力。由于摇臂 2 尺寸有限,支起高度小,左右两支腿的水平距离 $2a$ 不能很大,稳定工作面增加不多,故仅在小型起重机上使用。

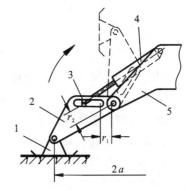

图 10-35　滑槽式蛙式支腿

1.支脚;2.摇臂;3.滑块;
4.液压缸;5.车架

H 型支腿(图 10-36)由水平液压缸和垂直液压缸来分别完成支腿的外伸和将支腿支承于地面的任务。H 型支腿外伸距离大,稳定工作面增加大,且左右支腿交错布置,每个支腿都可以单独调节外伸距离和高度,对起重作业场地的地面具有更强的适应性,因而广泛应用于大中型汽车起重机上。

X型支腿(图10-37)上的固定腿4内的伸缩缸3与活动腿5铰接,伸缩缸3的活塞杆伸出可增加支承面的大小,缩回可减少行车宽度。支腿上的垂直缸1的缸体与车架2固定、固定腿4与车架2铰接、垂直缸1的头部与固定腿4上滑块铰接共同组成四连杆机构;当垂直缸1伸出时支脚6着地,使轮胎离开地面,保证起重机稳定工作。X型支腿的左右两腿呈"X"形布置交错布置,支腿外伸距离较大;由于X型支腿承重是有水平位移,现已很少单独使用,但常与H型支腿混合使用。

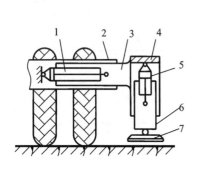

图10-36　H型支腿

1.水平缸;2.固定梁;3.水平活动梁;4.立柱外套;5.液压缸;6.立柱活塞;7.支脚

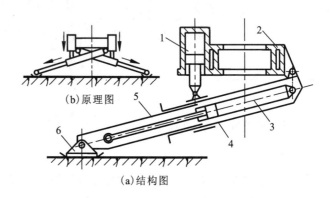

图10-37　X型支腿

1.垂直缸;2.车架;3.伸缩缸;4.固定腿;
5.活动腿;6.支脚

2)上车部分

上车部分主要有起升、回转、起重臂伸缩等机构和装置。

起升机构由液压马达、减速器、离合器、制动器、主副卷筒、滑轮组、钢丝绳和吊钩等组成,回转机构由定量液压马达、减速器及回转滚动支承等组成。

起重臂伸缩机构是汽车式起重机和轮胎式起重机特有的机构,起重臂的伸缩和俯仰可同时改变幅度和起升高度,是汽车式起重机主要的受力构件。伸缩臂技术在于伸缩机构的形式,对起重机的性能起着至关重要的影响。起重臂有多液压缸排列、伸缩油缸+钢丝绳排列、单缸插销式的三种结构形式,按各节臂伸缩次序的不同分别为顺序伸缩、同步伸缩和独立伸缩三种。

我国生产的中小吨位起重机普遍采用伸缩油缸+钢丝绳的方案,属于同步伸缩的形式,其特点是最后两节臂采用钢丝绳伸缩,其他伸缩臂用液压缸带动伸缩,其原理属于油缸-钢丝绳-滑轮原理。如图10-38所示是四节臂同步伸缩工作原理图,其伸缩原理为:当伸缩缸7的无杆腔进油时,缸筒带动二节臂2伸出;此时缸筒上滑轮的移动通过三节臂伸臂绳5带动三节臂3同时伸出;同时,四节臂伸臂绳8绕过三节臂3头部的滑轮带动四节臂4伸出;从而实现了二节臂、三节臂、四节臂的同步伸出,其伸出速度比为1:2:4。当伸缩缸7的有杆腔进油时,缸筒带动二节臂2缩回;此时二节臂2根部滑轮移动,通过三节臂缩臂绳6带动三节臂3同时缩回;同时,四节臂缩臂绳9绕过三节臂3根部的滑轮带动四节臂4缩回;

从而实现了二节臂、三节臂、四节臂的同步缩回,其缩回速度比为1∶2∶4。这种类型的起重臂由于最末伸缩臂的截面变化较大,大大降低了起重机在大幅度下的起重性能,同时这种类型在五节臂以上的伸缩臂上应用时难度较大。

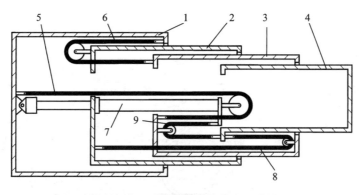

图 10-38 四节臂同步伸缩工作原理
1.基本臂;2.二节臂;3.三节臂;4.四节臂;5.三节臂伸臂绳;6.三节缩臂绳;
7.伸缩缸;8.四节臂伸臂绳;9.四节臂缩臂绳

伸缩臂的截面形式受自重、材料、加工工艺及方法的影响,要求其强度高与刚度大、材料利用率高和可靠的稳定性。目前伸缩臂常见的截面形式(图 10-39)有四边形、六边形、"U"形和椭圆形等多种形式。

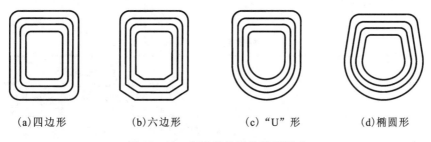

(a)四边形　　(b)六边形　　(c)"U"形　　(d)椭圆形

图 10-39 起重臂常见的截面形式

3)液压系统控制部分

汽车式起重机的液压系统(图 6-66)也由上、下车两部分组成,两部分之间通过中心回转接头连接。下车部分包括油箱、双联齿轮泵及支腿收放回路,上车部分包括回转、起重臂伸缩、变幅、起升及卷筒离合器、制动器操纵回路。

二、轮胎式起重机

1. 轮胎式起重机的特点、分类与型号表示方法

(1)特点。轮胎式起重机(图 10-40)是将起重臂及动力设施安装在特制的轮胎式底盘

上的一种全回转式起重机,其特征是只有一个驾驶室来完成行走和起重作业。由于自制的专用底盘轴距较短,因而转弯半径小,占用工作场地小、作业移动灵活,在进行起重作业时必须用支腿支起底盘,可进行360°起吊作业。缺点是行驶速度慢,机动性不如汽车式起重机,不适于在泥泞地面上作业。

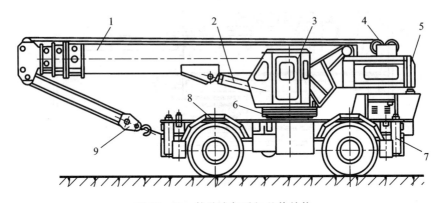

图10-40 轮胎式起重机总体结构

1.起重臂;2.变幅油缸;3.行走与起重操纵室;4.起升机构;5.配重;
6.回转支承装置;7.液压支腿;8.行走底盘;9.吊钩

(2)分类及型号表示方法。轮胎式起重机的分类与汽车式起重机的分类大致相同。轮胎式起重机的型号及表示方法见表10-10。如QLD16B表示起重量为16t、电力传动、第二代设计产品的轮胎式起重机。

表10-10 轮胎式起重机的型号及表示方法

类	组	型	代号	代号含义	主参数		改进序号
					名称	单位	
起重机	轮胎式起重机QL（起、轮）	机械式	QL	机械式轮胎起重机	最大额定起重量	t	用A、B、C、E等表示
		液压式Y	QLY	液压式轮胎起重机			
		电动式D	QLD	电动式轮胎起重机			

2. 轮胎式起重机与汽车式起重机的区别

轮胎式起重机与汽车式起重机有很多相似之处,如起重臂、起升机构、回转机构等。但也存在很多的不同之处,其主要的区别见表10-11。

表 10-11　轮胎式起重机与汽车式起重机的区别

不同点	轮胎式	汽车式
底盘	专用底盘	通用汽车底盘或专用汽车底盘
行驶速度	一般≤30km/h,越野型＞30km/h	可与汽车编队行驶,速度≥50km/h
发动机位置	一个发动机,设在回转平台上或底盘上	中、小型利用汽车原有发动机;大型的在回转平台上另设一发动机,供起重作业用
驾驶室位置	只有一个驾驶室,一般设在回转平台上	除底盘原有驾驶室外,在回转平台上另设一操纵室,负责起重作业
外形	轴距短、重心高	车身长、重心低,适于公路行驶
起重范围	360°全回转作业	主要在侧方和后方270°范围内工作
行驶性能	转弯半径小,越野性好(越野型)	转弯半径大,越野性差,轴压符合公路行驶要求
支腿位置	支腿一般位于前桥与后桥的外侧	前支腿位于前桥之后
使用特点	工作场地较固定,在公路上移动较少,以起重为主,兼顾行驶	可经常移动于较长距离的工作场地间,起重与行驶并重

三、履带式起重机

1. 履带式起重机的特点、分类与型号表示方法

(1)特点。履带式起重机(图 10-41)是将起重装置安装在履带式底盘上的一种全回转、自行式起重机,是结构吊装工程及桥梁架设工程常用的起重机械。优点是接地比压小、起重量大(国产最大可达 3 200t)、中心低、稳定性好、不用设置支腿、可带载行驶,起重臂采用桁架式结构,适用于建筑工地的吊装作业,还可进行挖土、夯土、打桩等多种作业,缺点是行走速度慢(1～5km/h)、转移作业场地需平板拖车运输。目前,小吨位的履带式起重机已被汽车式起重机和轮胎式起重机所取代,大型(＞90t)的履带式起重机得到了迅速地发展。

(2)分类与型号表示方法。履带式起重机按传动方式的不同可分为机械式、液压式和电动式三种,其中机械式已经被液压式所取代。按工作形式的不同分为一般式(图 10-41)、人字架平衡式(图 10-42)和支撑圈式。履带式起重机的型号及表示方法见表 10-12。

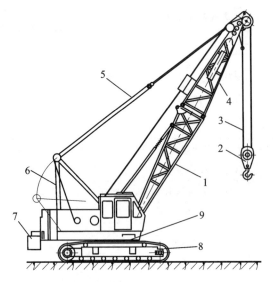

图 10－41 履带式起重机

1.下部动臂;2.主吊钩;3.起升钢丝绳滑轮组;4.上部动臂;
5.变幅钢丝绳滑轮组;6.门架;7.配重;8.履带底盘;9.回转装置

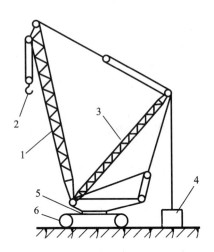

图 10－42 人字架式履带式起重机

1.动臂;2.吊钩;3.添加臂;4.配重;
5.回转装置;6.履带底盘

表 10－12 履带式起重机的型号及表示方法

类	组	型	代号	代号含义	主参数		改进序号
					名称	单位	
起重机	履带式起重机 QU（起、履）	机械式	QU	机械式履带起重机	最大额定起重量	t	用 A、B、C、E 等表示
		液压式 Y	QUY	液压式履带起重机			
		电动式 D	QUD	电动式履带起重机			

2.履带式起重机的组成

履带式起重机(图 10－41)由动力装置、工作机构以及动臂、转台、底盘等组成。

(1)动臂。动臂由上部动臂和下部动臂组成,为多节组装桁架结构,调整节数后可改变长度,其下端铰接于转台前部,顶端由变幅钢丝绳及滑轮组悬挂支承,可改变动臂的俯仰角。根据需要,也可在动臂顶端加装副臂,副臂与动臂成一定夹角(图 10－43)。此时,起升机构有主、副两套卷扬系统:主卷扬系统用于动臂起吊重物,副卷扬系统用于副臂起吊重物。

(2)转台。转台通过回转支承机构装在底盘上,可将转台上的全部重量及起重载荷传递给底盘,其

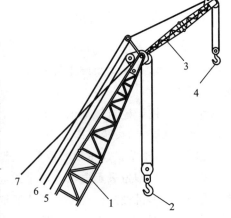

图 10－43 在动臂上加装副臂的结构

1.动臂;2.主吊钩;3.副臂;4.副吊钩;5.起升钢丝绳;6.副臂变幅钢丝绳;7.动臂变幅钢丝绳

上装有动臂、动力装置、传动系统、卷扬机、操纵机构、平衡重和机棚等。动力装置通过回转机支撑机构可使转台作 360°回转。回转支承由上、下滚盘和其间的滚动件(滚球、滚柱)组成,可将转台上的全部重量传递给底盘,并保证转台的自由转动。

(3)底盘。底盘包括行走机构和行走装置:前者使起重机作前后行走和左右转弯;后者由履带架、驱动轮、导向轮、支重轮、托链轮和履带轮等组成。动力装置通过垂直轴、水平轴和链条传动使驱动轮旋转,从而带动导向轮和支重轮,使整机沿履带滚动而行走。

思考与练习

1. 起重机有哪些主要类型？其特点和应用场合如何？
2. 起重机有哪些主要技术参数？它们之间的相互关系是什么？
3. 何为工作级别？简单介绍塔式起重机、汽车式起重机、轮胎式起重机、履带式起重机的工作级别。
4. 起重机的工作特性曲线有哪些？分别进行解释。
5. 钢丝绳有哪些类型？土木工程起重机采用哪种类型的钢丝绳？并说明原因。
6. 选择钢丝绳应考虑哪些问题？选用钢丝绳的步骤有哪些？
7. 滑轮组有哪些类型？怎样计算滑轮组的倍率和钢丝绳的拉力？
8. 制动器有哪些类型？在起重机上有哪些作用？应用在什么地方？
9. 需要哪些基本动作才能完成起吊作业？并说明其作用。
10. 塔式起重机有哪些类型？并说明其特点及应用场合。
11. 说明自升式塔式起重机的自升接高原理。
12. 影响塔式起重机选择的因素有哪些？选择塔式起重机的应满足的主要原则及基本条件有哪些？
13. 汽车式起重机有哪些类型？并说明其特点及应用场合。
14. 汽车式起重机与轮胎式起重机有哪些异同之处？
15. 履带式起重机有哪些类型？并说明其特点及应用场合。

第十一章 混凝土设备

混凝土是由水泥、砂、石子和水按一定比例(配合比)混合,经过搅拌、输送、浇注、密实成型、养护硬化及成型等一系列工序而成,是现代土木工程施工中不可缺少的建筑材料。为了确保混凝土的工程质量,加速工程进展,降低生产成本和工人的劳动强度,混凝土机械就是对混凝土的各道工序用机械来代替人工作业所需的机械设备。

混凝土机械包括称量、搅拌、输送、成型、喷混凝土支护五种类型:

(1)称量机械主要是各种重量和体积的称量设备,其作用是使混凝土的各项原材料的量在允许偏差范围内,以保证混凝土物料有准确的配合比。

(2)搅拌机械是指各种类型的混凝土搅拌机,它使混凝土物料得到均匀的拌合的设备。

(3)输送机械是将搅拌好的混凝土物料从制备地点输送到浇灌现场的机械,包括混凝土搅拌输送车、混凝土泵等。

(4)成型机械是使混凝土物料密实地填充在模板中或构筑物表面,并制成满足形状及力学性能要求的建筑结构或构件的机械,主要包括各种混凝土振动器、模板台车等。

(5)喷混凝土支护机械是将混凝土物料通过喷射机械高速喷射到受喷面上凝结硬化,对其进行补强、加固的机械,主要包括喷嘴及喷射机等。

第一节 混凝土搅拌机械

混凝土搅拌机是制备混凝土的必备设备,是将具有一定配合比的砂、石、水泥和水等物料搅拌成均匀的、符合设计要求的混凝土的机械。

一、混凝土搅拌机的类型和工作原理

混凝土搅拌的作用是将混凝土浆体均匀地分布在粗细骨料的表面,并使其搅拌均匀。混凝土搅拌机按搅拌原理不同可以分为自落式和强制式两大类,具体见表 11-1。

自落式搅拌机的搅拌筒 2 的内壁焊有搅拌叶片 3(图 11-1)。当搅拌筒 2 自身的轴线(水平或倾斜)旋转时,叶片不断将物料提升到一定高度,然后自由坠落,互相掺合,周而复始,使物料得到均匀搅拌。因此这类搅拌机是利用叶片对物料进行分割、提升、洒落和冲击作用,使物料颗粒相互穿插、翻动,其位置不断地进行重新分布,得到均匀拌合的混凝土,因而自落式搅拌机是按重力机理进行搅拌作业的。自落式搅拌机的优点是结构简单、功率消耗少、维护方便,但搅拌作用不够强烈、效率较低,主要用于搅拌一般骨料的塑性混凝土。

表 11-1　混凝土搅拌机类型

类型	自落式		
	鼓形	锥形	
	斜槽出料	反转出料	倾翻出料
代号	JG	JZ	JF
示意图			

类型	强制式			
	涡浆式	行星式	单卧轴式	双卧轴式
代号	JW	JX	JD	JS
示意图				

　　强制式混凝土搅拌机是根据剪切机理进行搅拌作业的。如图 11-2 所示,搅拌轴 4 上焊有不同角度和位置的搅拌叶片 3,工作时搅拌筒 2 固定不动,搅拌轴 4 带动搅拌叶片 3 对搅拌筒 2 内的物料进行剪切、挤压、推移和翻转等搅拌作用,强制使其产生周向、径向、轴向运动,这样连续不断地进行搅拌作业直至得到搅拌均匀的混凝土。强制式搅拌方式比自落搅拌式要强烈得多,除可用于搅拌一般骨料的塑性混凝土外,还特别适于搅拌干硬性混凝土和轻骨料混凝土。强制式搅拌机的搅拌质量好、生产效率高,但结构较复杂、动力消耗大,叶片、衬板等零部件磨损较快。

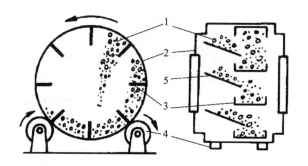

图 11-1　自落式混凝土搅拌机搅拌原理
1.混凝土拌合料;2.搅拌筒;3.搅拌叶片;
4.托轮;5.出料叶片

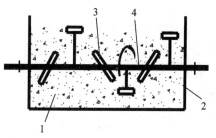

图 11-2　强制式混凝土搅拌机搅拌原理
1.混凝土拌合料;2.搅拌筒;
3.搅拌叶片;4.搅拌轴

自落式搅拌机按搅拌筒形状和出料方式不同分为鼓筒式、锥形反转出料式和锥形倾翻出料式几种。锥形反转出料式规格齐全,目前在土木工程中应用;锥形倾翻出料式较适合于大容量、大骨料、大坍落度混凝土的搅拌,在我国多用于水电工程。

强制式搅拌机按搅拌轴的布置型式不同,分为立轴式和卧轴式两种(表11-1)。其中立轴式又分为涡浆式与行星式;卧轴式又分为单卧轴式与双卧轴式等。卧轴式搅拌机兼有自落式和强制式两种机型的优点,是目前国内外发展较快的强制式搅拌机。

二、锥形反出料式混凝土搅拌机

锥形反转出料式混凝土搅拌机(图11-3)是一种自落式搅拌机,其搅拌筒的结构特点是中间圆柱形、两头圆锥形,水平安装,筒内有交叉布置的搅拌叶片,出料端装有螺旋形卸料叶片。搅拌筒正转时作自落式搅拌,反转时,出料叶片将混凝土卸出,故称反转出料式混凝土搅拌机。

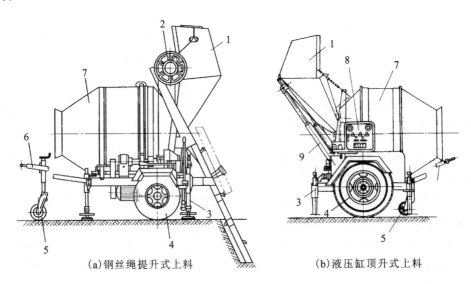

(a)钢丝绳提升式上料　　　　(b)液压缸顶升式上料

图11-3　锥形反转出料式混凝土搅拌机
1.料斗;2.钢丝绳式上料机构;3.支腿;4.轮胎式行走机构;5.前支轮;
6.牵引架;7.搅拌筒;8.电器控制箱;9.液压缸式上料机构

锥形反转出料式混凝土搅拌机适合于搅拌普通流质混凝土、骨料直径小于80mm的塑性混凝土和半干硬性混凝土,搅拌适应性较强,生产率较高。

锥形反转出料式混凝土搅拌机由上料机构、搅拌装置、制动系统、供水系统、单轴拖式底盘等组成。

1)上料机构

上料机构(图11-3)多采用翻转式箕形料斗,由料斗提升机构2来控制料斗1的上升或下降。有机械式上料机构[图11-3(a)]和液压式上料机构[图11-3(b)]两种类型。

液压式上料机构的工作原理如图 11-4 所示。当换向阀 5 左位接通时,压力油经单向阀进入油缸 7 的无杆腔,油缸伸出顶推料斗向上翻起,向搅拌筒内倾倒物料。卸料后,换向阀 5 右位接通,油缸 7 的有杆腔进油,回油经单向阀回油箱 1,油缸缓慢缩回(节流阀的节流作用),料斗慢慢下降至待料位置。当搅拌机正在进行搅拌时,料斗在待料位置停止不动,此时换向阀 5 处于中位,油泵 3 处于卸荷状态,泵出的液压油直接流回油箱,降低了能耗。

2)搅拌装置

搅拌装置由动力传动系统和搅拌筒组成(图 11-5),搅拌筒通过滚道 4 支承在四个橡胶滚轮 3 上。

动力传动系统分为两路:一路由电动机 1 经减速箱 2 带动搅拌筒回转进行搅拌作业,另一路由电动机 1 经减速箱 2、离合器 11、驱动齿轮油泵 12 给上料机构液压系统提供液压动力。减速箱 2 带动搅拌筒回转的方式有两种类型:一是由减速箱 2、橡胶滚轮 3、滚道 4 带动搅拌筒回转的摩擦轮式动力传动系统[图 11-5(a)],二是由减速箱 2、小齿轮 13、大齿圈 14 带动搅拌筒回转的齿轮式传动系统。摩擦轮式传动系统存在打滑现象,故齿轮式传动系统应用较多。

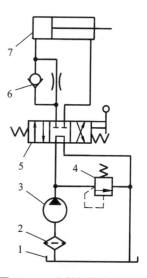

图 11-4　上料机构液压系统
1.油箱;2.滤油器;3.油泵;
4.溢流阀;5.换向阀;6.单向
节流阀;7.油缸

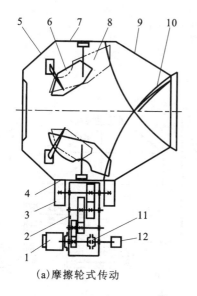 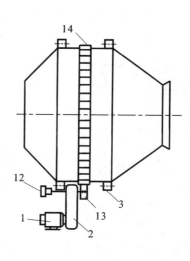

(a)摩擦轮式传动　　　　(b)齿轮式传动

图 11-5　搅拌装置
1.电动机;2.减速箱;3.橡胶滚轮;4.滚道;5.进料圆锥;6.高位叶片;7.圆柱筒体;8.低位叶片;
9.出料圆锥;10.出料叶片;11.离合器;12.齿轮油泵;13.小齿轮;14.大齿圈

搅拌筒的筒体由进料圆锥 5、圆柱筒体 7、出料圆锥 9 组成。搅拌筒内有两组交叉布置、分别与搅拌筒轴线成 45°和 40°夹角、彼此方向相反的搅拌叶片，其中一组较短的叶片由撑脚支撑，称为高位叶片 6；另一组叶片较长，直接与筒壁相连，称为低位叶片 8。搅拌筒转动时，叶片不仅能提升物料，还能强迫物料沿斜面作轴向窜动，使筒体内的物料在洒落的同时又形成往返交叉运动，强化了搅拌作用，提高了搅拌效率和搅拌质量。

为防止进料口漏浆，在搅拌筒的进料圆锥 5 的里边焊有两块挡料叶片。在出料圆锥 9 一端，焊有对称布置了一对与低位叶片 8 倾斜方向一致的螺旋形出料叶片 10。当搅拌筒正转时，螺旋运动的方向朝里，将物料推向筒内，协助搅拌叶片工作；当搅拌筒反转时，螺旋运动的方向向外，从而在低叶片的协助下，将搅拌筒内拌好的混凝土卸出。

三、涡浆式混凝土搅拌机

涡浆式混凝土搅拌机属于立轴强制式搅拌机。如图 11-6 所示，圆柱形搅拌筒 2 的回转中心有垂直布置的立轴 4，轴上装有搅拌叶片 3，由立轴 4 带动进行搅拌作业。

1) 传动系统

涡浆式混凝土搅拌机的动力传动系统由两部分组成（图 11-7）。电动机 1 将回转动力经带传动 2 传递给蜗杆传动 3，然后分成两部分：一是由蜗杆传动 3 直接传递给立轴 4 驱动搅拌装置（图 11-8）完成搅拌作业；二是由操纵机构控制离合器 6 结合，蜗杆传动 3 驱动钢丝绳卷筒 7 回转，由钢丝绳滑轮组提升料斗来完成上料作业；物料倒入搅拌筒 5 后，控制离合器 6 分离，料斗靠自重下降到起始位置。

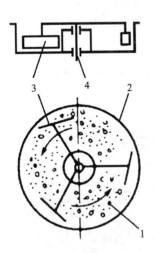

图 11-6 涡浆式混凝土搅拌机搅拌原理
1.混凝土拌合料；2.搅拌筒；
3.搅拌叶片；4.立轴

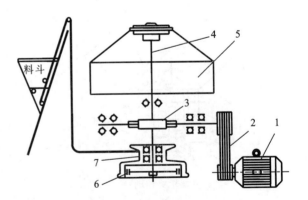

图 11-7 涡浆式搅拌机的传动系统
1.电动机；2.带传动；3.蜗杆传动；4.立轴；5.搅拌筒；
6.离合器；7.钢丝绳卷筒

2)搅拌装置

涡浆式搅拌机的搅拌装置(图 11-8)由搅拌筒、搅拌转子 9 和带有进料口 8 的罩盖 7 组成。其中搅拌筒由两个不同直径的同心圆筒与底板焊接而成,内部镶有耐磨外衬板 2、内衬板 3 和底衬板 4;搅拌转子 9 由转鼓、搅拌臂和安装在搅拌臂端的搅拌叶片 6 及内刮板 5、外刮板 1 等组成。

搅拌时,由立轴传递过来的动力经行星减速器带动搅拌转子 9 回转,搅拌叶片 6 在环形槽内作强制搅拌运动,外刮板 1、内刮板 5 和刮除内壁上的黏附物料,并送回到搅拌叶片处搅拌。

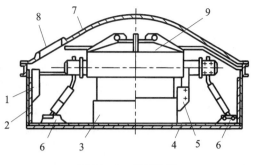

图 11-8 搅拌装置

1.外刮板;2.外衬板;3.内衬板;4.底衬板;5.内刮板;
6.搅拌叶片;7.罩盖;8.进料口;9.搅拌转子

涡浆式搅拌机结构较简单,重量轻,工作适应性较广,最适宜于搅拌干硬性混凝土。但转轴受力大,能耗大,搅拌筒中央的一部分容积由于叶片在那里的线速度低,搅拌效果差而不能充分利用,使有效工作容积有所降低。目前,涡浆式搅拌机在中、小型建筑工程中应用较多。

四、单卧轴式混凝土搅拌机

单卧轴式混凝土搅拌机为移动式小容量机种,主要用于单机作业场合。外形结构如图 11-9 所示,由上料机构、搅拌装置、传动系统、卸料机构、供水系统和机架等部分组成。为了便于手推车或机动翻斗车上料,料斗的运行导轨延伸至地面以下,以降低料斗的装料高度。

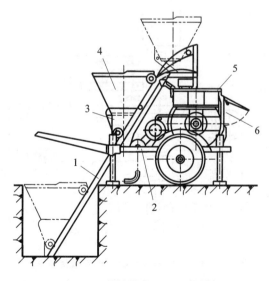

图 11-9 单卧轴式混凝土搅拌机

1.导轨;2.机架;3.上料机构;4.料斗;5.搅拌装置;6.卸料装置

1) 搅拌装置

搅拌装置如图 11-10 所示,它由搅拌筒 1、搅拌轴 3 和搅拌叶片 6 等组成。搅拌筒 1 用钢板卷制焊接成槽形,两端用侧板封闭;筒壁内侧固定着带耐磨材料的衬板 2。搅拌轴 3 从两侧壁圆弧中心穿过,通过轴承安装在搅拌筒 1 上两侧壁的圆弧中心,且呈水平放置。两条大小相同、旋向相反、对称布置的搅拌叶片 6 和侧叶片 7 通过搅拌臂 5 固定在搅拌轴 3 上。

当搅拌轴 3 回转时,两条反向的螺旋搅拌叶片 6 作相反的螺旋运动,物料受到叶片的剪切、挤压和翻转,作复杂而强烈的圆周及轴向对流运动,所以搅拌作用十分强烈,搅拌效率高而且质量好。

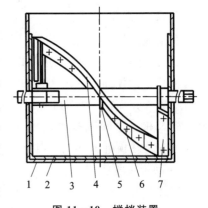

图 11-10 搅拌装置

1.搅拌筒;2.衬板;3.搅拌轴;4.衬带;
5.搅拌臂;6.搅拌叶片;7.侧叶片

2) 传动系统

传动系统如图 11-11 所示。动力由电动机 1 经齿轮减速器 2 由传动轴 3 输出。然后分成三路:一路经链传动 10 驱动搅拌轴 11 带动搅拌叶片 14 回转,进行混凝土搅拌作业。二路是在离合器 4 接合时,经离合器 4 带动钢丝绳滑轮组(卷筒 6、钢丝绳 7、滑轮 8)工作,牵引料斗 9 向搅拌筒上料;当离合器分离时,料斗靠自重下降,并由卷筒 6 上的制动器 5 控制其下行速度。三路用于驱动黄油泵 15,用于提供压力润滑脂,对搅拌轴端进行压力润滑和密封。

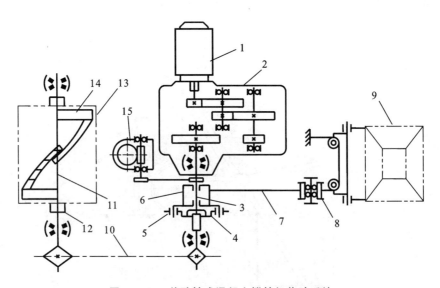

图 11-11 单卧轴式混凝土搅拌机传动系统

1.电动机;2.齿轮减速器;3.传动轴;4.离合器;5.制动器;6.卷筒;7.钢丝绳;8.滑轮;9.料斗;
10.链传动;11.搅拌轴;12.轴端密封;13.搅拌筒;14.搅拌叶片;15.黄油泵

五、双卧轴式混凝土搅拌机

双卧轴式混凝土搅拌机的搅拌质量及效率都比单卧轴式混凝土搅拌机要好,但结构较复杂,适用于较大容量的混凝土搅拌作业,一般用于混凝土搅拌站(楼)或混凝土预制构件厂。双卧轴式混凝土搅拌机的外形结构如图 11-12 所示,主要由上料机构、搅拌装置、传动系统、卸料装置等组成。

1)搅拌装置

搅拌装置(图 11-13)由水平安置的双圆槽形搅拌筒 1,在搅拌筒上的两圆中心轴上安装着两根水平放置的搅拌轴 5,轴上固定等角度排列的搅拌臂 2,在不同的搅拌臂上固定着不同位置、不同角度的搅拌叶片 4、中间叶片 3,端部的搅拌臂上装有侧叶片 6。

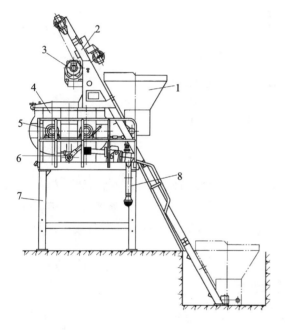
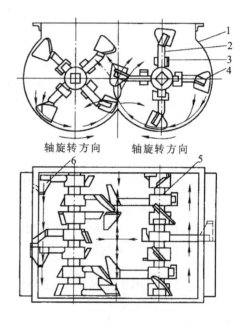

图 11-12　双卧轴式混凝土搅拌机
1.进料斗;2.上料架;3.卷扬装置;4.搅拌筒;
5.搅拌装置;6.卸料机构;7.机架;8.供水系统

图 11-13　双卧轴式搅拌机搅拌装置工作原理
1.搅拌筒;2.搅拌臂;3.中间叶片;
4.搅拌叶片;5.搅拌轴;6.侧叶片

搅拌时两搅拌轴水平、等速、反向回转,叶片推动两个拌筒内的物料一方面轮番地作圆周运动,上下翻滚,另一方面又将物料分别前后挤压,使其沿搅拌轴向不断地从一个旋转平面向另一个旋转平面运动。由于这种复杂而快速的运动使物料间的相对位置每时每刻都在不停地变换,使物料得到了迅速而强烈的搅拌,不论对塑性混凝土还是干硬性混凝土都具有良好的搅拌效果。

2)搅拌传动系统

搅拌传动系统如图 11-14 所示,动力传递路线如下:电动机 1→带传动 2→减速箱 3→小齿轮 4;然后分为两路:一路由小齿轮 4 直接传递给搅拌齿轮 5,由搅拌轴 Ⅰ 带动搅拌臂上的叶片进行搅拌作业;二路由小齿轮 4、经惰轮 6 传递给搅拌齿轮 7,此时由搅拌轴 Ⅱ 的输出一个反向等速回转的动力,带动搅拌臂上的叶片进行搅拌作业。

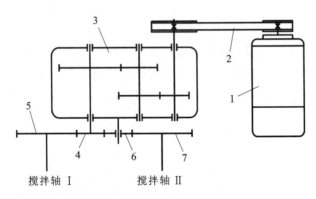

图 11-14 双卧轴式混凝土搅拌机搅拌传动系统
1.电动机;2.带传动;3.减速箱;4.小齿轮;
5.搅拌齿轮Ⅰ;6.惰轮;7.搅拌齿轮Ⅱ

3)卸料装置

双卧轴式搅拌机的卸料装置有单出料门卸料和双出料门卸料两种方式,卸料门的启闭方式有手动、气动和液压三种方式。从操作方便、快捷、实用和经济等因素考虑,一般采用气动为主要卸料方式,手动卸料仅在辅助卸料时(如停电时的紧急卸料等)使用;液压卸料主要用于具有倾翻卸料方式的搅拌机。

六、混凝土搅拌机的生产率及机型的选择

1. 搅拌机生产能率的计算

1)搅拌机的容量参数

搅拌机的容量参数包括:①搅拌筒的几何容积 V_0;②进料容量 V_1 是指每批装入搅拌筒并能进行有效搅拌的干料体积;③出料容量 V_2 是指每批卸出搅拌筒的成品混凝土体积。国家标准规定:以出料容量 V_2 为搅拌机的主参数,称为搅拌机的额定容量(单位:m³)。

(1)进料容量 V_1 与搅拌筒的几何容积 V_0 的关系:$V_1/V_0=0.25\sim0.5$。

(2)出料容量 V_2 与进料容量 V_1 的比值称为出料系数 φ:$\varphi=V_2/V_1$,对于混凝土取 $0.65\sim0.7$,对于砂浆取 $0.85\sim0.95$。

(3)捣实后混凝土体积 V_3 与出料容量 V_2 比值的大小与混凝土的性质有关:①对于干硬性混凝土:$V_3/V_2=0.7\sim0.8$;②对于塑性混凝土:$V_3/V_2=0.8\sim0.9$。

2)搅拌机的生产率

搅拌机的生产率按下式计算：

$$Q=\frac{3\ 600V_2}{t_1+t_2+t_3+t_4}k \qquad (11-1)$$

式中：Q 为生产率(m^3/h)；V_2 为额定出料容量(m^3)；t_1 为每罐上料时间(s)，提升料斗式进料一般取 15～20s，固定料斗式进料一般取 10～15s；t_2 为每罐搅拌时间(s)，随混凝土坍落度和搅拌容量的大小而异，可根据实测或参考搅拌机有关性能参数确定，一般取 50～150s(强制式取前者，自落式取后者)；t_3 为每罐出料时间(s)，反转出料式取 20～35s，倾翻出料式取 10～20s，鼓型搅拌机取 30～60s；t_4 为搅拌筒复位时间(s)，倾翻出料式搅拌机由实测确定，其他机型为零；k 为每循环工作时间的利用系数，根据施工组织而定，一般取 0.9。

2. 机型选择

混凝土搅拌机应根据工程具体条件(工程量大小、工期长短等)和对混凝土的性能要求等方面来正确加以选择。

(1)从工程量和工期方面考虑：若混凝土工程量大且工期长，应选用中型或大型固定式混凝土搅拌机群、搅拌站或搅拌楼(详见下节)；若工程量中等且工期不长，宜选用中型固定式或移动式搅拌机组；若混凝土量零散且较少时，则宜选用中小型移动式搅拌机。

(2)从搅拌的混凝土性质考虑：若为塑性或半塑性混凝土，宜选用自落式搅拌机；若混凝土为高强度、干硬性或轻质，则选用强制式搅拌机。

(3)从混凝土组成特性及黏稠度方面考虑：若为稠度小、骨料粒度大的混凝土，选用容量较大的自落式搅拌机；若为稠度大、骨料粒度大的混凝土，选用转速较快的自落式搅拌机；若为稠度大、骨料粒度小的混凝土，选用强制式搅拌机或中小容量的锥形反转出料式搅拌机。

第二节 混凝土搅拌楼和搅拌站

混凝土搅拌楼和搅拌站是用来集中搅拌混凝土的联合装置。因其具有机械化、自动化程度高，生产率高且有利于集中拌制及商品化生产的特点，故常用于混凝土工程量大、施工周期长以及施工地点集中的大中型水利电力工程、桥梁工程、建筑施工以及混凝土制品工厂中。

我国关于禁止在城市城区现场搅拌混凝土的通知(商改发[2003]341号)，实现了集中搅拌，负责输送、泵送、浇筑一体的机械化作业，为建筑施工质量与生产率的提高提供了可靠的保证，为混凝土生产企业提供了广泛的市场。

一、混凝土搅拌楼与搅拌站的类型

混凝土搅拌楼(站)按移动方式的不同分为固定式和移动式；按作业方式的不同分为周期式和连续式；按工艺布置形式的不同分为单阶式[图 11-15(a)]和双阶式[图 11-15(b)]。

1) 单阶式布置方式

单阶式布置如图 11-15(a)所示,其砂、石、水泥等材料一次提升到搅拌楼(站)最高层的储料斗中,然后经配料、搅拌成混凝土直至卸出的整个过程均借助物料的自重下落而形成垂直生产工艺体系。单阶式布置具有生产率高、布置紧凑、占地面积小、动力消耗低、机械化和自动化程度较高等优点,一般采用全封闭形式;但建筑结构高度大,对基础要求高,一次性投资较大。故单阶式布置适用于固定的场合,如混凝土生产厂及预制构件厂,也适用于大型及超大型工程。

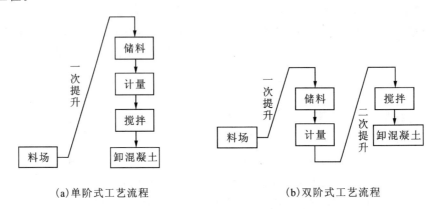

图 11-15 混凝土搅拌楼(站)工艺流程

2) 双阶式布置方式

双阶式布置如图 11-15(b)所示,砂、石、水泥等材料分两次提升:第一次将材料提升至储料斗,经配料称量后,第二次再将材料提升并卸入搅拌机进行搅拌。双阶式布置具有设备简单、结构紧凑、安装高度不大、组装方便、建成快等优点;但占地面积较大、动力消耗较多,机械化和自动化程度较低,生产率较低,故双阶式布置适用于中小型搅拌站。

为了解决单阶式投资大、双阶式效率不高的问题,目前国内外流行一种介于单阶式和双阶式之间的布置方式见图 11-16。它的特点是在搅拌机的上方还设置一储料斗,经称量后的砂、石、水泥等材料提升至搅拌机上方的储料斗内,当搅拌程序要求投入粗细骨料时,就可以立即将其投入到搅拌机中进行搅拌。这样粗细骨料在搅拌机上方的储料斗内等待时,粗细骨料的称量与混凝土搅拌同时进行,因而提高了生产率。这种布置方式的优点是继承了单阶式与双阶式的优点,节省了投资。目前生产的搅拌站主要是这种布置方式。

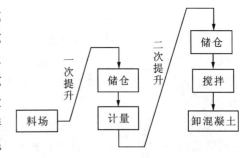

图 11-16 介于单阶与双阶式之间的工艺流程

二、单阶式混凝土搅拌楼

单阶式混凝土搅拌楼是一种将砂、石、水泥和水按一定配比,周期性地和自动地搅拌成混凝土的成套设备。如图 11-17 所示的装配式钢结构混凝土搅拌楼,自上而下分为进料层、储料层、配料层、搅拌层、出料层共五层,机电设备分装各层,集中控制。

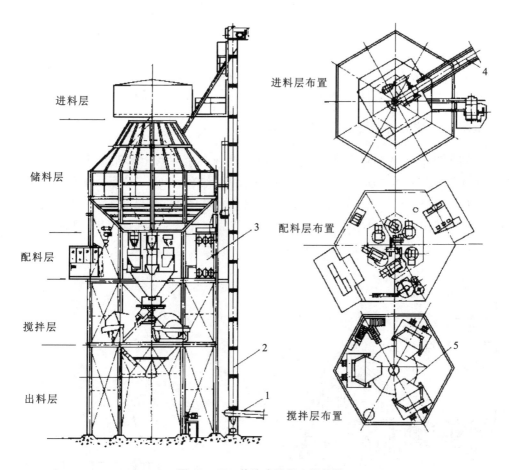

图 11-17 单阶式混凝土搅拌楼
1.螺旋输送机;2.斗式提升机;3.吸尘器;4.皮带输送机;5.搅拌机

单阶式混凝土搅拌楼的工艺流程如下:

(1)上料和储存工序。砂、石骨料由带式输送机提升到进料层,再通过回转料斗将每种骨料送入储料层中骨料储仓的各储料斗内;水泥则由水泥筒仓下部的螺旋输送机装进储料层中的水泥储仓内;水及外加剂则通过泵和相应的管路送入储水箱和外加剂容器中。

(2)配料工序。将骨料、水泥、水(含外加剂)分别装入骨料称量斗、水泥称量斗、水称量斗内称量。

(3)搅拌工序。将称量好的各种材料投入混凝土搅拌机内搅拌。

(4)出料工序。将搅拌好的成品混凝土直接卸入混凝土搅拌输送车或送入储料斗内。

三、双阶式混凝土搅拌站

双阶式混凝土搅拌站的特点是物料需经过二次提升,且不同类型的搅拌站都有各种不同的工艺方案、结构形式和设备配置。不同工艺方案搅拌站的共同点是水泥都由一条单独密封的通道,经提升、称量后进入搅拌机中,用于避免发生水泥飞扬现象。主要区别在于砂石供料、储料、配料及提升的形式与组合的不同,这就是骨料配料装置。

骨料配料装置是集砂石储料、供料、计量和配料输出功能于一体的模块化骨料装置,可分为以下几种类型:拉铲集料式、配料机与提升斗组合式、皮带机提升式、骨料直投式。

1. 配料机与提升斗组合式混凝土搅拌站

如图11-18所示的双阶式混凝土搅拌站的骨料配料装置属于配料机与提升斗组合式,主要由骨料仓8、皮带输送机9、骨料提升斗5和上料导轨7组成。特点是用配料机与提升斗组合的方式代替了拉铲集料式的骨料配料装置。采用配料机与提升斗组合的搅拌站与拉铲集料式搅拌站相比建站投资相近,但性价比高、适应性更强。因此配料机与提升斗组合式的配料装置逐渐替代了拉铲集料式配料装置。

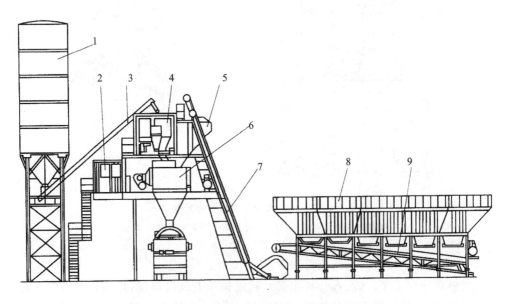

图 11-18 配料机与提升斗组合式混凝土搅拌站
1.水泥筒仓;2.控制系统;3.螺旋输送机;4.水泥称量斗;5.骨料提升斗;
6.搅拌机;7.上料导轨;8.骨料仓;9.皮带输送机

骨料配料装置为配料机与提升斗组合式的双阶式混凝土搅拌站(图11-18)的工艺流程:①砂石骨料经装载机或皮带机一次提升分类装进骨料仓8的各集料斗内,水泥也经一次提升装进水泥筒仓 1 内备用。②使用时,砂石由皮带输送机(传动带秤)9 称量并输送到骨料提升斗 5 内,再由骨料提升斗 5 二次提升加入到搅拌机 6 内;水泥则从水泥筒仓 1 的底部经螺旋输送机 3 二次提升至水泥称量斗 4 中称量后投入到搅拌机 6 中;水和外加剂分别从储存箱直接由水泵和外加剂泵送到搅拌机 6 内。③启动搅拌机 6 直至完成混凝土搅拌作业。④将成品混凝土装到成品料斗内,卸入下方的混凝土搅拌输送车或运输车辆内。

2. 皮带提升式混凝土搅拌站

如图 11-19 所示的双阶式混凝土搅拌站的骨料配料装置属于皮带机提升式(也称皮带机提升仿楼式),主要有由骨料仓 1、骨料称量 2、水平带式输送机 3、倾斜带式输送机 4 组成。其特点是采用倾斜带式输送机来二次提升砂石骨料。由于倾斜式皮带输送机是单阶式搅拌楼传统的骨料输送与提升设备,且全封闭的搅拌主体设备与搅拌楼相近,也称为仿楼式混凝土搅拌站。

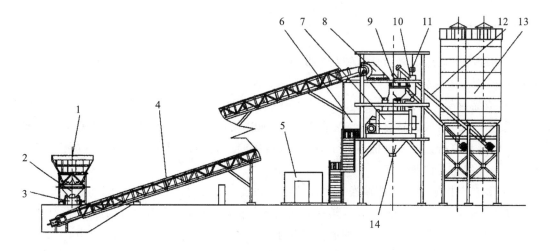

图 11-19 皮带提升式混凝土搅拌站

1.骨料仓;2.骨料称量;3.水平带式输送机;4.倾斜带式输送机;5.外加剂箱;6.控制室;7.搅拌机;
8.骨料待料斗;9.水泥秤;10.水秤;11.外加剂秤;12.螺旋输送机;13.水泥筒仓;14.成品料斗

骨料二次提升用倾斜带式输送机的类型有普通平带输送机、人字形花纹皮带机、波状挡边大倾角皮带机等。

第三节 混凝土搅拌输送车

混凝土搅拌输送车是一种将成品混凝土从制备地点远距离输送到浇筑地点的专用运输车辆。它是在载重汽车或专用汽车底盘上安装有一个缓慢旋转的搅拌筒,车辆在运输途中不停地搅拌混凝土,以防止混凝土在运输途中出现初凝和离析等降低质量的现象。所以混凝土搅拌输送车是一种具有运输与搅拌双重功能的混凝土输送设备。

一、混凝土搅拌输送车的类型和作业方式

1. 类型

混凝土搅拌输送车按搅拌筒的驱动方式分为机械式、液压式、机械-液压式三种,其中机械-液压式应用较广。

按车辆底盘结构形式分为自行式(载重汽车或专用汽车底盘)和拖挂式。

按搅拌筒的驱动方式分为发动机集中驱动(包括前端取力、发动机飞轮取力、减速箱取力)和单独柴油机驱动两种,其中集中驱动会受到道路条件的影响,会引起搅拌筒转速的波动;单独柴油机驱动的搅拌筒就不存在道路影响的问题,适用于大容量搅拌输送车。

按搅拌筒容量大小分为小型(搅拌容量<3m^3)、中型(搅拌容量为3~8m^3)、大型(搅拌容量>8m^3)。

2. 作业方式

根据混凝土运送距离的长短和材料供应条件的不同,搅拌输送车可以采用下列几种作业方式。

(1)成品混凝土输送。这种作业方式适用于运距为8~12km的工况。搅拌输送车从混凝土搅拌楼(站)装入成品混凝土,在输送途中,搅拌筒以1~3r/min的转速低速持续搅动,以防止初凝和离析分层。车抵达施工现场后,搅拌筒反转卸出混凝土。成品混凝土输送是搅拌输送车的主要作业方式。

(2)湿料搅拌输送。搅拌输送车在搅拌楼(站)装入经称量的砂、石、水泥和水等物料,在输送途中,搅拌筒以8~12r/min的转速对物料进行搅拌,在卸料前完成混凝土的搅拌作业。但湿料搅拌输送混凝土的质量不如成品混凝土。

(3)干料输送途中注水搅拌。若运距大于12km,通常是将经称量的砂、石、水泥的干料装入输送车的搅拌筒内,开往工地。在到达施工现场前15~20min时加水进行搅拌,到达使用地点时搅拌完成,继而反转卸料。

二、混凝土搅拌输送车的结构和工作原理

1. 结构组成与动力传动

混凝土搅拌输送车的结构如图11-20所示,主要由载重汽车底盘(或半拖挂式专用底盘)与混凝土搅拌装置两部分组成。所以,混凝土搅拌输送车既能按汽车行驶条件完成运输作业,又能同时用搅拌装置持续进行搅拌作业,防止混凝土出现初凝和离析现象。

搅拌装置(图11-20)由取力传动轴、液压系统3、减速器总成2、搅拌筒6、搅拌筒的支撑装置等组成。工作时,由取力传动轴将发动机的动力传递给液压泵组1工作,再由液压系统3控制液压马达回转,带动减速器总成2减速,驱动搅拌筒6进行持续、慢速的搅拌作业。

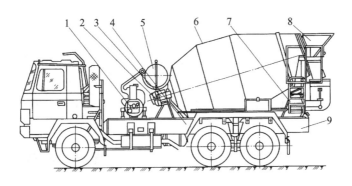

图 11-20　混凝土搅拌输送车
1.液压泵组；2.减速器总成；3.液压系统；4.机架；5.供水系统；
6.搅拌筒；7.操控系统；8.进出料装置；9.底盘

2. 搅拌筒的外部结构

搅拌筒是搅拌输送车的核心部分(图 11-21)，其结构是一个单口的梨形搅拌筒体 1，支承在不同水平面的三个支点上，绕其轴线回转。其搅拌筒体 1 低端的中心轴直接与带浮动轴承的减速器 8 相连接，此处的减速器 8 即带动搅拌筒旋转，又作为搅拌筒的单点支承；筒体高端的锥形表面焊有圆形滚道 2，安装在一对支撑滚轮 7 上，呈两点支承。搅拌筒体 1 低端封闭，高端开口，其回转轴线与水平面具有 16°～20°前低后高的倾斜角。搅拌筒正转进料与搅拌，反转卸料。

3. 搅拌筒的内部构造

搅拌筒的内部构造如图 11-22 所示。在搅拌筒体 3 的内壁焊有两条相差 180°相位的带状螺旋叶片 6，以保证物料沿螺旋叶片滚动与上下翻动，防止混凝土离析和凝固。当搅拌筒正转时，物料顺着螺旋叶片进入筒内进行搅拌；当搅拌筒反转时，顺着螺旋叶片向外旋出卸料。卸料速度由搅拌筒反转的转速确定。

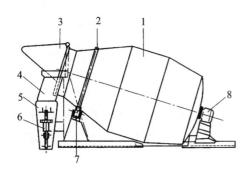

图 11-21　搅拌筒外部结构
1.搅拌筒体；2.圆形滚道；3.进料斗；4.固定溜槽；
5.活动卸料槽；6.摆动机构；7.支撑滚轮；8.减速器

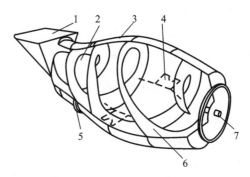

图 11-22　搅拌筒内部构造
1.进料斗；2.进料导管；3.搅拌筒体；4.辅助叶片；
5.圆形滚道；6.螺旋叶片；7.回转轴

为了更好地提升物料、增强搅拌效果,在搅拌筒体 3 的中下部、两螺旋叶片之间还固定着辅助叶片 4。

为了引导进料,防止物料进入时损坏叶片,在进料口处设置有进料导管 2。进料导管 2 和筒体 3 将进料口处分割成两部分:导管内为进料口,导管与筒体之间的环形空间为出料口。进料时物料沿导管内进入;出料时,搅拌好的混凝土则沿导管与筒体之间的环形空间卸出。

第四节 混凝土搅拌输送泵和泵车

混凝土输送泵和泵车属于泵送混凝土机械。混凝土泵是将成品混凝土加压后沿管道水平或垂直输送到浇筑地点的混凝土输送机械,混凝土泵车则是将混凝土泵和折叠式臂架都安装在车辆底盘上,由混凝土泵输送的成品混凝土沿臂架铺设的管道——终端软管输送到浇筑地点的混凝土输送机械。

一、混凝土输送泵

1. 混凝土输送泵的用途与分类

在施工现场采用混凝土输送泵输送成品混凝土具有效率高、质量好、机械化程度高、可减少污染与浪费等优点,广泛应用于大型混凝土基础工程、水下及隧道工程、桥梁建设地下工程等。对于施工场地狭窄、浇筑工作面小、配筋稠密的结构建筑物及结构物浇筑,混凝土输送泵是一种经济适用的混凝土输送机械,但不适用于骨料粒度大于 100mm、坍落度小于 5cm 的场合。

混凝土泵按移动方式分为固定式、拖式和车载式;按结构和工作原理分为活塞式、挤压式和风动式(图 11-23);按理论输送量分为小型($<30m^3/h$)、中型($30\sim80m^3/h$)、大型($>80m^3/h$);按分配阀形式分为管形阀、板阀、转阀;按泵送混凝土压力分为低压($2\sim5$MPa)、中压($6\sim9.5$MPa)、高压($10\sim16$MPa)、超高压($22\sim28.5$MPa);按驱动方式分为电动机驱动、柴油机驱动。

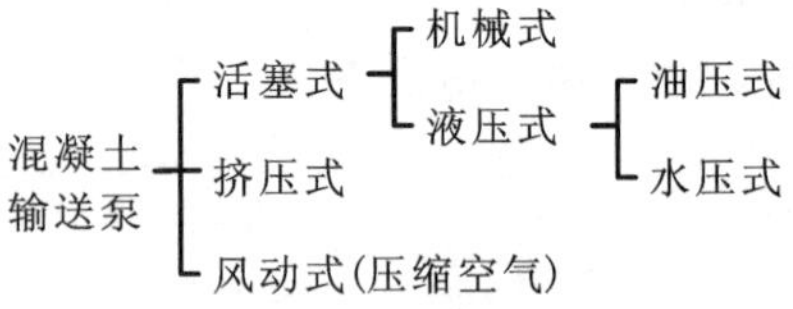

图 11-23 混凝土泵的类型

2. 液压活塞式混凝土泵

液压活塞式混凝土泵(图 11-24)是由液压缸将液压油的压力能转换成往复运动的机械能,再由混凝土缸将机械能转换成流动混凝土的压力能,将成品混凝土沿水平、垂直的输送管道连续输送到浇筑地点的设备。

液压活塞式混凝土泵分为单缸式和双缸式两种。虽然双缸式较单缸式复杂,由于双缸式的两个缸交替工作,可使泵送工作连续、平稳、效率高,所以大中型液压活塞式混凝土泵均采用双缸式。

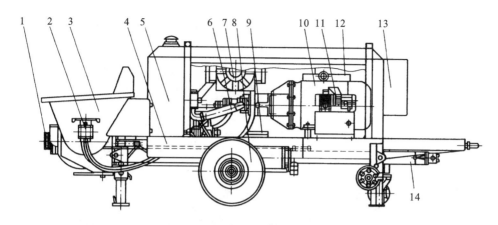

图 11-24 液压活塞式混凝土泵的基本构造
1.出料斗；2.搅拌装置；3.料斗；4.机架；5.液压油箱；6.液压系统；7.冷却系统；8.行走装置；
9.润滑系统；10.动力系统；11.清洗系统；12.电气系统；13.软启动箱；14.泵送机构

虽然液压活塞式混凝土泵种类很多，但都是由搅拌机构、泵送机构、液压系统、清洗系统、电气系统、机架及行走系统等组成(图11-24)。

1) 搅拌装置

如图11-25所示，搅拌装置由搅拌轴2和其上固定的搅拌叶片3组成，通过轴承、轴承座，水平安装在料斗1的两个侧板孔内。由液压马达带动搅拌装置回转，搅拌叶片的圆周运动使成品混凝土上下翻滚与流动，实现了对成品混凝土的二次搅拌；左右两搅拌叶片3回转时向混凝土缸4输送混凝土，完成喂料作业。

搅拌装置上螺旋搅拌叶片对成品混凝土进行二次搅拌的作用是防止减少成品混凝土的离析现象，改善混凝土的可泵性。螺旋搅拌叶片向混凝土缸4喂料的作用是提高混凝土泵的吸入效率。

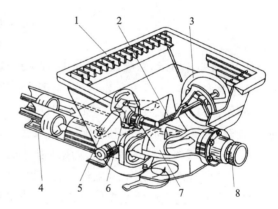

图 11-25 料斗的结构
1.料斗；2.搅拌轴；3.搅拌叶片；4.混凝土缸；
5.摆动油缸；6.摇臂；7.分配阀；8.出料口

2) 泵送机构

泵送机构的任务是将机械能转换成流动混凝土的压力能，是泵送混凝土的执行机构，主要由主液压缸、混凝土缸、摆动缸、摇臂、分配阀("S"形)等组成(图11-26)。

如图11-26所示，主油缸1、2与混凝土缸5、6共用一根活塞杆(其中：1、6一根，2、5一根)；两混凝土缸的后端与水箱3连接，前端与料斗14连接("S"形阀)，通过拉杆将混凝土缸固定在料斗14和水箱3之间；当主油缸往复运动时，混凝土缸的活塞8也做往复运动。在水箱3内安装有换向机构4,用于控制活塞8的行程与主油缸的换向。水箱3位于主油缸和混凝土缸之间;泵送机构工作时,在混凝土缸活塞8后面的水随着活塞8来回流动,具有清洗、冷却、润滑混凝土缸的功能,起到隔离主油缸和混凝土缸的作用。由摆动缸10、11和摇臂9推动分配阀12旋转,交替完成关闭和开通混凝土缸5、6的吸、排通道;分配阀12的作用是转换混凝土缸的吸入或推出成品混凝土的通道,是完成泵送混凝土的关键部件。

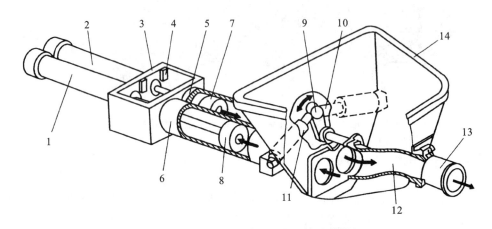

图 11 - 26　液压活塞式混凝土泵的泵送原理
1、2. 主油缸;3. 水箱;4. 换向机构;5、6. 混凝土缸;7、8. 混凝土缸活塞;
9. 摇臂;10、11. 摆动缸;12. 分配阀;13. 出料口;14. 料斗

如图11-26所示,在吸入混凝土时,混凝土缸6与料斗14接通,主油缸1的杠杆缩回,带动活塞8向左运行,混凝土缸6内空间增大、压力降低,成品混凝土被吸入。当主油缸1左行至行程终点时,触发水箱3内的换向机构4;控制摆动缸10、11换向,经摇臂9推动分配阀12旋转,混凝土缸活塞8和分配阀12被接通;同时控制主油缸1换向、活塞杆伸出、活塞8向右运行,向混凝土输送管道推送成品混凝土。同时由主油缸2、混凝土缸5、活塞7等组成的另一套泵送机构与之交替工作,如此循环往复,实现了成品混凝土的连续泵送。

当混凝土泵发生堵塞或需要停机时,需要将管道内的混凝土抽回,这就需要反泵操作。所谓反泵就是使处于吸入行程的混凝土缸与分配阀连通、处于推送行程的混凝土缸与料斗连通,就可以将输送管道内的混凝土抽回料斗[图11-27(b)]。

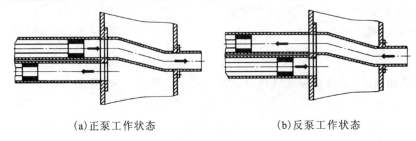

(a)正泵工作状态　　　　　　　　(b)反泵工作状态

图 11 - 27　正反泵工作原理

3) 常用分配阀的类型与原理

成品混凝土是由泵送机构通过分配阀来完成成品混凝土吸排动作的,因此分配阀是活塞式混凝土泵的核心部件。其形式与质量的好坏直接影响混凝土泵的工作性能与使用性能,如输送容积效率、工作可靠性、堵管等问题。

分配阀的种类很多,分类见图 11-28。以下仅介绍几种常见的分配阀。

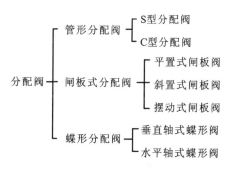

图 11-28 分配阀的种类

(1) S 型分配阀。S 型分配阀是目前混凝土泵使用最多的一种分配阀,属于卧式管形分配阀。由于阀体的形状呈"S"形故称 S 型分配阀。

如图 11-29 所示,S 型分配阀 7 置于料斗内,一端与出料口 9 接通并安装在轴承 8 内,另一端摆动轴 3 与出料口 9 同轴并安装在轴承 2 内。当摆动油缸推动摇臂 1 带动 S 型分配阀 7 绕 O—O 轴摆动时,分别与两个混凝土缸交替接通,从而完成混凝土的吸、排过程。

S 型分配阀 7 与耐磨环 5 之间安装有橡胶弹簧 6,可对耐磨板 4 与耐磨环 5 之间的磨损起到自动补偿的作用。

采用 S 型分配阀的混凝土泵具有输送压力大、距离远、高度高的特点,所以我国生产的拖式混凝土泵车及臂架式混凝土泵车大部分都采用 S 型分配阀。

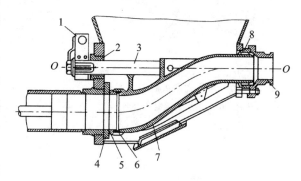

图 11-29 S 型分配阀结构
1.摇臂;2、8.轴承;3.摆动轴;4.耐磨板;5.耐磨环;
6.橡胶弹簧;7.分配阀;9.出料口

(2) 斜置式闸板阀。闸板式分配阀也是应用较多的一种分配阀,是靠直线往复运动的闸板,周期性地快速开闭混凝土缸的进料口和出料口,从而完成混凝土泵送工作的一种分配阀。

闸板阀的优点是由油缸直接推、拉插板,因而开关迅速、及时,其插拔结构简单、省力。但在双泵工作时需要"Y"形管,料斗安置在较高的位置,且输送混凝土时阻力较大,有一定的压力损失,故泵送混凝土的压力较小。

斜置式闸板阀是闸板式分配阀的一种。如图 11-30 所示,闸板油缸 2 推动闸板 5 上下运动,交替开关混凝土缸 4 与料斗 1 和输送管 6 的通道,完成了吸、排混凝土的作业。

在使用时,一般配置两个闸板阀,两个混凝土缸各有一个闸板阀,分别由两个闸板阀交替开关混凝土缸的进出料通道,同时两个混凝土缸交替完成吸、排混凝土的作业,实现混凝土的连续泵送。

(3) 垂直轴式蝶形分配阀。蝶形分配阀是布置在料斗、混凝土缸、输送管之间的通道上,靠往复回转运动的片状蝶形阀快速开闭混凝土缸的进料口和出料口,从而完成混凝土泵送工作的分配阀。蝶形分配阀的优点是结构简单、流程短,缺点是吸、排通道方向改变剧烈,会产生堵塞现象。

如图 11-31 所示是垂直轴式蝶形分配阀的水平剖面图,其蝶阀 5 的回转轴 A 垂直布置,蝶阀 5 水平摆动。混凝土缸活塞 1 和 8、蝶阀 5、出料管 6 布置在同一平面上,安装在料斗的下面,由中间的阀箱 4 把混凝土缸活塞 1 和 8 与出料管 6 连通起来。由油缸推动蝶阀 5 绕 A 轴摆动,使两个混凝土缸交替接通料斗底部 7 和出料管 6,顺序完成吸、排混凝土的作业。

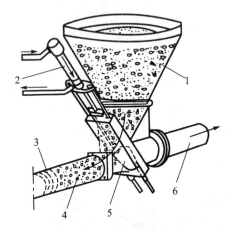 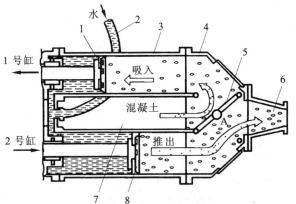

图 11-30　斜置式闸板阀工作原理
1.料斗;2.闸板油缸;3.混凝土缸活塞;
4.混凝土缸;5.闸板;6.输送管

图 11-31　垂直轴式蝶形分配阀水平剖面图
1、8.混凝土缸活塞;2.水管;3.混凝土缸;
4.阀箱;5.蝶阀;6.出料管;7.料斗底部

二、混凝土泵车

混凝土泵车也称臂架式混凝土泵车,是将混凝土泵和铺设有管道的液压折叠式臂架(称为布料装置)都安装在载重汽车底盘或拖挂车上的混凝土输送机械,将混凝土泵和布料装置安装在拖挂车上则称为拖式混凝土泵车。由于臂架具有变幅、折叠、回转功能,可以在臂架所能触及的范围内,快速且方便地完成混凝土的水平或垂直方向的泵送、布料和浇筑作业,从而提高了作业的效率。

1)混凝土泵车的分类

混凝土泵车按照臂架长度分为短臂架(垂直高度<30m)、常规臂架(30m≤垂直高度<40m)、长臂架(40m≤垂直高度<50m)、超长臂架(垂直高度>50m);按泵送方式分为活塞式和挤压式,其中液压活塞式为主流方式;按分配阀的形式分为 S 型阀、C 型阀、闸板阀、蝶阀等,其中运用最多的是 S 型阀;按臂架折叠方式(图 11-32)分为 R(卷绕式)型、Z(折叠式)型、RZ(综合式)型。

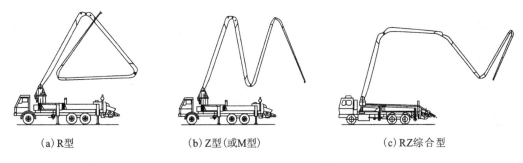

(a) R型　　　　　　　(b) Z型(或M型)　　　　　　(c) RZ综合型

图 11-32　臂架折叠类型

2) 混凝土泵车的结构与组成

如图 11-33 所示的混凝土泵车主要由载重汽车底盘、双缸液压活塞式混凝土输送泵、液压折叠式臂架及管道系统、液压支腿装置、液压系统、清洗系统等部分组成。泵车的动力全由发动机提供。

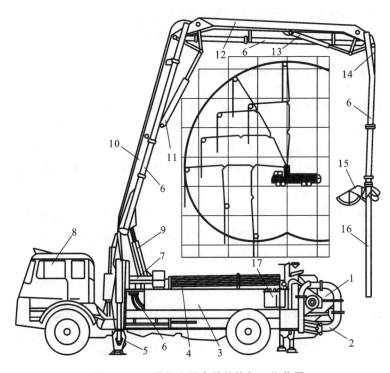

图 11-33　混凝土泵车的结构与工作范围

1.混凝土泵；2."Y"形出料管；3.水箱；4.备用管段；5.液压支腿；6.混凝土输送管；7.旋转台；
8.驾驶室；9.变幅液压缸；10.第一节臂架；11、13.折叠液压缸与连杆机构；12.第二节臂架；
14.第三节臂架；15.软管支架；16.软管；17.操纵柜

如图 11-33 所示,为方便向混凝土泵喂料,混凝土泵均装在泵车的尾部。在车架前部的回转支撑旋转台 7 上装有 R 型三段可折叠式布料装置,在工作时可进行变幅、折叠和回转三个动作。回转支撑旋转台 7 带着布料装置可水平回转 360°,再加上布料装置垂直方向上的区域,可保证泵车有较大的工作范围。

工作时,混凝土泵泵出的混凝土被推入混凝土输送管 6 内,经第一节臂架 10、第二节臂架 12、第三节臂架 14 上的混凝土输送管 6,再从软管 16 输送到浇筑部位。

液压支腿的作用是保证混凝土泵车工作时的安全性和稳定性。由于臂架伸出量较大,会产生很大的倾覆力矩,要有液压支腿来扩大支撑面,以保证混凝土泵车稳定工作。混凝土泵车上一般设置四个液压外伸支腿,作业时支腿水平向外伸出,用来扩大支撑面,支腿垂直向下伸出用以将车身抬起,增加泵车工作时的稳定性。

此外,混凝土泵车还有带压缩空气的水箱,可用来清洗混凝土泵和输送管道。

第五节 混凝土振动器

在浇筑混凝土后,混凝土构件的内部还存在着空洞和气泡,必须及时地采取有效方法对混凝进行捣实,使其密实填充,以保证混凝土构件的浇筑质量。密实混凝土的工艺方法主要是机械方法,如挤压式、振动式、离心式、碾压式等。其中以振动式密实混凝土的方法应用最多。

一、混凝土振动器的工作原理和类型

混凝土振动器的工作原理是通过一定传递方式把振动器的高频振动能量传递给混凝土,迫使混凝土颗粒之间的黏着力松弛,摩擦力减小,呈现出"重质液体状态";粗细骨料在自身重力的作用下向新的稳定位置沉落,存在的间隙完全被水泥浆充满,排出混凝土中的气体,消除空隙,使混凝土迅速密实地填充于模板之中,最终达到密实混凝土、提高强度的目的。

混凝土振动器的种类较多,按振动方式不同分为内部振动器、外部振动器、表面振动器和振动台四种(图 11-34);按产生振动的原理分为行星式和偏心轴式;按振动频率分为低频(33~83Hz)、中频(83~133Hz)、高频(133~200Hz)等。

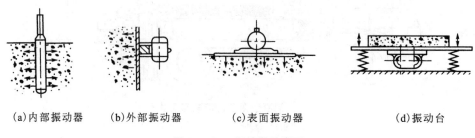

(a)内部振动器　　(b)外部振动器　　(c)表面振动器　　(d)振动台

图 11-34 振动器的类型

二、内部振动器

内部振动器又称插入式振动器。工作时将其插入已灌注好的混凝土中,由棒体将振动能量传递到周边的混凝土中,来完成振动密实混凝土的作业。内部振动器主要用来振实各种深度或厚度尺寸较大的混凝土结构和构件,对塑性和干硬性混凝土均适用。

如图 11-35 所示为电动软轴插入式振动器,由振动棒 1、软轴 2、防逆装置 3、电动机 4 等组成。工作时,将振动棒 1 插入到刚浇注的混凝土中,打开开关 5,交流异步电动机 4 回转经软轴 2 驱动振动棒 1 产生振动,一般只需 10～20s 的振动时间,即可把振动棒周围十倍于振动棒直径的混凝土振实。混凝土振动器多以电动机为动力,仅在缺乏电源的情况下以小型汽油机驱动。

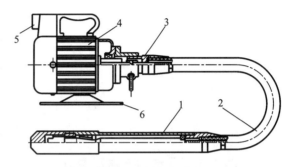

图 11-35 电动软轴插入式振动器
1.振动棒;2.软轴;3.防逆装置;4.电动机;
5.电器开关;6.支座

内部振动器按振动棒激振原理不同分为偏心轴式(简称偏心式)和行星滚锥式(简称行星式)两种,其激振部分的结构如图 11-36 所示。

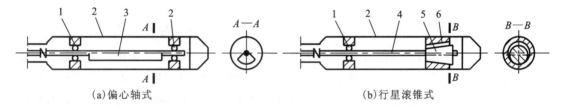

图 11-36 振动棒的振动原理示意图
1.轴承;2.棒体;3.偏心轴;4.滚锥轴;5.滚锥;6.滚道

1. 偏心式振动器

如图 11-36(a)所示,偏心式振动棒的转轴上装有偏心块。工作时,高频电动机驱动偏心轴在振动棒体内高速旋转,偏心轴所产生的离心力使振动棒产生高频微幅振动,其振动的频率等于电动机的转速。

偏心式振动器受到以下两个因素的制约:一是激振力主要通过轴承传递,轴承在高速循环载荷下工作,影响其寿命;二是提高转速受到软轴传动及承载能力的限制,其振动频率较低,振动棒的直径一般都小于 50mm,故逐渐被行星式所取代。

2. 行星式振动器

行星式振动器的结构如图 11-36(b)所示,由一端有圆锥形的滚锥轴 4 取代了偏心式振动器中的偏心轴 3。该滚锥轴后端支承在轴承上,前端(有滚锥的一端)悬置,其滚锥 5 装载棒体 2 上的圆锥滚道 6 内。工作时,滚锥轴上的滚锥在沿滚道作行星运动,产生沿径向循环的离心惯性力,此力推动振动棒进行高频微幅的环向振动。滚锥轴沿滚道每公转一周,棒体沿周向循环振动一次。

滚道与滚滚锥的直径越接近公转转速 n 就越大,适当选择滚子与滚道的直径,即可使振动棒在普通转速的电动机驱动下获得较高的振动频率。目前行星式振动器的振动频率一般为 183～250Hz。由于行星式振动器的振动频率高、结构紧凑、轻便灵活,因而在电动软轴式振动器中得到了普遍的应用。

三、外部混凝土振动器

外部振动器是在混凝土的外部或表面进行振动密实的混凝土振动器。由电动机振子与模板或平板分别组成附着式或平板式两种振动器。

1. 电动机式振子结构与振动原理

如图 11-37 所示,外部振动器的电动机振子主要由电动机定子 1、转轴 2、轴承 3、偏心块 4、护罩 5、机座 6 等组成,由偏心块 4 固定在转轴 2 上组成了偏心振子。

由于偏心振子材料布置的不均匀性,通电后随着偏心振子回转,产生了方向周期变化的离心力,形成了电动机振子的高频微幅机械振动。

2. 附着式振动器

图 11-38 是附着式振动器的结构示意图,是靠螺栓或其他锁紧装置把电动机振子固定在模板、滑槽、料斗或振动导管上,间接地在混凝土结构的外部对混凝土进行振实的混凝土振动器。附着式振动器宜用于形状复杂的薄壁构件或钢筋密集的特殊构件的振动,对无法使用内部振动器的地方尤其适用。

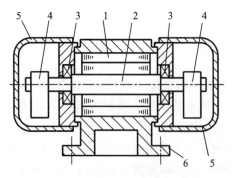

图 11-37 外部振动器的电动机振子
1.定子;2.转轴;3.轴承;4.偏心块;
5.护罩;6.机座

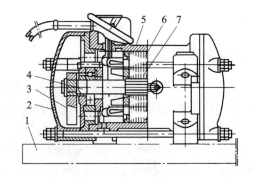

图 11-38 附着式振动器结构示意图
1.固定物;2.端盖;3.偏心块;4.转轴;
5.外壳;6.定子;7.转子

3. 平板式振动器

平板式振动器又称表面式振动器，是将电动机振子安装在一块平板上而形成的振动器。工作时直接浮放在混凝土表面上，电动机振子的振动通过平板传入混凝土，可移动地对混凝土进行振实作业。平板式振动器适用于坍落度不太大的塑性、半塑性、干硬性、半干硬性且浇筑厚度不大（一般为 150～250mm）、表面较混凝土的振实作业，如混凝土构件板、地坪、路面等最为合适。

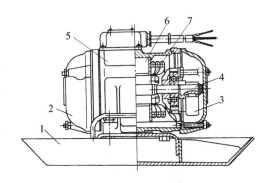

图 11－39　平板式振动器结构示意图
1.底板；2.端盖；3.偏心块；4.转轴；
5.外壳；6.定子；7.转子

如图 11－39 所示，平板式振动器的结构与附着式类似。不同的是电动机振子是固定在钢制底板 1 上，底板 1 一般为槽型，且两边装有手柄，可系绳拖动作业。

四、振动台

振动台又称台式振动器，是混凝土的振动成型机器。如图 11－40 所示，台面 5 安装在弹簧 4 的上面，台面 5 的下面安装有两排转速相同、转向相反的旋转偏心振子 9。

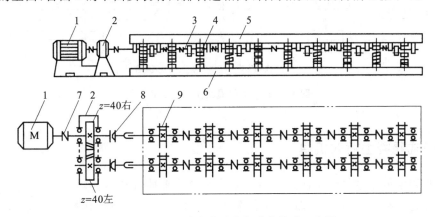

图 11－40　振动台的结构与动力传动示意图
1.电动机；2.变速箱；3.转轴；4.弹簧；5.台面；6.下部框架；7.弹性联轴器；8.万向联轴器；9.偏心振子

工作时，在台面 5 上面放置好钢模板、绑扎好钢筋笼，浇筑好混凝土；由电动机 1 输出回转动力，经弹性联轴器 7 传至变速箱 2；由变速箱 2 输出两个转速相同、转向相反的回转动力给两排偏心振子 9；偏心振子 9 带动台面 5 振动，将混凝土振实。

振动台振动的特点是所产生的振动力与混凝土的重力方向一致，振波正好通过骨料直接向下传递，能量损失较少。插入式振动器只能产生水平振波，与混凝土的重力方向不一致；振波只能通过颗粒间的摩擦来传递，因此效率不如振动台高。振动台主要用于预制构件厂大批生产混凝土构件。

第六节 喷射混凝土机具

喷射混凝土是借助喷射机械,以压缩空气为动力,将搅拌好的混凝土通过管道输送到喷射地点,并以高速喷射到受喷面上快速凝结硬化,对其进行补强、加固的技术。根据喷射工艺的不同分为干式喷射混凝土、潮式喷射混凝土、湿式喷射混凝土、SEC(裹砂法)喷射混凝土、钢纤维喷射混凝土。喷射混凝土的工艺流程见图11-41。

喷射混凝土机械就是完成加压、输送、喷射等工序的机械设备,主要有干式喷射混凝土和湿式喷射混凝土两种类型。

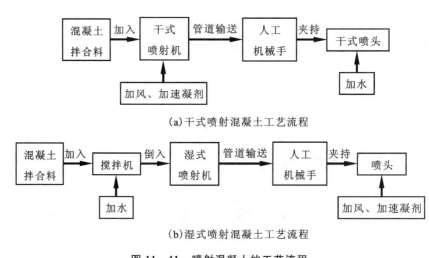

图 11-41 喷射混凝土的工艺流程

一、干式混凝土喷射机具

干式喷射混凝土就是将水泥、粗细骨料、速凝剂等干拌合料搅拌均匀后,由压缩空气将其沿管道输送到喷嘴,并在喷嘴处按规定的水灰比加入压力水与干拌料迅速混合成湿混凝土,在喷嘴处快速喷射到受喷面上,对其进行补强、加固的技术。

干式混凝土喷射机具包括干式混凝土喷射机和干式喷嘴。干式混凝土喷射机的主要任务是完成混凝土拌合料及速凝剂的混合、加压、输送,喷嘴的任务是加水、混合、喷出。其中,干式混凝土喷射机是完成干式喷射混凝土的核心装备,其主要优点是设备简单,输送距离长、速凝剂可在进入喷射机前加入。

1. 双罐式混凝土喷射机

双罐式混凝土喷射机是一种最早发展起来的喷射机,完成混合、加压、输送拌合料工作的核心部件是罐体(图11-42),其中:上罐3为储料罐,下罐5为工作室,底部为拨料盘6,其侧下方的输料管,与安装在工作室上方的主进风管相通。工作时,由输出轴 7 带动拨料盘 6 回转,将拌合料连续均匀地拨到出料口,随即被上方来的压缩空气沿管道推送出去;此外,另一路压缩空气上行进入上罐 3,向上顶住钟阀 2,向下经钟阀 4 进入下罐 5 压住拌合料,防止拌合料倒流。钟阀 2 和钟阀 4 轮换开启与关闭,可完成进料、储料作业,可连续进行喷射混凝土作业。

这种喷射机的优点是结构简单、制造方便、经久耐用、工作性能良好、生产率稳定,主要缺点是操作较复杂、机身高、体积较大,适用于大中断面的隧道,特别适用于需要较远距离输送的喷射作业。

2. 转子式混凝土喷射机

转子式混凝土喷射机是采用绕中心轴回转的转子为主要构件,以压缩空气为动力,完成混凝土输送与喷射的混凝土机械。

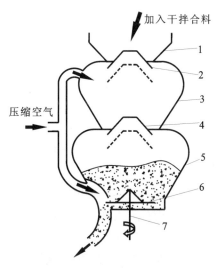

图 11-42 双罐式喷射机的工作原理

1.料斗;2、4.钟阀;3.上罐;
5.下罐;6.拨料盘;7.输出轴

如图 11-43 所示,转子式混凝土喷射机上有一个立式转子(直通式转子 7、U 型转子 11),在转子的圆周方向上均匀布置着多个料腔。在转子转动的过程中,当料腔与料斗 3 接通时,料斗中的混凝土拌合料就进入料腔;当料腔对准出料口 6 时,从进风管 4 来的压缩空气将拌合料推送到输料管路中,直至喷嘴。

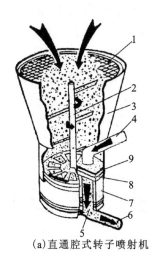

(a)直通腔式转子喷射机

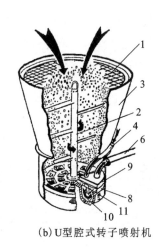

(b)U 型腔式转子喷射机

图 11-43 转子式喷射机混凝土工作原理

1.筛子;2.搅拌器;3.料斗;4.进风管;5.直通式料腔;6.出料口;7.直通式转子;8.耐磨板;
9.耐磨垫;10.U 型料腔;11.U 型转子

转子式混凝土喷射机具有生产能力大、输送距离远、出料连续稳定、上料高度低、操作方便、适合机械化配套作业等优点,并可用干喷、半湿喷和湿喷等多种喷射方式,是广泛应用的机型。

转子式混凝土喷射机按料腔输料方向是否变化分为直通腔式和U型腔式两种类型。按转子料腔所适用的水灰比及喷嘴加水方式分为干式混凝土喷射机(水灰比≤0.2,喷嘴处加水)、潮式混凝土喷射机(水灰比0.2~0.4,喷嘴处加少量水)、湿式混凝土喷射机(水灰比>0.4,喷嘴处加压缩空气喷出)。

(1)直通腔式转子混凝土喷射机。如图11-43(a)所示为直通腔式转子混凝土喷射机,其转子7布置的料腔5呈直筒形,因此易于制作,很少发生堵塞现象。

(2)U型腔式转子混凝土喷射机。如图11-43(b)所示为U型腔式混凝土喷射机,其转子11的上面排列内外两圈料腔,由下部的U型料腔将其连通,共同构成U型料腔10。当料斗3与U型料腔10接通时,料斗3中的混凝土拌合料经搅拌器2搅拌后落入U型料腔10中;当进风管4与内圈料腔接通、外圈料腔与出料口6接通时,压缩空气就将U型料腔10内的混凝土拌合料送入输送管道;由于转子11的连续转动,沿转子11回转轴布置的多个U型料腔10依次经料斗3加料,又同时接通进风管4和出料口6输料,如此循环往复,完成连续输料动作。

U型腔式转子混凝土喷射机较直通腔式转子混凝土喷射机输料更多、更快。若拌合料过于潮湿时,在U型腔内容易积料。

3. 螺旋式混凝土喷射机

如图11-44所示为螺旋式混凝土喷射机。螺旋叶片14被焊接在吹风管5的外表面上,电动机经减速器3带动螺旋叶片14回转,将从料斗4下来的混凝土拌合料推送至前锥管12的吹送室内;压缩空气由进风管1引入,经吹风管5送到前锥管12的吹送室内与混凝土拌合料混合;混合后的压气和拌合料在吹送室内被加速经喉管7、扩散管9、输料管8送到喷嘴11;水从进水管10进入喷嘴11上的混合腔内与拌合料混合后吹出,并喷射到受喷面上。

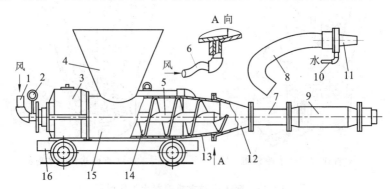

图11-44 螺旋式混凝土喷射机

1.进风管;2.压力表;3.减速器;4.料斗;5.吹风管;6.助吹管;7.喉管;8.输料管;9.扩散管;
10.进水管;11.喷嘴;12.前锥管;13.后锥管;14.螺旋叶片;15.套筒;16.车架

螺旋式混凝土喷射机的特点是体积小、重量轻、机身矮（高度只有70～80cm）、造价低。缺点是运距短（只有十几米）、输料管直径大、喷头较重、操作费力；随着螺旋的磨损，生产率逐渐下降，施工粉尘也较大，仅适用于窄小巷道工程或用喷射混凝土进行修补作业。

4. 干喷喷嘴

干喷喷嘴的作用是将压缩空气输送过来的混凝土拌合料加水，在此得到均匀的混合后喷出，并使料流以最小的扩散喷射在受喷面上。如图11-45所示，干喷喷嘴主要由喷嘴体3、水环结构（水环4、水阀6、水管7）和喷嘴头1等组成。水环4上沿径向有直径为1.0mm的小孔，且每个水环上有4～16个小孔。

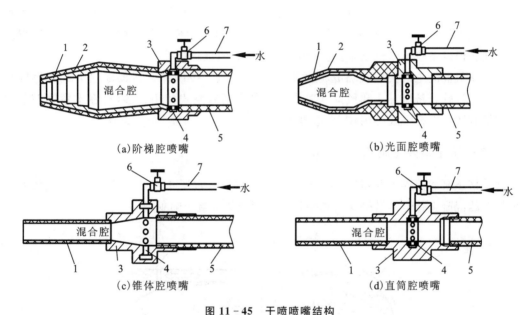

图 11-45 干喷喷嘴结构
1.喷嘴头；2.橡皮衬垫；3.喷嘴体；4.水环；5.进料管；6.水阀；7.水管

当压缩空气将混凝土拌合料输送到喷嘴的混合腔内（图11-45）时，水经水环4上的径向小孔从周边向中心喷射与拌合料均匀混合，完成混合作业。接着压缩空气将混合好的拌合料推出喷嘴，喷射到受喷面上，完成喷射作业。

喷嘴的性能和操作在很大程度上影响着喷射混凝土的质量，会出现回弹增多、水化不完全等现象，并在硬化的喷射混凝土中产生分层，所以喷嘴的设计及喷射方法是影响喷射效果的重要因素。喷嘴按混合腔的不同分为阶梯腔、光面腔、锥形腔和直筒腔四种基本类型。

阶梯腔喷嘴[图11-45(a)]和光面腔喷嘴[图11-45(b)]是在拌合料注入水完成后进入混合腔内，在此料流经过膨胀减速、收缩加速的过程，其目的是使注入干拌合料内的水有较大的穿透，使其更好地混合。阶梯腔喷嘴由于有阶梯的存在，能使料流比光面腔喷嘴造成更大的搅动，更利于拌合料与水更好地混合。不过这两种喷嘴较短，料流喷出时离散较多，致使回弹也较多。

锥体腔喷嘴[图 11-45(c)]和直筒腔喷嘴[图 11-45(d)]具有较长的圆筒形喷嘴头 1，经混合后的料流呈直线喷出且很少离析，故国内外应用较广。锥体腔喷嘴和直筒腔喷嘴较前两种喷嘴在喷出口处的料流有所收敛、射流较集中，有利于减少回弹，其缺点是喷嘴头 1 较长，容易堵塞。

二、湿喷式喷射混凝土机具

湿式喷射混凝土就是将水泥、粗细骨料、速凝剂等拌合料加水搅拌均匀后，由湿式混凝土喷射机将其沿管道输送到喷嘴，并在喷嘴处加入速凝剂，由压缩空气将料团粉碎、加速，将湿拌合料快速喷射到受喷面上，对其进行补强、加固的技术。

湿式喷射混凝土与干式喷射混凝土相比具有拌合均匀、水灰比能准确控制、有利于水和水泥的水化等特点，其优点是粉尘较小、回弹较少、混凝土匀质性好、强度也较高，是理想的喷射方式。但设备较干喷机复杂，速凝剂加入也较为困难。

湿式喷射混凝土的关键设备是湿式混凝土喷射机。按照拌合料的输送方式有螺杆泵式、活塞泵式、软管挤压泵式和风动式等类型。其中活塞泵式使用较多（已在本章第四节中予以详细叙述），螺杆泵式应用较少，这里不再介绍。

1. 软管挤压泵式湿喷机

软管挤压泵式混凝土湿喷机（图 11-46）是以挤压式混凝土泵为动力，通过挤压的方式将搅拌好的混凝土拌合料沿输送管道泵送至喷嘴处的混凝土喷射设备。

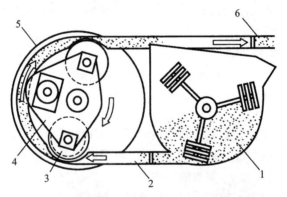

图 11-46 软管挤压泵式混凝土湿喷机原理图
1.搅拌料斗；2.橡胶软管；3.滚轮；4.滚轮架；5.泵体；6.输料管

这种喷射机主要由搅拌料斗 1、橡胶软管 2、滚轮 3、滚轮架 4、泵体 5 和输料管 6 等部件组成。泵体 5 呈圆筒形，中部有一行星传动机构带动两个滚轮 3 自转，并随着滚轮架 4 绕泵轴旋转，这样连续地挤压橡胶软管 2 内的湿拌合料，将其挤入输料管 6 中并压送出去。滚轮 3 挤压后的橡胶软管 2 由于回弹的作用，在滚轮后部的橡胶软管 2 形成一段真空，靠负压将料斗 1 内的物料吸入。如此循环往复，实现了连续喷射。

这是一种过去应用较广的湿喷机,由于橡胶软管的寿命短,需经常更换,现在已很少应用。

2. 风动式湿喷机

风动式湿喷机(图 11-47)是通过压缩空气将搅拌好的混凝土拌合料沿输送管道泵送至喷嘴处的混凝土喷射设备。

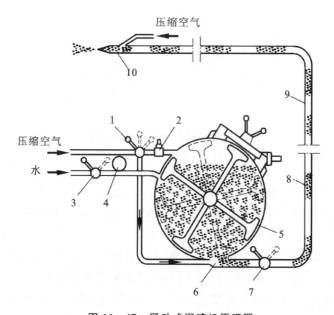

图 11-47 风动式湿喷机原理图
1.选择器;2.调节阀;3.水阀;4.水表;5.搅拌叶片;6.排料腔;
7.送料阀;8.料团;9.输料管;10.喷嘴

该机有一圆筒形罐,罐体中央用钢板分隔,形成两个并排的圆形搅拌室。其中一个喷射,另一个就搅拌,如此交替使用,可实现连续输送湿拌合料。

在罐体的轴心线上安装着带有数个搅拌叶片 5 的回转轴,当回转轴带着搅拌叶片 5 回转时,就可以完成搅拌作业。压缩空气有两个通道:一是经选择器 1、调节阀 2 进入罐体,向下顶住拌合料;二是经选择器 1 向下进入罐体底部的排料腔 6,将落入排料腔 6 的拌合料经送料阀 7 推入输料管 9 内,直至输送到喷嘴 10。

由于湿拌合料的黏着性,由压缩空气推入输料管 9 内的湿拌合料的料流不是连续的,而是以料团 8 和空气相间的形式断续输送的。

3. 湿喷喷嘴

湿喷喷嘴的作用是将湿喷机输送过来的拌合料加入速凝剂,并将料团打碎、加速、喷出,使料流以最小的扩散喷射到受喷面上。因此在湿喷中,压缩空气和速凝剂在喷嘴处注入。

湿喷喷嘴有两种基本类型,即风环喷嘴和风管喷嘴。风环喷嘴的风环与干喷喷嘴的水环相似,所不同的是在此处加入拌合料内的是压缩空气而不是水(图11-48),且风环的风孔与中心轴约成30°角,并向出口倾斜,使风流方向与料流方向接近平行,这样做有助于将料流中的大块打碎,并加速喷出。由于孔眼易于堵塞,所以加入速凝剂时一般都不使用风环喷嘴。

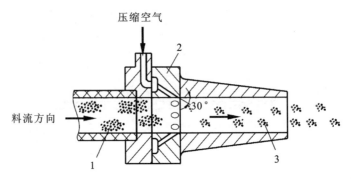

图11-48 湿喷喷嘴喷射原理图
1.湿拌合料团;2.风环;3.冲碎后的料团

风管喷嘴的长度为60~90cm,由橡皮喷嘴头1、喷嘴2、风管4组成(图11-49)。其中喷嘴2和风管4均为钢铁材料;在距喷嘴2的前部约45mm的孔眼处将风管4成30°角与喷嘴2焊接成一体;带有收缩孔的橡皮喷嘴头1被安装在喷嘴2的前部,其目的是使料流在离开孔口时速度更高、料束更为集中;喷嘴2的外径与输料软管3的内径相等,便于安装;喷嘴2的后部内侧(与输料软管3连接处)做成小斜面,防止料流在此堵塞。

图11-49(a)适用于加入粉状速凝剂。若加入液态速凝剂,应在风管4上有成30°角焊接的速凝剂管5[图11-49(b)],确保在压缩空气进入料管之前注入液态速凝剂,其目的是向喷嘴2提供均匀的液态速凝剂流。

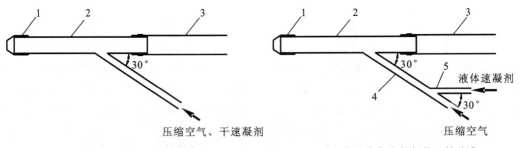

(a)使用粉状速凝剂的风管喷嘴　　　　(b)使用液态速凝剂的风管喷嘴

图11-49 风管喷嘴的结构
1.橡皮喷嘴头;2.喷嘴;3.输料软管;4.风管;5.速凝剂管

思考与练习

1. 混凝土搅拌机械有哪些类型？各属于哪种搅拌方式？分别适用于什么场合？
2. 选择混凝土搅拌机应考虑哪些因素？
3. 何谓双阶式？何谓单阶式？各有什么特点？
4. 叙述混凝土搅拌输送车的输送方式。
5. 简述双缸液压活塞式混凝土泵的工作原理。
6. 混凝土振动器有哪些类型？采用哪种振动原理？分别用在什么场合？
7. 何谓干喷？何谓湿喷？有何特点？
8. 干喷喷嘴与湿喷喷嘴有哪些区别？

主要参考文献

陈馈,洪开荣,吴学松.盾构施工技术[M].北京:人民交通出版社,2009.
陈玉凡,朱祥.钻孔机械设计[M].北京:机械工业出版社,1987.
陈玉凡.矿山机械(钻孔机械部分)[M].北京:冶金工业出版社,1981.
陈裕成.建筑机械与设备[M].北京:北京理工大学出版社,2009.
成大先.机械设计手册(第二卷)[M].6版.北京:化学工业出版社,2016.
成大先.机械设计手册(第三卷)[M].6版.北京:化学工业出版社.2016.
成大先.机械设计手册(第五卷)[M].6版.北京:化学工业出版社,2016.
成大先.机械设计手册(第一卷)[M].6版.北京:化学工业出版社,2016.
程良奎.喷射混凝土[M].北京:中国建筑工业出版社,1990.
杜海若.工程机械概论[M].成都:西南交通大学出版社,2004.
高澜庆,等.液压凿岩机理论、设计与应用[M].北京:机械工业出版社,1998.
高顺德,王怀建.QY25C型液压汽车起重机[J].工程机械,1999(6):7-8.
高振峰.土木工程机械实用手册[M].济南:山东科学技术出版社,2005.
高忠民.工程机械使用与维修[M].北京:金盾出版社,2002.
胡永彪,杨士敏,马鹏宇.工程机械导论[M].北京:机械工业出版社,2013.
黄安贻,董起顺.液压传动[M].成都:西南交通大学出版社,2005.
黄开启,古莹.矿山工程机械[M].北京:化学工业出版社,2013.
黄士基,林志明.土木工程机械[M].3版.北京:中国建筑工业出版社,2016.
纪士斌.建筑机械基础[M].3版.北京:清华大学出版社,2002.
姜继海.液压传动[M].4版.哈尔滨:哈尔滨工业大学出版社,2007.
靳同红,王胜春,张青,等.混凝土机械构造与维修手册[M].北京:化学工业出版社,2012.
寇长青.工程机械基础[M].成都:西南交通大学出版社,2001.
李炳文,王启广.矿山机械[M].2版.北京:中国矿业大学出版社,2016.
李川,闫天俊.双三角式液压钻臂平动机构分析[J].凿岩机械气动工具,1999(1):3-6.
李世华.建筑(市政)施工机械[M].北京:机械工业出版社,2008.
林慕义,史青录.单斗液压挖掘机构造与设计[M].北京:冶金工业出版社,2011.
师素娟,林菁,杨晓兰.机械设计基础[M].武汉:华中科技大学出版社.2008.
史青录.液压挖掘机[M].北京:机械工业出版社,2012.
唐经世,唐元宁.掘进机与盾构机[M].2版.北京:中国铁道出版社,2009.
唐经世.隧道与地下工程机械——掘进机[M].北京:中国铁道出版社,1998.

王春香.机械设计基础[M].北京:地震出版社,2003.

王凤喜,王苏光.混凝土设备结构原理与维修[M].北京:机械工业出版社,2012.

王积伟,章宏甲,黄谊.液压传动[M].2版.北京:机械工业出版社,2006.

王淑坤,等.机械设计基础[M].成都:西南交通大学出版社,2007.

隗金文,王慧.液压传动[M].沈阳:东北大学出版社,2001.

魏大恩.矿山机械[M].北京:冶金工业出版社,2017.

吴波,阳军生.岩石隧道全断面掘进机施工技术[M].合肥:安徽科学技术出版社,2008.

吴瑞祥,王之栎,郭卫东,等.机械设计基础下册[M].北京:北京航空航天大学出版社,2005.

徐春燕.机械设计基础[M].北京:北京理工大学出版社,2006.

严大考,郑兰霞.起重机械[M].郑州:郑州大学出版社,2003.

杨家军.机械原理——基础篇[M].武汉:华中科技大学出版社,2005.

张锋,宋宝玉,王黎钦.机械设计基础[M].2版.哈尔滨:哈尔滨工业大学出版社,2004.

张洪.现代施工工程机械[M].北京:机械工业出版社,2008.

张平格.液压传动与控制[M].北京:冶金工业出版社,2004.

张清国.建筑工程机械[M].3版.重庆:重庆大学出版社,2004.

张照煌,李福田.全断面隧道掘进机施工技术[M].北京:中国水利水电出版社,2006.

张照煌.全断面岩石掘进机及其刀具破岩理论[M].北京:中国铁道出版社,2003.

赵祥.机械原理及机械零件[M].北京:中国铁道出版社,1998.

周志鸿,马飞,张文明.地下凿岩设备[M].北京:冶金工业出版社,2004.

周志鸿.液压凿岩机技术参数分析与归纳[J].凿岩机械气动工具,2011(1):16-19.